高职高专“十三五”规划教材

# 计算机平面设计基础与应用案例教程

范丽娟　主　编

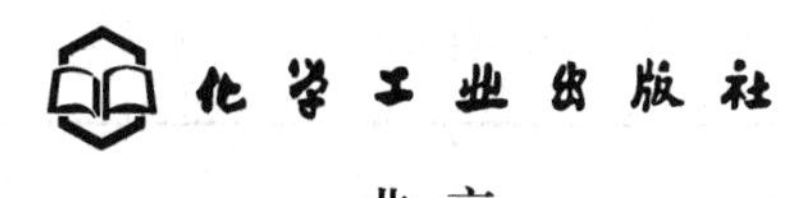


·北京·

本书基于工作过程的教学方式，按工学结合的要求选编全书内容。本书按照“任务驱动”的编写方式，全面采用案例教学，理论以“必需、够用”为度，案例注重实用性、技能性和可操作性。

本书内容将 Photoshop CS6 与 CorelDRAW X6 结合到一起，以案例为主线，详细讲解软件基础知识与操作技巧。本书共 14 章，第 1 章～第 7 章，主要介绍 Photoshop CS6 软件操作知识及技巧，详细讲解了图像处理基础知识、选区的绘制与编辑、图像的绘制与编辑、图像色调调整、图层的应用、通道与蒙版、文字与滤镜；第 8 章～第 14 章，主要介绍 CorelDRAW X6 的功能特色、图形的绘制与编辑、轮廓线的编辑与填充、对象管理、文本的编辑、位图的编辑、图形的特殊效果。

为方便教师教学和学生学习，本书还免费提供配套教学素材，内容包含辅助教学的电子课件、案例的素材及源文件、习题的素材及源文件等内容。

本书可作为各类职业教育院校平面设计基础课程的教材，还可作为平面设计方面的培训教材，也适合 Photoshop 与 CorelDRAW 的初、中级用户自学。

**图书在版编目(CIP)数据**

计算机平面设计基础与应用案例教程 / 范丽娟主编.
北京：化学工业出版社，2016.4
高职高专“十三五”规划教材
ISBN 978-7-122-26391-9

Ⅰ. ①计… Ⅱ. ①范… Ⅲ. ①平面设计-图形软件-高等职业教育-教材 Ⅳ. ①TP391.41

中国版本图书馆 CIP 数据核字（2016）第 038567 号

---

责任编辑：王听讲
责任校对：王　静　　　　装帧设计：刘丽华

---

出版发行：化学工业出版社（北京市东城区青年湖南街 13 号　邮政编码 100011）
印　　刷：北京永鑫印刷有限责任公司
装　　订：三河市宇新装订厂
787mm×1092mm　1/16　印张 17½　字数 475 千字　2016 年 5 月北京第 1 版第 1 次印刷

---

购书咨询：010-64518888（传真：010-64519686）　售后服务：010-64518899
网　　址：http: // www. cip. com. cn
凡购买本书，如有缺损质量问题，本社销售中心负责调换。

---

定　　价：**35.00** 元

# 前　言

本书以最新版本的Photoshop CS6与CorelDRAW X6为例，系统地介绍了这两款软件的核心知识，并以实例教学的方式将两款软件强强联合，创建出优秀的平面广告与包装作品。全书共分为两个模块，模块一讲授了Photoshop CS6的软件操作基础知识，模块二讲授了CorelDRAW X6的软件基础知识与操作技巧。

本书基于工作过程的教学方式，按工学结合的要求选编全书内容。本书按照“任务驱动”的编写方式，全面采用案例教学，理论以“必需、够用”为度，案例注重实用性、技能性和可操作性。全书结构清晰，结合实际的设计案例，讲授平面图形的造型方法与技巧、图像的处理方法与技巧，采用了由浅入深、图文并茂的方式编排。

本书共14章，第1章～第7章，主要介绍Photoshop CS6软件操作知识及技巧，详细讲解了图像处理基础知识、选区的绘制与编辑、图像的绘制与编辑、图像色调调整、图层的应用、通道与蒙版、文字与滤镜；第8章～第14章，主要介绍CorelDRAW X6的功能特色、图形的绘制与编辑、轮廓线的编辑与填充、对象管理、文本的编辑、位图的编辑、图形的特殊效果等。

本书中所有案例的素材及源文件均可在化学工业出版社的官方网站中下载。另外，为方便教师教学，本书配备了详尽的课后习题、素材、源文件，以及PPT课件等丰富的教学资源，需要者可以到化学工业出版社教学资源网站http://www.cipedu.com.cn免费下载使用。

本书由辽宁机电职业技术学院范丽娟主编，第1章～第5章由范丽娟编写，第6章～第10章由长沙师范学院金玉洁编写，第11章～第14章由范丽娟和长沙师范学院谢芬艳编写。

由于编者水平所限，书中难免有疏漏之处，恳请广大读者予以指正。

**编　者**

**2016年3月**

# 目　录

## 模块一　Photoshop CS6 软件精讲

## 模块二 CorelDRAW X6 软件精讲

# 模块一　Photoshop CS6 软件精讲

## 第 1 章　图像处理基础知识

### 1.1　Photoshop 概述

Photoshop 是 Adobe 公司推出的图形图像处理软件，是目前全世界采用最广泛的数码图像处理软件，它的功能完善，广泛应用于印刷、广告设计、网页图像制作、照片编辑等领域。利用 Photoshop 可以对图像进行各种平面处理，如绘制简单的几何图形、给黑白图像上色、进行图像格式和颜色模式的转换等。而现在的 Photoshop CS6 在保持原来风格的基础上，还将工作界面和菜单做了更加合理和规范的改变与调整，增强了创造性和提高了工作效率。Adobe Photoshop CS6 软件具备新的 Adobe Mercury 图形引擎、创新的内容识别工具、改良的设计工具等功能，具有极好的应用性能。

（1）内容识别修补。使用内容识别修补功能修补图像，使用户能选择示例区域，可以制作出神奇的修补效果。

（2）Mercury 图形引擎。借助液化、操控变形和裁剪等主要工具进行编辑时能够即时查看效果。全新的 Adobe Mercury 图形引擎拥有前所未有的响应速度，让用户工作起来如行云流水般流畅。

（3）3D 性能提升。在整个 3D 工作流程中体验增强的性能。借助 Mercury 图形引擎，可在所有编辑模式中查看阴影和反射，在 Adobe RayTrace 模式中快速地进行最终渲染工作。

（4）3D 控制功能任意使用。使用大幅简化的用户界面直观地创建 3D 图稿。可使用内容相关及画布上的控件来控制框架以产生 3D 凸出效果、更改场景和对象方向以及编辑光线等。

（5）全新和改良的设计工具。更快地创作出出色的设计。如应用类型样式以产生一致的格式，使用矢量图层应用笔画，并将渐变添加至矢量目标，创建自定义笔画和虚线，快速搜索图层等。

（6）全新的 Blur Gallery。使用简单的界面，借助图像上的控件快速创建照片模糊效果。创建倾斜偏移效果，模糊所有内容，然后锐化一个焦点或在多个焦点间改变模糊强度。Mercury 图形引擎可即时呈现创作效果。

（7）全新的裁剪工具。使用全新的非破坏性裁剪工具，可快速精确地裁剪图像。在画布上可控制图像，并借助 Mercury 图形引擎实时查看调整结果。

（8）现代化用户界面。使用全新典雅的 Photoshop 界面，深色背景的选项可凸显图像，数百项设计改进提供更顺畅、更一致的编辑体验。

（9）全新的反射与可拖曳阴影效果。在地面上添加和加强阴影与反射效果，快速呈现 3D 逼真效果。拖曳阴影以重新调整光源位置，并轻松编辑地面反射、阴影和其他效果。

（10）直观的视频制作。运用 Photoshop 的强大功能来编辑视频素材。使用用户熟悉的各种 Photoshop 工具轻松修饰视频剪辑，并使用直观的视频工具来制作视频。

（11）后台存储。即使在后台存储大型的 Photoshop 文件，也能同时让用户继续工作，提高工作效率。

（12）自动恢复。自动恢复选项可在后台工作。因此，可以在不影响用户操作的同时存储编辑内容。每隔 10 分钟存储工作内容，以便在意外关机时可以自动恢复文件。

（13）轻松对齐和分布 3D 对象。可将 3D 对象自动对齐至图像中的消失点，并利用全新的多选选项同时控制一组 3D 对象，让用户更快地创建丰富的 3D 场景。

（14）预设迁移与共享功能。轻松迁移预设、工作区、首选项和设置，以便在所有计算机上都能以相同的方式体验 Photoshop、共享设置，并将在旧版中的自定设置迁移至 Photoshop CS6。

（15）改进的自动校正功能。利用改良的自动弯曲、色阶和亮度/对比度控制增强图像效果。智能化内置了数以千计的手工优化图像，为修改奠定基础。

（16）Adobe Photoshop Camera Raw7 插件。借助改良的处理和增强的控制集功能，帮用户制作出最佳的 JPEG 和初始文件；在展示图像重点说明的每个详细情况的同时，仍保留阴影的细节等。

（17）内容感知移动工具。将选中对象移动或扩展到图像的其他区域，然后使用内容感知移动工具功能重组和混合对象，产生出色的视觉效果。

（18）受用户启发的多种改进。根据 Photoshop 用户在 Facebook、Twitter 等平台提出的建议，提供的超过 65 种全新创意功能和工作效率增强功能，为用户节省时间。

（19）肤色识别选区和蒙版。创建精确的选区和蒙版，让用户不费力地调整或保留肤色；轻松选择精细的图像元素，例如脸孔、头发等。

（20）创新的侵蚀效果画笔。使用具侵蚀效果的绘图笔尖，产生更自然逼真的效果。任意磨钝和削尖炭笔或蜡笔，以创建不同的效果，并将常用的钝化笔尖效果存储为预设。

（21）新增绘图预设。使用全新的预设来简化绘图工作，轻松产生逼真的绘画效果。

（22）脚本图案。利用“脚本图案”更快地制作几何图案填充。

（23）增强的 3D 动画。使用动画时间轴对所有 3D 属性进行动画处理，属性包括相机、光源、材料和网格。导出 3D 动画时的最终渲染性能获得了极大的改进。

（24）针对阴影的灵活的渲染模式。在 GL 和 Adobe RayTrace 渲染模式中预览阴影，使创作更加流畅。

（25）精确的 3D 对象合并。在单个场景中精确地合并多个 3D 对象，以便与相同的光源和摄像机相互搭配。

（26）替代视图。编辑时可从多个角度轻松查看 3D 图稿。

（27）3D 立体查看和打印。将常见的立体格式（例如 JPS 和 MPO）轻松导入 3D 管道，并进行简单调整，以设置深度和范围。在立体显示器或电视上查看立体图像，或打印为光栅 3D 图像。

（28）3D 素描和卡通预设。单击一下即可让 3D 对象有素描与卡通的外观，并创建画笔描边，以自动创建素描预设。

## 1.2 工作界面与文件的基本操作

### 1.2.1 工作界面介绍

安装并启动 Photoshop CS6 后，就可进入 Photoshop CS6 全新的工作界面中，整个工作界面在原来版本的基础上做了更深入的改动，不但对面板菜单进行了调整，同时以更人性化的设计来构建整个界面，使软件操作变得更加得心应手。

Photoshop CS6 的工作界面以全新的深灰色显示，与之前的版本相比，更加简洁、美观。工作界面去除了应用程序栏，由菜单栏、工具箱、图像窗口、面板等组成，如图 1-1 所示，下面将分别对其详细进行介绍。

图 1-1　Photoshop CS6 工作界面

**1. 标题栏**

打开一个文件以后，Photoshop 会自动创建一个标题栏。在标题栏中会显示这个文件的名称、格式、窗口缩放比例以及颜色模式等信息。

**2. 菜单栏**

Photoshop CS6 将所有的功能命令分类后，分别放在 11 个菜单中，菜单栏中提供了文件、编辑、图像、图层、选择、滤镜、分析、3D、视图、窗口、帮助菜单命令，这些菜单命令是按主题进行组织的。例如：【图层】菜单中包含了用于处理图层的命令，【选择】菜单中包含了与选择有关的各种操作命令。

使用菜单栏时应注意以下几点。

① 单击菜单栏中的菜单命令。菜单命令呈灰色显示时，表示该命令在当前状态下不可执行。

② 菜单后面标有黑色三角形图标，表示该命令还有下一级子菜单。

③ 菜单命令后标有省略号，表示单击该命令，可以将会弹出一个对话框。

④ 使用热键执行菜单命令，例如：要执行【复制图层】命令，可以先按下【Alt+L】键打开【图层】菜单，然后再按下【复制图层】命令的热键【D】键。

⑤ 使用快捷键执行菜单命令。大部分菜单命令都有快捷键，使用快捷键执行菜单命令是最快速的一种方法。例如:按下【Ctrl+U】键执行【色相/饱和度】命令，按下【Ctrl+B】键执行【色彩平衡】命令。

**3. 工具箱**

第一次启动 Photoshop CS6 时，工具箱位于屏幕的左侧。拖动工具箱的标题栏，可以将其停放在工作窗口中的任意位置。执行菜单栏中的【窗口】→【工具】命令，可以显示或隐藏工具箱。

Photoshop CS6 工具箱中总计有 22 组工具，从工具的形态和名称就可以了解该工具的功能，将鼠标放置到某个图标上，即可显示该工具的名称，若长按按钮图标，即会显示该工具组中其他隐藏的工具，如图 1-2 所示。

【注意】：工具箱中有些工具按钮的右下角带有一个黑色的三角图标，表示该工具组含有隐

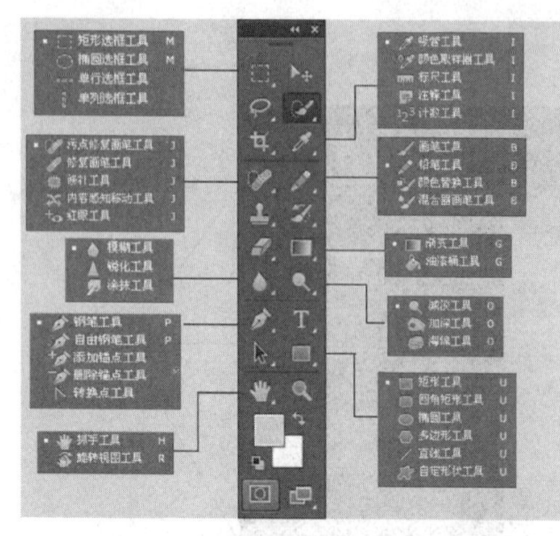


图 1-2　工具箱

藏工具。按住【Alt】键的同时单击含有隐藏工具的按钮，或者按住【Shift】键加反复按相应工具的快捷键，可以循环选择隐藏工具。

#### 4. 工具选项栏

工具选项栏又叫属性栏，当用户选中工具栏中的某项工具时，属性栏会改变成相应工具的属性设置选项，用户可在其中设定工具的各种属性，如图 1-3 所示。

#### 5. 控制面板

控制面板又叫调板，面板汇集了 Photoshop 操作中常用的选项和功能，在【窗口】菜单下提供了 20 多种面板命令，选择相应的命令就可以在工作界面中打开相应的面板。利用工具箱中的工具或菜单栏中的命令编辑图像后，使用面板可进一步细致地调整各选项，将面板功能应用于图像上。

图 1-3　画笔工具选项栏

默认情况下，控制面板是成组出现的，并且以标签来区分。在处理图像的过程中，可以自由地移动、展开、折叠控制面板，也可以显示或隐藏控制面板。

（1）显示与隐藏。单击【窗口】菜单中相应的命令，可以显示或隐藏控制面板。

编辑图像时，暂时不用的控制面板可以将其隐藏，需要时再调出来。单击 Photoshop CS6 中文版右方的折叠为图标按钮，可以折叠面板；再次单击折叠为图标按钮可恢复控制面板。

【注意】：重复按【Tab】键，可以显示或隐藏控制面板组、工具箱及工具选项栏。重复按【Shift+Tab】键，可显示或隐藏控制面板组。

（2）调整大小。如果控制面板的右下角呈状，表示该控制面板的大小可以进行调整，将光标指向面板的四边或四角，当鼠标指针变为双向箭头时拖动鼠标，可以改变面板的大小。

（3）拆分与组合。控制面板组可以自由拆分或组合。将光标指向面板的标签，按住鼠标左键拖动可以将该面板移到面板组外，即拆分面板组；将面板拖动到另一个面板组中，即可重新组合面板组，如图 1-4 所示。

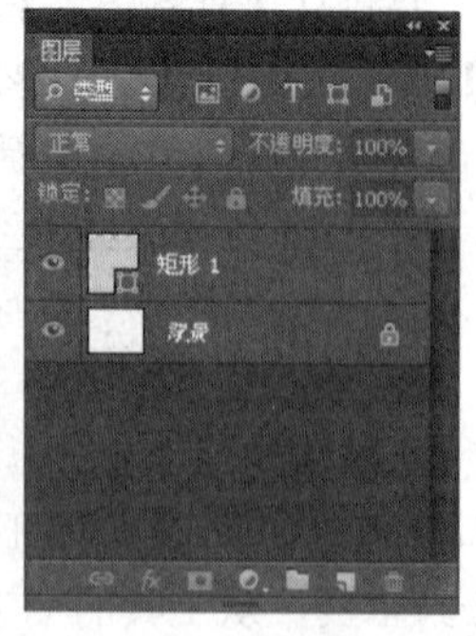

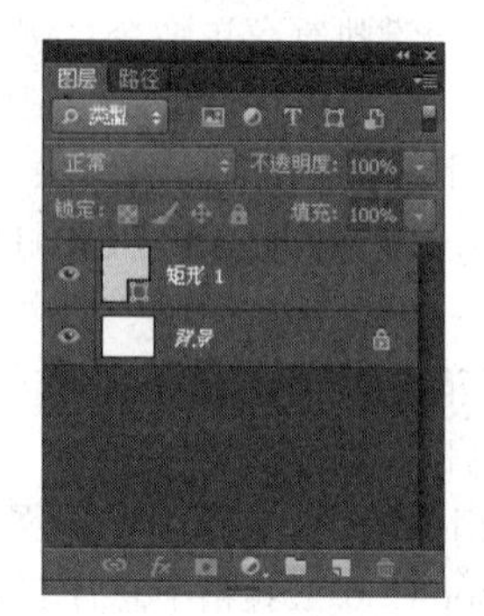


图 1-4　面板的拆分与组合

（4）面板菜单。每个面板组的右上角都有一个三角形按钮，单击它可以打开相应的面板菜单，该面板的所有操作命令都包含在面板菜单中，如图 1-5 所示。

（5）使用面板窗口。在 Photoshop CS6 所有的控制面板都可以单击其调板右端的按钮将其折叠为图标或单击按钮将其关闭，从而留出更多的工作空间供设计使用。

如果调整控制面板时不合理，想恢复到默认状态，可以执行菜单栏中的【窗口】→【工作区】→【复位调板位置】命令。

**6. 状态栏**

状态栏在窗口的最底部，用于显示图像处理的各种信息，由三部分组成。

当新建或打开图像文件以后，有关图像的文件大小及其他信息将显示在状态栏上。状态栏可分为三部分，依次为显示比例、文件信息、提示信息。其中，显示比例用于显示当前图像缩放的百分比；文件信息部分用于显示当前图像的有关信息；提示信息部分显示了所选工具的操作信息，如图 1-6 所示。

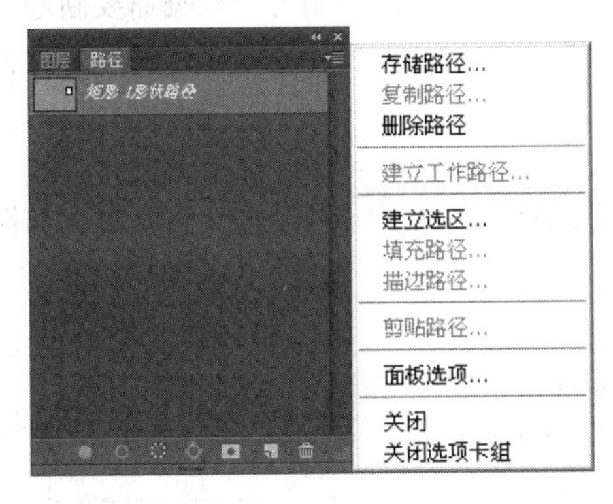


图 1-5　面板菜单

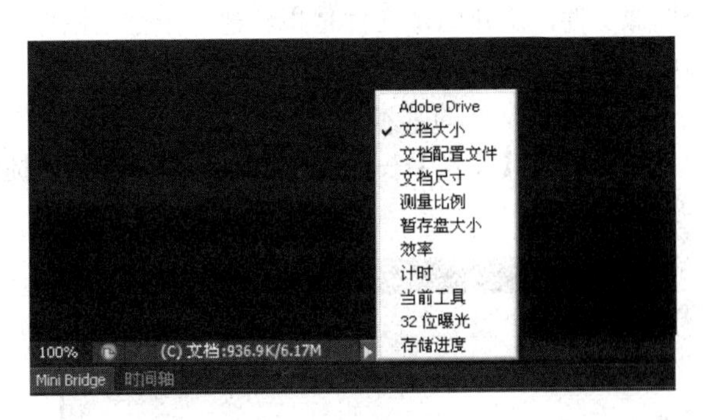


图 1-6　状态栏

① 左侧的【100%】：为【缩放比例】文本框，在文本框中输入缩放比例，按【Enter】确认，可按输入比例缩放文档中的图像。

② 如果用鼠标左键按住状态栏的中间部分，将显示当前图像的高度、宽度、通道和分辨率等相关信息，如图 1-7 所示。

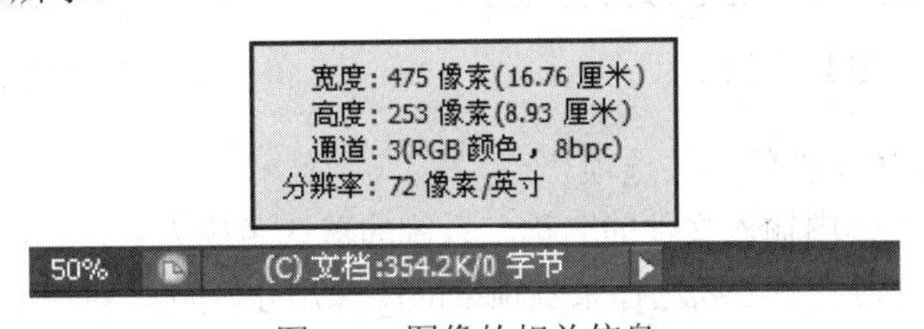


图 1-7　图像的相关信息

在状态栏中单击黑色的三角图标，可以出现一个选项菜单，各菜单项的意义如下。

①【Adobe Drive】：可以进行文件的版本控制。

②【文档大小】：显示有关图像数据量的信息。如图 1-6 所示左边的数字表示图像的打印大小，它近似于以 PSD 格式拼合后并存储的文件大小；右边的数字表示文件的近似大小，包括图层和通道。

③【注意】：这里显示的文档大小与实际存盘的文件大小将有一些出入，这仅是一个参考数值。因为在存盘的过程中还要进行压缩或附加信息的处理。

④【文档配置文件】：显示图像使用的颜色配置文件的名称。

⑤【文档尺寸】：显示图像的尺寸大小。

⑥【暂存盘大小】：显示用于处理图像的内存和暂存盘的有关数量信息。

⑦【效率】：以百分数的形式来表示图像的可用内存大小。

⑧【计时】：显示上一次操作所使用的时间。

⑨【当前工具】：显示当前正在使用的工具。

⑩【32 位曝光】：用于调整预览图像，以便在计算机显示器上查看 32 位/通道高动态范围（HDR）图像的选项。只有当文档窗口显示 HDR 图像时，该滑块才可用。

⑪【存储进度】：保存文件时，显示存储进度。

### 1.2.2 新建和存储文件

新建文件时需要根据设计需求合理设置文件名称、宽度、高度、分辨率及背景颜色等内容。打开文件是将已存储在磁盘上的图像文件重新打开，以继续进行编辑和修改。

**1. 新建文件**

启动 Photoshop CS6 以后，系统并不产生一个默认的图像文件，这时用户可根据需要新建一个图像文件，新建图像文件是指新建一个空白图像文件，所以，设计图像作品时必须从新建文件开始。

新建图像文件的基本操作步骤如下。

（1）执行【文件】→【新建】命令，或按下快捷键【Ctrl+N】，则弹出【新建】对话框，如图 1-8 所示。

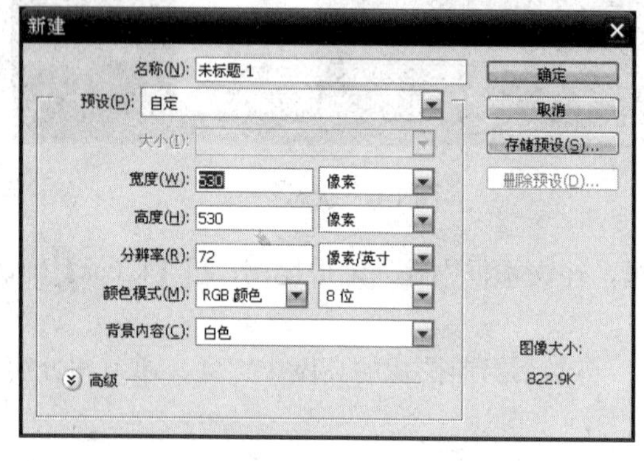

图 1-8 【新建】对话框

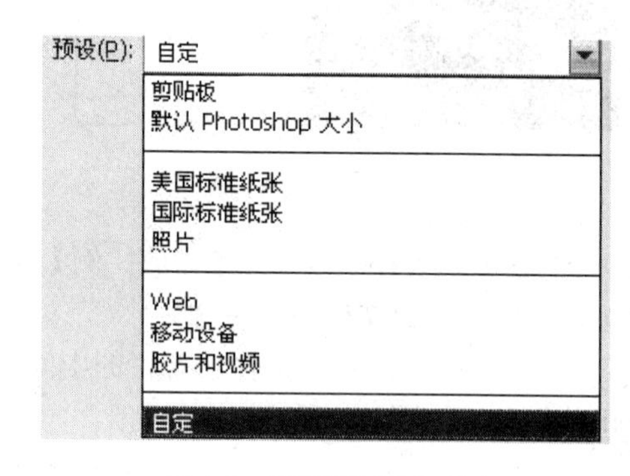


图 1-9 【预设】下拉列表

（2）在对话框中设置文件的相关选项。

① 在【名称】文本框中输入文件的名称，系统的默认名称为"未标题-1"。

② 在【预设】下拉列表中可以选择系统预设的图像尺寸，如图 1-9 所示，如果需要自定义图像尺寸，可以选择【自定】选项，然后在【宽度】和【高度】文本框中输入图像的宽度和高度值，并选择合适的尺寸单位。

③ 在【分辨率】选项中确定图像的分辨率。通常情况下，如果制作图像只用于电脑屏幕显示，图像分辨率只需要用 72 像素/英寸或 96 像素/英寸即可；如果制作的图像需要打印输出，那么最好用高分辨率 300 像素/英寸。

我们一般把【分辨率】设置为 72 像素/英寸。Photoshop CS6 将 72 像素/英寸作为缺省设置，因为大多数显示器在屏幕区域中每英寸显示 72 个像素。换句话说，文档设置的分辨率与显示器的分辨率一样。如果你的设置不是 72 像素/英寸，将其改成 72 像素/英寸。如果加大了分辨率、高度或宽度的值，那么图像的尺寸也会随之增大。在我们实际操作中尽量避免大图像，因为大图像在操作的时候反应比较慢，而且它还会降低计算机的速度。

④ 在【颜色模式】下拉列表中选择图像的色彩模式，如图 1-10 所示。一般地，设计图像时使用 RGB 模式，最后再转换为 CMYK 模式进行输出。

⑤ 在【背景内容】选项中确定图像中背景层的颜色，如图 1-11 所示，可以设置为白色、背景色或透明。

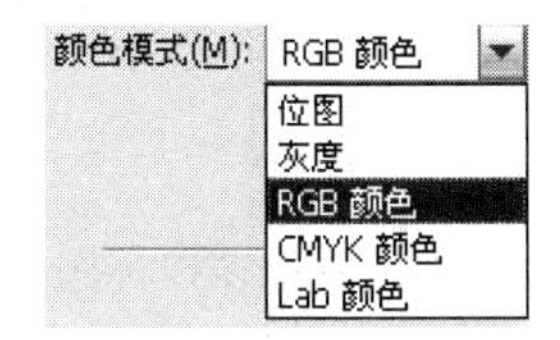

图 1-10 【颜色模式】下拉列表

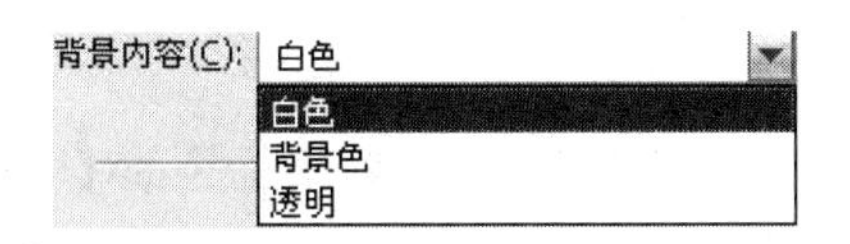


图 1-11 【背景内容】下拉列表

（3）单击【确定】按钮，则建立了一个新的图像文件。

**2. 存储文件**

在处理图像的过程中，一定要养成及时保存文件的好习惯。其实，不论使用什么软件，都应该注意及时保存文件。

Photoshop CS6 为保存图像文件提供了三种形式。

（1）执行【文件】→【存储】命令，或者按下快捷键【Ctrl+S】，可以保存图像文件。如果是第一次执行该命令，将弹出【存储为】对话框用于保存文件，如图 1-12 所示。

图 1-12 【存储为】对话框

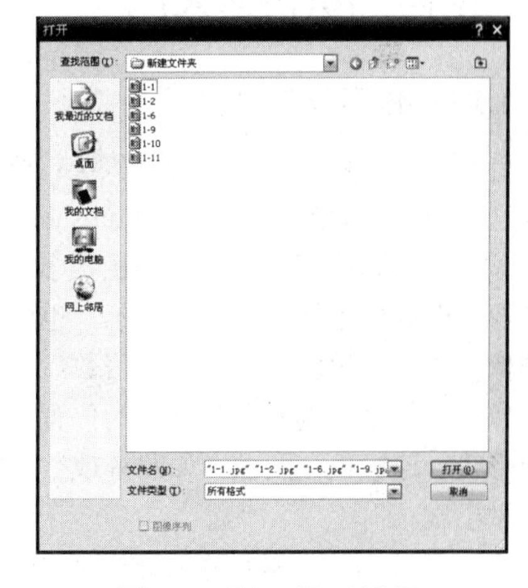

图 1-13 【打开】对话框

（2）执行菜单栏中的【文件】→【存储为】命令，或者按下快捷键【Shift+Ctrl+S】，可以将当前编辑的文件按指定的格式换名存盘，当前文件名将变为新文件名，原来的文件仍然存在。

（3）执行菜单栏中的【文件】→【存储为 Web 所用格式】命令，可以将图像文件保存为网络图像格式，并且可以对图像进行优化。

### 1.2.3 打开和关闭文件

**1. 打开文件**

如果要编辑一个已经存在的图像文件，则需要打开该文件。打开图像文件的基本操作步骤如下：

（1）执行【文件】→【打开】命令，或者按下快捷键【Ctrl+O】，则弹出【打开】对话框，如图 1-13 所示。

（2）在对话框中设置文件的相关选项。

① 在【查找范围】下拉列表中选择图像文件所在的位置。

② 在【文件类型】下拉列表中选择要打开的文件类型。

③ 在文件列表中选择要打开的图像文件。

（3）单击 打开(O) 按钮，则打开所选的图像文件。

在 Photoshop CS6 的【文件】菜单中还有一个【最近打开文件】命令，该命令的子菜单中记录了最近打开过的图像文件名称，默认情况下可以记录 10 个最近打开的文件。

**2. 关闭文件**

关闭文件有两种方式。

一是执行【文件】→【关闭】命令或【关闭全部】命令；二是单击图像窗口标题栏右侧的关闭按钮 × 。如果图像尚未存盘，将弹出一个警告框询问是否存盘，如图 1-14 所示。

图 1-14　关闭未保存的文件时出现的对话框

单击 是(Y) 按钮，如果从未保存过该文件，将弹出【存储为】对话框，要求输入文件名进行存储；如果是已经保存过的文件，将直接存储并关闭图像窗口。

单击 否(N) 按钮，将直接关闭文件，但不进行存储。

单击 取消 按钮，将取消关闭操作，并返回 Photoshop 工作环境。

## 1.3　平面知识快速入门

### 1.3.1　位图与矢量图

计算机图形图像主要分为两大类：位图图像和矢量图形。Photoshop 和 ImageReady 可以同时处理这两种类型的图形，而且 Photoshop 文件既可以包含位图数据，也可以包含矢量数据。

位图图像，也叫光栅图，是由很多个像小方块一样的颜色网格（即像素）组成的图像。位图中的像素由其位置值与颜色值表示，也就是将不同位置上的像素设置成不同的颜色，即组成了一幅图像。位图图像放大到一定的倍数后，可以发现位图图像是由彩色网格组成的，每个格点就是一个像素，每个像素都具有特定的位置和颜色值。处理位图图像时编辑的实际是像素，而不是对象或形状。连续色调图像（如照片或数字绘画）经常使用位图图像，因为它可以表现阴影和颜色的细微层次。

单位尺寸内的像素数称为分辨率（通常采用 ppi 表示，即每英寸上的像素数），因此，位图图像与分辨率有关。分辨率越大，图像越清晰，存储时的文件尺寸也越大。如果在屏幕上对位图图像进行放大，或以低于创建时的分辨率来打印，看到的便是一个一个方形的色块，整体图像也会变得模糊、粗糙，如图 1-15 所示。

图 1-15　位图图像放大前后的效果

矢量图形也叫向量图形，由数学定义的矢量线条和曲线组成。由于不是采用像素的方式，因此，矢量图形与分辨率无关。可以将其缩放到任意尺寸，或按任意分辨率打印，它始终能够保留清晰的线条，如图 1-16 所示。

图 1-16　矢量图形放大前后的效果

### 1.3.2　像素与分辨率

Photoshop CS6 的图像是基于位图格式的，而位图的基本单位是像素，因此，在创建位图图像时需要指定分辨率的大小。图像的像素与分辨率能体现出图像的清晰度，决定图像的质量。

**1. 像素**

像素是构成图像的最基本的单位，是一种虚拟的单位，只能存在于计算机中。图像就是由像素阵列的排列来实现其显示效果的，一个图像的大小是可以变化的，在改变像素大小时，不仅会影响到屏幕上图像的大小，而且会影响图像的打印效果。

**2. 分辨率**

分辨率是指单位长度内排列的像素数目，是衡量图像细节表现力的一个重要参数。通常，分辨率被表示成一个方向上的像素数量。分辨率越高，可显示的像素点就越多，所得到的图像就越精细。虽然分辨率越高图像质量越好，但会增加占用的存储空间，所以，根据图像的用途设置合适的分辨率，可以取得最好的使用效果。

### 1.3.3　图像的颜色模式

颜色使图像充满了生机与灵气。在处理图像时，可以使用一种颜色模型来指定颜色。Photoshop CS6 中包含几种不同的色彩模式：HSB、RGB、CMYK 和 Lab 等模式。每种色彩模式都使用一种不同的方式描述和分类颜色，但所有的色彩模式都使用数值表示颜色。

**1．常见的色彩模式**

（1）RGB 模式。RGB 模式是 Photoshop CS6 中最常用的一种颜色模式，又称三基色，属于自然色彩模式。这种模式是以 R（Red：红）、G（Green：绿）、B（Blue：蓝）三种基本色为基础，进行不同程度的叠加，从而产生丰富而广泛的颜色，所以又叫加色模式。由于红、绿、蓝每一种颜色可以有 0～255 的亮度变化，所以，可以表现出约 1680（256×256×256）万种颜色，是应用最为广泛的色彩模式。各参数取值范围为 0～255（R：0～255，G：0～255，B：0～255）。

所有的扫描仪、显示器、投影设备、电视、电影屏幕等都依赖于这种加色模式。但是，这种模式的色彩超出了打印色彩的范围，因此，输出后颜色往往会偏暗一些。

（2）CMYK 模式。CMYK 模式又称印刷四分色，也属于自然色彩模式。该模式是以 C（Cyan：品蓝）、M（Magenta：品红）、Y（Yellow：品黄）、K（Black：黑色，为区别于 Blue：蓝色，所以用 K 表示）为基本色。

CMYK 模式又称减色模式，它表现的是白光照射到物体上，经物体吸收一部分颜色后反射而产生的色彩。例如，白光照射到品蓝色的印刷品上时，我们之所以能看到它是品蓝色，是因为它吸收了其他颜色而反射品蓝色的缘故。

在实际应用中，品蓝、品红、品黄三种颜色叠加很难产生纯黑色，因此，这种模式中引入了黑色（K）以表现真正的黑色。

CMYK 色彩模式被广泛应用于印刷、制版行业。各参数取值范围为 0%～100%（C：0%～100%，M：0%～100%，Y：0%～100%，K：0%～100%）。

（3）HSB 模式。该模式用 H（Hue：色调）、S（Saturation：饱和度）和 B（Brightness：亮度）三个基本属性来描述颜色。

① 色调是指白光经过折射或反射后产生的单色光谱，即纯色，它组成了所有的可见光谱，并用 360° 的色轮来表现。例如，红色在 0°，品黄色在 60°，绿色在 120°，品蓝色在 180°，蓝色在 240°，品红色在 300° 等，依此类推。

② 饱和度描述色彩的浓淡程度，各种颜色的最高饱和度为该颜色的纯色，最低饱和度为灰色，白色、黑色没有饱和度。

③ 亮度描述色彩的明亮程度，当亮度为 0 时，无论是什么颜色都将表现为黑色。各参数取值范围为 H：0°～360°、S：0%～100%、B：0%～100%。

虽然 RGB 和 CMYK 是电脑绘图和打印的重要色彩模式，但是许多设计者仍然习惯使用 HSB 模式，因为 RGB 和 CMYK 模式都不是十分直观。

（4）Lab 模式。不同的显示器或印刷机由于性能的差异，表现的 RGB 颜色或 CMYK 颜色都可能会存在一些差别，因此，为了使颜色衡量标准化，1931 年国际照明委员会（CIE）公布了一种不依赖于设备的色彩模式，即 Lab 模式，后来在 1976 年又进行重新修订。它既可以用来描述打印的色调，也可以用来描述从显示器中发出的色调。

Lab 模式由亮度或其明度分量（L）和两个色度分量组成，其中，L 的取值范围从 0～100；色度分量 a 的取值范围从–128～127，表示颜色从绿色到灰色再到红色；色度分量 b 的取值范围从–128～127，表示颜色从蓝色到灰色再到黄色。

Lab 模式是 Photoshop 在不同的色彩模式之间转换时使用的内部色彩模式，因为它的色域包括了 RGB 和 CMYK 的色域。由于该模式是目前所有模式中色彩范围（称为色域）最广的颜色模式，它能毫无偏差地在不同系统和平台之间进行交换，因此，该模式是 Photoshop 在不同颜色模式之间转换时使用的中间颜色模式。

除了常见的色彩模式之外，Photoshop CS6 还包括另外一些特别的色彩模式，如位图模式、灰度模式、双色调模式、索引色彩模式和多通道模式等。

**2. 色域与溢色**

色域是指一种色彩模式中可以显示或打印的颜色范围。对于 CMYK 设置而言，可在 RGB 模式中显示的颜色可能会超出色域，因而无法打印。

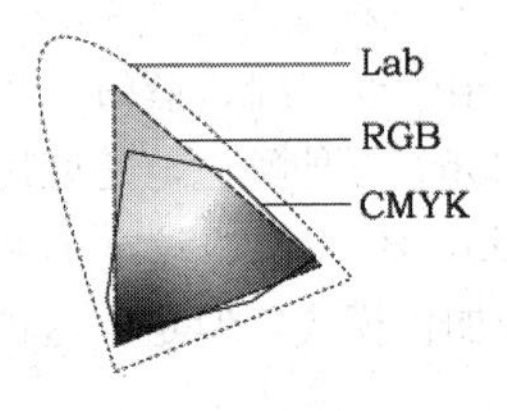

图 1-17　色域示意图

在 Photoshop CS6 所使用的各种色彩模式中，Lab 模式具有最宽的色域，包括了 RGB 和 CMYK 色域中的所有颜色，如图 1-17 所示。RGB 模式的色域要比 CMYK 模式的色域更大一些，因此，用户在显示器屏幕上所看到的一些颜色是不能被打印出来的。当 RGB 模式中的某种颜色超出了 CMYK 模式的色域时，将其称为【溢色】。由于溢色部分不能被正确打印，因此，往往以最接近溢色的颜色来代替。

在【拾色器】对话框中，如果使用 RGB、HSB 和 Lab 模式选择颜色，当选择了不能正确打印的颜色时，在颜色指示器的右侧将出现一个惊叹号标志▲，表示该颜色为【溢色】。

### 1.3.4　图像的文件格式

处理图形图像时要随时对文件进行存储，以便再打开修改或调到其他的图像软件中进行编辑，这就需要将图像存储为正确的图像格式。Photoshop CS6 支持多种图像格式，在存储时要合理选择图像格式，下面介绍一些常见的图像格式。

**1．PSD 格式**

PSD 格式是 Adobe 公司开发的专门用于支持 Photoshop 的默认文件格式，也是除大型文档格式（PSB）之外支持 Photoshop 所有功能的唯一格式。PSD 格式可以将文件中创建的图层、通道、路径、蒙版完整地保存下来。因此，将文件存储为 PSD 格式时，可以通过调整首选项设置以最大限度地提高文件兼容性，同时，也方便在其他程序中快速读取文件，但占据的磁盘空间较大。

**2．BMP 文件**

BMP（Bitmap-File）格式是 DOS 和 Windows 兼容计算机上的标准图像格式，在 Windows 环境下运行的所有图像处理软件都支持 BMP 图像文件格式。BMP 格式采用了无损压缩方式，存储图像时将不会对图像质量产生影响，它支持 RGB、索引颜色、灰度和位图颜色模式。

**3．JPEG 格式**

它是应用最广泛的一种可跨平台操作的压缩格式文件，支持 RGB、CMYK 及灰度等色彩模式。使用 JPEG 格式保存的图像经过高倍率地压缩，可使图像文件变得较小，但会丢失掉部分不易察觉的数据，所以，在印刷时不宜使用此格式。 JPEG 文件格式既是一个文件格式，又是一种压缩技术，它是一种特殊的压缩类型，主要用在具有色彩通道性能的照片图像中。

**4．TIFF 格式**

TIFF 的英文全名是 Tagged Image File Format（标记图像文件格式）。它是一种无损压缩格式，TIFF 格式便于应用程序之间和计算机平台之间图像数据交换，多用于桌面排版、图形艺术软件。因此，TIFF 格式是应用非常广泛的一种图像格式，可以在许多图像软件和平台之间转换。TIFF 格式除支持 RGB、CMYK 和灰度 3 种颜色模式外，还支持使用通道、图层和裁切路径的功能，可以将图像中裁切路径以外的部分再置入到排版软件（如 PageMaker）中时变为透明。

**5．PNG 格式**

PNG 格式是作为 GIF 格式的无专利替代品开发的，可用于网页的无损压缩和显示图像。与 GIF 不同，PNG 支持 24 位图像并产生无锯齿状边缘的背景透明效果。但是有些 Web 浏览器不支持 PNG 格式的图像。

**6．PDF 格式**

PDF 格式是 Adobe 公司开发的用于 Windows、Mac OS、UNIX 和 DOS 系统的一种电子出版软件的文档格式，适用于不同的平台。它以 PostScript Leve12 语言为基础，因此，可以覆盖矢量式图像和点阵图像，并支持超链接。

PDF 文件是有 Adobe Acrobat 软件生成的文件格式，该格式文件可以存有多页信息，其中包含图形文件的查找和导航功能。因此，使用该软件不需要排版或图像软件即可获得图文混排的版面。由于该格式支持超文本链接，因此，该格式是网络下载经常使用的文件。在 Photoshop 中图像可以存储为 PDF 格式，但是只能得到一个单独的页码。

**7．EPS 格式**

Photoshop EPS 格式是最广泛地被矢量绘图软件和排版软件所接受的格式，将图像置入 CorelDRAW、Illustrator 或 PageMarker 等软件中，就可以将图像存储成 Photoshop EPS 格式文件。若将图像存储为位图格式时，在存储为 Photoshop EPS 格式的同时，还可将图像的白色像素设置为透明效果。

**8．Raw 格式**

Raw 格式是一种灵活的文件格式，用于在应用程序与计算机平台之间传递图像。这种格式支持具有 Alpha 通道的 CMYK 模式、RGB 模式和灰度图像，以及无 Alpha 通道的多通道模式的图像和 Lab 模式的图像。

## 1.4 基础辅助功能

基础辅助功能包括颜色设置、图像显示效果、标尺和参考线等内容。

### 1.4.1 颜色设置

一般情况下，绘制图形、填充颜色或编辑图像时需要先选择颜色。Photoshop CS6 为用户选取颜色提供了多种解决方案，在处理图像作品时要灵活运用。

**1. 利用【拾色器】对话框**

在 Photoshop CS6 工具箱的下方提供了一组专门用于设置前景色、背景色的色块，如图 1-18 所示。

【说明】：

①【默认色按钮】：可以将颜色设置为默认色，即前景色为黑色、背景色为白色，快捷键为【D】键。

②【前景色、背景色转换按钮】：可以转换前景、背景的颜色，快捷键为【X】键。

③【前景色、背景色按钮】：单击前景色、背景色色块，则弹出如图 1-19 所示的【拾色器】对话框。在该对话框中，设置任何一种色彩模式的参数值都可以选取相应的颜色，也可以在对话框左侧的色域中单击鼠标选取相应的颜色。

在【拾色器】对话框中，用户可以设置出 1680 多万种颜色。如果所选颜色旁出现标识，表示该颜色超出了 CMYK 颜色，印刷输出时其下方的颜色将替代所选颜色。

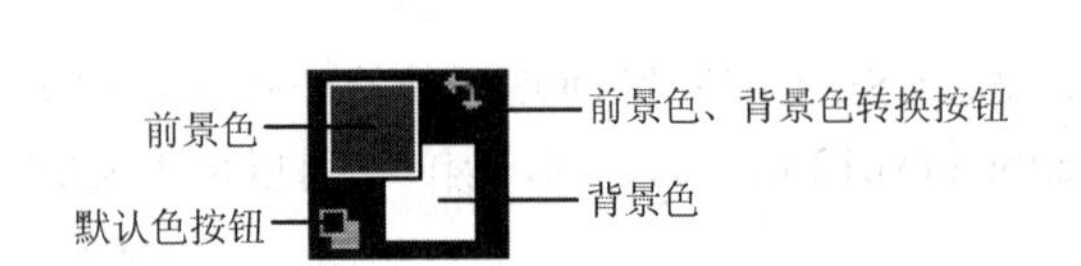


图 1-18 颜色设置工具

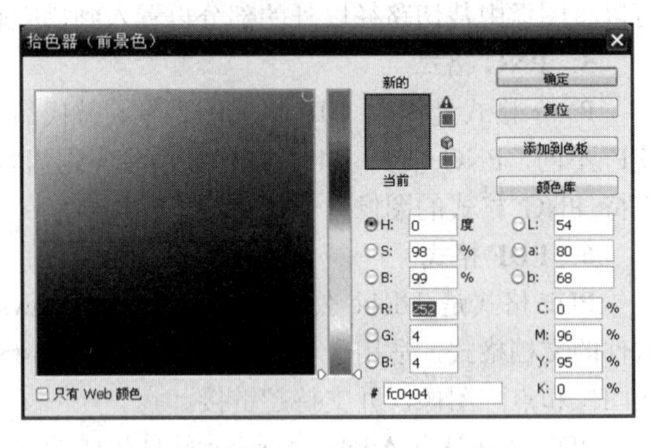


图 1-19 【拾色器】对话框

在工具箱中设置前景色或背景色的基本操作步骤如下。

（1）单击前景色或背景色色块，打开【拾色器】对话框。

（2）在对话框中选择所需要的颜色。

（3）单击确定按钮，即可将所选颜色设置为前景色或背景色。

**2. 利用【颜色】面板**

使用【颜色】面板可以方便地选择所需的颜色。执行菜单栏中的【窗口】→【颜色】命令，或者按下【F6】键，可以打开【颜色】面板，如图 1-20 所示。

在【颜色】面板中可以进行如下操作。

（1）移动三角形的颜色滑块，或在文本框中输入数值，可以选择所需的颜色。

（2）单击前景色、背景色色块可以将其设置为当前颜色，这时该颜色块周围出现一个黑框，表示它是当前要编辑的颜色，再次单击时便进入了【拾色器】对话框。

（3）将光标移动到颜色条上，光标变为吸管状，单击鼠标可以选择前景色，按住【Alt】键的同时单击鼠标可以选择背景色。

（4）如果要选择纯黑色或纯白色，可以单击颜色条右侧的黑色色块或白色色块。

**3. 利用【色板】面板**

利用【色板】面板选取颜色是最快捷的一种选色方式，利用它可以非常方便地设置前景色、背景色，并且可以任意添加或删除色板。

执行菜单栏中的【窗口】→【色板】命令，打开【色板】面板，如图 1-21 所示。

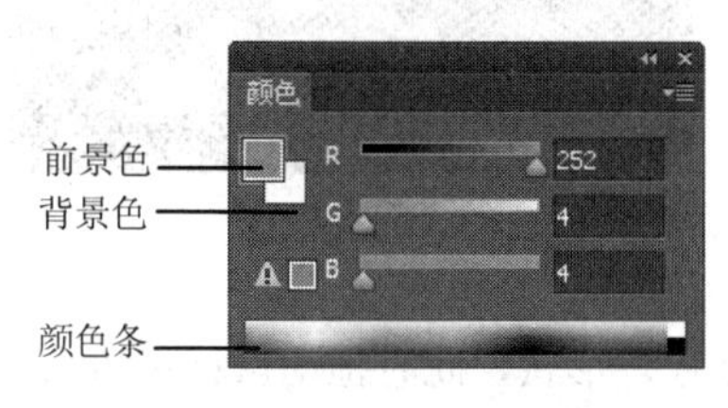


图 1-20 【颜色】面板

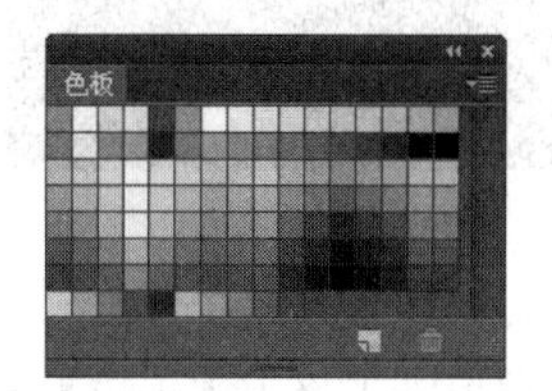


图 1-21 【色板】面板

将光标移动到【色板】面板，当光标变为吸管状时单击所需色板，可以设置前景色；按住【Ctrl】键的同时单击所需色板，可以设置背景色。

## 1.4.2　图像的显示控制

图像的显示与控制操作是图像处理的过程中使用比较频繁的一种操作，主要包括图像的缩放、查看图像的不同位置、窗口布局等操作。

**1. 图像的缩放**

在图像编辑过程中，经常需要将图像的某一部分进行放大或缩小，以便于操作。放大或缩小图像时，窗口的标题栏和底部的状态栏中将显示缩放百分比。

在 Photoshop CS6 中，图像的缩放方式有以下几种。

（1）选择【缩放工具】，将光标移动到图像上，则光标变为放大镜形状，每单击一次鼠标，图像将放大一级，并以单击的位置为中心显示。当图像放大到最大级别时将不能再放大。按住【Alt】键，则光标变为缩小镜状，每单击一次鼠标，图像将缩小一级。当图像缩小到最大缩小级别（在水平和垂直方向只能看到 1 个像素）时将不能再缩小。

（2）选择【缩放工具】，在要放大的图像上拖动鼠标，这时将出现一个虚线框，释放鼠标后虚线框内的图像将充满窗口，如图 1-22 所示。

（3）双击【缩放工具】，则图像以 100%比例显示。

（4）双击【抓手工具】，则图像将以屏幕最大尺寸显示。

【注意】:任何情况下按下【Ctrl+空格键】，光标都将变为放大镜形状；按下【Alt+空格键】，光标将变为缩小镜形状。

**2. 图像的查看**

图像被放大以后，图像窗口不能将全部图像内容显示出来。如果要查看图像的某一部分时，就需要进行相应的操作。

查看图像有如下几种方法。

（1）选择【抓手工具】，将光标移动到图像上，当光标变为形状时拖动鼠标，可以查看图像的不同部分，如图 1-23 所示。

（2）拖动图像窗口上的水平、垂直滚动条可以查看图像的不同部分。

（3）按下键盘中的【PageUp】或【PageDown】键，可以上下滚动图像窗口查看图像。

（4）如果鼠标是滚轮鼠标，推动中间的滚轮可以方便地查看图像的不同部分。

图 1-22　虚线框

图 1-23　查看图像

【注意】：任何情况下按下【空格】键，光标都将变为形状，此时拖动鼠标可查看图像的不同部分。

**3.【导航器】面板的使用**

使用【导航器】面板可以方便地缩放与查看图像，这是 Photoshop CS6 中唯一用于控制图像显示与缩放的控制面板。执行菜单栏中的【窗口】→【导航器】命令，可以打开【导航器】面板，如图 1-24 所示。

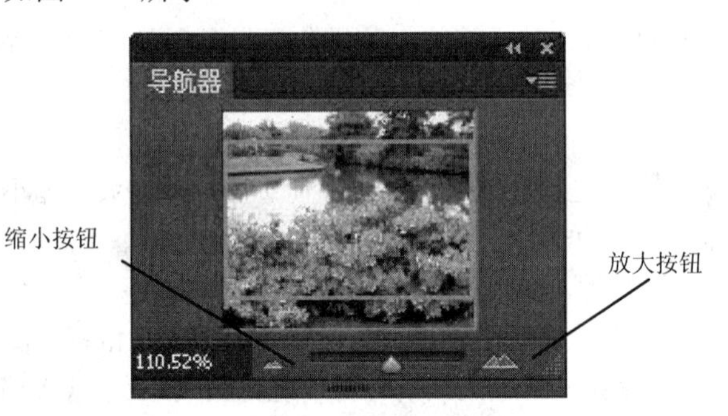


图 1-24 【导航器】面板

图 1-25　指定要放大的图像区域

（1）单击面板底部的放大按钮或缩小按钮，可以放大或缩小图像。

（2）拖动放大按钮与缩小按钮之间的三角形滑块，可以放大或缩小图像。

（3）在左下角的文本框中输入一个比例数，然后按下【Enter】键，可以按指定的比例放大或缩小图像。

（4）按住【Ctrl】键的同时在面板中的缩略图上拖动鼠标，可以自由指定要放大的图像区域，如图 1-25 所示。

（5）在面板中的缩略图上拖动红框，可以查看图像的不同位置（注：红框代表图像窗口的显示区域）。

### 1.4.3　标尺与参考线

标尺、参考线可以帮助用户在图像的长度和宽度方向进行精确定位，这些工具统称为辅助工具。熟练使用这些辅助工具，可以帮助用户快速、精确地完成设计任务。对于专业设计人员来说，使用辅助工具进行精细化作业是必不可少的基本技能。

**1. 标尺**

在 Photoshop CS6 中，标尺位于图像工作区的左侧和顶端位置，是衡量画布大小最直观的工具，当移动光标时，标尺内的标记将显示光标的位置；结合标尺和参考线的使用可以准确、精密的标示出操作的范围。

（1）执行【视图】→【标尺】命令，或按键盘【Ctrl+R】快捷键，可显示和关闭标尺，如图 1-26 所示。

（2）标尺具有多种单位以适应不同大小的图像操作，默认标尺单位为厘米，在标尺上单击鼠标右键，在弹出的快捷菜单中可更改标尺单位，如图 1-27 所示。

（3）指定标尺的原点。显示标尺以后，可以看到标尺的坐标原点位于图像窗口的左上角，如图 1-28 所示。如果需要改变标尺原点，可以将光标置于原点处，拖动鼠标时会出现【十】字线，释放鼠标，则交叉点变为新的标尺原点，如图 1-29 所示。改变了原点后，双击水平标尺与垂直标尺的交叉点，则原点变为默认方式。

图 1-26　标尺的显示图

图 1-27　标尺的单位

图 1-28　设置标尺原点（一）

图 1-29　设置标尺原点（二）

**2. 参考线**

在 Photoshop CS6 中编辑图像时，使用参考线同样也可以实现精确定位。使用参考线可以采用下述方法。

（1）执行【视图】→【显示】→【参考线】命令，可以显示或隐藏图像窗口中的参考线。

（2）如果图像窗口中已显示标尺，将光标指向水平或垂直标尺向下或向右拖动鼠标，可以创建水平或垂直参考线。按住【Alt】键的同时从水平标尺向下拖动鼠标可以创建垂直参考线，从垂直标尺向右拖动鼠标可以创建水平参考线。

（3）执行【视图】→【新参考线】命令，则弹出【新参考线】对话框，如图1-30所示，在对话框中可以选择新参考线的取向及距相应标尺的距离。

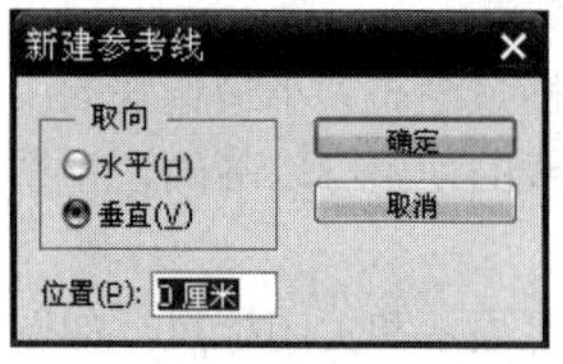


图1-30 新建参考线

（4）选择【移动工具】，将光标指向参考线，当光标变为双向箭头时拖动鼠标，可以移动参考线的位置，如果将其拖动至窗口外，可以删除该参考线。另外，执行菜单栏中的【视图】→【清除参考线】命令，可以删除图像窗口中所有的参考线。

（5）执行【视图】→【锁定参考线】命令，可以锁定图像窗口中所有的参考线，不能发生移动。

（6）执行【视图】→【对齐到】→【参考线】命令，当移动图像或创建选择区域时，可以使图像或选择区域自动捕捉参考线，自动实现对齐操作。

## 1.5 综合训练——制作美容院会员卡

以设计者的身份，为佳人美容院设计一张会员卡，完成的最终效果如图1-31所示。

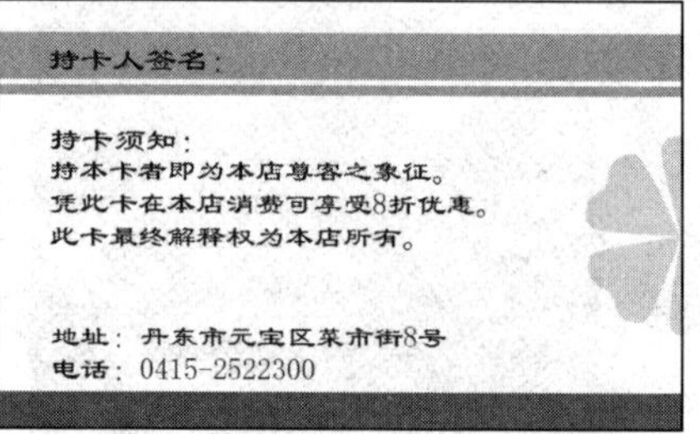


图1-31 会员卡正面、背面效果

### 1. 会员卡的正面制作

（1）启动Photoshop CS6软件。

（2）执行【文件】→【新建】命令，弹出【新建文件】对话框，如图1-32所示，在名称文本框中输入文件名称为【会员卡-正面】，在文件【宽度】和【高度】数值框中输入宽度为【85.5毫米】、高度为【54毫米】，在【分辨率】数值框中设置图像的分辨率大小为【300像素/英寸】，在【颜色模式】列表框中设置颜色模式为【RGB颜色】，在【背景内容】列表框中选择图像的背景颜色为【白色】，单击【确定】按钮。

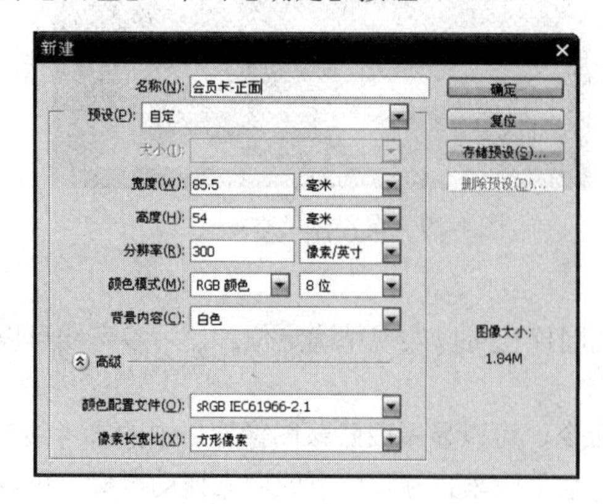


图1-32 【新建文件】对话框

图1-33 打开素材文件

（3）执行【文件】→【打开】命令，打开【01\综合训练\素材\人物】文件，如图 1-33 所示。

（4）选择工具箱中的【移动工具】，按住鼠标左键，将其拖拽到【会员卡-正面】的文件中，效果如图 1-34 所示。

（5）单击【图层】控制面板下方的【创建新图层】按钮，新建【图层 2】，选择工具箱中的【矩形选框工具】，在图像窗口中绘制矩形选区，效果如图 1-35 所示。

图 1-34　将素材文件移动到页面

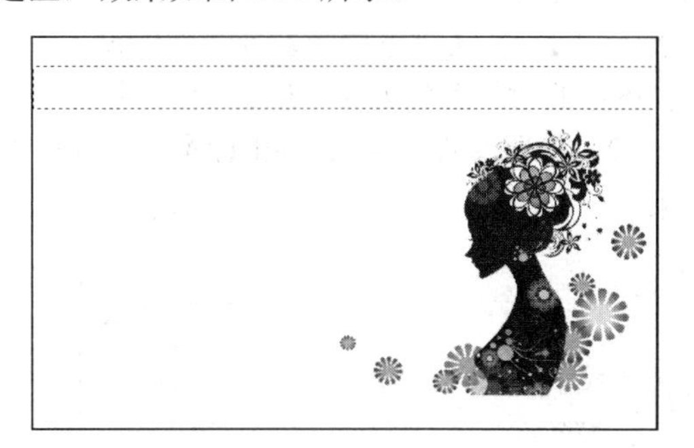

图 1-35　绘制矩形选区

（6）将前景色设为粉色（其 RGB 的值分别为 210、165、210），按【Alt+Delete】键，用前景色填充选区，效果如图 1-36 所示。

（7）执行【选择】→【取消选择】命令，取消选区。

（8）按照上述步骤（5）到（7），制作另外两条矩形条，页面最下面的矩形条颜色为紫色（其 RGB 的值分别为 170、98、158），效果如图 1-37 所示。

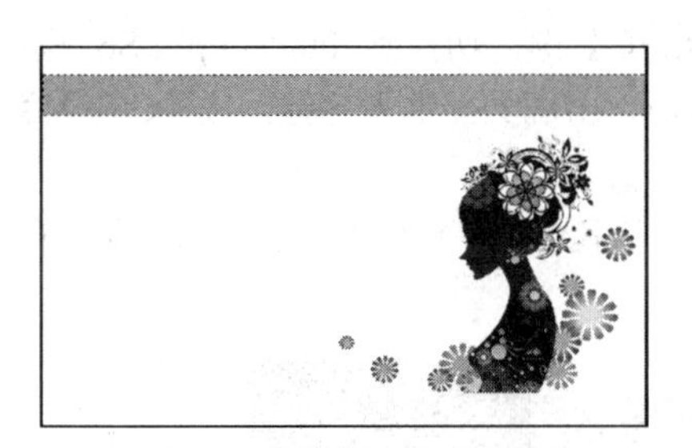

图 1-36　绘制的矩形条

图 1-37　绘制的三条矩形条效果图

（9）选择工具箱中的【横排文字工具】，分别在属性栏中选择合适的字体并设置文字大小，在图像窗口的上方输入【佳人美容院】五个字，将光标放到【佳人美容院】五个字中并双击鼠标左键，将文字全部选中，在字体选择列表中选择【隶书】，在属性栏中文字字号设置数值框中输入【14】，单击属性栏上的，完成文字效果的设置，如图 1-38 所示。

（10）参照步骤（9）的方法，输入【会员卡】三个字，效果如图 1-39 所示。

图 1-38 【佳人美容院】五个字的效果

图 1-39 【会员卡】三个字的效果

（11）执行【文件】→【存储】命令，保存文件，从而完成会员卡正面的设计。

**2. 会员卡的背面制作**

（1）执行【文件】→【新建】命令，弹出【新建】对话框，再次新建一个文件，如图 1-40 所示，在名称文本框中输入文件名称为【会员卡-背面】，在文件【宽度】和【高度】数值框中输入宽度为【85.5 毫米】、高度为【54 毫米】，在【分辨率】数值框中设置图像的分辨率大小为【300 像素/英寸】，在【颜色模式】列表框中设置颜色模式为【RGB 颜色】，在【背景内容】列表框中选择图像的背景颜色为【白色】，单击【确定】按钮。

（2）参照文件【会员卡-正面】的三个矩形条制作的步骤及方法，制作出如图 1-41 所示的效果。

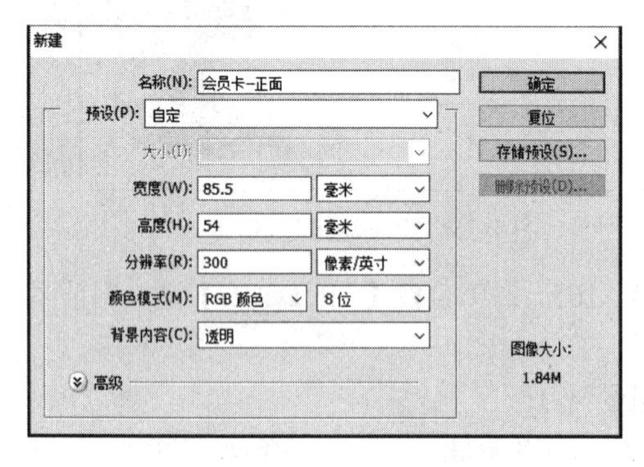


图 1-40　【新建】对话框

图 1-41　三个矩形条的效果

（3）打开【01\综合训练\素材\文字】文件，按【Ctrl+C】键，切换到 Phtoshop CS6 软件中，单击工具箱中的【横排文字工具】T，单击页面图像区域，出现文字输入光标，按【Ctrl+V】键，将文字粘贴到页面。

（4）在字体选择列表中选择【隶书】，在属性栏中文字字号设置数值框中输入【12】，单击属性栏上的✓，完成文字效果的设置，如图 1-42 所示。

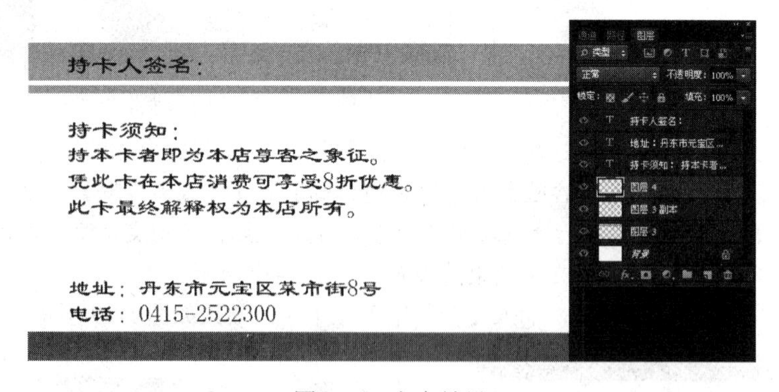


图 1-42　文字效果

（5）执行【文件】→【存储】命令，保存文件，从而完成会员卡背面的设计。

（6）执行【文件】→【退出】命令，退出软件使用程序。

## 1.6　本章小结

本章主要介绍了图像处理的基础知识、Photoshop CS6 的工作界面、文件基本操作，以及一些辅助工具的操作等技能。建议读者熟练掌握这些内容，牢固掌握基本的操作技巧，为早日成为 Photoshop 高手奠定良好的基础。

## 1.7　课后练习

设计一张美体中心会员卡，会员卡效果如图 1-43 所示。

图 1-43　会员卡效果

# 第 2 章　选区的绘制与编辑

选区在 Photoshop CS6 中有着非常重要的作用，特定区域的选择和编辑是一项基础性的工作，很多操作都基于选区进行操作。因此，选区的创建效果将直接影响到图像处理的质量，这些在使用 Adobe Photoshop CS6 设计和处理图像的过程中，需要部分调整的特定区域称为选区，如图 2-1 所示（被虚线包围的闭合区域）。

在 Photoshop CS6 中创建选区的方法很多，可以通过工具箱中的选区工具直接创建；可以利用选择特定颜色范围的方法创建；可以使用菜单命令、使用【路径工具】或使用【滤镜】菜单中的【抽出】命令等来创建；还可以使用快速蒙版来创建选区。

## 2.1　选区的初级操作

### 2.1.1　使用工具箱

**1. 选框工具组**

【选框工具组】包含【矩形选框工具】、【椭圆选框工具】、【单行选框工具】和【单列选框工具】四种，平时只有被选择的工具为显示状态，其他为隐藏状态，可以通过单击工具按钮右下角的三角来显示出所有的工具，如图 2-2 所示。

（1）使用【矩形选框工具】，可以创建矩形选区。选取工具箱中的【矩形选框工具】，鼠标指针指向编辑窗口，按住鼠标左键并拖动鼠标，即可创建一个矩形选区，如图 2-3 所示。

图 2-1　选区

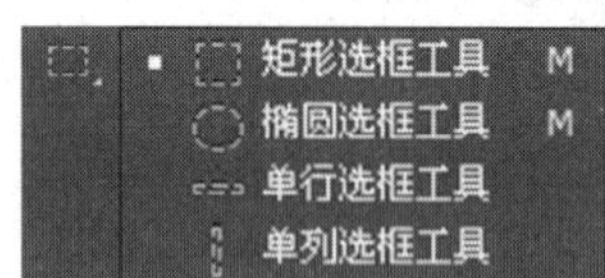


图 2-2　选框工具

图 2-3　创建矩形选区

如果要得到精确的矩形选区或控制创建选区的操作，只需在【矩形选框工具】的属性栏中进行相应的参数设置，如图 2-4 所示。

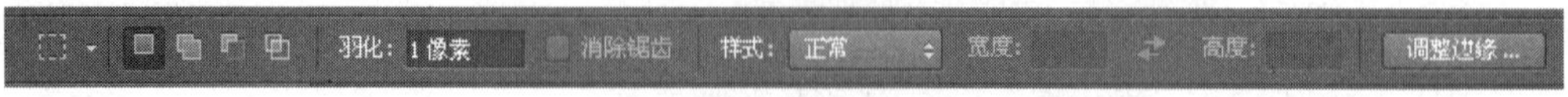

图 2-4　矩形属性工具栏

按钮：Photoshop CS6 这 4 个按钮分别表示创建新选区、增加选区、减少选区以及交叉选区。

① 新选区按钮：可以创建新选区，在图像中单击或按快捷键【Ctrl+D】可以取消选区，如图 2-5 所示。

图 2-5　创建新选区

②【添加到选区】按钮：在已有选区的前提下单击该按钮后，继续在图像中绘制选区，可以将新绘制的选区与已有选区相加；按住【Shift】键也可以添加选区，如图 2-6 所示。

图 2-6　增加选区

③【从选区减去】按钮：在已有选区的前提下单击该按钮后，继续在图像中绘制选区，可以使用新绘制的选区减去已有的选区，如图 2-7 所示，如果新绘制的选区范围包含了已有选区，则图像中无选区；按住【Alt】键也可以从选区中减去。

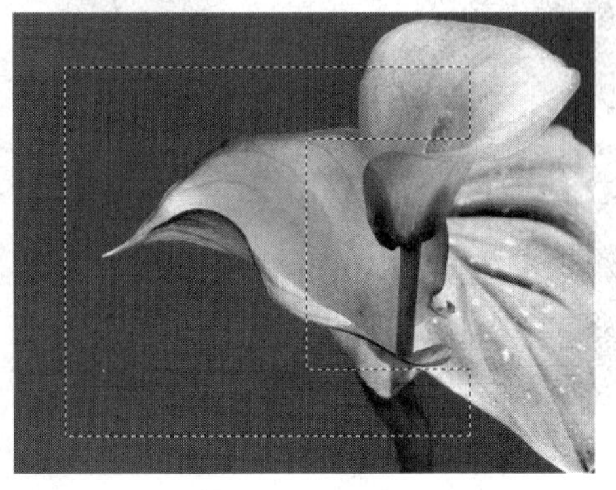

图 2-7　选区相减

④【与选区交叉】按钮：在已有选区的前提下单击该按钮后，继续在图像中绘制选区，可以将新绘制的选区与已有的选区相交，选区结果为相交的部分，如图 2-8 所示；如果新绘制的选区与已有选区无相交，则图像中无选区。

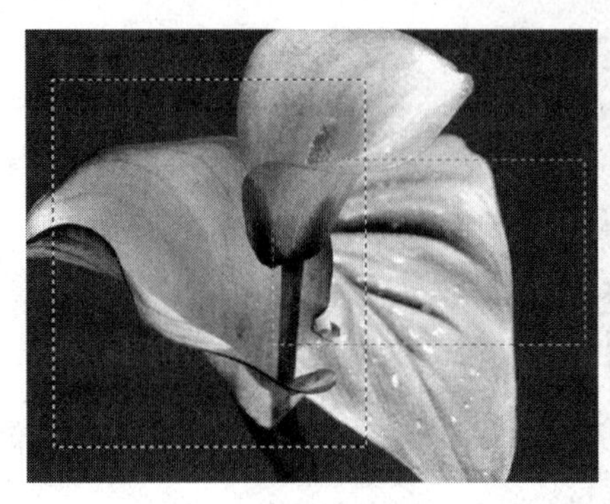
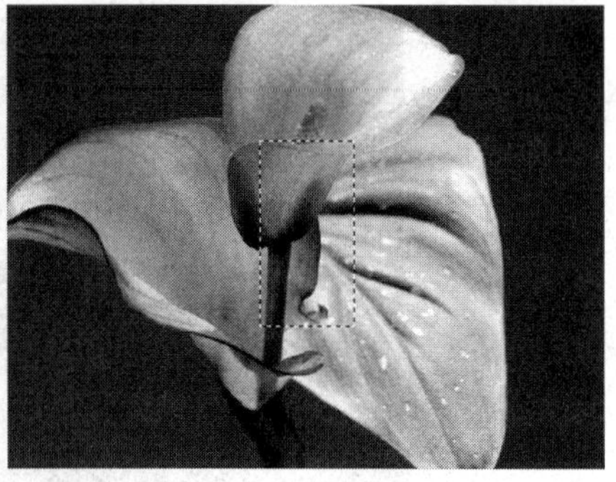

图 2-8　选区相交

- 羽化：0像素：此选框用于设置选区的羽化属性。羽化选区可以模糊选区边缘的像素，产生过渡效果。羽化宽度越大，则选区的边缘越模糊，选区的直角部分也将变得圆滑，这种模糊会使选定范围边缘上的一些细节丢失。在羽化后面的文本框中可以输入羽化数值来设置选区的羽化功能（取值范围是 0～250 像素）。
- 消除锯齿：勾选此复选框后，选区边缘的锯齿将消除，此选项在椭圆选区工具中才能使用。
- 样式：固定大小：Photoshop CS6 此选项用于设置选区的形状，单击右侧的三角按钮，打开下拉列表框，可以选取不同的样式。其中，【正常】选项表示可以创建不同大小和形状的选区；【固定长宽比】选项可以设置选区宽度和高度之间的比例，并可在其右侧的【宽度】和【高度】文本框中输入具体的数值；【固定大小】选项，表示将锁定选区的长宽比例及选区大小，并可在右侧的文本框中输入一个数值。

【注意】：样式下拉列表框仅当选择【矩形选区】和【椭圆形选区】工具后可以使用。

（2）使用【椭圆选框工具】，可以创建椭圆形选区。设置选区的方法步骤与使用【矩形选框工具】相似，即在工具箱中选取【椭圆选框工具】后，在图像编辑窗口按住鼠标左键绘制一个椭圆形区域即可，如图 2-9 所示。

（3）使用【单行选框工具】和【单列选框工具】，可以非常准确的创建一行或一列像素选区。这两种工具的使用方法类似，主要是用来设置高度或者宽度为 1 像素的选区，如图 2-10 所示。

图 2-9　创建椭圆形选区

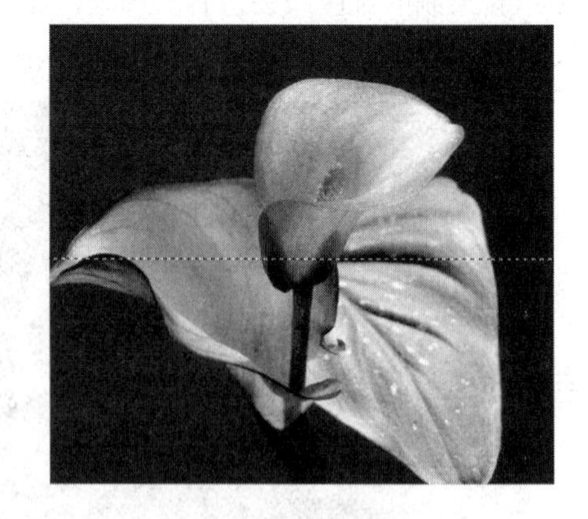

图 2-10　创建单行

**2. 套索工具组**

【套索工具组】可以自由地手工绘制选区范围；可以在图像中创建任意形状的选区。【套索工具组】包括【套索工具】、【多边形套索工具】和【磁性套索工具】3 种。

（1）【套索工具】。使用【套索工具】，按住鼠标左键不放并拖动鼠标，结束时回到起始点松开鼠标左键即可完成选区制作，如图 2-11 所示。

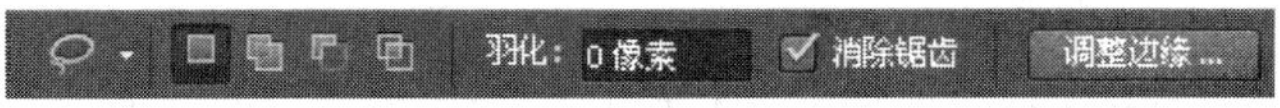
羽化：0 像素
消除锯齿
调整边缘...

图 2-11　套索工具选项

（2）【多边形套索工具】。使用【多边形套索工具】可以绘制由直线连接形成的不规则的多边形选区。此工具和【套索工具】的不同是可以通过确定连续的点来确定选区。

（3）【磁性套索工具】。使用【磁性套索工具】可以自动捕捉图像中对比度比较大的两部分的边界，可以准确、快速地选择复杂图像的区域，多用于人物等边界复杂图像的抠图使用。

具体操作方法如下。

① 在工具箱中选取【磁性套索工具】，此时在编辑窗口上方显示其工具选项栏，如图 2-12 所示，各选项作用如下。

羽化：0 像素
消除锯齿
宽度：10 像素
对比度：10%
频率：57
调整边缘...

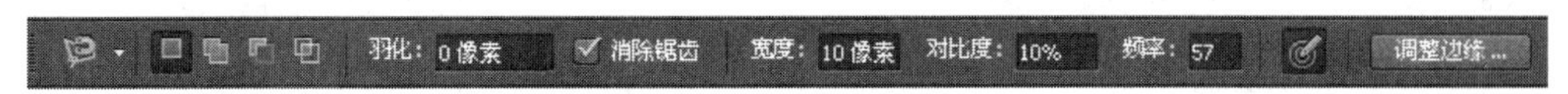

图 2-12　磁性套索工具选项

- 【宽度】：系统能够检测的边缘宽度。其值在 1～40 之间，值越小，检测的范围越小。
- 【边对比度】：其值在 1%～100%之间，值越大，对比度越大，边界定位也就越准。
- 【频率】：设置定义边界时的锚点数，这些锚点起到了定位选择的作用。其值在 0～100 之间，值越大产生的锚点也就越多。
- ：此按钮用于使用绘图板压力以更改钢笔宽度。

② 在起点处单击鼠标左键，并沿着待选图像区域边缘拖动，回到起点附近，当鼠标指针下方出现一个小圆圈时单击鼠标或者回车键即可形成封闭区域。

**3. 魔棒工具组**

之前介绍过的规则选框工具【套索工具】都是需要通过手动来绘制选区的，但是在 Photoshop CS6 中还有一种智能化的选区工具，即【魔棒工具】和【快速选择工具】，这种两种工具能够选取相似颜色的所有像素，其使用方法极为灵活，选取范围也极为广泛。

（1）【魔棒工具】。【魔棒工具】可以选取图像中颜色相同的或颜色相近的不规则区域。单击工具箱中的【魔棒工具】按钮；鼠标在图像区域变成了形状魔棒，用鼠标单击需要选取图像中的任意一点，图像中与该点颜色相同或相似的颜色区域将会自动被选取，如图 2-13 所示。

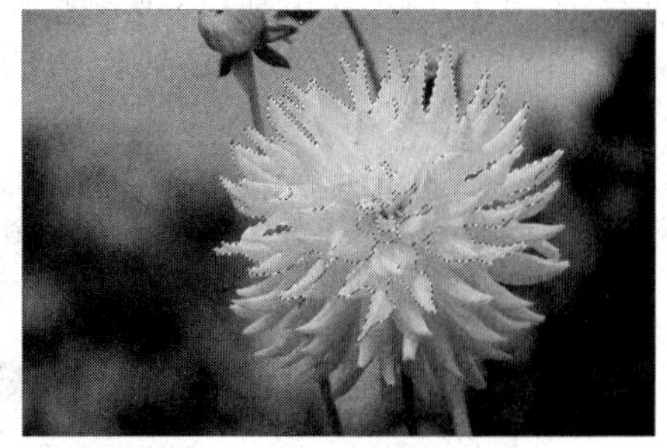

图 2-13　用魔棒工具创建选区

单击【魔棒工具】按钮，工具选项栏中会显示该工具的一些选项设置，如图 2-14 所示。

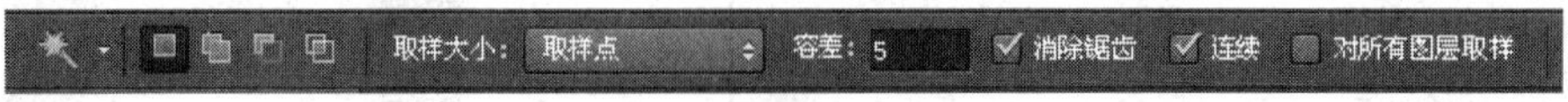
取样大小：取样点
容差：5
消除锯齿
连续
对所有图层取样

图 2-14　魔棒选项栏

①【容差】：用来控制在识别各像素色值差异时的容差范围。可以输入 0～255 之间的数值，取值越大容差的范围越大；相反，取值越小容差的范围越小。

②【消除锯齿】：用于消除不规则轮廓边缘的锯齿，使边缘变得平滑。

③【连续】：选中该复选框，可以只选取相邻的图像区域；未选中该复选框时，可将不相邻的区域也添加入选区。

【对所有图层取样】：如果该项被选中，则选区的识别范围将跨越所有可见的图层。如果不选，则只在当前应用的图层上识别选区。

（2）【快速选择工具】。【快速选择工具】可以利用可调整的圆形画笔笔尖快速绘制选区。

使用【快速选择工具】可以快速在图像中对需要选取的部分建立选区，使用方法很简单，只要选中该工具后，用鼠标指针在图像中拖动或单击鼠标左键就可将鼠标经过的地方创建为选区。选择【快速选择工具】后，工具选项栏中会显示该工具的一些选项设置，如图 2-15 所示，各选项的意义如下。

图 2-15　快速选择工具选项

①【选区模式】：用来对选区方式进行设置，包括【新选区】、【添加到选区】、【从选区中减去】。

②【画笔】：初选离边缘较远的较大区域时，画笔尺寸可以大些，以提高选取的效率；但对于小块的主体或修正边缘时则要换成小尺寸的画笔。总地来说，大画笔选择快，但选择粗糙，容易多选；小画笔一次只能选择一小块主体，选择慢，但得到的边缘精度高。

更改画笔大小的简单方法：在建立选区后，按【]】键可增大快速选择工具画笔的大小；按【[】键可减小画笔大小。

③【对所有图层取样】：当图像中含有多个图层时，选中该复选框，将对所有可见图层的图像起作用，没有选中时，【魔棒工具】只对当前图层起作用。

④【自动增强】：当图像中含有多个图层时，选中该复选框，将对所有可见图层的图像起作用，没有选中时，只对当前图层起作用。

### 2.1.2　案例应用——制作画轴

（1）按【Ctrl＋N】键，新建一个文件，宽度为【20cm】，高度为【28cm】，分辨率为【300 像素/英寸】，颜色模式为【RGB 颜色】，背景内容为【白色】，单击【确定】按钮，如图 2-16 所示。

（2）将前景色设为绿色(其 RGB 的值分别为 100、79、6)，按【Ctrl+Delete】键，进行前景色填充。

（3）按【Ctrl＋O】键，打开【02\画轴\素材\背景】文件，使用【移动工具】将图片拖拽到画轴文件图像窗口，生成新图层并将其命名为【画轴纸】，按【Ctrl＋T】键，调整图像大小，效果如图 2-17 所示。

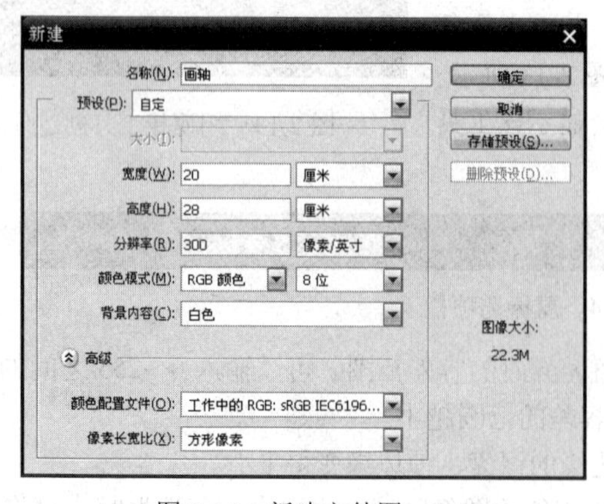


图 2-16　新建文件图

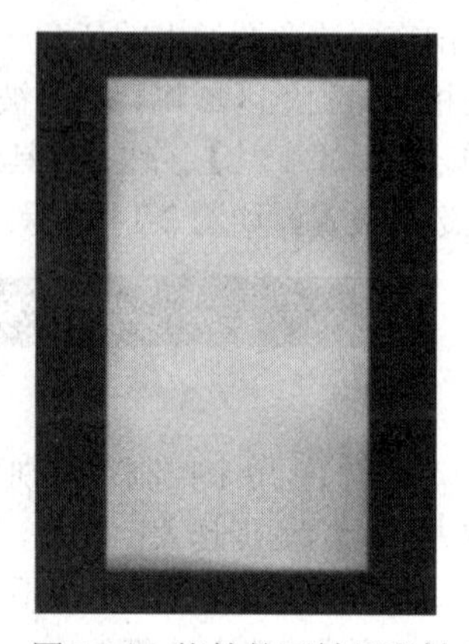

图 2-17　拖拽的画轴纸素材

（4）按住【Ctrl】键并单击【画轴纸】图层，激活该图层选区，单击菜单【编辑】→【描边】命令，弹出描边对话框，描边宽度为【6 像素】，颜色为【黑色】，单击【确定】按钮，如图 2-18 所示，并按【Ctrl+D】键，取消选区。

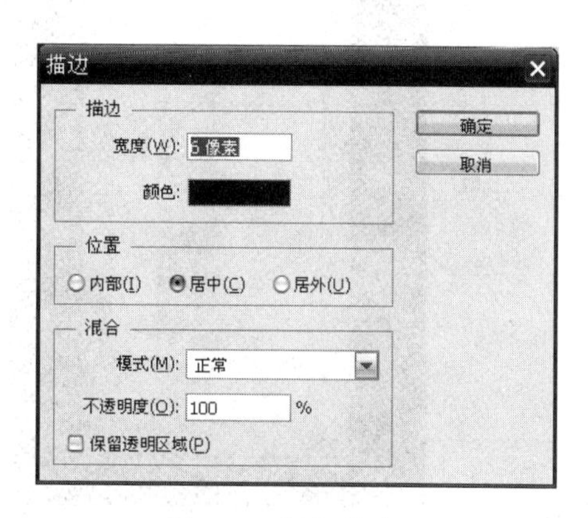

图 2-18　添加描边

图 2-19　矩形绘制

（5）单击图层调板中的【新建图层】按钮，新建图层，并命名为【画轴杆 1】。

（6）单击【矩形选框工具】，绘制矩形选区，选取工具箱中的【渐变工具】，按住【Shift】键同时按住鼠标左键，从上到下拖动鼠标，进行直线渐变颜色的填充，效果如图 2-19 所示。

【注意】：颜色的取值分别为 RGB100、79、6，RGB230、200、120，RGB113、90、16，RGB130、110、41。

（7）在图层调板中，单击【画轴杆 1】图层，按住鼠标不放并将鼠标拖动到【新建图层】按钮，将图层复制，并使用【移动工具】将其放至合适位置，如图 2-20 所示。

（8）新建图层，并命名为【画轴杆 2】。再次单击【矩形选框工具】，绘制矩形选区，选取【渐变工具】，按住【Shift】键同时按住鼠标左键，从上到下拖动鼠标，进行【灰、黑、灰】渐变颜色的填充，并进行其描边效果的制作，效果如图 2-21 所示。

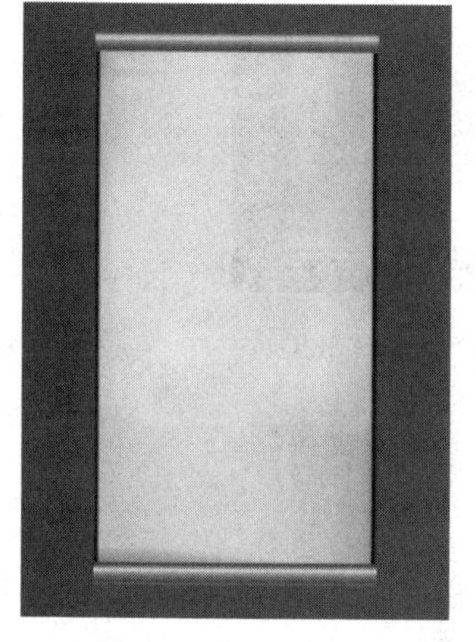
图 2-20　图层复制

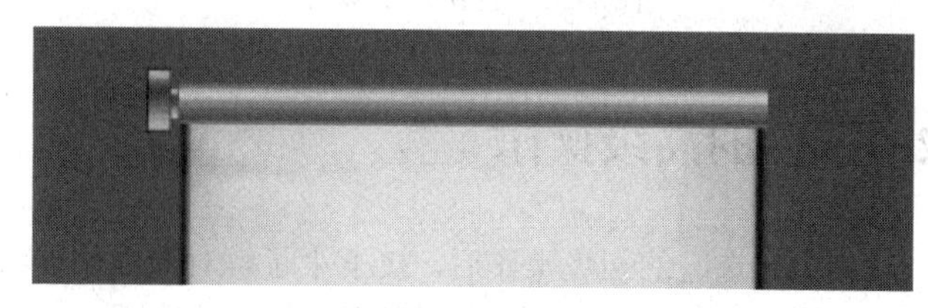
图 2-21　矩形绘制

（9）将矩形复制三个，如图 2-22 所示。

（10）按【Ctrl＋O】键，打开【02\画轴\素材\人物】文件，使用【移动工具】将图片拖拽到画轴文件图像窗口，生成新图层并将其命名为【人物】，按【Ctrl＋T】键，调整图像大小，效果如图 2-23 所示。

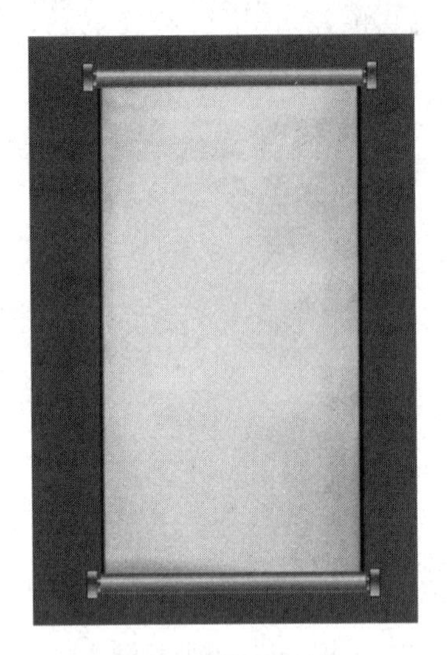

图 2-22 图层复制

图 2-23 调入的人物素材

（11）使用【魔棒工具】，设置容差为【10】，勾选上连续复选框，单击【人物】图层的白色背景区域，将其选区选中，设置前景色为黄色（RGB 的值为 198、142、85），按【Ctrl+ Delete】键，进行前景色填充，如图 2-24 所示，并按【Ctrl+D】键，取消选区。

（12）按住【Ctrl】键并单击【人物】图层，激活该图层选区，单击菜单【编辑】→【描边】命令，弹出描边对话框，描边宽度为【6 像素】，颜色为【黑色】，单击【确定】按钮，完成整个制作过程，效果如图 2-25 所示。

图 2-24 替换背景颜色

图 2-25 最终效果

## 2.2 选区的高级操作

学会创建选区的初级操作后，接下来了解对选区的高级操作方法，如使用色彩范围、使用抽出滤镜、使用快速蒙版等对图像创建更为精细的选区。

### 2.2.1 使用选择菜单中的命令创建选区

**1. 利用【选择】菜单**

在【选择】菜单中包含着一些用于控制选区的命令，包括【全选】、【取消选择】、【重新选择】以及【反选】等命令。

**2. 利用【色彩范围】命令创建选区**

【色彩范围】命令主要是通过在图像中指定颜色来定义选区的，并可以通过指定其他颜色来增加或减少选区。执行【色彩范围】命令制作选区效果的操作方法如下。

（1）打开一张图像，如图 2-26 所示。

（2）单击【选择】→【色彩范围】命令，打开【色彩范围】对话框，如图 2-27 所示。

图 2-26　打开图片

图 2-27　色彩范围对话框

（3）选取【吸管工具】，移动鼠标指针至图像编辑窗口或预览框中如图 2-28 所示的位置，单击鼠标左键，吸取该区域的颜色。

（4）设置【颜色容差】为【80】，单击【确定】按钮，即可创建如图 2-29 所示的选区效果。

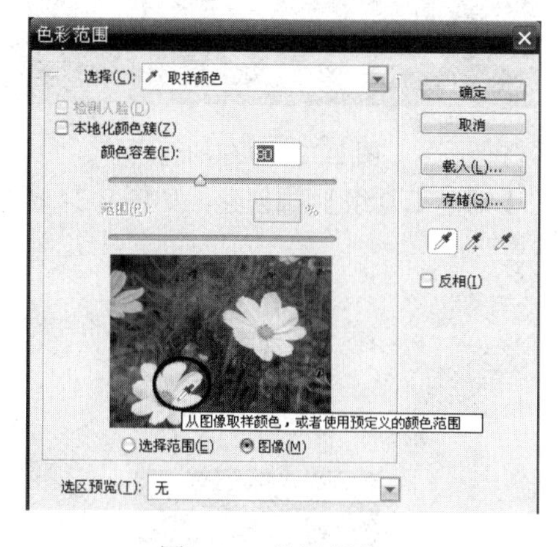


图 2-28　选区颜色

图 2-29　创建的选区

### 2.2.2　以快速蒙版方式创建选区

快速蒙版功能可以迅速地将一个选区变成一个蒙版（无需使用通道调板），然后可以使用任何工具或滤镜修改蒙版。下面举例加以说明快速蒙版创建选区的方法。

（1）打开一张图像，如图 2-30 所示。

（2）选取【快速蒙版工具】，建立快速蒙版。

【注意】：默认情况下，【快速蒙版】模式会用红色、50%不透明的叠加为受保护区域着色。

（3）要编辑蒙版，从工具箱中选择绘画工具，如【画笔工具】，工具箱中的色板自动变成黑白色。

（4）使用【黑色】在图像上面绘制，出现如图 2-31 所示的效果。

图 2-30　打开图像

图 2-31　绘制的蒙版效果

【注意】：用灰色或其他颜色绘画可创建半透明区域，这对羽化或消除锯齿效果有用。

（5）单击【以标准模式编辑工具】，关闭快速蒙版并返回到原始图像，这时将会出现创建的选区效果，如图 2-32 所示。

### 2.2.3　使用路径创建选区

路径是由多个节点组成的矢量线条，绘制的图形以轮廓线显示。放大或缩小图形对其没有影响，可以将一些不够精确的选择区域转换为路径后再进行编辑和微调，然后再转换为选择区域进行处理，如图 2-33 所示为路径构成示意图，其中角点和平滑点都属于路径的锚点，即路径上的一些方形小点。当前被选中的锚点以实心方形点显示，没有被选中的以空心方形点显示。

图 2-32　创建的选区

建立路径的方法包括两种：一种是使用工具箱里的【钢笔工具组】创建，如图 2-34 所示；另一种是将已有的选区转换为路径。

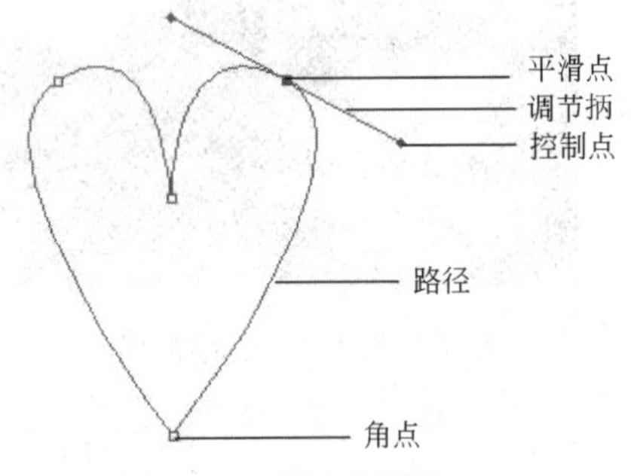


图 2-33　路径示意图

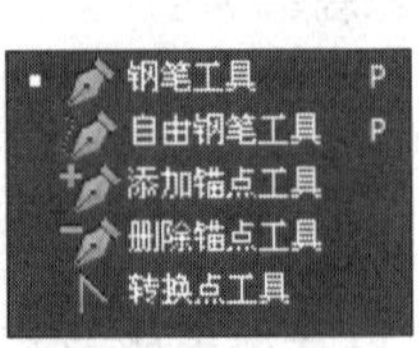

钢笔工具　P
自由钢笔工具　P
添加锚点工具
删除锚点工具
转换点工具

图 2-34　钢笔工具组

#### 1. 使用【钢笔工具组】创建路径

使用【钢笔工具组】创建路径的操作步骤如下。

（1）新建图像文件。

（2）选取【钢笔工具】，将光标移动到图像中适当位置，单击鼠标左键，确定路径起点，再将光标移动到图像中的另一个位置单击鼠标左键并按住鼠标拖动，画出一条曲线，如图 2-35 所示。

（3）再重复（2）的步骤，完成其他线段的绘制，起点与终点闭合时将出现一个小圆点的标志，如图 2-36 所示。

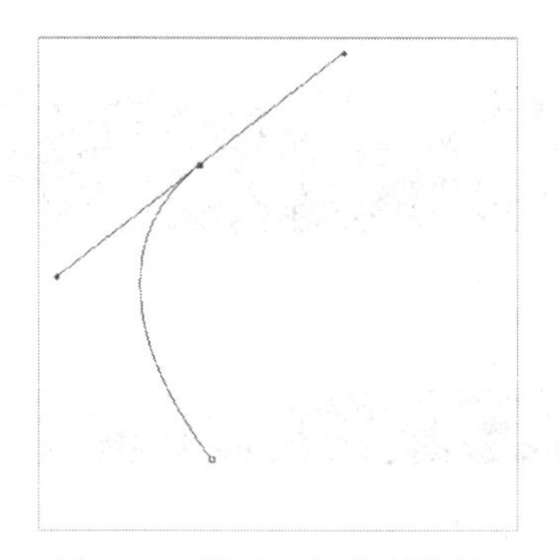

图 2-35　钢笔工具绘制路径

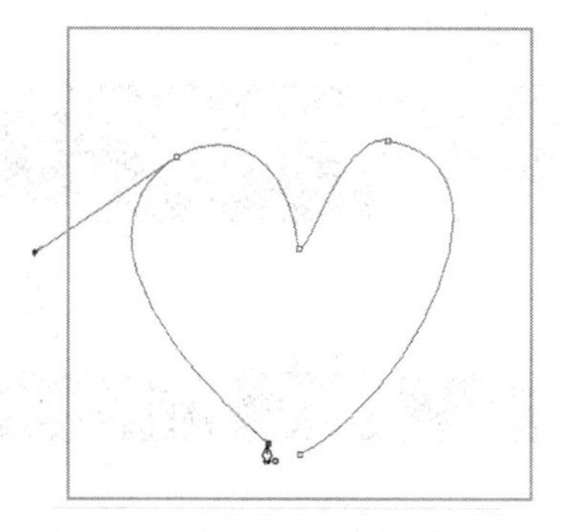

图 2-36　路径闭合

（4）初步制作的路径往往还需要做进一步的调整，从而使路径更加精确。对锚点的添加方法，可以选择【添加锚点工具】，在需要添加锚点的地方单击鼠标左键，如图 2-37 所示。

（5）删除锚点。选择【删除锚点工具】，在需要删除锚点的地方单击鼠标左键即可。如图 2-38 所示。

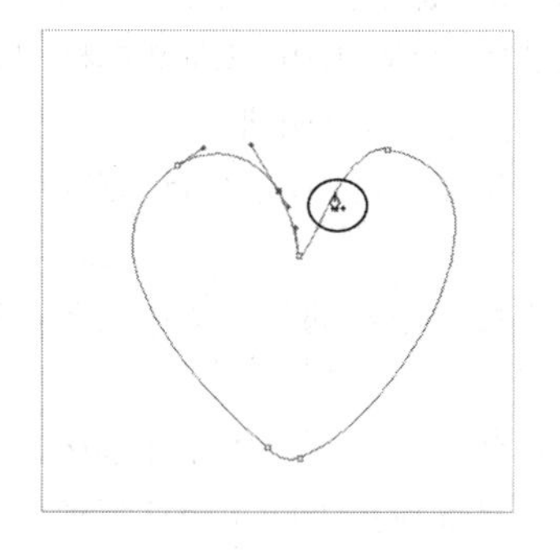

图 2-37　添加锚点

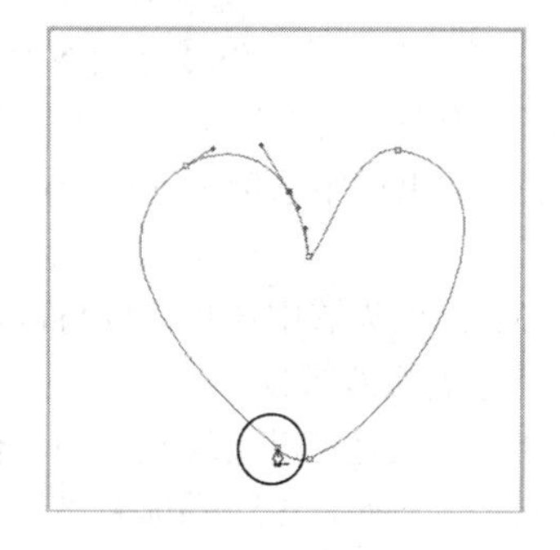

图 2-38　删除锚点

（6）平滑曲线与折线之间的转换，可以使用【转换点工具】进行。

（7）在编辑路径时，需要先选中路径或路径上的锚点。在 Photoshop CS6 中，可以使用【路径选择工具】和【直接选择工具】完成。

（8）按住【Ctrl+Enter】键，也可以将路径转换为选区，如图 2-39 所示。

**2. 创建矢量图形**

形状工具可以创建出矢量图形或路径。形状工具菜单如图 2-40 所示。

图 2-39　绘制的选区

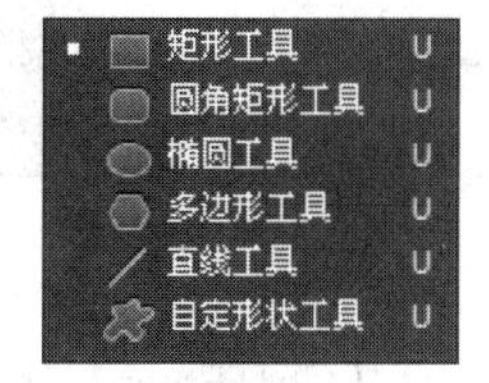


图 2-40　矢量图形工具组

可以运用工具箱中的【形状工具组】中的 6 个工具创建路径或矢量图形，这些工具图标很形象地表达出了各自的功能，这里以矩形工具为例讲解其详细的功能。

选取【矩形工具】，将会出现其工具选项栏，如图 2-41 所示，单击形状选项，可以弹出路径按钮，如图 2-42 所示。

图 2-41　矩形工具选项栏（一）

图 2-42　矩形工具选项栏（二）

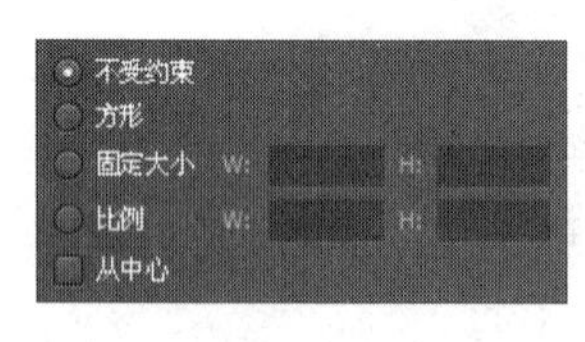


图 2-43　路径参数设置

单击矩形工具属性栏按钮，从弹出的设置框中可以设置参数，如图 2-43 所示。

①【不受约束】：如果选中该项则可以绘制任意尺寸的矩形，不受宽、高的限制。

②【方形】：如果选中该项则绘制出的是正方形。

③【固定大小】：如果选中该项，则可以在文本框中输入矩形宽和高。定义好后，只需在当前工作窗口单击鼠标即可绘制指定大小的矩形。

④【比例】：如果选中该项，则可以定义矩形的宽和高的比例，此后绘制的矩形将按照此比例生成。

⑤【从中心】：如果选中该项，则将以鼠标在工作窗口单击的位置为中心生成矩形。

**3. 路径与选区的相互转换**

图像的选区和路径是可以实现互换的。有些比较复杂的路径可以先制作选区，再由选区转换成路径。使用【路径选择工具】选中路径，直接单击路径调板上的【路径转换为选区】、【选区转换为路径】按钮进行相互之间转换，如图 2-44 所示。

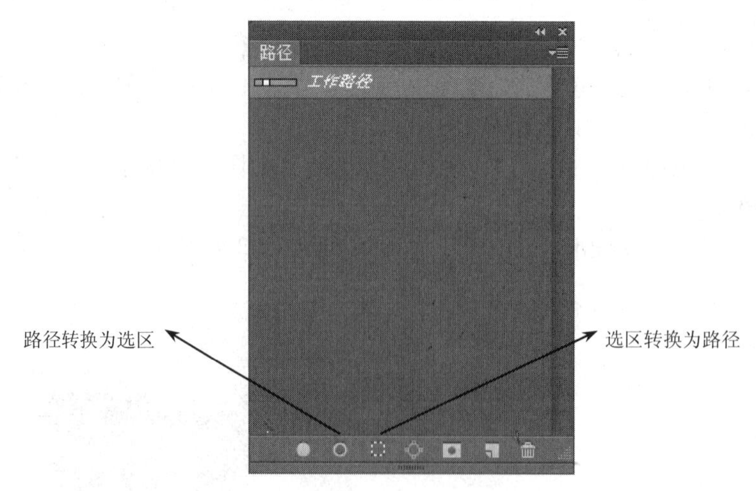


图 2-44　路径调板

【注意】：按住【Ctrl+Enter】键，也可以将选区转换为路径。

### 2.2.4　案例应用——制作 POP 吊旗

（1）按【Ctrl＋N】键，新建一个文件，宽度为【14 厘米】，高度为【21 厘米】，分辨率为【300 像素/英寸】，颜色模式为【RGB 颜色】，背景内容为【白色】，单击【确定】按钮，如图 2-45 所示。

（2）单击图层调板中的【新建图层】按钮，新建图层，并命名为【背景】，按【Ctrl+R】键，调出标尺，选取【钢笔工具】，以标尺为参考来绘制吊旗的路径形状，效果如图 2-46 所示。

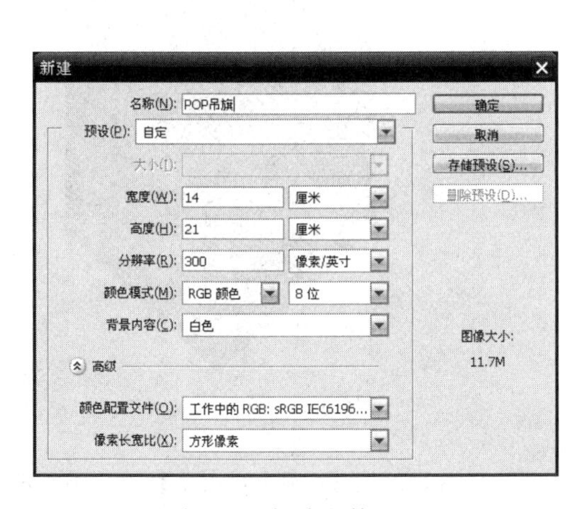


图 2-45　新建文件

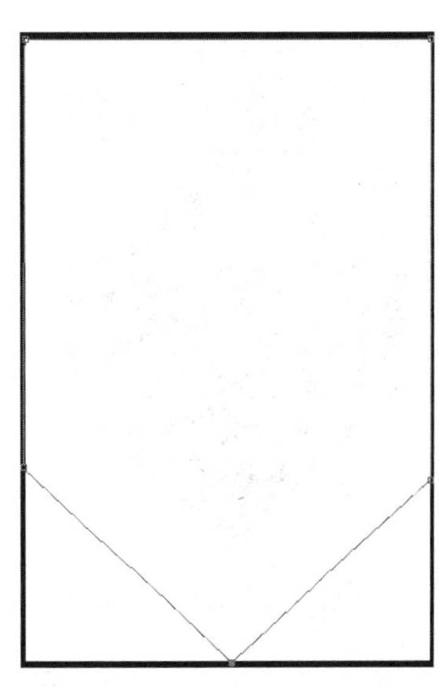

图 2-46　路径

（3）按【Ctrl+Enter】键，将路径转换为选区。

（4）选取【渐变工具】，按住【Shift】键同时按住鼠标左键，从上到下拖动鼠标，进行渐变颜色的填充，并按【Ctrl+D】键，取消选区，效果如图 2-47 所示。

【注意】：颜色的取值分别为：RGB170、0、176；RGB78、0、96；RGB170、0、176。

（5）按【Ctrl＋O】键，打开【02\pop 吊旗\素材\花卉 1】素材文件，单击【选择】→【色彩范围】命令，打开【色彩范围】对话框，设置【颜色容差】为【100】，选取【吸管工具】，移动鼠标指针至图像编辑窗口，单击鼠标左键，吸取黑色区域的颜色，如图 2-48 所示，单击【确定】按钮，建立选区，选取黑色花卉图案部分。

图 2-47　背景颜色填充

图 2-48　色彩范围对话框

（6）按【Ctrl＋C】键，复制选区内的图像，单击【POP 吊旗】文件，按【Ctrl＋V】键，进行选区内容的粘贴，按【Ctrl＋T】键，调整图像的方向和大小，如图 2-49 所示，将会新建一个图层，将其命名为【花卉 1】。

（7）单击图层调板中的【新建图层】按钮，新建图层，并命名为【装饰图形】，选取【钢笔工具】，将光标移动到图像中适当位置，绘制出图形的路径效果，并按【Ctrl+Enter】键，将路径转换为选区，如图 2-50 所示。

图 2-49　调入的花卉 1 素材

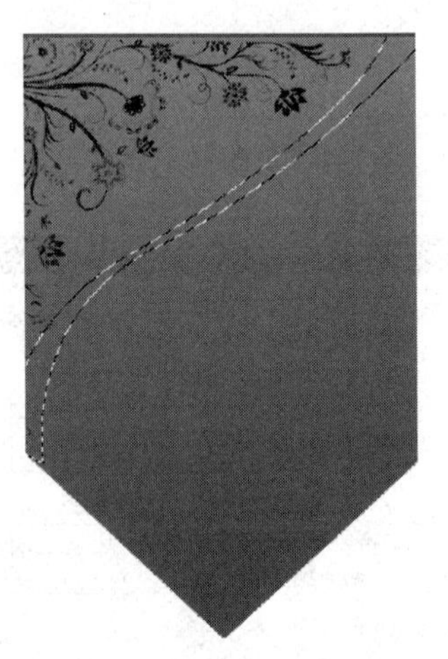

图 2-50　装饰图形的选区效果

（8）设置前景色为【紫色】(RGB 的值为 114、0、38)，按【Ctrl+ Delete】键，进行前景色填充，如图 2-51 所示，并按【Ctrl+D】键，取消选区。

（9）按【Ctrl＋O】键，打开【02\pop 吊旗\素材\花卉 2】素材文件，选取【快速蒙版工具】，进入快速蒙版编辑状态。

（10）将前景色设置为【黑色】，选取【画笔工具】，选择适当大小的笔刷，进行图像背景的涂抹，效果如图 2-52 所示。

图 2-51　装饰图形的填充效果

图 2-52　快速蒙版的制作效果

（11）单击【以标准模式编辑工具】，创建出如图 2-53 所示的选区效果，按【Ctrl＋C】键，复制选区内的图像，单击【POP 吊旗】文件，按【Ctrl＋V】键，进行选区内容的粘贴，如图 2-54 所示，将会新建一个图层，将其命名为【花卉 2】。

（12）选取【横排文字工具】，单击图像页面，输入【秋装上市全场 8 折】八个字，设置文字字号大小，如图 2-55 所示，最终完成 POP 吊旗的制作。

图 2-53　花卉 2 素材的选区

图 2-54　调入的花卉 2 素材

图 2-55　最终效果

## 2.3　修改选区

选区的创建后，还可以对选区进行移动、变换、反转、填充、描边、修改和羽化等操作。对选区的内容也可以进行复制、移动、剪切和粘贴等操作。

### 2.3.1　复制、剪切与粘贴选区的内容

在图像中创建选区后，常会根据应用的需求，将选区内的图像内容复制或者移动到不同的图层甚至不同的文件中。

（1）单击【编辑】→【复制】命令，将选区内的图像复制保留到剪贴板中，再单击【编辑】→【粘贴】命令，粘贴选区内的图像到目标位置，此时被操作的选区会自动取消，并生成新的图层，如图 2-56 所示。

图 2-56　复制与粘贴后的效果

（2）单击【编辑】→【剪切】命令，剪切后的区域将会不存在，选区内的图像被保留到剪贴板中，被剪切的区域将会使用背景色填充，然后再单击【编辑】→【粘贴】命令，粘贴选区内的

图像到目标位置，并生成新的图层，如图 2-57 所示。

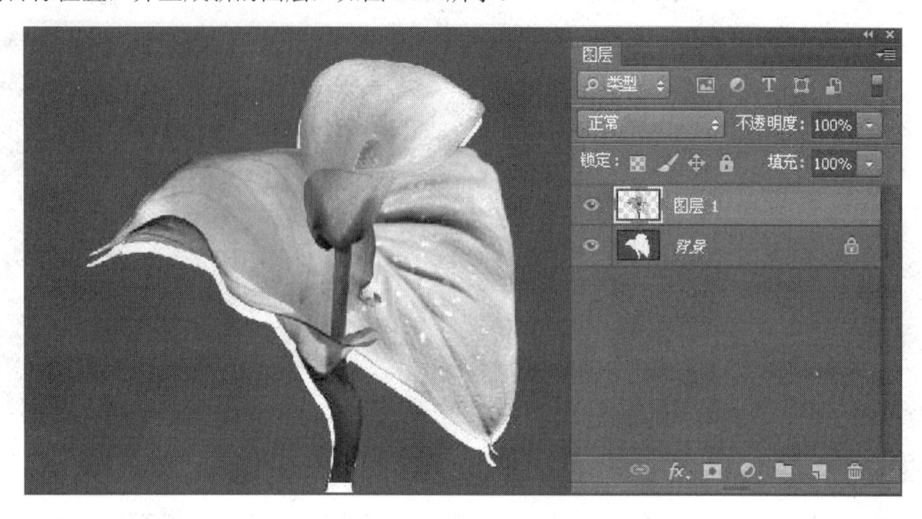


图 2-57 剪切与粘贴后的效果

### 2.3.2 变换选区内容

变换选区内容是指改变创建的选区内图像形状的操作。在图像上创建选区后，单击【编辑】→【变换】→【变形】命令，然后在工具选项栏中选择具体的变形的样式，完成选区内容的变换，如图 2-58（a）所示的是【波浪】变换，如图 2-58（b）所示的是【挤压】变换。

（a）

（b）

图 2-58 选区内容变形变换示意图

### 2.3.3 根据内容识别比例变换选区内容

根据内容识别比例变换选区内容的操作是指可以在选区内建立保护区，在改变选区整体比例时保护区内的像素比例保持不变，保护区外的区域像素按比例变换。操作可以先对图像中某些不变的区域建立保护，然后建立选区，在改变选区比例时单击【编辑】→【内容识别比例】命令，使得保护区内图像比例不变，其他区域的图像按照选区比例改变而改变。

要调整如图 2-59（a）所示的图像比例，图像中的雪山的比例保持不变，以实例来讲解其使用方法，具体操作如下。

（1）打开图像，用【快速选择工具】选择雪山，如图 2-59（b）所示。

（a）

（b）

图 2-59　选区图像保护区域

（2）单击【选择】→【存储选区】命令，建立名为【雪山】的保护区，如图 2-60 所示。

（3）对整个图像创建矩形选区，如图 2-61（a）所示。在图像中创建选区后，单击【编辑】→【内容识别比例】命令，在工具选项栏上【保护】下拉列表中选择【雪山】选项，使用鼠标拖动矩形选区的控制点将图像变窄，此时处于保护区中的雪山图像比例始终不变，如图 2-61（b）所示。

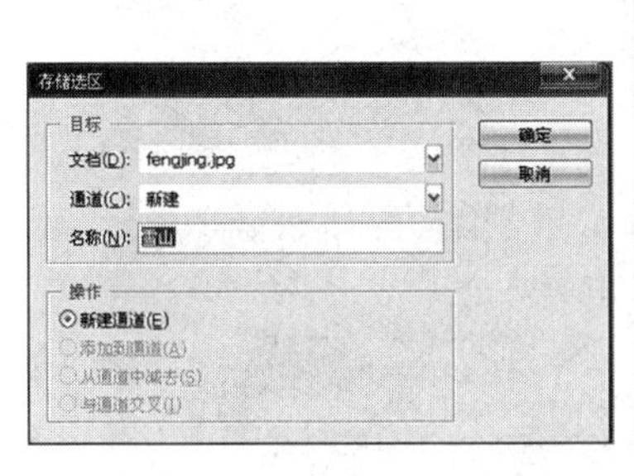


图 2-60　存储选区

（a）

（b）

图 2-61　内容识别比例调整图像比例示意图

## 2.3.4　变换选区

在创建好了选区以后，还可以对其进行例如缩放、旋转、扭曲、翻转等变形操作。变换方法是首先在图像上绘制一个选区，然后单击【选择】→【变换选区】命令，此时图像上的选框四周显示有调节点，在图像上右击鼠标，弹出如图 2-62 所示的菜单，在其中选择需要进行的变形命令。

### 2.3.5 修改选区

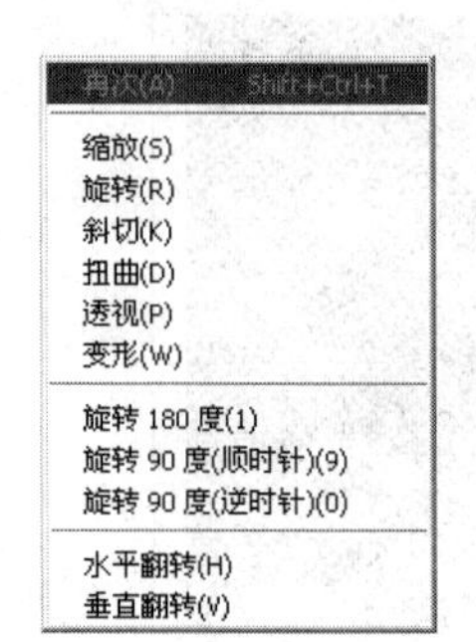


图 2-62 变换选区菜单

在 Photoshop CS6 中一个选区设置好以后，还可以对其进行细致的修改，例如边界、平滑、扩展、收缩、羽化选区等。

**1. 边界**

设置好一个椭圆形选区后，单击【选择】→【修改】→【边界】命令，然后在弹出的【边界选区】对话框中设置需要扩展的像素宽度，最后单击【确定】按钮确认。如图 2-63 所示的是将左边图像的选区扩边【15】个像素后，得到右边图像的选区，此时选中的是两条边框线之间的像素。

**2. 平滑**

使用平滑命令可以使选区的边缘更为平滑。绘制好矩形选区后，单击【选择】→【修改】→【平滑】命令，在弹出的【平滑选区】对话框中设置取样半径的大小，最后单击【确定】按钮确认即可。图 2-64 是将选区平滑半径设置为【30】个像素后得到的选区。

图 2-63 选区边界示意图

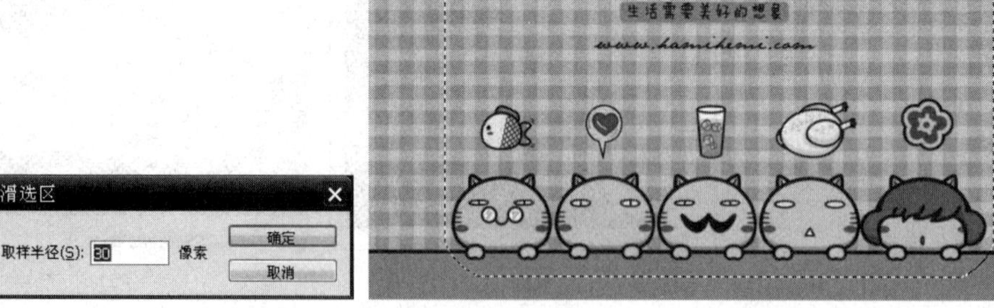


图 2-64 选区平滑设置及效果

**3. 扩展**

使用扩展命令可以使原选区的边缘向外扩展，并平滑边缘。绘制好矩形选区后，单击【选择】→【修改】→【扩展】命令，在弹出的【扩展选区】对话框中设置扩展宽度的大小，最后单击【确定】按钮确认即可。图 2-65 是将左边图像的选区向外扩展【20】个像素后，得到右边图像的选区。

**4. 收缩**

与扩充选区相反，使用收缩命令可以将选区向内收缩。绘制好选区后，单击【选择】→【修改】→【收缩】命令，在弹出的【收缩选区】对话框中设置收缩宽度的大小，最后单击【确定】按钮确认即可。

图 2-65　选区扩展前后效果

**5. 羽化选区**

使用羽化命令可以将已经选定的选区的边缘进行柔化处理。羽化的效果只有将选区内的图像复制粘贴到其他的图像区域中才可以看得更为明显。在图像上建立选区，单击【选择】→【修改】→【羽化】命令，【羽化选区】对话框中设置羽化的像素值，就可以对选区边缘完成羽化效果的处理。对图像中的某一部分的边缘做羽化效果处理，操作步骤如下。

（1）打开一张图片，如图 2-66，用【快速选取工具】选取人物部分的选区。

（2）单击【选择】→【修改】→【羽化】命令，弹出【羽化】设置对话框，设置【羽化值】为【5】，单击【确定】按钮确认。

（3）单击【编辑】→【剪切】命令，再单击【编辑】→【粘贴】命令在原处剪切、粘贴选区中的图像，如图 2-67 所示，从中可以看出剪切过来的人物图像与背景的边缘界限不是很清楚，有柔化过的效果。

图 2-66　打开的图像

图 2-67　人物羽化后的图像效果

**6. 增删选区**

在图像上创建选区以后，还可以继续增加选区，或者从已创建的选区中减去部分选区，这些操作是图像编辑时经常会遇到的操作，以下将介绍这部分操作内容。

（1）增加选区。在绘制好一个选区后，如果想继续增加选区，可以按住【Shift】键，当鼠标指针的右下方出现了一个【+】号时再绘制其他需要增加的选区；也可以单击工具选项栏上的按钮，再绘制需要增加的选区，这样就可以将多次绘制的选区合为一体。图 2-68 所示的是在绘制了一个圆形选区后用一个矩形选区来相加所得到的选区。

（2）修剪选区。如果想修剪某选区，可以按住【Alt】键，当鼠标指针的右下方出现了一个【–】号时再绘制用来修剪的选区；也可以单击工具选项栏上的按钮，再绘制用来修剪的选区，这样就可以用后来绘制的选区去修剪前面绘制的选区，即从前面的选区中去除与后面的选区重叠的部分。图 2-69 所示的是在绘制了一个圆形选区后用一个矩形选区来修剪最终所得到的选区。

（3）选择两个选区相交的部分。如果要绘制两个选区相交的那部分选区，可以按住【Shift+Alt】键，当鼠标指针的右下方出现了一个【×】号时再绘制另一个选区；也可以单击工具选项栏上的按钮再绘制另一个选区，这样就将两个选区的重叠的部分作为新的选区。如图 2-70 所示是选择一个圆形选区后用一个矩形选区相交及得到的最终选区。

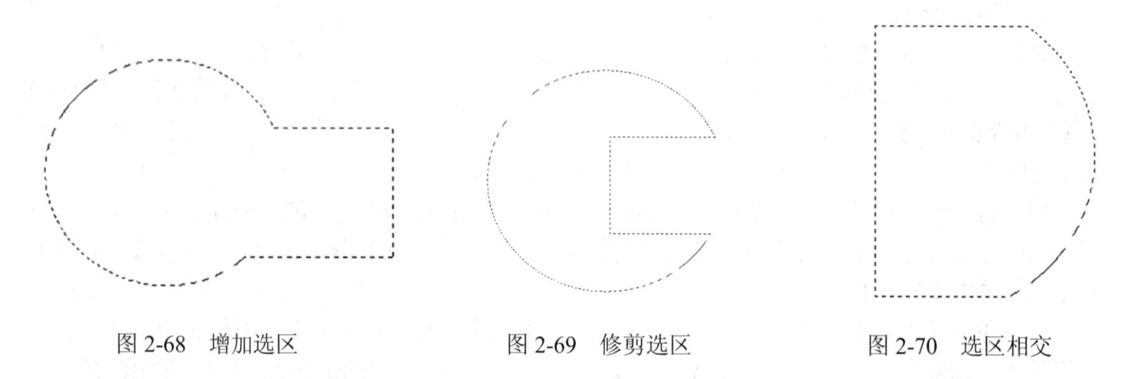

图 2-68　增加选区　　　图 2-69　修剪选区　　　图 2-70　选区相交

**7. 存储与载入选区**

选取选区的过程中，一些选区的形状并不规则，使用【存储选区】命令可以将这些选区保存，以避免繁杂、重复的选区工作。当创建好选区后，单击【选择】→【存储选区】命令，在弹出的如图 2-71 所示的【存储选区】对话框中为选区设置名称，单击【确定】按钮确认。

如果要调用已经存储过的选区，则单击【选择】→【载入选区】命令，在弹出的如图 2-72 所示的【载入选区】对话框中选择所需选区，单击【确定】按钮确认。

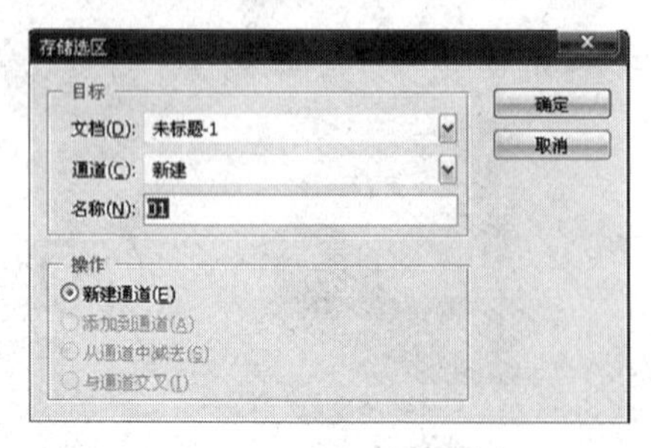


图 2-71　存储选区对话框

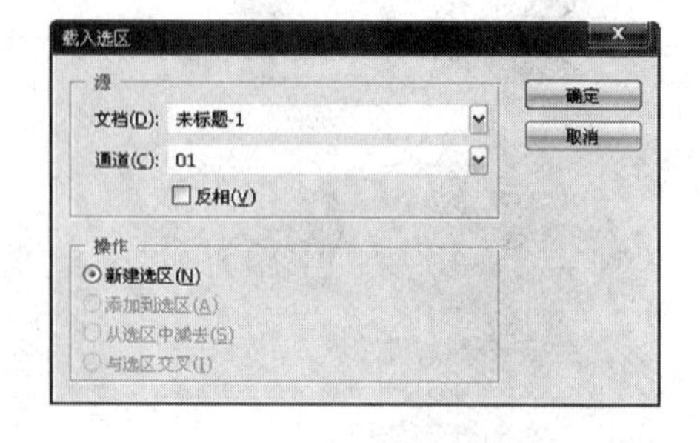


图 2-72　载入选区对话框

## 2.4　综合训练——制作儿童艺术照

以影楼设计者的身份，为儿童设计一张艺术照，完成的最终效果如图 2-73 所示。

图 2-73　艺术照的最终效果

**1. 制作背景图像**

（1）按【Ctrl+N】键，新建一个文件，宽度为【25.4 厘米】，高度为【20.3 厘米】，分辨率为【300 像素/英寸】，颜色模式为【RGB 颜色】，背景内容为【白色】，单击【确定】按钮，如图 2-74 所示。

（2）按【Ctrl+O】键，打开【02\综合训练\素材\背景】文件，使用【移动工具】将图片拖拽到艺术照文件图像窗口，生成新图层并将其命名为【背景】，背景效果如图 2-75 所示。

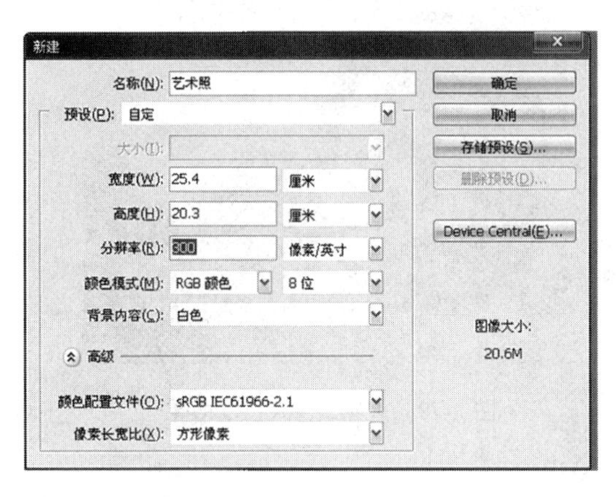


图 2-74　新建文件图

图 2-75　背景效果

**2. 添加人物图片**

（1）按【Ctrl+O】键，打开【02\综合训练\素材\人物 1】文件，使用【移动工具】将图片拖拽到艺术照文件图像窗口的左上方，按住【Ctrl+T】键，调整图像大小，并生成新图层将其命名为【人物 1】。

（2）选取【椭圆选框工具】，在人物图像上方绘制椭圆形选区，按住【Shift+Ctrl+I】键，进行选区反选，按【Delete】键，将图像多余部分删除，按【Ctrl+D】键，取消选区，如图 2-76 所示。

（3）按住【Ctrl】键，同时单击【背景】图层，将背景图层选区激活，单击菜单【编辑】→

【描边】命令，弹出【描边】对话框，描边宽度为【20 像素】，颜色为【绿色】(RGB 的值为 102、183、46)，单击【确定】按钮，如图 2-77 所示。

图 2-76 拖拽的人物 1 图像

图 2-77 描边效果

（4）单击【选择】→【修改】→【羽化】命令，弹出【羽化】设置对话框，设置【羽化值】为【50】，单击【确定】按钮确认。

（5）单击图层调板中的【新建图层】按钮，新建图层，并命名为【椭圆形阴影】，将前景色设置为【黑色】，按【Ctrl+ Delete】键，进行前景色填充，并按【Ctrl+D】键，取消选区，如图 2-78 所示。

（6）使用同样的方法，制作出【02\综合训练\素材\人物 2】、【02\综合训练\素材\人物 3】的效果，如图 2-79 所示。

图 2-78 阴影效果

图 2-79 人物 2、人物 3 效果

**3. 绘制装饰图形**

（1）单击图层调板中的【新建图层】按钮，新建图层，并命名为【装饰花卉】，选择【自定形状工具】，在工具选项栏的形状下拉列表中选择【花 5】，如图 2-80 所示，在图像窗口中绘制多个花形路径，按住【Ctrl+Enter】键,可以将路径转换为选区。

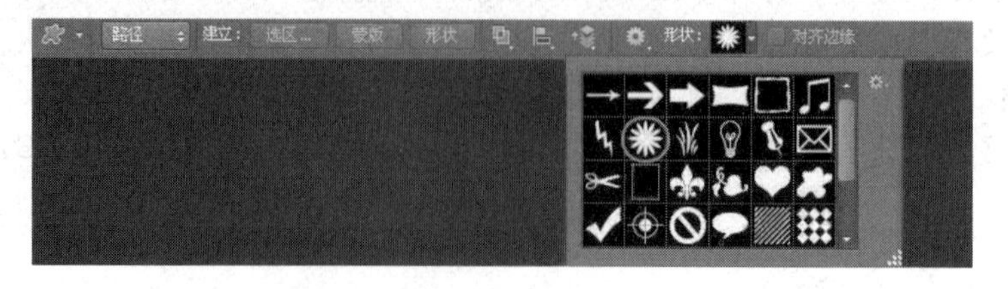


图 2-80 自定形状选项栏

（2）单击【选择】→【修改】→【边界】命令，弹出【边界选区】对话框，设置宽度值为【20】，效果如图 2-81 所示。

图 2-81　边界选区

（3）将前景色设为【绿色】（其 RGB 的值分别为 130、193、43），按【Alt＋Delete】键，用前景色填充选区, 按【Ctrl+D】键，取消选区,按【Ctrl+Alt】键进行移动复制，效果如图 2-82 所示。

图 2-82　装饰花卉效果

（4）新建图层并将其命名为【装饰图形 2】。选择【钢笔工具】，选中属性栏中的【路径】按钮，在图像窗口下方绘制了出需要的路径，效果如图 2-83 所示。

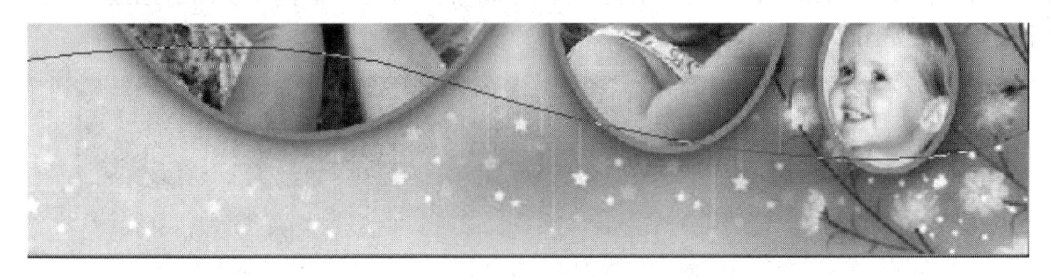

图 2-83　绘制路径形状

（5）按【Ctrl+Enter】键，将路径转换为选区，在工具箱中将前景色设为【绿色】（其 RGB 的值分别为 157、220、19），背景色设置为【白色】，选取【渐变工具】，按住【Shift】键同时按住鼠标左键，在选区范围内上从上到下拖动鼠标，进行从前景色到背景色的渐变填充，效果如图 2-84 所示。

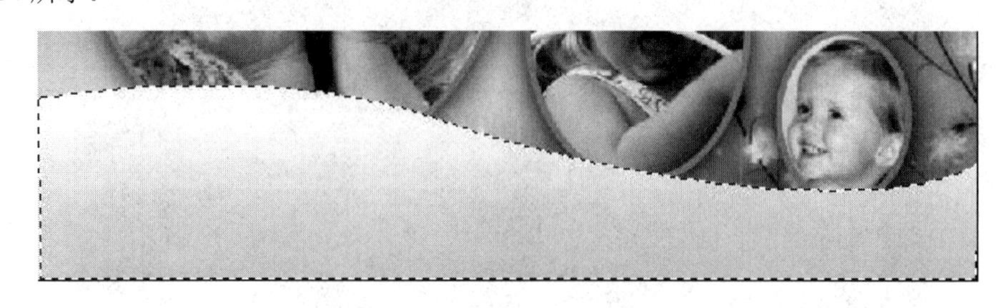

图 2-84 渐变填充效果

（6）按【Ctrl+D】键，取消选区。新建图层并将其命名为【圆形】，选择【椭圆选框】工具，按【Shift】键的同时，在图像窗口中绘制圆形选区，按【Alt＋Delete】键，用前景色填充选区，按【Ctrl+Alt】键进行移动复制，效果如图 2-85 所示。

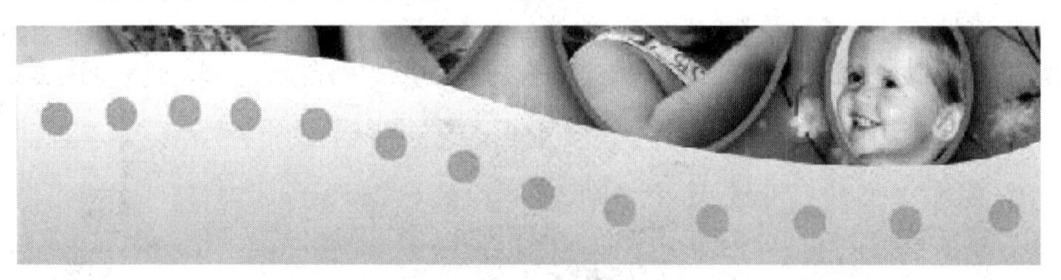

图 2-85 绘制圆形效果

（7）按住【Ctrl】键，并单击【圆形】图层，激活【圆形】图层选区，单击【选择】→【修改】→【扩展】命令，弹出【选区扩展】对话框，设置扩展量为【20】，效果如图 2-86 所示。

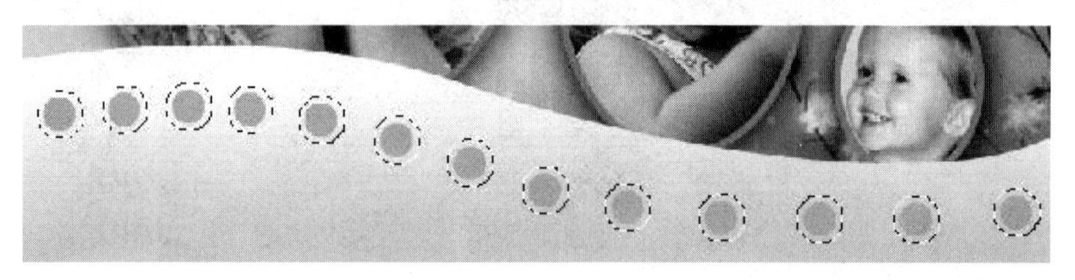

图 2-86 圆形选区扩展

（8）新建图层并将其命名为【扩展圆形】，将前景色设为【黄色】（其 RGB 的值分别为 241、240、7），按【Alt＋Delete】键，用前景色填充选区，然后将【扩展圆形】图层拖拽到【圆形】图层的下面，效果如图 2-87 所示。

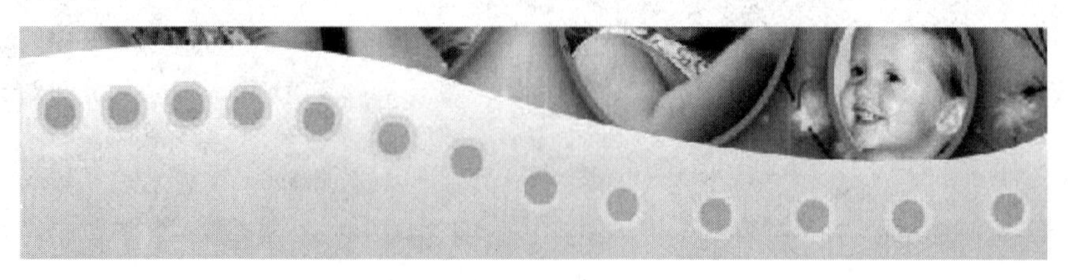

图 2-87 圆形最终效果

（9）单击【文件】→【存储】命令，保存文件，从而完成艺术照效果的设计，如图 2-88 所示。

图 2-88　艺术照的最终效果

（10）单击【文件】→【退出】命令，退出软件使用程序。

## 2.5　本章小结

本章中详细地介绍了创建规则与不规则选区的操作方法，以及各种选区的调整、修改与变换的方法。选区在图像处理中操作非常频繁，这部分知识同时也是图像处理的基础，能否熟练掌握、运用这些知识，将会直接影响以后的学习效果。

## 2.6　课后练习

设计一张儿童艺术照，艺术照效果如图 2-89 所示。

图 2-89　习题最终效果

# 第 3 章　图像的绘制与编辑

## 3.1　图像绘制

Photoshop CS6 中提供了较多的绘图工具，包括【画笔工具】、【铅笔工具】、【颜色替换工具】等，这些绘图工具主要集中在【画笔工具组】中，如图 3-1 所示，学习使用好这三种工具可以为 photoshop CS6 绘图打下良好的基础。

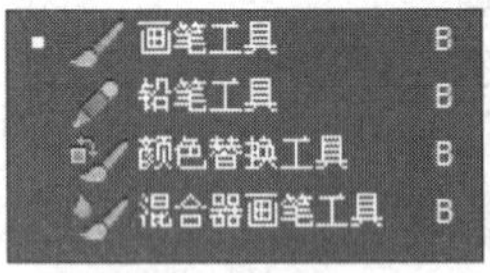

画笔工具　B
铅笔工具　B
颜色替换工具　B
混合器画笔工具　B

图 3-1　画笔工具组

### 3.1.1　画笔工具

【画笔工具】是绘制图像时使用最多的工具。利用【画笔工具】可以在图像上绘制丰富多彩的艺术作品。在工具箱中选取【画笔工具】，出现如图 3-2 所示的【画笔工具】属性栏。

图 3-2　画笔属性栏

①【画笔大小】：在画笔工具选项栏中单击【画笔大小】右边的小三角形按钮，可在弹出的列表中选择合适的画笔直径、硬度、笔尖的样式，如图 3-3 所示。

②【切换到画笔大小】：单击【切换到画笔大小】按钮，可以调出画笔调板，如图 3-4 所示。

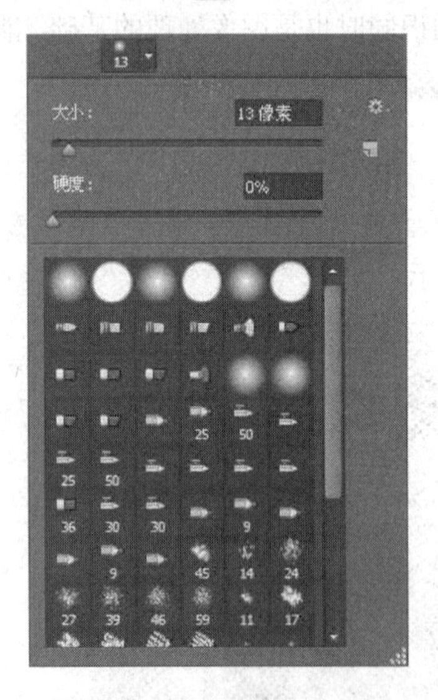


图 3-3　画笔大小设置调板

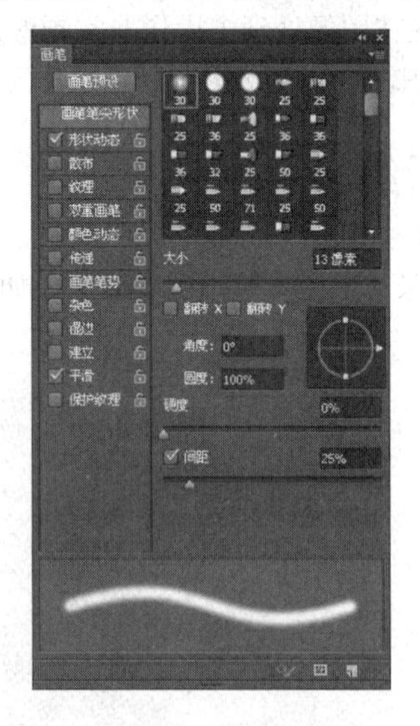


图 3-4　画笔调板

③【模式】：设置画笔笔触与背景融合的方式。

④【不透明度】：决定笔触不透明度的深浅，不透明度的值越小笔触就越透明，也就越能够透出背景图像。

⑤【流量】：设置笔触的压力程度，数值越小，笔触越淡。

⑥【喷枪】：单击喷枪按钮后，【画笔工具】在绘制图案时将具有喷枪功能。

⑦【压力】：始终对画笔大小使用压力，关闭时，由【画笔预设】控制压力。

画笔定义的具体操作步骤如下。

（1）打开如图 3-5 所示的图像，使用【魔棒工具】单击白色背景区域，按【Shift+ Ctrl+I】键选取草莓部分的选区，如图 3-6 所示。

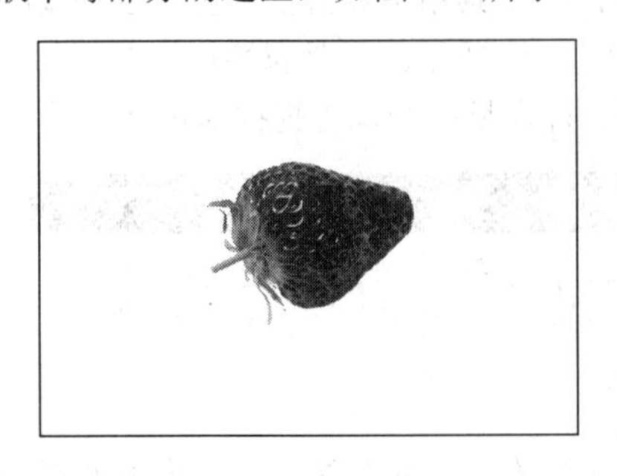

图 3-5　打开图片

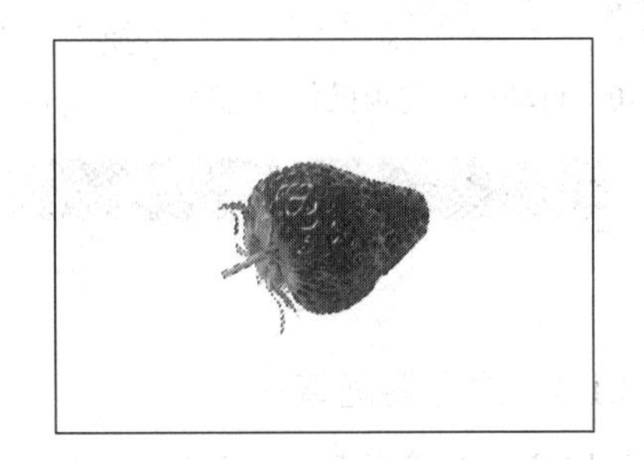

图 3-6　选取草莓

（2）单击【编辑】→【定义画笔预设】命令，在如图 3-7 所示的【画笔名称】对话框中为此画笔图案命名为【草莓】，单击【确定】按钮确认。

（3）选取【画笔工具】，在【画笔工具】的工具选项栏上的【画笔】右边的小三角形按钮，在弹出的画笔笔触类型列表中选择最后一个选项，即刚才定义的【草莓】笔触，在【主直径】下的参数滑块来调节笔触的大小为【350】，然后在文档窗口中单击鼠标绘制图案即可，如图 3-8 所示。

图 3-7　定义图案

图 3-8　自定义画笔绘制的图案

### 3.1.2　铅笔工具

【铅笔工具】通常用于绘制棱角分明、无边缘发散效果的线条，通过其绘制出来的图案笔触类似于生活中用铅笔所绘制出来的图案。

【铅笔工具】的使用方法很简单，选取工具箱中的【铅笔工具】，即可以在画布中绘制线条或者图案。【铅笔工具】的工具属性栏如图 3-9 所示。

图 3-9 【铅笔工具】属性栏

当选择【自动抹除】选项后，当开始拖动鼠标时，则该区域被涂成前景色，如图 3-10 所示。其他部分选项的意义与【画笔工具】相同。

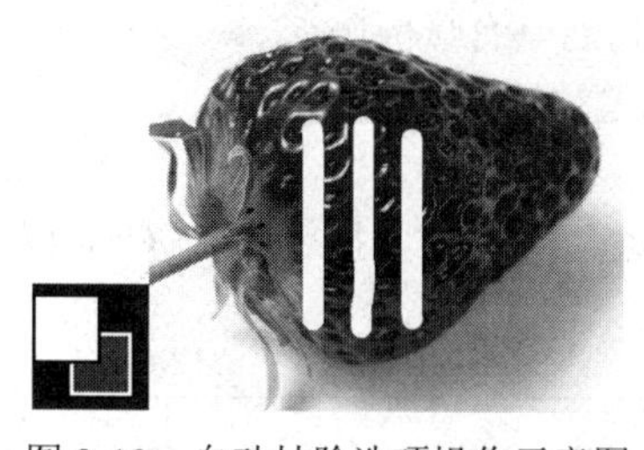

图 3-10 自动抹除选项操作示意图

### 3.1.3 颜色替换工具

【颜色替换工具】可以用选取的前景色来改变目标颜色，从而快速地完成整幅图像或者图像上的某个选区中的色相、颜色、饱和度和明度的改变。

具体操作方法为：在工具箱中设置前景色，选择【颜色替换工具】后，出现如图 3-11 所示的工具属性栏，在工具选项栏上设置完属性后，用鼠标在目标图像上拖拽即可。

图 3-11 颜色替换工具栏

### 3.1.4 混合器画笔

使用【混合器画笔工具】可以让画笔的颜色跟画布的颜色混合在一起，模拟油彩的绘画效果。

具体操作方法为：选择【混合器画笔工具】之后，将出现如图 3-12 所示的工具栏，设置相应的参数进行绘制。

图 3-12 混合器画笔工具栏

（1）【颜色设置】：这里可以设置画笔的颜色。单击小箭头，可以看到有载入画笔、清理画笔以及只载入纯色。

①【载入画笔】：可以自动载入前景色面板中的颜色。通过改变前景色面板的颜色就可以改变画笔的颜色了。

②【清理画笔】：可以清理画笔的颜色，使画笔变成一个无色的状态。

③【只载入纯色】：勾选之后，使用【吸管工具】在画布中吸取颜色时，只可以吸取纯色，而不是图案。

（2）【每次描边后载入画笔】：在绘画之后，自动载入画笔，可以进行新的绘制。

（3）【每次描边后清理画笔】：在使用一次画笔之后，自动的清理画笔，使画笔变为无色。

（4）【自定】自定：可以设置一些预设的效果，这些效果分为干燥、湿润、潮湿、非常潮湿四大类。

（5）【潮湿】：指的是画布中颜色的湿润程度。可以理解为，画布中的色块是没有干的，可以使用画笔进行拖拽，改变颜色的范围。

（6）【载入】：画笔蘸取的墨汁多少。

（7）【混合】：可以设置描边颜色的混合比。如果混合的设置在 0～100 之间，绘制出来的颜色，则是前景色与画布中的颜色的一个混合颜色。混合值越小，颜色越偏向于前景色，混合值越大，颜色越偏向于画布中的颜色。

### 3.1.5 案例应用——制作储值卡

（1）按【Ctrl＋N】键，新建一个文件，名称为【卡片】，宽度为【8.5 厘米】，高度为【5.4 厘米】，分辨率为【300 像素/英寸】，颜色模式为【RGB 颜色】，背景内容为【白色】，单击【确定】按钮，如图 3-13 所示。

（2）将前景色设置为【黄色】（RGB 的值为 252、212、2），选取【圆角矩形工具】，设置半径为【50 像素】，绘制一个大小为【8.5 厘米】×【5.4 厘米】的圆角矩形，在路径调板中单击空白区域，取消路径选取，效果如图 3-14 所示。

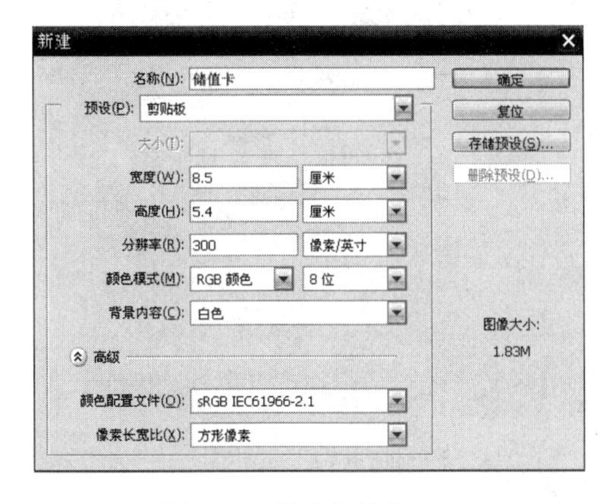


图 3-13　新建文件夹

图 3-14　绘制圆角矩形

（3）新建图层，将其命名为【线条】，将前景色设置为【白色】，选取【铅笔工具】，按住【Shift】键，绘制白色装饰线条，效果如图 3-15 所示。

图 3-15　绘制线条

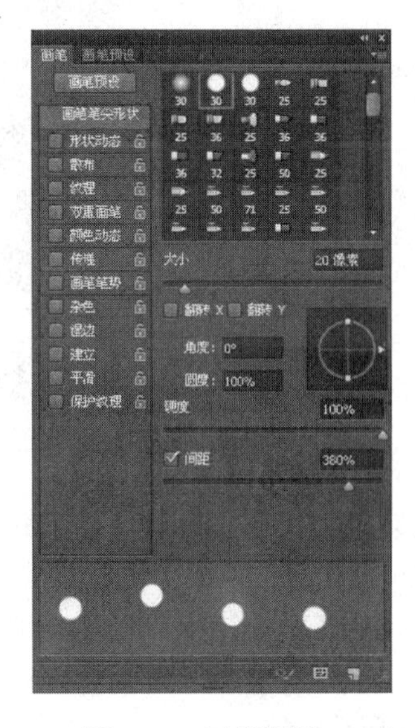


图 3-16　画笔调板

（4）新建图层，将其命名为【圆形】，选取【画笔工具】，选择【硬边圆形】画笔，按【F5】键，弹出画笔设置调板，在笔刷设置选项中将笔刷大小设置为【20 像素】、硬度设置为【100%】、间距为【1000%】，效果如图 3-16 所示。

（5）在散布设置选项中将散布设置为【1000%】、数量设置为【2】、数量抖动设置为【10%】，效果如图 3-17 所示。

（6）按住鼠标左键并拖动鼠标，绘制出会员卡的背景装饰圆，并将图层不透明度设置为【50】，效果如图 3-18 所示。

（7）新建图层，将其命名为【花卉】，选取【自定义形状工具】，在其属性栏中选择形状为【花 5】，在路径调板中单击空白区域，取消路径选取，效果如图 3-19 所示。

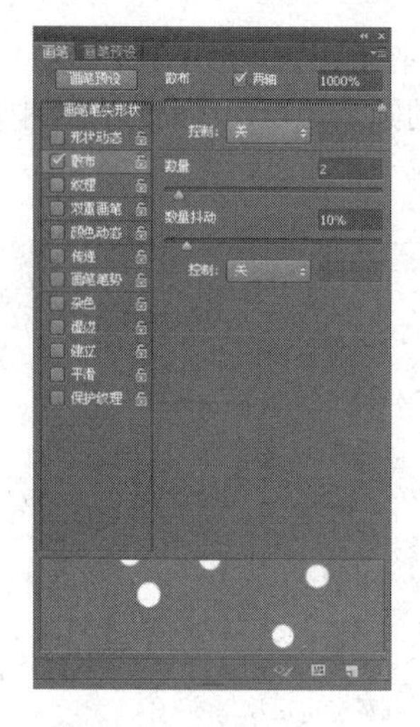

图 3-17　散步选项卡

图 3-18　绘制圆点

（8）新建图层，将其命名为【花蕊】，选取【画笔工具】，选择【湿海绵】画笔，单击【花卉】图层的中心部分，效果如图 3-20 所示。

图 3-19　绘制花卉

图 3-20　绘制花蕊

（9）将【花卉】、【花蕊】两个图层链接到一起，按【Alt】键将其移动复制，并调节大小，效果如图 3-21 所示。

（10）按【Ctrl+O】键，打开所需要的【03\储值卡\素材\游乐园】文件，使用【移动工具】将图片拖拽到【游乐园储值卡】文件图像窗口的右方，生成新图层并将其命名为【游乐园】，效果如 3-22 所示。

图 3-21　复制花卉

图 3-22　调入游乐园素材文件

（11）选取【文字工具】T，输入文字内容，并将图层添加描边效果，从而完成储值卡的制作，效果如图 3-23 所示。

图 3-23　储值卡最终效果

# 3.2　图像的控制

## 3.2.1　图像和画布尺寸调整

### 1. 调整图像大小

（1）打开一张图像，选择【图像】→【图像大小】命令，快捷键【Alt+Ctrl+I】，弹出【图像大小】对话框，如图 3-24 所示。

（2）在【图像大小】对话框中可设置图像的像素大小、文档大小或分辨率(该图像的像素大小为 487.8K，分辨率为 72 像素/英寸)。如果要保持当前像素宽度和高度的比例，则选择【约束比例】复选项；如果要图层样式的效果随着图像大小的缩放而调节，请选择【缩放样式】复选项。

【提示】只有选择了【约束比例】复选项，【缩放样式】复选项才会处于可选择状态。

①【重定图像像素】：可以改变图像长、宽的像素，单击可弹出其下拉列表，如图 3-25 所示。

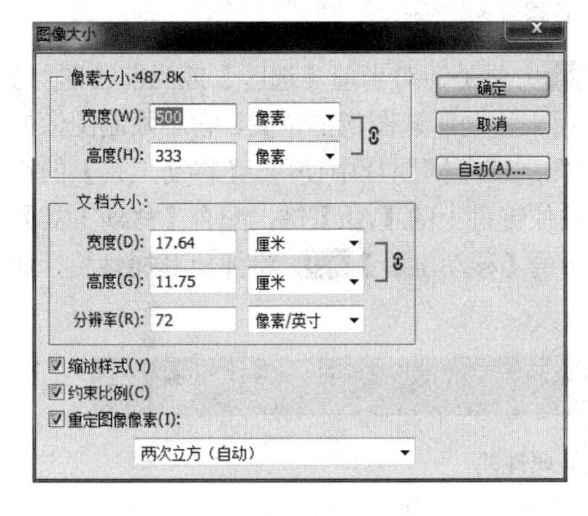


图 3-24　图像大小对话框

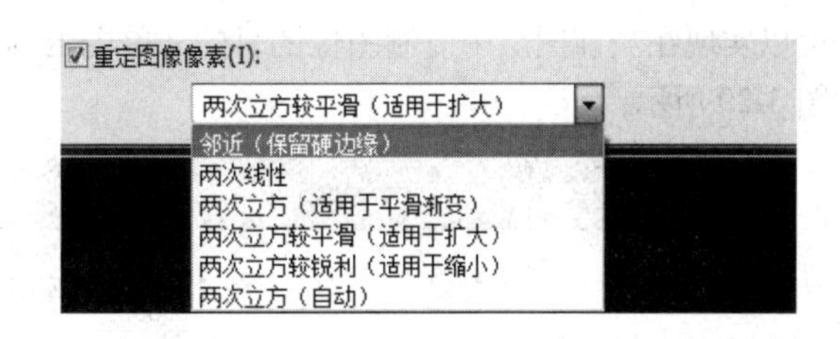


图 3-25　重定图像像素下拉列表

②【邻近（保留硬边缘）】：计算方法速度快但不精确，适用于需要保留硬边缘的图像，如像素图的缩放。

③【两次线性】：用于中等品质的图像运算，速度较快。

④【两次立方（适用于平滑渐变）】：可以使图像的边缘得到最平滑的色调层次，但速度较慢。

⑤【两次立方较平滑（适用于扩大）】：在两次立方的基础上，适用于放大图像。

⑥【两次立方较锐利（适用于缩小）】：在两次立方的基础上，适用于图像的缩小，用以保留更多在重新取样后的图像细节。

⑦【两次立方（自动）】：自动计算图像边缘。

### 2. 调整画布大小

画布是指绘制和编辑图像的工作区域，也就是图像显示区域。调整画布大小可以在图像四边增加空白区域，或者裁切掉不需要的图像边缘。

（1）打开一张图像，选择【图像】→【画布大小】命令，打开如图 3-26 所示的对话框。

【注意】：在【画布大小】对话框中，可将扩展的画布颜色设置为当前前景色或背景色，也可将其设置为白色，或者单击颜色图标，打开【拾色器】对话框，自定义画布颜色。

（2）设置【定位】项的基准点，调整图像在新画布上的位置和大小，如图 3-27 所示。

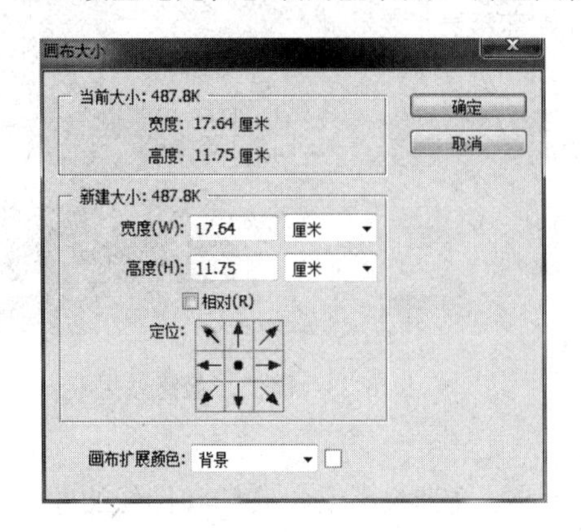


图 3-26 【画布大小】对话框

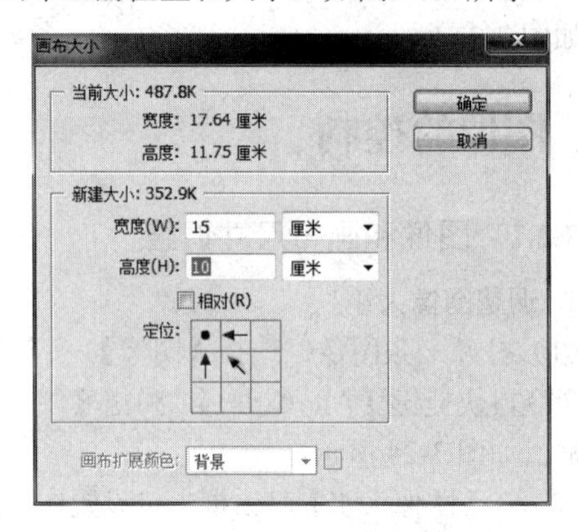


图 3-27 调整画布的位置和大小

（3）完毕后单击【确定】按钮，由于新设置的画布比原来的画布小，将弹出如图 3-28 所示的对话框，单击【继续】按钮，即可将画布裁切。

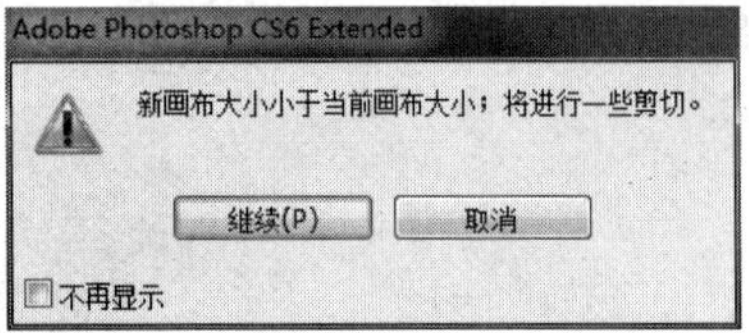


图 3-28 【画布大小】剪切对话框

### 3.2.2 移动工具

【移动工具】主要是针对当前【选区】或当前【图层】的内容来操作的，用来移动所选图像的位置，它不限制图像的区域，可以在不同图层或不同图片中使用，【移动工具】的快捷键为【V】键，按住键盘上的【Alt】键，配合【移动工具】，可以实现在当前图层中复制图像的目的。单击工具箱中的【移动工具】，将弹出其属性栏，如图 3-29 所示。

图 3-29 【移动工具】属性栏

①【自动选择图层】：选择此选项，在具有多个图层的图像上单击鼠标，系统将自动选中鼠标单击位置所在的图层。

②【自动选择组】：选择此选项，在具有多个组的图像上单击鼠标，系统将自动选中鼠标单击位置所在的组。

③【显示变换控件】：选择此选项，选定范围四周将出现控制点，用户可以方便的调整选定范围中的图像尺寸。

④【对其图层】：当同时选择了两个或两个以上的图层时，单击相应的按钮可以将所选图层进行对齐，方式包括【顶对齐】、【垂直居中对齐】、【底对齐】、【左对齐】、【水平居中对和齐】、【右对齐】等。

⑤【分布图层】：如果选择了 3 个或 3 个以上的图层时，单击相应的按钮可以将所选图层按一定规则进行均匀分布排列。分布方式包括【按顶分布】、【垂直居中分布】、【按底分布】、【按左分布】、【水平居中分布】和【按右分布】等。

【注意】：选择【移动工具】后，按键盘上的【←】、【→】、【↑】、【↓】方向键，可以以【1】个像素为单位，将图像按照指定的方向移动；按住【Shift】键的同时按住这些方向键，可以以【10】

个像素为单位移动图像。

### 3.2.3　裁剪工具

【裁剪工具】就如用的裁纸刀，可以对图像进行裁切，使图像文件的尺寸发生变化。使用该工具可以将图像中被【裁剪工具】选取的图像区域保留，其他区域删除的一种工具。裁剪的目的是移去部分图像以形成突出或加强构图效果的过程。选择【裁剪工具】后，工具选项栏状态如图 3-30 所示，按键盘上的【Enter】键确定裁剪。

图 3-30　裁剪工具属性栏

①【不受约束】：该按钮可以显示当前的裁剪比例或设置新的裁剪比例，其下拉选项如图 3-31 所示。如果图像中有选区，则按钮显示为选区。

②【宽度】、【高度】：可输入固定的数值，直接完成图像的裁切。

③【纵向与横向旋转裁剪框】：设置裁剪框为纵向裁剪或横向裁剪。

④【拉直】：可以矫正倾斜的照片。

⑤【视图】：可以设置裁剪框的视图形式，如黄金比例和金色螺线等，如图 3-32 所示，可以参考视图辅助线裁剪出完美的构图。

⑥【设置其他裁剪选项】：可以设置裁剪的显示区域，以及裁剪屏蔽的颜色、不透明度等，其下拉列表如图 3-33 所示。

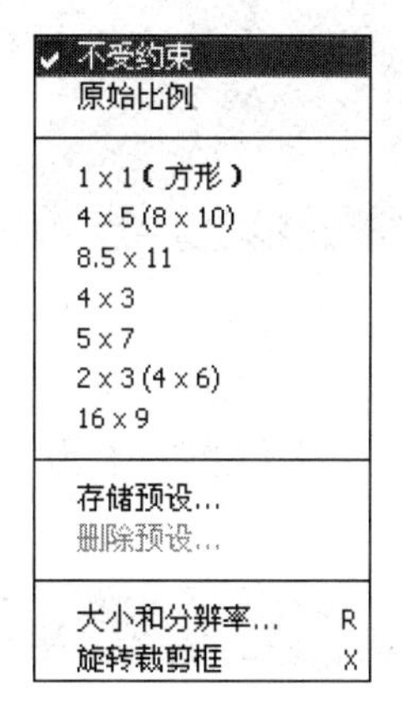


图 3-31　【不受约束】列表

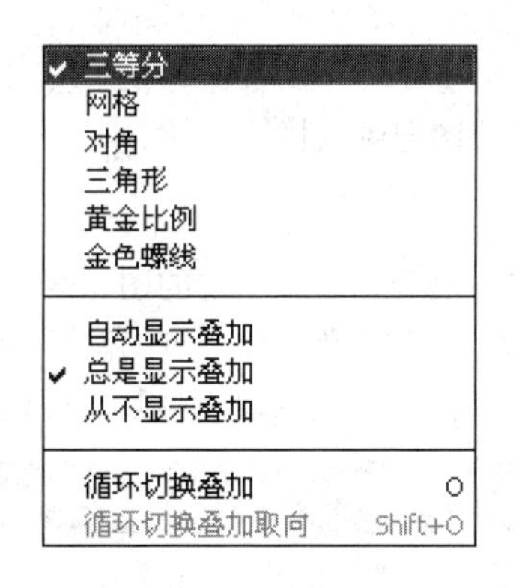


图 3-32　【视图】列表

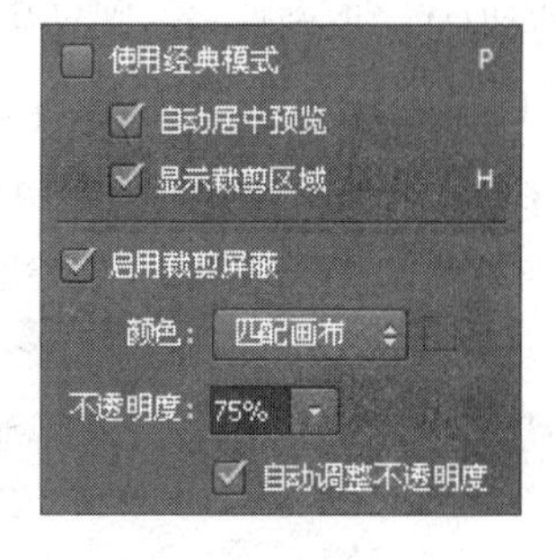


图 3-33　【设置其他裁剪选项】列表

⑦【删除裁剪像素】：勾选该选项后,裁剪完毕后的图像将不可更改；不勾选该选项，即使裁剪完毕后选择【裁剪工具】单击图像区域仍可显示裁切前的状态，并且可以重新调整裁剪框。

## 3.3　修整图像

修整图像包括对图像亮度、模糊度的修饰以及图像质量的调整，在 Photoshop CS6 中修饰图像的工具和方法多种多样，用来修饰图像的工具组包括【修复工具组】、【图章工具组】和【模糊工具组】等，这些工具组都是对图像的某个部分进行修饰的。

### 3.3.1　修复工具组

【修复工具组】中包含【污点修复画笔工具】、【修复画笔工具】、【修补工具】以及【红眼工具】，如图 3-34 所示，这几种工具的用法类似，都是用来修复图像上的瑕疵、褶皱或者破损部位等等，不同是前三种修补工具主要是针对区域像素而言的，而【红眼工具】则主要针对照片中常见的红眼而设。

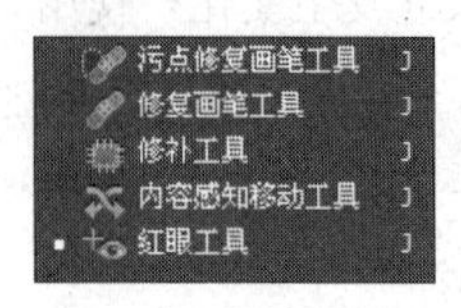


图 3-34 修复工具组

### 3.3.2 污点修复画笔工具

【污点修复画笔工具】比较适合用来修复图片中小的污点或者杂斑。

具体操作方法为：单击【污点修复画笔工具】，出现【污点修复画笔】工具属性栏，如图 3-35 所示，在需要修复的图像区域单击并拖动鼠标涂抹即可进行修复。

图 3-35 【污点修复画笔】工具属性栏

①【画笔选取器】：可以设置画笔的大小以及软硬程度，单击三角按钮，可以弹出下拉列表，如图 3-36 所示。

②【模式】：用来设置修复图像时使用的混合模式。

③【类型】：可以设置修复的方法。选择【近似匹配】，可使用图像边缘周围的像素来查找要用作选定区域修补的图像区域，如果此选项的修复效果不能令人满意，可还原修复并尝试【创建纹理】选项；选择【创建纹理】，可使用图像中的所有像素创建一个用于修复该区域的纹理。如果纹理不起作用，可尝试再次拖动该区域。

④【内容识别】：可以根据修复的内容识别来填充图像。

⑤【对所有图层取样】：选择此选项，可从所有可见图层中对数据进行取样。取消选择，则只从当前图层中取样。

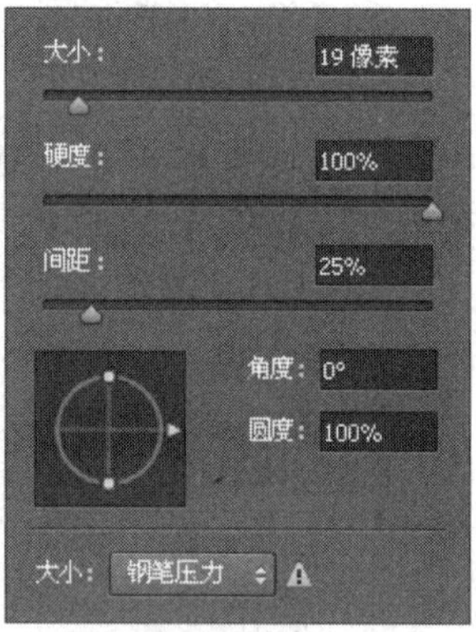

图 3-36 画笔选取器

### 3.3.3 修复画笔工具

【修复画笔工具】可用于校正瑕疵、复制指定的图像区域中的肌理、光线等，并将它与目标区域像素的纹理、光线、明暗度融合，使图像中修复过的像素与临近的像素过渡自然，合为一体。

选取【修复画笔工具】，此时 【修复画笔工具】属性栏如图 3-37 所示。

图 3-37 【修复画笔工具】属性栏

①【画笔选取器】：可以设置画笔的大小以及软硬程度，单击三角按钮，可以弹出其下拉列表。

②【模式】：用来设置修复时的混合模式。如果选用【正常】选项，则使用样本像素进行绘画的同时可把样本像素的纹理、光照、透明度和阴影与像素相融合；如果选用【替换】选项，则只用样本像素替换目标像素，在目标位置上没有任何融合。

③【源】：选择修复方式，有取样、图案两个方式。

- 取样：勾选【取样】单选项后，按住【Alt】键不放并单击鼠标左键获取修复目标的取样点。
- 图案：勾选【图案】单选项后，可以在【图案】列表中选择一种图案来修复目标。

④【对齐】：勾选【对齐】复选框后，只能用一个固定的位置的同一图像来修复。

⑤【样本】：选取图像的源目标点。包括当前图层、当前图层和下方图层、所有图层三种选择。

- 当前图层：当前处于工作状态的图层。

- 当前图层和下面图层：当前处于工作状态的图层和其下面的图层。
- 所有图层：可以将全部图层看成单图层。

⑥【忽略调整图层】：单击该按钮，在修复时可以忽略图层。

具体操作方法为：单击【修复画笔工具】，按照图 3-38 所示的工具属性栏设置选项，修复前有污点的图像如图 3-38（a）所示，按住【Alt】键在污点附近单击鼠标取样，然后在污点处拖曳鼠标，就可擦除污点，修复后的图像如图 3-38（b）所示。

（a）

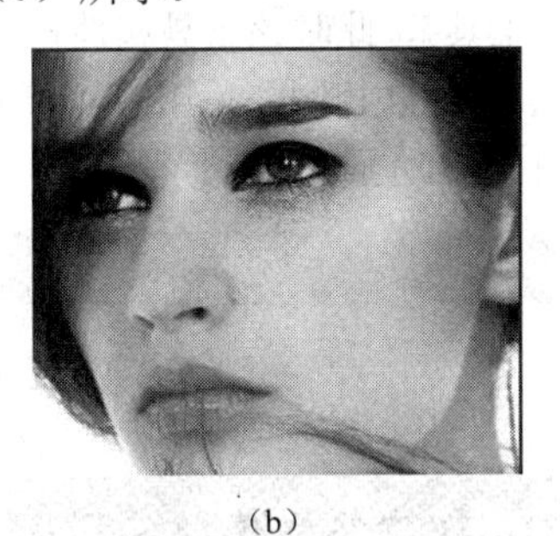
（b）

图 3-38　修复有污点的图片

### 3.3.4　修补工具

使用【修补工具】，可以给画布上的图片做一些修补的工作，类似在衣服上打补丁一样。所不同的是修补工具修复好的地方，是很完美的。选择该工具后，会出现如图 3-39 所示工具属性栏。具体操作方法为：先在需要修复的区域单击并拖动鼠标创建一个选区，然后将光标放在选区内拖动鼠标至取样的图像区域进行修复图像，如图 3-40 所示。

图 3-39　修补工具属性栏

（a）原图像

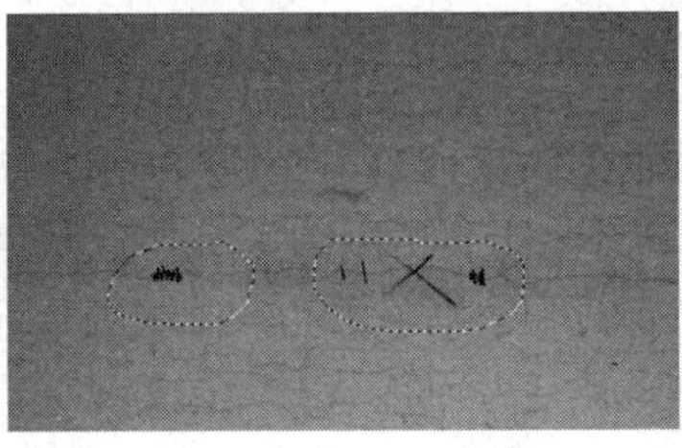
（b）创建选区

（c）修复效果

图 3-40　使用修补工具修复图像

### 3.3.5　红眼工具

【红眼工具】可以将数码相机照相时产生的红眼睛效果轻松去除，在保留原有的明暗关系和质感的同时，使图像中人或者动物的红眼变成正常颜色。此工具也可以改变图像中任意位置的红色像素，使其变为黑色调。【红眼工具】的操作方法非常简单，在工具箱中单击【红眼工具】，设置好如图 3-41 所示的属性以后，直接在图像中红眼部分单击鼠标即可。

图 3-41　红眼工具的属性栏

### 3.3.6　内容感知移动工具

可以简单到只需选择照片场景中的某个物体，然后将其移动移到其他需要的位置就可以实现复制，复制后的边缘会自动柔化处理，跟周围环境融合，经过 Photoshop CS6 的计算，便可以完成极其真实的合成效果。

选择【内容感知移动工具】，先要在需要修复的区域单击并拖动鼠标创建一个选区，然后将光标放在选区内拖动鼠标至取样的图像区域进行修复图像。

### 3.3.7 仿制图章工具

【仿制图章工具】用于图像中对象的复制，可以十分轻松地复制整个图像或图像的一部分。选取【仿制图章工具】，此时该工具属性栏如图 3-42 所示。使用【仿制图章工具】的方法与使用【修复画笔工具】的方法相同，使用时需要先按住【Alt】键取样，然后在目标位置按住鼠标绘制即可，效果如图 3-43 所示。

图 3-42 【仿制图章工具】属性栏

(a) 原图

(b) 效果图

图 3-43 使用仿制图章工具的效果

### 3.3.8 图案图章工具

【图案图章工具】可以将预设的图案或自定义的图案复制到图像或者指定的区域中。其工具属性栏如图 3-44 所示，从中可以看出比【仿制图章工具】多了一个【印象派效果】的复选框，如果勾选了该复选框，则仿制后的图案以印象派绘画的效果显示。单击【图案图章工具】后，在工具属性栏中选择一个图案，然后在画面中拖动鼠标即可绘画，如图 3-45 所示。

图 3-44 【图案图章工具】的工具选项栏

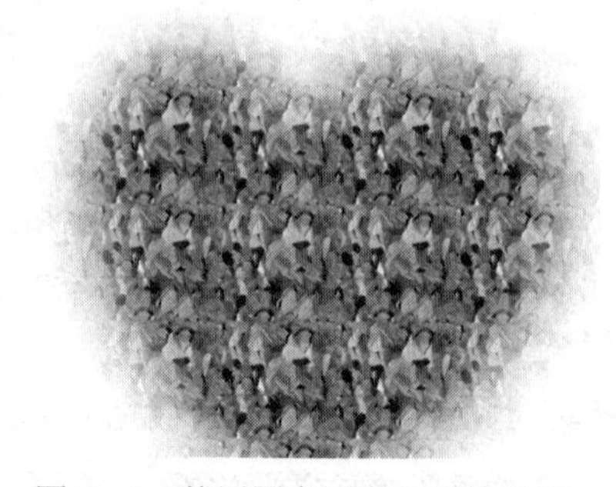

图 3-45 使用图案图章工具的效果

### 3.3.9 案例应用——污点修复

我们可以来利用修复工具对充满了污点的图像进行修复。

（1）按【Ctrl＋O】键，打开一张素材图片，如图 3-46 所示，图片里有一些污点、脸上的斑点以及红眼需要处理。

（2）首先修复红眼，选择【红眼工具】，在眼睛瞳孔的位置单击鼠标即可修复，如图 3-47 所示。

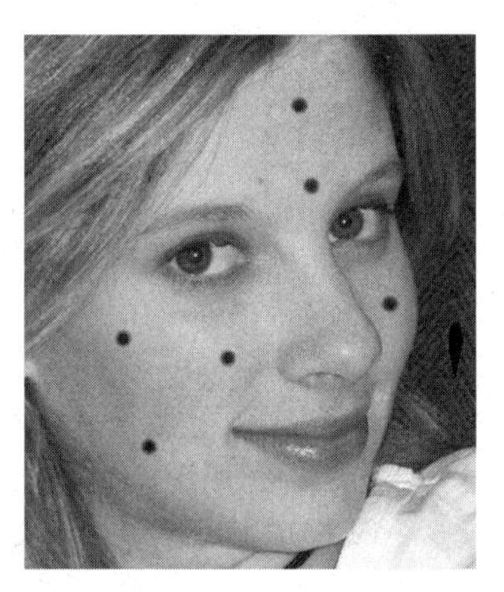

图 3-46　打开的图像

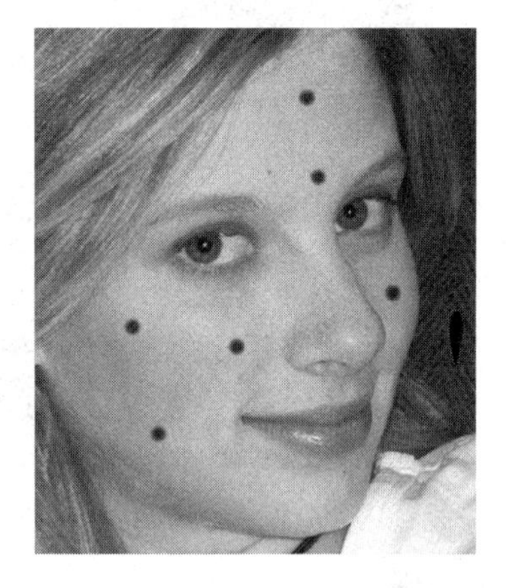

图 3-47　去除红眼

（3）接着修复脸上污点，先放大图片到合适的位置，选择【污点修复画笔工具】，适当的调节一下【污点修复画笔工具】的画笔大小，然后把污点覆盖上，覆盖之后，单击鼠标左键，即可修复，修复后的效果如图 3-48 所示。

（4）修复脸上的一些痘痘斑点，选择【修补工具】，按住鼠标左键拖动鼠标，把斑点圈起来，将鼠标拖动到皮肤较好的位置，然后松开鼠标，按【Ctrl+ D】键取消选区，重复来修复一下，直到达到一个满意的效果为止，如图 3-49 所示。

图 3-48　修复污点

图 3-49　去除痘痘

（5）最后修复背景的黑色斑点。选择【内容感知移动工具】，按住鼠标左键拖动鼠标绘制出选区，把黑色斑点圈起来，将鼠标拖动到图案效果较好的位置，然后松开鼠标，按【Ctrl+D】键取消选区，完成的效果如图 3-50 所示。

### 3.3.10　橡皮擦、背景橡皮擦、魔术橡皮擦工具

【橡皮擦工具组】中包括【橡皮擦】、【背景色橡皮擦】和【魔术橡皮擦】3 种工具，如图 3-51

所示，它们都可以擦除图像的整体或局部，也可以对图像的某个区域进行擦除。

图 3-50　图像最终效果

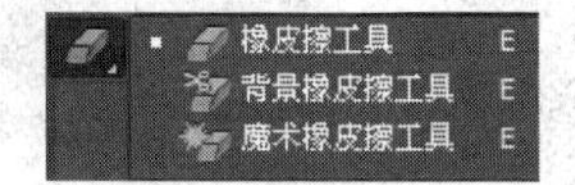


图 3-51　擦除工具组

**1. 橡皮擦工具**

使用【橡皮擦工具】擦除像素后将会自动使用背景来填充，其工具属性栏如图 3-52 所示，其各选项意义如下。

图 3-52 【橡皮擦工具】属性栏

①【画笔】：用来设置橡皮擦的主直径、硬度和画笔样式。

图 3-53　使用不同模式的笔刷擦除效果

②【模式】：用来设置橡皮擦的擦除方式，下拉列表中有【画笔】、【铅笔】和【块】三个选项。选择【画笔】选项时橡皮的边缘柔和并带有羽化效果；选择【铅笔】选项时则没有这种效果；选择【块】选项时橡皮以一个固定的方块形状来擦除图像。图 3-53 为使用不同笔刷模式来擦除图像的效果。

③【不透明度】：可以用于设置橡皮擦的透明程度。

④【流量】：控制橡皮擦在擦除时的流动频率，数值越大，则频率越高。不透明度、流量以及喷枪方式都会影响擦除的力度，较小力度（不透明度与流量较低）的擦除会留下半透明的像素。

⑤【抹到历史记录】：勾选【抹到历史记录】复选框后，用橡皮擦除图像的步骤能保存到【历史记录】调板中，要是擦除操作有错误，可以从【历史记录】调板中恢复原来的状态。

**2. 背景色橡皮擦工具**

使用【背景色橡皮擦工具】同样是用来擦除画布中的内容的，通过背景橡皮擦可以擦除指定的颜色。

选取【背景橡皮擦工具】，其属性栏如 3-54 所示。

①【画笔预设】：通过属性栏可以调整画笔的大小、硬度、间距、形状等等。

②【取样】：取样方法分别为连续取样、一次取样、背景色板取样。

③【限制】：单击其右侧的三角按钮，弹出如图 3-55 所示的限制下拉列表，在其中可限制背景色橡皮擦工具擦除的范围。

图 3-54　背景橡皮擦工具的工具属性栏　　图 3-55　限制下拉列表

④【容差】：改变容差的大小，可以设置擦除的范围。容差值越大，擦除的颜色范围越宽，容差值越小，擦除的颜色范围越小。

⑤【保护前景色】：勾选之后，前景色面板中的颜色在擦除的时候会被保护起来，无论怎么擦除，都不会擦掉前景色。

使用【背景色橡皮擦工具】擦除图像的效果如图 3-56 所示。

（a）原图

（b）效果图

图 3-56　使用背景色橡皮擦工具擦除图像的效果

### 3. 魔术橡皮擦工具

【魔术橡皮擦工具】的功能相比其他两个擦除工具来说就显得更加智能化，一般用来快速去除图像的背景。【魔术橡皮擦工具】使用方法很简单，只需要在画布中，选择想要删除的颜色，单击鼠标左键该颜色就会被删除掉了，其功能相当于是【魔棒选择工具】与【背景色橡皮擦工具】的合并。

使用【魔术橡皮擦工具】可以轻松地擦除与取样颜色相近的所有颜色，根据在其工具选项栏上设置的【容差】值的大小来决定擦除颜色的范围，擦除后的区域将变为透明。

选取【魔术橡皮擦工具】，其属性栏如图 3-57 所示。

图 3-57 【魔术橡皮擦工具】属性栏

①【容差】：设置擦除的色彩范围。

②【消除锯齿】：选中此复选项，【魔术橡皮擦工具】将自动对边缘区域进行消除锯齿处理。

③【连续】：选中此复选项，将对连续的区域进行擦除。

④【所有可见图层取样】：选中此复选项，将使【魔术橡皮擦工具】的效果应用到所有可见图层。

使用【魔术橡皮擦工具】的效果如图 3-58 所示。

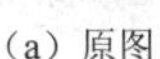

（a）原图

（b）效果图

图 3-58　使用魔术橡皮擦工具擦除图像的效果

### 3.3.11　模糊、锐化和涂抹工具

【模糊工具组】包括【模糊工具】、【锐化工具】以及【涂抹工具】这三种工具，如图 3-59 所示。这几种工具主要用于对图像局部细节进行修饰，它们的操作方法都是按住鼠标左键在图像上拖动以产生效果。

**1. 模糊工具**

使用【模糊工具】在图像中拖动鼠标，在鼠标经过的区域中就会产生模糊效果。选取【模糊工具】，其工具属性栏如图 3-59 所示，其中【强度】选项用于设置【模糊工具】对图像的模糊程度，取值范围为【1%～100%】，取值越大，模糊效果越明显。

图 3-59 【模糊工具】属性栏

使用【模糊工具】处理图像的效果如图 3-60 所示。

（a）原图

（b）效果图

图 3-60　使用模糊工具的效果

**2. 锐化工具**

使用【锐化工具】在图像中拖动鼠标，鼠标经过的区域中就会产生清晰的图像效果。选取【锐化工具】，其工具属性栏如图 3-61 所示，如果在其工具选项栏上设置【画笔】的值较大，则清晰的范围就较广；如果【强度】的值较大，则清晰的效果就较明显。其工具选项栏与【模糊工具】基本相似。

使用【锐化工具】处理图像的效果如图 3-62 所示。

图 3-61　【锐化工具】属性栏

（a）原图

（b）效果图

图 3-62　使用锐化工具的效果

**3. 涂抹工具**

使用【涂抹工具】涂抹图像时，可以模拟出在画纸上用手指涂抹柔和、模糊的效果，会将画面上的色彩融合在一起，产生和谐的效果。

选取【涂抹工具】，其工具属性栏如图 3-63 所示，如果在其工具选项栏上设置【画笔】的值较大，则涂抹的范围就较广；如果设置【强度】的值较大，则涂抹的效果就较明显。与之前两个工具不同的是：在【涂抹工具】的工具选项栏上多了一个【手指绘画】的复选框，如果勾选了此项，则当用鼠标涂抹时是用前景色与图像中的颜色相融可以产生涂抹后的笔触；如果不勾选此项，则涂抹过程中使用的颜色来自每次单击的开始之处。

图 3-63　【涂抹工具】属性栏

使用【涂抹工具】处理图像的效果对如图 3-64 所示。

（a）原图

（b）效果图

图 3-64　使用涂抹工具的效果

### 3.3.12　减淡、加深和海绵工具

【色调工具组】中包括【减淡工具】、【加深工具】、【海绵工具】三种工具。这三种工具都可以通过按住鼠标在图像上的拖动来改变图像的色调。

**1. 减淡工具**

使用【减淡工具】可以使图像或者图像中某区域内的像素变亮，但是色彩饱和度降低。选取【减淡工具】，其工具属性栏如图 3-65 所示，属性栏各选项意义如下。

图 3-65 减淡工具属性栏

①【范围】：在此选项的下拉列表中可以设置要修改的色调范围。选择【阴影】，只修改图像暗部区域的像素；选择【中间调】，只修改图像中灰色的中间调区域的像素；选择【高光】，只修改图像亮部区域的像素。

②【曝光度】：用来为工具指定曝光。此值越高，工具的作用效果越明显。

③【喷枪】：单击此按钮，可以使画笔具有喷枪的功能。

使用【减淡工具】只需用鼠标在需要减淡的区域进行涂抹即可，效果如图 3-66 所示。

（a）原图 （b）效果图

图 3-66 使用减淡工具的效果

**2. 加深工具**

使用【加深工具】正好与【减淡工具】相反，可以使图像或者图像中某区域内的像素变暗，但是色彩饱和度提高，如图 3-67 所示。

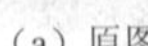

（a）原图 （b）效果图

图 3-67 使用加深工具的效果

**3. 海绵工具**

使用【海绵工具】可以精确地提高或者降低图像中某个区域的色彩饱和度，其工具选项栏如图 3-68 所示。

图 3-68 【海绵工具】属性栏

①【模式】：用于对图像加色或去色的选项设置，下拉列表中的选项为【降低饱和度】和【饱和】二种。图 3-69 所示的分别是图像原图、选择【饱和】后的效果、选择【降低饱和度】后的效果。

②【自然饱和度】：选择该复选框时，可以对饱和度不够的图像进行处理，可以调整出非常优雅的灰色调。

（a）原图

（b）选择饱和后的效果

（c）选择降低饱和度后的效果

图 3-69　使用海绵工具的效果

### 3.3.13　案例应用——人物图片合成

（1）按【Ctrl+O】键，打开【03\图片合成\素材\人物】文件，人物面部较暗，效果如图 3-70 所示。

（2）选取【减淡工具】，设置【主直径】为【400px】、【硬度】为【0%】，设置【范围】为【中间调】，设置【曝光度】为【50%】，在人物面部进行反复涂抹，将面部肤色调亮，效果如图 3-71 所示。

图 3-70　打开的人物图像

图 3-71　面部颜色减淡

（3）选取【涂抹工具】，在工具属性栏中设置合适的笔触大小，设置强度为【30】，将人物嘴角由下向上涂抹，使嘴角达到向上翘的效果，如图 3-72 所示。

（4）选取【背景橡皮擦工具】，将人物背景的白色去掉，形成透明背景，并将图层命名为【人物】，效果如图 3-73 所示。

（5）按【Ctrl+O】键，打开【03\图片合成\素材\背景】文件，选取【移动工具】，按住鼠标左键将其拖拽到人物文件窗口中，效果如图 3-74 所示，将图层名称命名为【背景】。

（6）将【背景】层拖拽到【人物】层的下方，从而完成图片合成效果，如图 3-75 所示。

图 3-72 调整嘴角弧度

图 3-73 去掉背景

图 3-74 打开的背景素材

图 3-75 图片最终效果

## 3.4 钢笔工具的使用

【钢笔工具组】是描绘路径的常用工具，而路径是提供的一种最精确、最灵活的绘制选区边界工具，特别是其中的钢笔工具，使用它可以直接产生线段路径和曲线路径，钢笔工具组有以下五个工具，如图 3-76 所示。

### 3.4.1 钢笔工具

路径是由多个节点组成的矢量线条，使绘制的图形以轮廓线显示。放大或缩小图形对其没有影响，可以将一些不够精确的选择区域转换为路径后再进行编辑和微调，然后再转换为选择区域进行处理，如图 3-77 所示为路径构成示意图，其中角点和平滑点都属于路径的锚点，即路径上的一些方形小点。当前被选中的锚点以实心方形点显示，没有被选中的以空心方形点显示。建立路径的方法包括两种，一种是使用工具箱里的【钢笔工具组】创建，另一种方法是将已有的选区转换为路径。

选取【钢笔工具】，出现如图 3-78 所示的钢笔工具属性栏。

①【类型】路径：包括形状、路径和像素 3 个选项。每个选项所对应的工具选项也不同（选择【矩形工具】后，像素选项才可使用）。

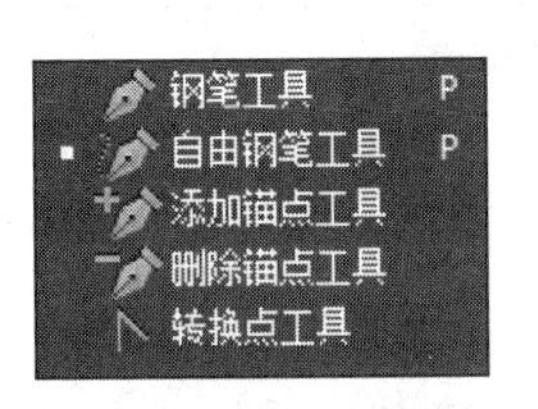


图 3-76　钢笔工具组

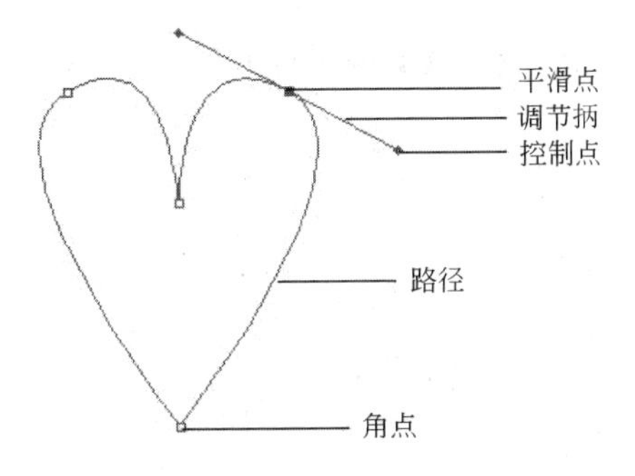


图 3-77　路径示意图

图 3-78 【钢笔工具】属性栏

②【建立】：建立是 Photoshop CS6 新加的选项,可以使路径与选区、蒙版和形状间的转换更加方便、快捷。绘制完路径后单击选区按钮,可用弹出【建立选区】对话框,在对话框中设置完参数后,单击【确定】按钮即可将路径转换为选区；绘制完路径后,单击蒙版按钮可以在图层中生成矢量蒙版；绘制完路径后,单击【形状】按钮可以将绘制的路径转换为形状图层。

③【绘制模式】：其用法与选区相同,可以实现路径的相加、相减和相交等运算。

④【对齐方式】：可以设置路径的对齐方式(文档中有两条以上的路径被选择的情况下可用)与文字的对齐方式类似。

⑤【排列顺序】：设置路径的排列方式。

⑥【橡皮带】：可以设置路径在绘制的时候是否连续。

⑦【自动添加/删除】：如果勾选此选项当【钢笔工具】移动到锚点上时，【钢笔工具】会自动转换为删除锚点样式；当移动到路径线上时，【钢笔工具】会自动转换为添加锚点的样式。

⑧【对齐边缘】：将矢量形状边缘与像素网格对齐（选择【形状】选项时,对齐边缘可用）。

使用【钢笔工具组】创建路径的操作步骤如下。

（1）新建一个空白文档。

（2）选取【钢笔工具】，将光标移动到图像中适当位置，单击鼠标左键，确定路径起点，再将光标移动到图像中的另一个位置单击鼠标左键并按住鼠标拖动，再画出一条曲线，如图 3-79 所示。

（3）再重复（2）的步骤，完成其他线段的绘制，起点与终点闭合时将会出现一个小圆点的标志，如图 3-80 所示。

（4）如果初步制作的路径往往还需要做进一步的调整，从而使路径更加精确。对锚点的添加方法，可以选择【添加锚点工具】，在需要添加锚点的地方单击鼠标左键，如图 3-81 所示。

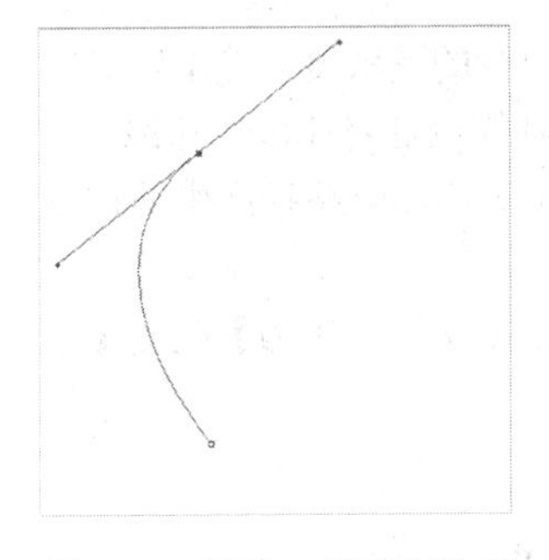

图 2-79　钢笔工具绘制路径

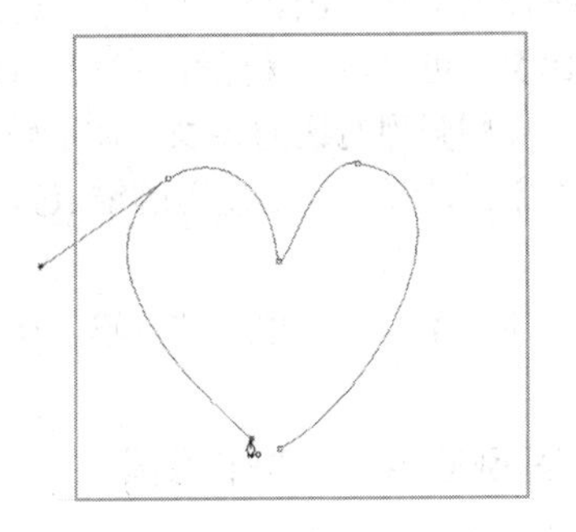

图 2-80　路径闭合

（5）删除锚点。选择【删除锚点工具】，在需要删除锚点的地方单击鼠标左键即可，如图3-82所示。

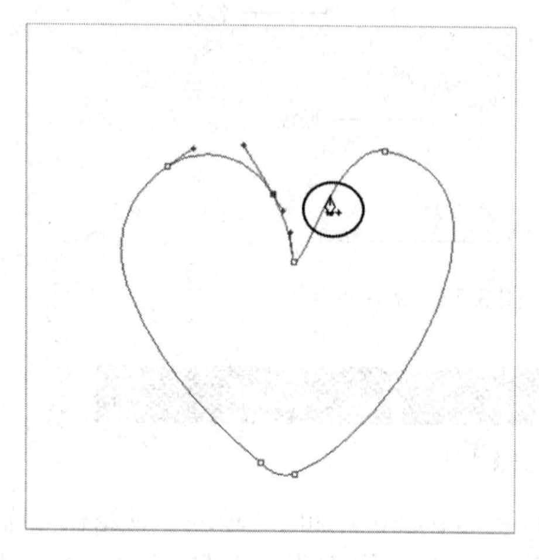

图2-81　添加锚点

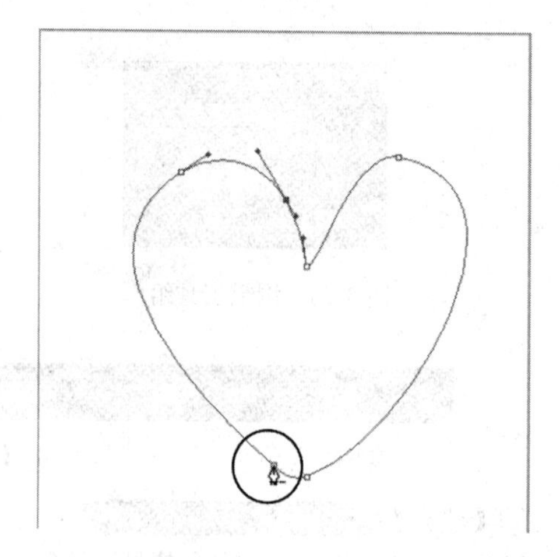

图2-82　删除锚点

（6）平滑曲线与折线之间的转换，可以使用【转换点工具】进行。

（7）在编辑路径时，需要先选中路径或路径上的锚点。在Photoshop CS6中，可以使用【路径选择工具】和【直接选择工具】完成。

### 3.4.2　自由钢笔工具

使用Photoshop CS6自由钢笔工具可随意绘图，就像用铅笔在纸上绘图一样，绘图时将自由添加锚点，绘制路径时无需确定锚点位置；用于绘制不规则路径，其工作原理与【磁性套索工具】相同，它们的区别在于前者是建立选区，后者建立的是路径。

选取【自由钢笔工具】，出现如图3-83所示的自由钢笔工具属性栏。

图3-83　自由钢笔工具属性栏

勾选【磁性的】选项，可以沿图像颜色的边界创建路径，类似磁性套索工具。单击此按钮，从弹出的选项栏中设置参数，如图3-84所示。

①【曲线拟合】：在绘制路径时，设置路径锚点的多少。数值越大（【10像素】为最大），锚点越少；数值越小（【0.5像素】为最小），锚点越多。

②【宽度】：可以调整路径选择范围，数值越大，选择的范围越大。按下键盘上【Caps Lock】键可以显示路径的选择范围。

③【对比】：可以设置【磁性钢笔】对图像中边缘的灵敏度，使用较高的值只能探测与周围强烈对比的边缘，使用较低的值则探测低对比度的边缘。

④【频率】：设置路径上使用的锚点数量，值越大绘制的路径产生的锚点越多。

⑤【钢笔压力】：在使用绘图板输入图像时，根据【钢笔压力】改变【宽度】值。

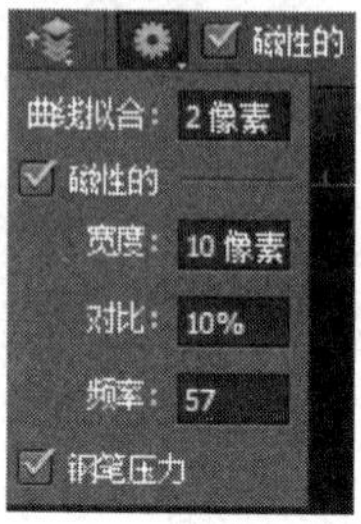

图3-84　曲线设置

### 3.4.3　案例应用——制作倒影

（1）选择菜单【文件】→【打开】命令，打开【03\倒影\素材\杯子】文件，如图3-85所示。

（2）使用【钢笔工具】，把杯子的外轮廓勾出来，在绘制路径的过程中，应使用【转换点工具】、【添加锚点工具】、【删除锚点工具】不断调整路径的形状，最终形成如图 3-86 所示的路径效果，按【Ctrl+Enter】键，将路径转换为选区。

图 3-85　打开的素材图片

图 3-86　绘制的路径

（3）按【Ctrl+C】键复制图层,再按【Ctrl+V】键进行图层粘贴,将新复制的命名为【倒影】。

（4）选择菜单【编辑】→【变换】→【垂直翻转】命令，使用【移动工具】将倒影层放置到合适的位置。

（5）选择菜单【编辑】→【变换】→【变形】命令，调整倒影形状，形成如图 3-87 所示的效果。

（6）使用【橡皮擦工具】，调整属性栏中的不透明度，擦出倒影效果，如图 3-88 所示，完成案例制作过程。

图 3-87　复制的倒影

图 3-88　最终效果

## 3.5　综合训练——制作个性台历

以设计者的身份，制作一张个性台历，完成的最终效果如图 3-89 所示。

（1）按【Ctrl＋N】键，新建一个文件，宽度为【15.2 厘米】，高度为【10.2 厘米】，分辨率为【300 像素/英寸】，颜色模式为【RGB 颜色】，背景内容为【白色】，单击【确定】按钮，如图 3-90 所示。

（2）按【Ctrl＋O】键，打开【03\综合训练\素材文件\背景】文件，使用【移动工具】将图片拖拽到艺术相册文件图像窗口，生成新图层并将其命名为【背景】，效果如 3-91 所示。

（3）按【Ctrl＋O】键，打开【03\综合训练\素材文件\人物 1】文件，使用【移动工具】将图片拖拽到艺术相册文件图像窗口的左下方，生成新图层并将其命名为【人物 1】，效果如 3-92 所示。

图 3-89 台历的最终效果

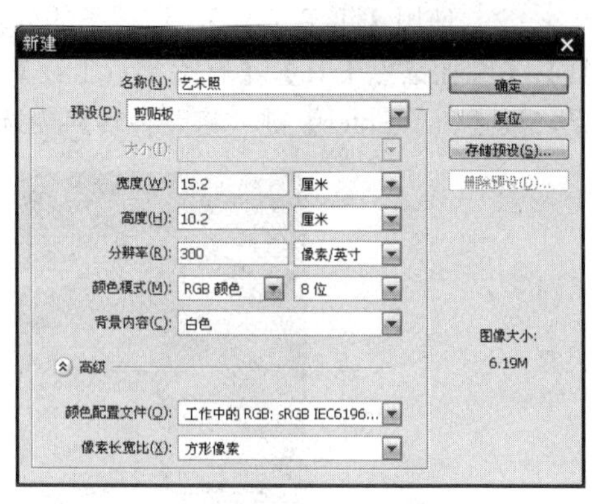


图 3-90 【新建】对话框

图 3-91 图像背景

图 3-92 调入的人物 1 图片

（4）选取【橡皮擦工具】，属性设置如图 3-93 所示，使用【橡皮擦工具】在人物图片四周涂抹，形成如图 3-94 所示的效果。

图 3-93 橡皮擦工具的属性设置

（5）选取【缩放工具】，在图像窗口中光标变为，单击鼠标人物头部区域，将图像放大，效果如图 3-95 所示。选取【仿制图章工具】，在属性栏中单击【画笔】选项右侧的按钮，弹出画笔选择面板，在画笔选择面板中选择需要的画笔形状，如图 3-96 所示。

图 3-94 使用橡皮擦处理的人物效果

图 3-95 人物放大效果

（6）将鼠标移动到图像窗口中人物额头无痣的位置，按住【Alt】键，光标变为图标，单击鼠标，在人物额头有痣的位置处单击鼠标，去除人物头部的痣，形成如图 3-97 所示的效果。

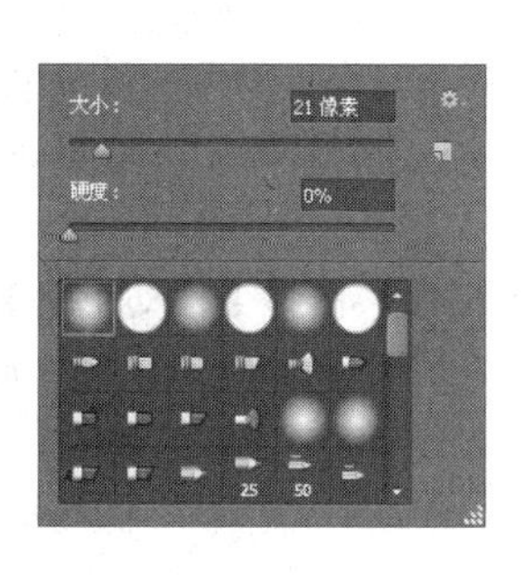


图 3-96　笔刷设置

图 3-97　人物头部的痣去除后的效果

（7）选取【减淡工具】，属性栏设置如图 3-98 所示，使用该工具在人物图像上涂抹，提高人物图像的亮度，效果如图 3-99 所示。

（8）按【Ctrl+O】键，打开【03\综合训练\素材文件\人物 2】文件，使用【移动工具】将图片拖拽到个性台历文件图像窗口的右上角，生成新图层并将其命名为【人物 2】，效果如图 3-100 所示。

图 3-98　减淡工具属性设置

图 3-99　人物 1 处理后的最终效果

图 3-100　调入的人物 2 图片

（9）选取【缩放工具】，在图像窗口中光标变为，单击鼠标将图像放大，选取【红眼工具】，属性栏的设置为默认值，在图像窗口中人物眼睛红色部分单击鼠标，去除人物红眼，效果如图 3-101 所示。

（10）按【Ctrl】键，同时单击【人物 2】图层，激活图层选区，如图 3-102 所示，然后单击路径调板，将选区转换为路径。

图 3-101　去除红眼后的效果

图 3-102　载入的选区

（11）选取【画笔工具】，按【F5】键，弹出画笔设置调板，选项设置如图 3-103 所示。

（12）将前景色设置为【紫色】，单击【路径】调板，单击【路径描边】按钮，如图 3-104 所示，进行前景色画笔描边，可以多执行几次路径描边效果，单击【路径】调板空白部分，取消路径选取效果，形成如图 3-105 所示的效果。

（13）按【Ctrl+O】键，打开【03\综合训练\素材文件\日历】文件，使用【移动工具】将图片拖拽到个性台历文件图像窗口的右下角，生成新图层并将其命名为【日历】，效果如图 3-106 所示。

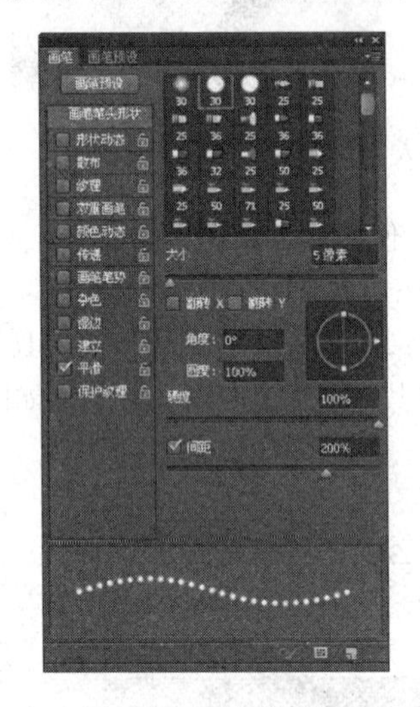


图 3-103 笔刷设置

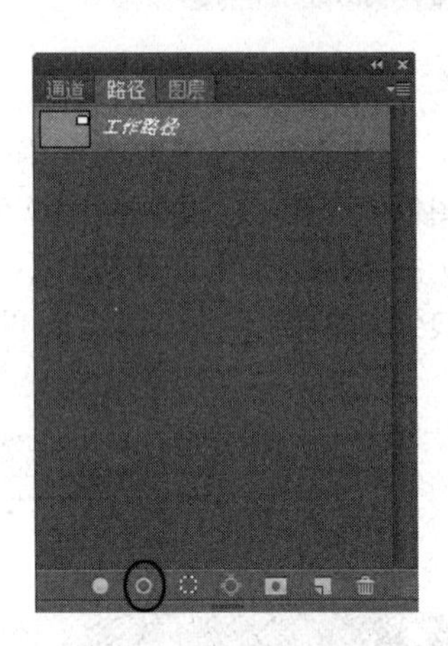


图 3-104 路径描边

图 3-105 路径描边效果

图 3-106 调入的日历

（14）单击【文件】→【存储】命令，保存文件，从而完成艺术照效果的设计。

## 3.6 本章小结

本章主要介绍了图像的编辑与修饰的各种工具及其使用方法。Photoshop CS6 中的填充与擦除工具、绘图及颜色工具、图像修饰工具是图像编辑处理中常用的重要工具，了解和掌握这些工具的使用方法，以及它们在图像处理中的技巧，将对学习后面的内容起到重要的作用。

通过对个性台历的设计与制作过程的讲解，将图像编辑中的一些基础工具进行提高性训练，初学者熟练掌握操作技能，在学习过程中可以对重要的基本操作反复练习，不断总结，逐步掌握这些基本工具及其应用方法及技巧。

## 3.7　课后练习

设计一张儿童挂历，效果如图 3-107 所示。

图 3-107　个性台历的效果

# 第 4 章　图像色调调整

## 4.1　图像色调调整

色彩调整是图像修饰和设计的一项十分重要的内容。Photoshop CS6 提供了强大的图像色彩调整功能。单击【图像】→【调整】命令，在弹出的子菜单中可以看到许多色彩调整的命令，如图 4-1 所示。

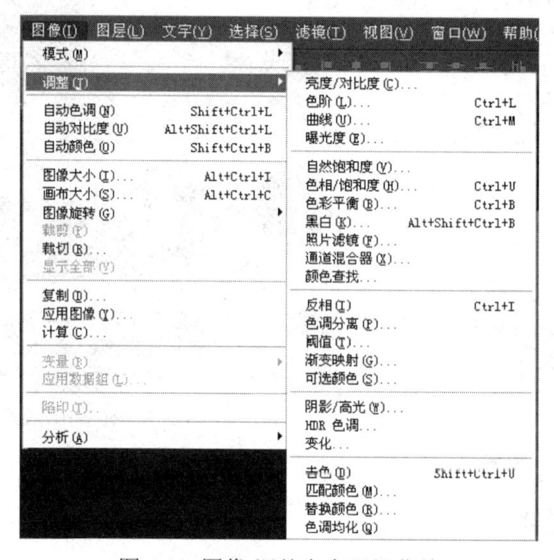


图 4-1　图像/调整命令下拉菜单

### 4.1.1　亮度/对比度

亮度/对比度命令操作比较直观，可以对图像的亮度和对比度进行直接的调整。

（1）按【Ctrl+O】键，打开一幅素材图像，如图 4-2 所示。

（2）单击【图像】→【调整】→【亮度/对比度】命令，打开如图 4-3 所示的【亮度/对比度】对话框。

图 4-2　打开的素材图

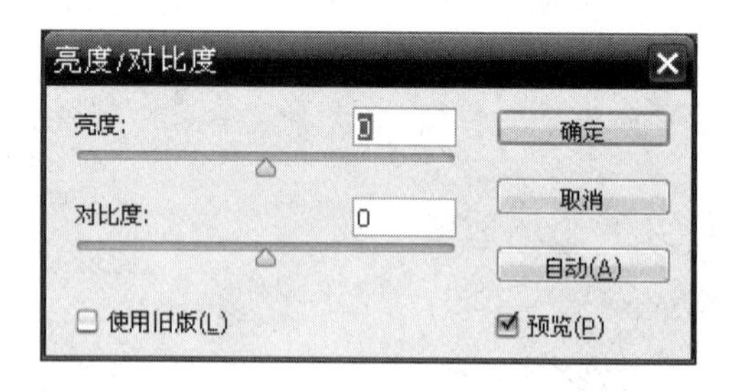


图 4-3　【亮度/对比度】对话框

各选项的含义如下。

①【亮度】：拖动亮度下面的滑块（或直接在后面的框中输入数值）调整图像的亮度。

②【对比度】：向右拖动对比度下面的滑块，可以增加图像的对比度，反之则降低图像的对比度。

③【使用旧版】：勾选【使用旧版】选项，可以将亮度和对比度作用于图像中的每个像素。

（3）调整图像的亮度值为【50】，对比度为【100】，如图 4-4 所示，单击【确定】按钮，调整后的图像效果如图 4-5 所示。

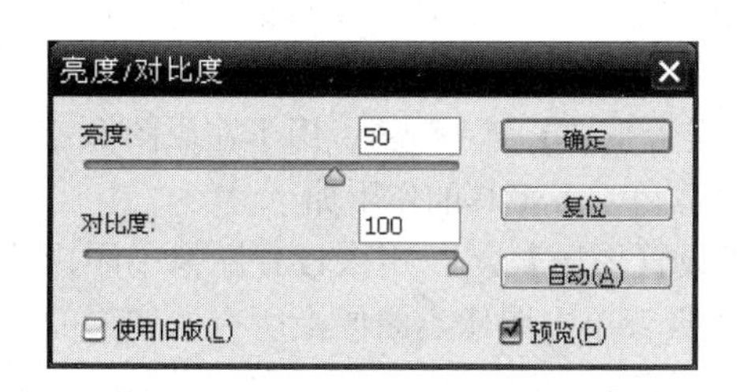

图 4-4　设置选项

图 4-5　调整色阶后的效果

### 4.1.2　色阶

使用【色阶】命令可以通过调整图像的暗调、中间调和高光的亮度级别来校正图像的影调，包括反差、明暗和图像层次以及平衡图像的色彩。

使用【色阶】命令调整图像的具体操作步骤如下。

（1）按【Ctrl+O】键，打开一幅素材图像，如图 4-6 所示。

（2）单击【图像】→【调整】→【色阶】命令或按【Ctrl+L】快捷键，打开如图 4-7 所示的【色阶】对话框。

图 4-6　打开的素材图片

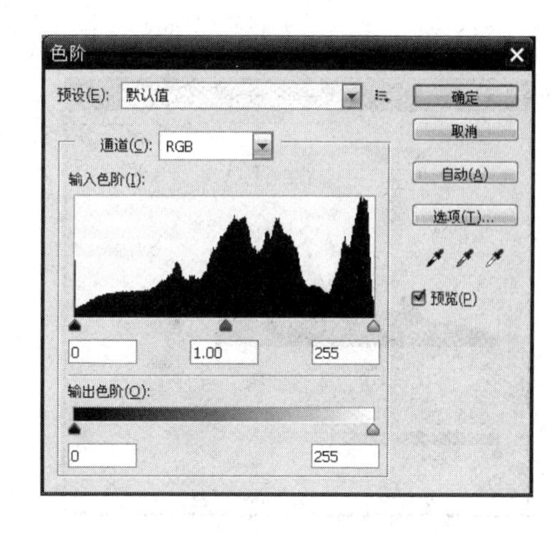

图 4-7　【色阶】对话框

各选项的含义如下。

①【预设】：用来选择已经调整完毕的色阶效果，单击右侧的弹出菜单按钮可以打开下拉列表。

②【通道】：在其下拉列表框中可以选择要查看或调整的颜色通道，一般都选择【RGB】选项，表示对整幅图像进行调整。

③【输入色阶】：在输入色阶对应的文本框中输入数值或拖曳滑块来调整图像的色调范围，可以提高或降低图像的对比度。第一个文本框用于设置图像的暗部色调，低于该值的像素将变为黑色，取值范围为 0～253；第二个文本框用于设置图像的中间色调，取值范围为【0.01～9.99】；

第三个文本框用于设置图像的亮部色调，取值范围为【2～255】。

④【输出色阶】：第一个文本框用于提高图像的暗部色调，取值范围为【0～255】；第二个文本框用于降低图像的亮度，取值范围为【0～255】。

⑤ 自动(A)：单击该按钮，将应用自动颜色校正来调整图像。

⑥ 选项(T)...：单击该按钮可以打开【自动颜色校正选项】对话框，在对话框中设置【阴影】和【高光】所占的比例，如图 4-8 所示。

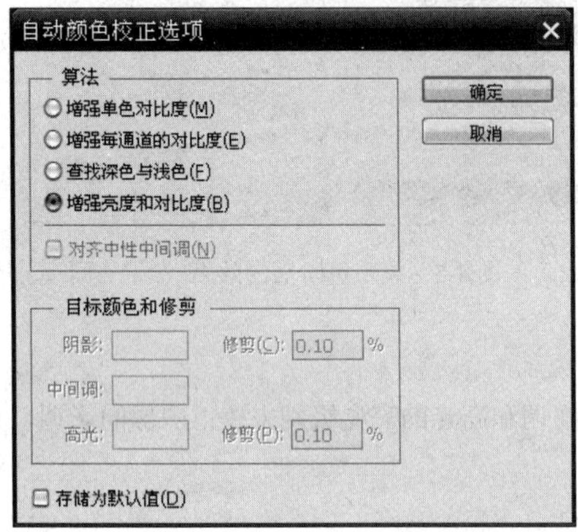


图 4-8 【自动颜色校正选项】对话框

⑦【吸管工具】：用于在原图像窗口中单击选择颜色，各工具的作用如下：

- 【设置黑场】：用来设置图像中阴影的范围。用该吸管单击图像，图像上所有的像素的亮度值都会减去选取色的亮度值，使图像变暗。
- 【设置灰场】：用来设置图像中中间调的范围。用该吸管单击图像，将用吸管单击处的像素亮度来调整图像所有像素的亮度。
- 【设置白场】：与用来设置黑场的方法正好相反，用来设置图像中高光的范围。用该吸管单击图像，图像上所有像素的亮度值都会加上该选取色的亮度值，使图像变亮。

（3）在【色阶】对话框中设置各选项，如图 4-9 所示。

（4）单击【确定】按钮，调整后的图像效果如图 4-10 所示。

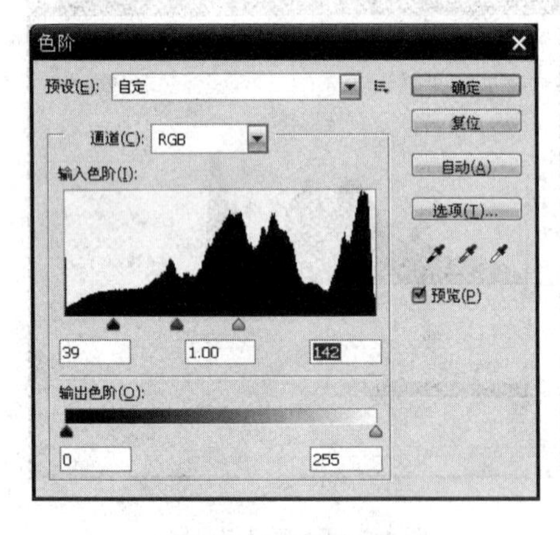


图 4-9 设置选项

图 4-10 调整色阶后的效果

### 4.1.3 曲线

【曲线】命令与【色阶】命令很类似，可以调节图像的整个色调的范围，应用比较广泛。它可以通过调节曲线来精确的调节 0~255 色阶范围内的任意色调，因此，使用此命令调节图像更加细致精确。

单击【图像】→【调整】→【曲线】命令或按下【Ctrl+M】快捷键，可打开【曲线】对话框，如图 4-11 所示。

【曲线】对话框中，X 轴方向代表图像的输入色阶，从左到右分别为图像的最暗区和最亮区。Y 轴方向代表图像的输出色阶，从上到下分别为图像的最亮区和最暗区。设置曲线形状时，将曲线向上或向下移动可以使图像变亮或变暗。当曲线向左上角弯曲，图像则变亮；当曲线形状向右下角弯曲，图像则变暗。如图 4-12 所示，通过调整曲线和控制点来调整图像效果。

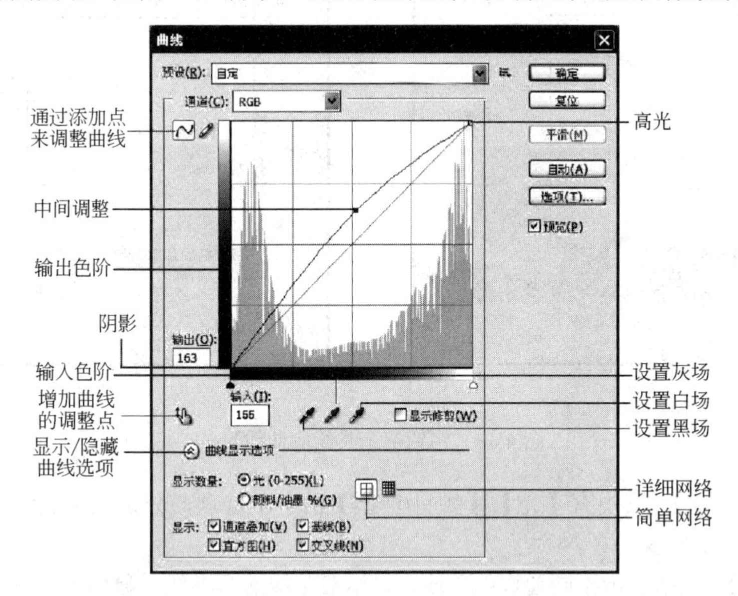


图 4-11　【曲线】对话框

图 4-12　图像曲线调亮前后效果图

【曲线】对话框中各选项的含义如下。

①【通过添加点来调整曲线】：单击此按钮，可以在曲线上添加控制点来调整曲线。而单击在曲线上产生的点为节点，其数值可以显示在输入和输出文本框中。单击多次，可出现多个节点，按【Shift】键可选择多个节点；或按下【Ctrl】键可删除多余节点。

②【使用铅笔绘制曲线】：即用铅笔绘制曲线的形状，则曲线的变化更为多种多样。单击【曲线】对话框中的【通过铅笔曲线】按钮，用鼠标在直方图中绘制所需形状的曲线，如图 4-13（a）所示，然后单击【平滑】按钮，让曲线变得更加平滑流畅，再进行细节调整使其更加满意，如图 4-13（b）所示。

③【高光】：拖曳高光控制点可以改变高光。

④【中间调】：拖曳中间调控制点可以改变图像中间调，当曲线向左上角弯曲，图像则变亮；当曲线形状向右下角弯曲，图像则变暗。

⑤【阴影】：拖曳【阴影】控制点可以改变阴影效果。

⑥【显示修剪】：勾选该复选框，可以在预览图像中显示修剪的位置。

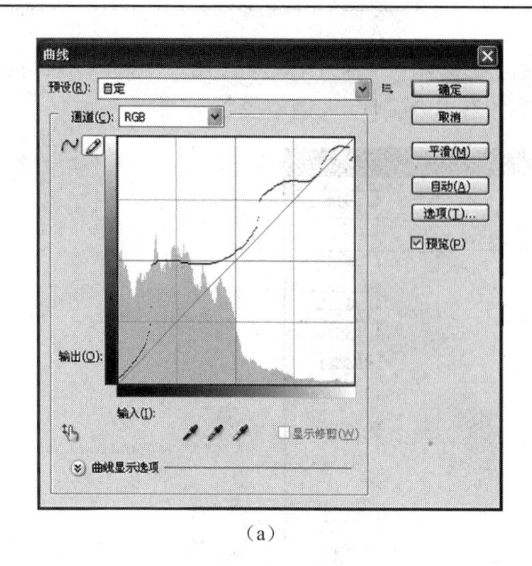


(a)

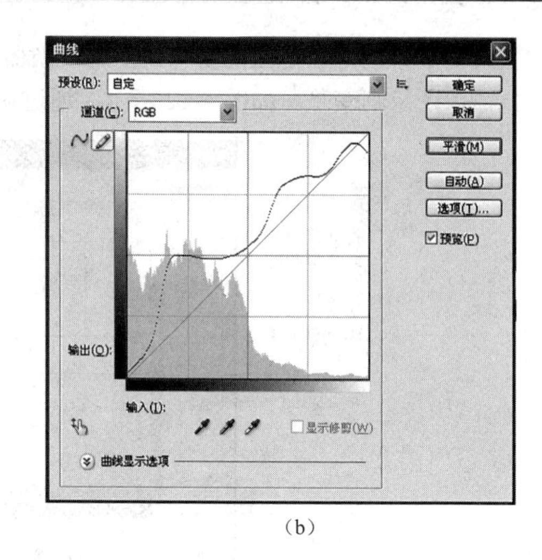


(b)

图 4-13　用铅笔工具绘制曲线形状

⑦ 【显示数量】：其中有【光】、【颜料/油墨】两个单选项，分别表示加色与减色颜色模式状态。

⑧ 【显示】：包括显示不同通道的曲线、显示对角线的基准线、显示色阶直方图和拖动曲线时水平和垂直方向的参考线。

⑨ 【显示网格大小】：单击可以将直方图中显示为不同大小的网格，【简单网格】指以【25%】的增量显示网格线；【详细网格】指以【10%】的增量显示网格线。

⑩ 【增加曲线调整点】：单击此按钮后，使用鼠标指针在图像上单击，会自动按照图像单击像素的明暗，在曲线上创建调整控制点，按下鼠标在图像上拖曳即可调整曲线，如图 4-14 所示。

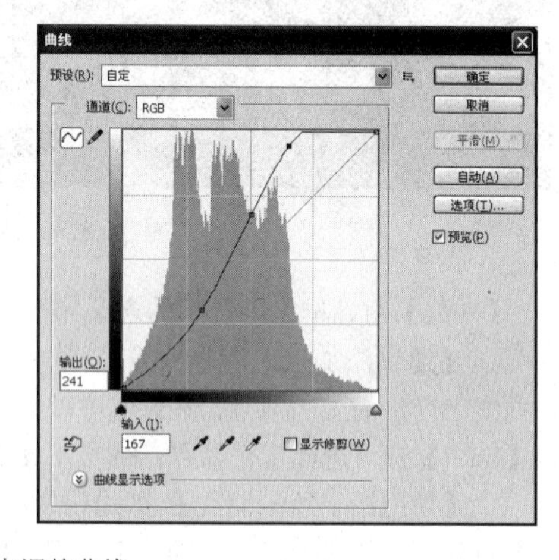


图 4-14　增加曲线调整点调整曲线

### 4.1.4　曝光度

在用相机拍照的时候，会经常提到曝光度这个词，曝光度越大，照片高光的部分就显得越明亮，曝光度越小，照片就显得暗淡一些。我们可以利用 PS 的曝光度的功能来对图片进行后期调整。

（1）按【Ctrl+O】键，打开一幅曝光不足的素材图像，如图 4-15 所示。

（2）单击【图像】→【调整】→【曝光度】命令，打开如图 4-16 所示的【曝光度】对话框。

图 4-15　打开的素材图像

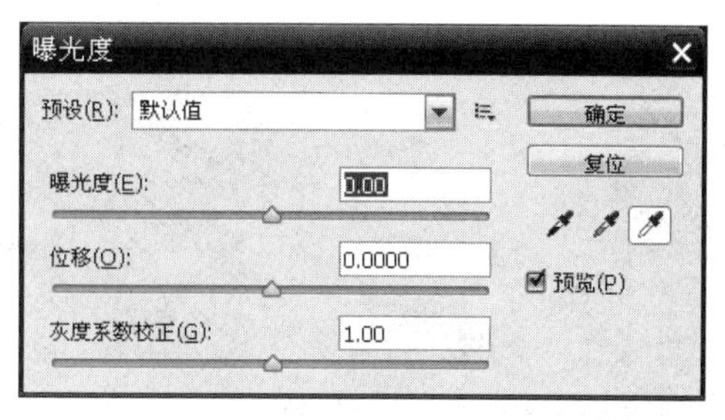


图 4-16　【曝光度】对话框

①【曝光度】：向右滑动滑块，可以增加曝光度，往左滑动滑块，可以降低曝光度。

②【位移】：用来调节图片中中间调的明暗。

③【灰度系数】：表示图像灰度的一个参数。灰度系数越大，则黑色和白色的差别越小，对比度越小，照片呈现一片灰色。灰度系数越小，则黑色和白色的差别越大，对比度越大，照片亮部和暗部呈现强烈对比。

④ ：分别代表了阴影、中间调、高光。

（3）在【曝光度】对话框中设置各选项，如图 4-17 所示。

（4）单击【确定】按钮，调整后的图像效果如图 4-18 所示。

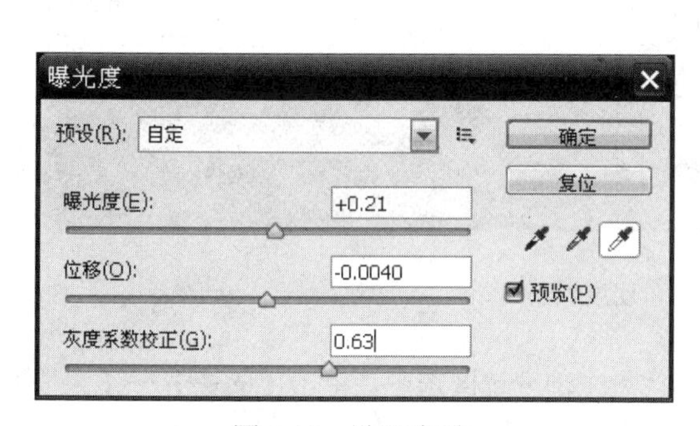


图 4-17　设置选项

图 4-18　调整曝光度后的效果

### 4.1.5　案例应用——调整昏暗的风景照片

（1）按【Ctrl+O】键，打开【04\调整昏暗的风景照片\素材\风景】文件，如图 4-19 所示，将图像模式改为【RGB 颜色】模式。

（2）使用【钢笔工具】绘制草地部分的路径，按【Ctrl+Enter】键，将路径转换为选区，如图 4-20 所示。

图 4-19　打开的素材图像

图 4-20　选区效果

（3）单击【图像】→【调整】→【色彩平衡】命令，调整数值，如图 4-21 所示，将草地颜色调整为绿色。

图 4-21　色彩平衡调整（一）

（4）单击【图像】→【调整】→【亮度/对比度】命令，调整数值，如图 4-22 所示，将草地颜色对比效果加强。

图 4-22　亮度/对比度调整

（5）按【Shift+Ctrl＋I】键，选区反选，将图像天空部分选区选中，单击【图像】→【调整】→【色彩平衡】命令，调整数值，如图 4-23 所示，将天空颜色调整为蓝色。

图 4-23　色彩平衡调整（二）

（6）单击【图像】→【调整】→【曲线】命令，调整弧线，如图 4-24 所示，将天空颜色调整为自然的蓝色。

（7）按【Ctrl＋D】键，取消选区，完成图像调整效果，如图 4-25 所示。

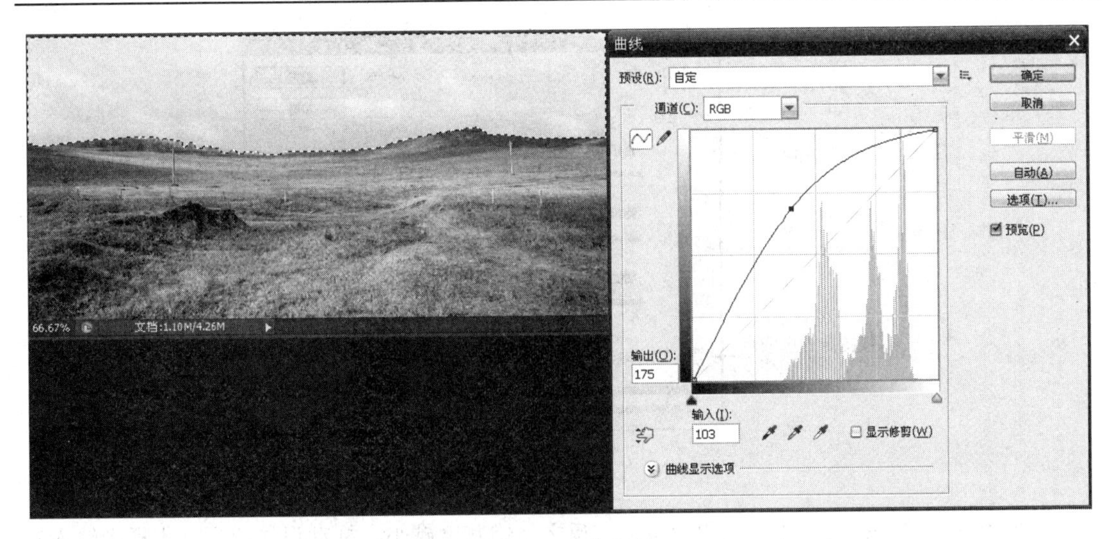


图 4-24　曲线调整

图 4-25　完成效果

# 4.2　图像色彩调整

## 4.2.1　色相/饱和度

【色相/饱和度】命令以色相、饱和度和明度为基础，对图像进行颜色校正，它既可以作用于整幅图像，也可以作用于图像中的单一颜色通道，并且可以定义图像全新的色相、饱和度，实现灰度图像的着色功能和创作单色调图像效果。

单击【图像】→【调整】→【色相/饱和度】命令或按下【Ctrl+U】快捷键，可打开【色相/饱和度】对话框，如图 4-26 所示，其中对话框中各选项的含义如下。

①【预设】：系统预先保存的调整数据。

②【编辑】：从列表中选择所需要调整颜色的范围。其中，【全图】表示对图像中的所有像素都起作用。选择其他颜色，则只对所选颜色的【色相】、【亮度】和【饱和度】进行调节。

③【色相】：通常指颜色，拖动滑块或在文本框中输入数值来调节图像的色相。调节范围是【−180～+180】。

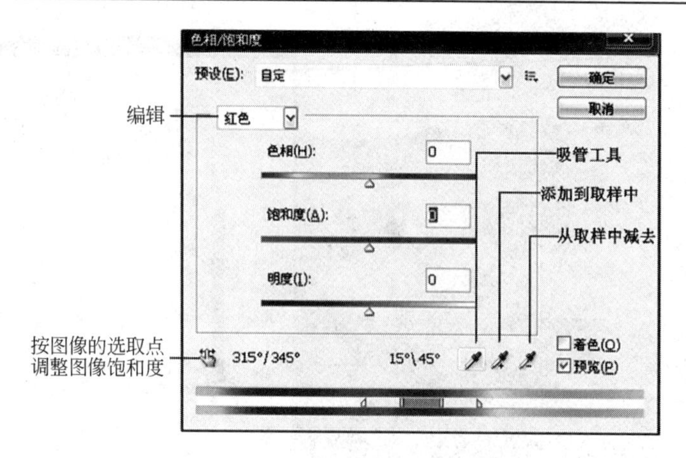


图 4-26 【色相/饱和度】对话框

④【饱和度】：颜色越纯，饱和度越大；反之，饱和度越小。拖动滑块或在文本框中输入数值来调节图像的饱和度。调节范围是【−100～+100】。向左移动滑块降低图像饱和度，向右移动滑块增加图像饱和度。

⑤【明度】：拖动滑块或在方框中输入数值来调节图像的明度。调节范围是【−100～+100】，向左移动滑块减少图像明度，向右移动滑块增加图像明度。

⑥【吸管】：在图像编辑中选择具体的颜色时，吸管处于可选状态。选择对话框中的吸管工具，可以配合下面的颜色条来选取颜色增加和减少所编辑的颜色范围。

⑦【添加到取样中】：即带【+】号的吸管工具或用吸管工具按【Shift】键可以在图像中已选取的色调再增加范围。

⑧【从取样中减去】：即带【−】号的吸管工具或用吸管工具按【Alt】键则可在图像中为已选取的色调减少调整的范围。

⑨【着色】：当勾选【色相/饱和度】对话框中的【着色】复选项后，可以为灰度图像或是单色图像重新上色，从而使图像产生单色调的效果。也可以为一幅彩色的图像进行处理，所有的颜色会变成单一彩色调，如图 4-27 所示。

（a）原图

（b）效果图

图 4-27 色相/饱和度调整单一色调图像

⑩【按图像的选取点调整图像饱和度】：单击此按钮，使用鼠标在图像的相应位置拖曳时，会自动调整被选取区域颜色的饱和度。

### 4.2.2　色彩平衡

【色彩平衡】命令是通过调整各种颜色的混合量来调整图像的整体色彩。在【色彩平衡】对话框中调整相应滑块的位置，可以控制图像中互补颜色的混合量。使用【色彩平衡】命令可以简单快捷地调节图像的各种混合颜色之间的平衡。如果要精细的调节图像颜色则要用【色阶】或【曲线】命令进行调节。单击【图像】→【调整】→【色彩平衡】命令或按下【Ctrl+B】快捷键，可打开【色彩平衡】对话框，如图 4-28 所示。其工作原理是首先确定图像中的中性灰色图像区域，然后选择一种平衡色来填充，从而起到平衡色彩的作用。对话框中各选项的含义如下。

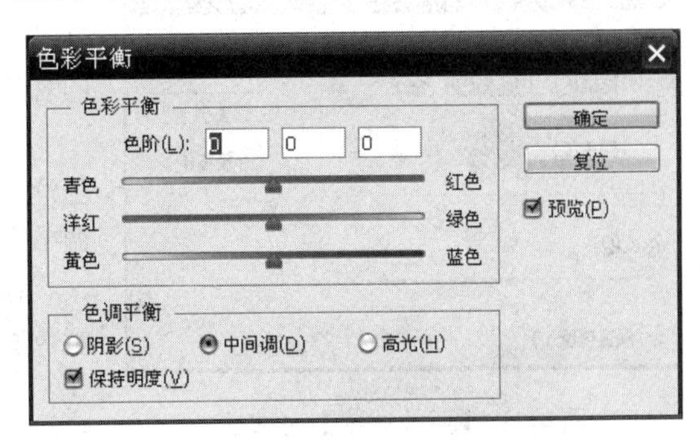


图 4-28 【色彩平衡】对话框

① 【色彩平衡】：色彩平衡对话框中有三个滑块可以调节，或是在色阶中输入【-100～+100】之间的数值，拖动滑块到所需颜色一侧可增加这种颜色。如要减少图像中的青色，则拖动第一个滑块向红色方向拖动，因青色和红色为互补色，因此，减少青色就是增加红色，如图 4-29 所示。

（a）原图

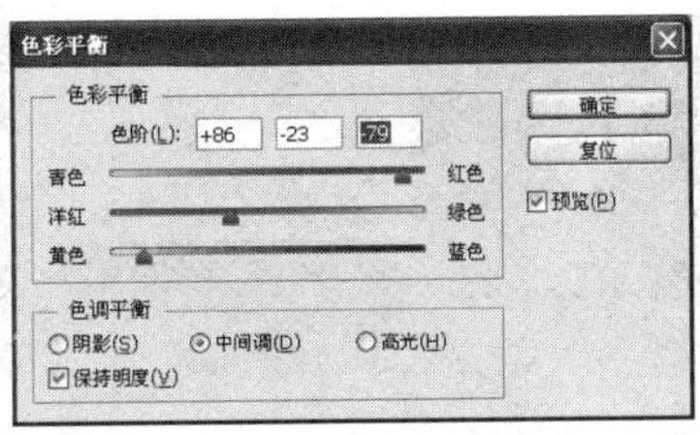


（b）调节后的图像

图 4-29　色彩平衡调节图像

②【色调平衡】：分别单击【阴影】、【中间调】和【高光】单选按钮，就可以选择要重点更改的色调范围。选择【保持亮度】选项，在调节图像色彩平衡时，可以保持图像的亮度值不变。

### 4.2.3　黑白

使用【黑白】命令可以快速将彩色图像转换为黑白或单色效果，同时保持对各颜色的控制。

单击【图像】→【调整】→【黑白】命令，打开【黑白】对话框，应用【黑白】命令得到的图像效果如图 4-30 所示。

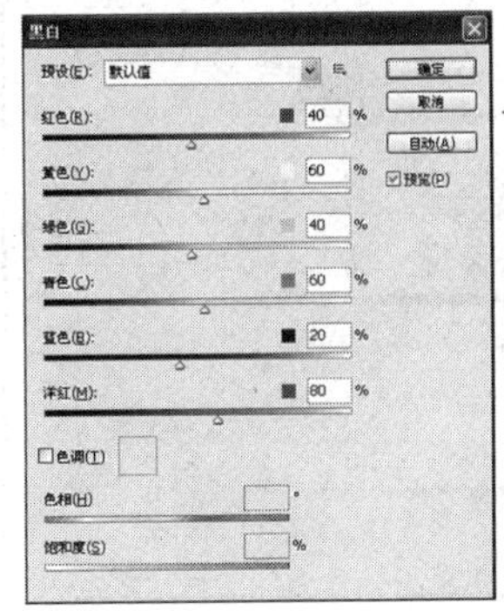


（a）对话框

（b）原图

（c）效果图

图 4-30　黑白对话框与黑白效果图

### 4.2.4 照片滤镜

使用【照片滤镜】命令可以模仿在相机镜头前面加彩色滤镜，通过调整镜头传输的光的色彩平衡和色温将图像调整为冷、暖色调，从而得到特殊效果。同时并提供了多种预设的颜色滤镜，可以选择色彩设置，对图像应用的色相进行调节。

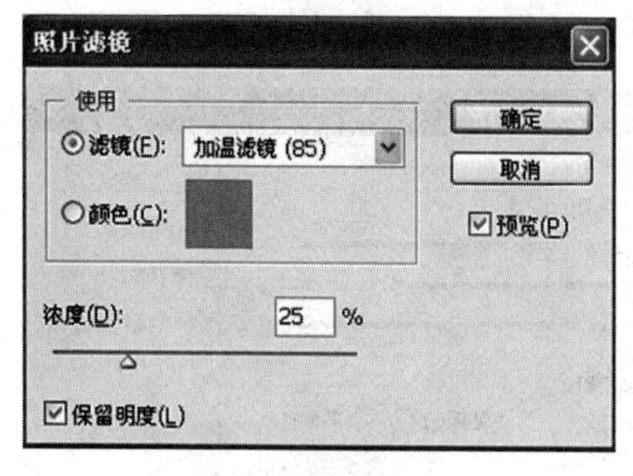


图 4-31 【照片滤镜】对话框

单击【图像】→【调整】→【照片滤镜】命令，可打开照片滤镜对话框，如图 4-31 所示，对话框中各选项的含义如下。

①【滤镜】：选择该单选按钮后，可供选择各种滤色片，用来调节图像中白平衡的色彩转换或是较小幅度调节图像色彩质量的光线平衡。

②【颜色】：选择该单选按钮后，可在【选择路径颜色】拾色器中选择指定滤色片的颜色。

③【浓度】：用滑块或数值来调节应用到图像上的色彩的浓度数量，数值越大，色彩越接近饱和。

④【保留亮度】：调整图像颜色的同时保持图像的亮度不变。

应用各种滤镜得到的图像的各种效果，如图 4-32 所示。

（a）原图

（b）调节后的图像

（c）调节后的图像

图 4-32 使用照片滤镜得到各种滤镜效果

### 4.2.5 通道混合器

使用【通道混合器】命令可以通过从每个颜色通道中选取它所占的百分比来创建色彩。

单击【图像】→【调整】→【通道混合器】命令，打开如图 4-33 所示的【混合通道】对话框，各选项含义如下。

①【预设】：系统预先保存的调整数据。

②【输出通道】：在其下拉列表框中选择要调整的颜色通道，不同颜色模式的图像的颜色通道选项也各不相同。如 RGB 模式下，列表中则是红色、绿色和蓝色的通道，每个通道的调节区域为【−200～+200】之间。

③【源通道】：用于调整源通道在输出通道中所占的颜色百分比。

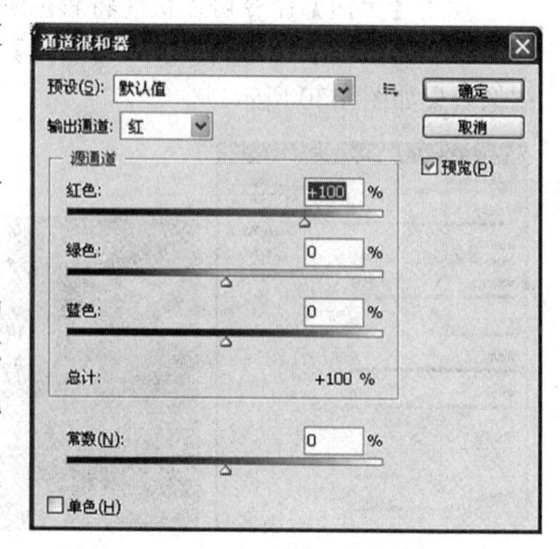


图 4-33 【通道混合器】对话框

④【常数】：用来增加该通道的互补色成分，负值

为增加该通道的互补色，正值为减少该通道的互补色。

⑤【单色】：选择此复选框，可将彩色图像变成灰度图像，但是色彩模式不发生变化。

### 4.2.6　反相

【反相】命令可以将图像中的颜色反转，一个正片黑白图像变成负片，也可以将扫描的黑白负片变为一个正片。反相图像时，通道中每个像素的亮度值转换为 256 级颜色值刻度上相反的值。【反相】还可以单独对层、通道、选取范围或是整个图像进行调整。

单击【图像】→【调整】→【反相】命令或按下【Ctrl+I】快捷键。执行【反相】后效果如图 4-34 所示。

（a）原图

（b）效果图

图 4-34　使用反相前后效果图

### 4.2.7　色调分离

【色调分离】命令可以指定图像的色阶级数，并根据图像的像素反映为最接近的颜色，当色阶数越大则颜色变化越细腻，但效果则不明显。反之，图像变化越剧烈。而在图像中创建特殊效果时，可以减少图像层次而产生特殊的层次分离效果，使效果变得很明显。

单击【图像】→【调整】→【色调分离】命令，可打开【色调分离】对话框，色阶数为【4】时，效果如图 4-35 所示。

（a）原图

（b）效果图

图 4-35　色调分离调整图像效果图

### 4.2.8 阈值

【阈值】，又叫临界值。该命令是将灰度图像或彩色图像转变为高对比度的黑白图像。可以指定具体的阈值，其变化范围是【1~255】之间。图像中亮度值比阈值小的像素边为黑色，亮度值比阈值大的像素边为白色。

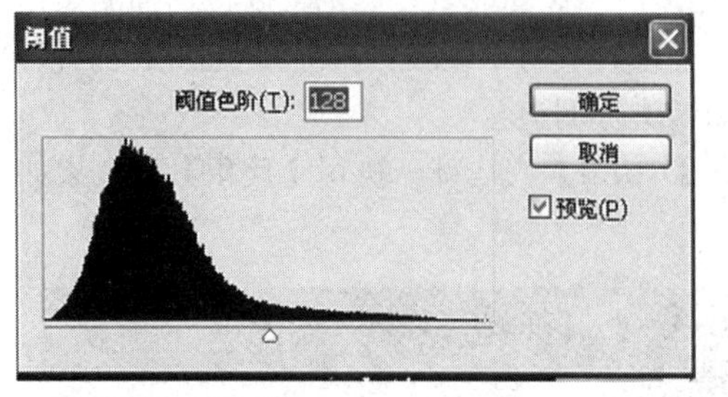


图 4-36 【阈值】对话框

单击【图像】→【调整】→【阈值】命令，可打开【阈值】对话框，如图 4-36 所示，对话框中选项意义如下。

【阈值色阶】：用来设置黑色和白色分界数值，数值越大，黑色越多；数值越小，白色越多。使用滑块或在文本框中输入数值进行调节，如图 4-37 所示不同阈值的效果。

（a）原图

（b）阈值色阶 140

（c）阈值色阶 210

图 4-37 阈值调整图像

### 4.2.9 渐变映射

使用【渐变映射】命令可以根据各种渐变颜色对图像颜色进行调整。

单击【图像】→【调整】→【渐变映射】命令，将打开【渐变映射】对话框，如图 4-38 所示，对话框中各选项的意义如下。

① 【灰度映射所用渐变】：在其下拉列表框中选择要使用的渐变色，并可通过单击中间的颜色框来编辑所需的渐变颜色，如图 4-39 所示的【渐变编辑器】对话框。调整前、后的图像效果如图 4-40 所示。

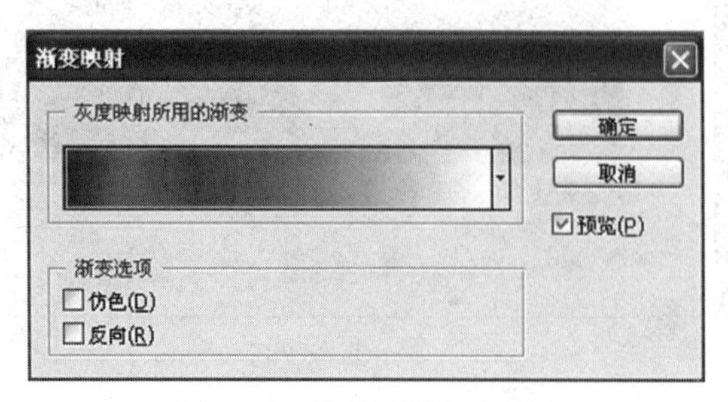


图 4-38 【渐变映射】对话框

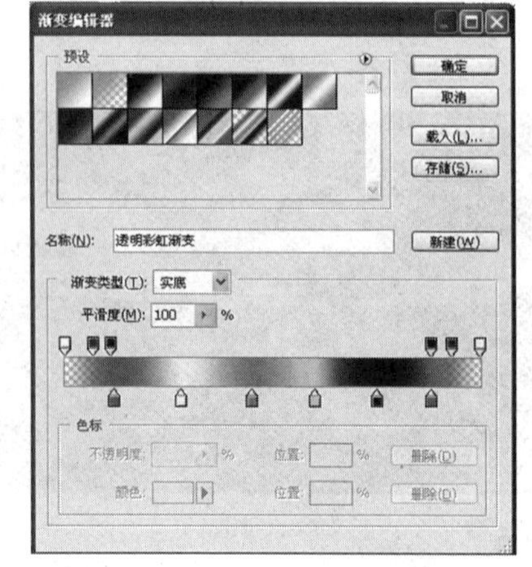


图 4-39 【渐变编辑器】对话框

（a）原图

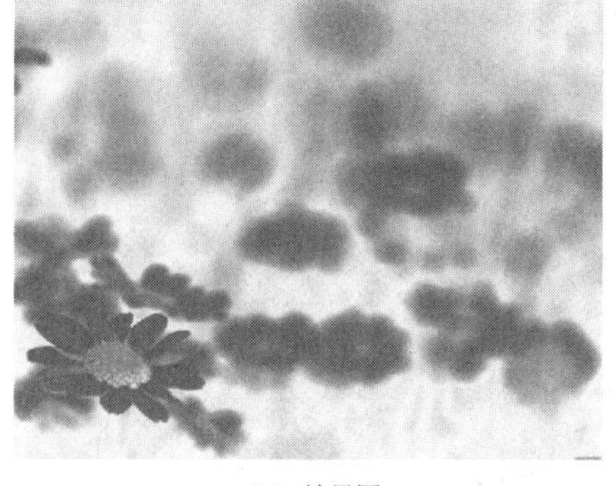

（b）效果图

图 4-40　渐变编辑器调整前、后的图像

②【仿色】：可使渐变映射后的图像色彩更为细腻。

③【反向】：将渐变填充的方向进行切换为反向渐变，呈现负片的效果，如图 4-41 所示。

图 4-41　反向前与反向后

### 4.2.10　可选颜色

【可选颜色】命令可以将图像的全部或所选部分的颜色用指定颜色来代替。可以选择性地在图像某一主色调成分中增加或减少印刷颜色的含量，而不影响该印刷色在其他主色调中的表现，最终达到对图像的颜色进行校正的目的。如可以通过可选颜色中减少图像红色像素中青色部分，同时保留其他颜色中的青色部分不变。

单击【图像】→【调整】→【可选颜色】命令，可打开【可选颜色】对话框，如图 4-42 所示，【可选颜色】对话框中各选项的含义如下。

图 4-42 【可选颜色】对话框

①【颜色】：从下拉列表中选择所要调节的主色，然后分别拖动对话框中的四个滑块进行调节，滑块的变化范围是【-100%～+100%】。

② 【方法】：用来决定色彩值的调节方式。

- 【相对】：勾选该单选项，可按颜色总量的百分比调整当前的青色、洋红、黄色和黑色的量。图像处理前后的效果如图 4-43 所示。

（a）原图

（b）效果图

图 4-43 相对图像处理前后效果图

- 【绝对】：勾选该单选项，将当前的青色、洋红、黄色和黑色的量采用绝对调整。图像处理前后的效果如图 4-44 所示。

（a）原图

（b）效果图

图 4-44 相对图像处理前后效果图

### 4.2.11 阴影/高光

【阴影/高光】命令用于校正由于光线不足或强逆光而形成的阴暗照片效果的调整，或校正由于曝光过度而形成的发白照片。

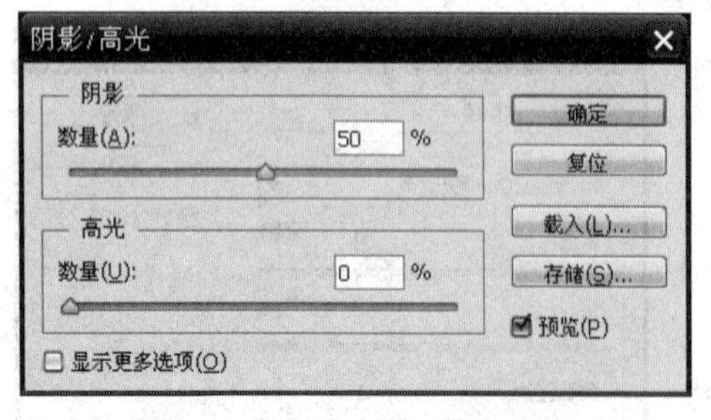


图 4-45 【阴影/高光】对话框

单击【图像】→【调整】→【阴影/高光】命令，弹出【阴影/高光】对话框，如图 4-45 所示。在其对话框中阴影和高光都有各自的控制参数，通过调整阴影或高光参数即可使图像变亮或变暗。

### 4.2.12 变化

使用【变化】命令可以直观地调整图像的色彩、亮度或饱和度，调整图像的高亮度中色泽及阴影区等不同的亮度范围。此命令常用于调整一些不需要精确调整的平均色调的图像，与其他色彩调整命令相比，【变化】命令更直观，只是无法调整【索引颜色】模式的图像。

单击【图像】→【调整】→【变化】命令，可打开【变化】对话框，如图 4-46 所示。在其对话框中通过单击各个缩略图来加深某一种颜色，从而调整图像的整体色彩。

（a）原图

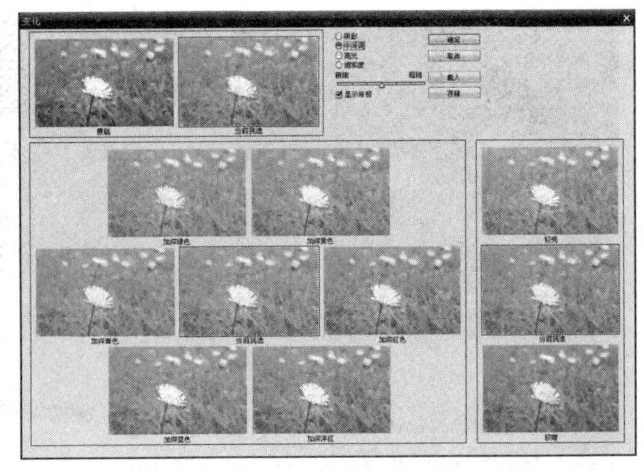

（b）效果图

图 4-46　变化命令调整图像前后的效果

### 4.2.13　去色

【去色】命令可以将图像中所有色彩去除，类似于将彩色图像转换为相同颜色模式下的灰度图像。

【去色】命令最大的优点为作用的调节对象可以是选取范围或图层，如果是多个图层，可以只选择所需要作用的图层进行调节，并且不改变图像的颜色模式，如图 4-47 所示。

（a）原图

（b）效果图

图 4-47　使用【去色】功能调节图像

### 4.2.14　匹配颜色

【匹配颜色】命令是 Photoshop CS6 中的一个比较智能的颜色调节功能。可以匹配多个图像、图层或选区的亮度、色相和饱和度，使它们保持一致，但该命令只可以在 RGB 模式下使用。

单击【图像】→【调整】→【匹配颜色】命令，可打开【匹配颜色】对话框，如图 4-48 所示，对话框中各选项的含义如下。

① 【目标图像】：当前打开的图像，其中【应用调整时忽略选取】复选框是需在目标图像中创建选区才可以勾选。勾选后，图像中所创建的选区将被忽略，即整个图像将被调整，而不是调整选区的图像部分。

② 【图像选项】：调整匹配图像的选项。

图 4-48 原图与【匹配颜色】对话框

● 【亮度】：移动滑块可以调整当前图像的亮度。当数值为【100】时，目标图像与源图像有一样的亮度。当数值变小时图像变暗；反之，图像变亮。

● 【颜色强度】：移动滑块可以调整图像中色彩的饱和度。

● 【渐隐】：移动滑块可以控制应用图像的调整强度。

● 【中和】：勾选此复选框，可以自动消除目标图像中的色彩偏差，使匹配图像更加柔和。

③ 【图像统计】：设置匹配与被匹配的选项设置。

● 【使用源选区计算颜色】：需在目标图像中创建选区才可以勾选。勾选后，使用该选区中的颜色计算调整度，否则将用整个源图像来进行匹配。

● 【使用目标选区计算调整】：需在目标图像中创建选区才可以勾选。勾选后，只有选区内的目标图像参与计算颜色匹配。

④ 【源】：可以在下拉列表中选择用来与目标图像颜色匹配的源图像。

图 4-49 【替换颜色】对话框

⑤【图层】：可以在下拉列表中选择源图像中匹配颜色的图层。

⑥【载入/保存统计数据】：用来载入和保存已设置的文件。

### 4.2.15 替换颜色

【替换颜色】命令可以在图像中选择要替换颜色的图像范围，用其他颜色替换掉所选择的颜色。同时还可设置所替换颜色区域内图像的色相、饱和度和明度。相当于结合【颜色范围】和【色相/饱和度】命令来调整颜色。

单击【图像】→【调整】→【替换颜色】命令，可打开替换颜色对话框，如图 4-49 所示，其中对话框中各选项的含义如下。

①【本地化颜色簇】：勾选此复选框时，设置替换范围会被集中在选取点的周围。

②【颜色容差】：用来设置被替换的颜色的选取范围。数值越大，颜色选取范围就越广；反之，颜色选取范围就越窄。

③【选取吸管】：用吸管工具可以单击图像中要选择的颜色区域，并且可以通过对话框中的预览图像上点选相关的像素，带【+】号的吸管为增加选区，带【-】号的吸管为减少选区。

④【选区/图像】：用来切换图像的预览方式。勾选【选区】选项时，图像为黑白效果，表示选取的区域，勾选【图像】选项时，图像为彩色效果，可以用来调整颜色与原图像做比较。

⑤【替换】：用来对选取的区域进行颜色调整，通过调整色相、饱和度和明度来更改所选的颜色，也可以单击【结果】按钮，在【选择目标颜色】的拾色器中选择替换的颜色。

单击【确认】按钮后，【颜色替换】的效果如图 4-50 所示。

（a）原图

（b）效果图

图 4-50　替换颜色调节图像前后效果图

### 4.2.16　色调均化

【色调均化】命令使图像像素被平均分配到各层次中，使图像较偏向于中间色调，它不是将像素在各层次进行平均化，而是重新分布图像中像素的亮度值，使它们更加平均地呈现所有范围的亮度级别，其中最低层次设置为【0】，最高层次设置为【255】。执行此命令后，Photoshop CS6 会将复合图像中最亮的表示为白色，最暗的表示为黑色，将亮度值进行均化，让其他颜色平均分布到所有色阶上。

**1．有选区**

如果在图像上存在选区的前提下，单击【图像】→【调整】→【色调均化】命令，可以打开【色调均化】对话框，如图 4-51 所示，对话框中各选项的含义如下。

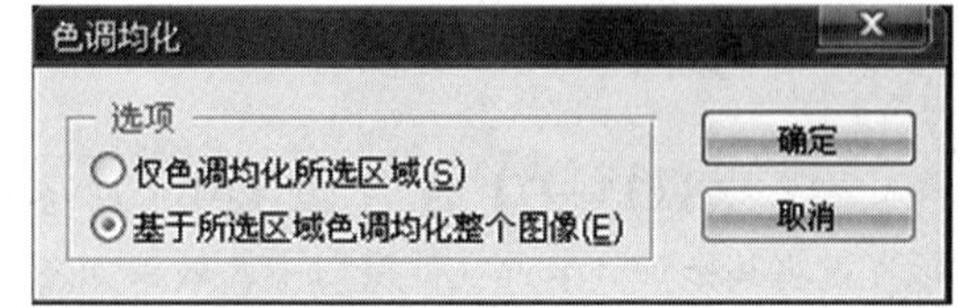


图 4-51　【色调均化】对话框

①【仅色调均化所选区域】：勾选该单选项，只对选区内的图像进行色调均匀化调整。

②【基于所选区域色调均化整个图像】：勾选该单选项，可以根据选区内像素的明暗来调整整个图像。

**2．没有选区**

如果图像上没有选区，单击【图像】→【调整】→【色调均化】命令，直接执行【色调均化】命令后的效果如图 4-52 所示。

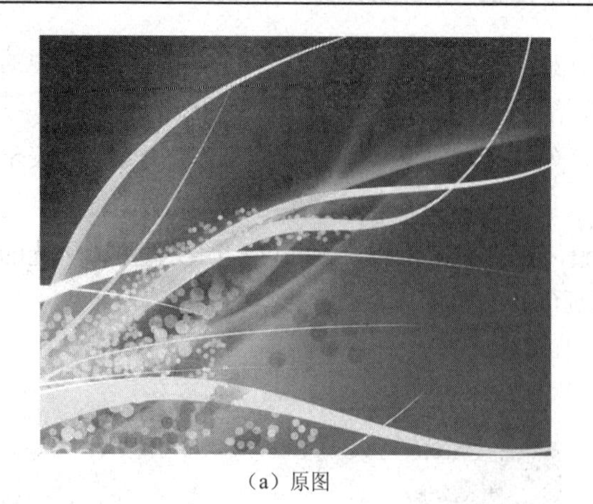

（a）原图

（b）效果图

图 4-52　色调均化调整图像

### 4.2.17　案例应用——制作卡片

（1）按【Ctrl＋N】键，新建一个文件，名称为【卡片】，宽度为【15 厘米】，高度为【10 厘米】，分辨率为【300 像素/英寸】，颜色模式为【RGB 颜色】，背景内容为【白色】，单击【确定】按钮，如图 4-53 所示。

（2）选取【渐变工具】，将颜色编辑为【粉色】(RGB 的值为 240、130、140)到【白色】渐变，渐变方式为径向渐变，按住鼠标左键拖动鼠标，形成如图 4-54 所示的效果。

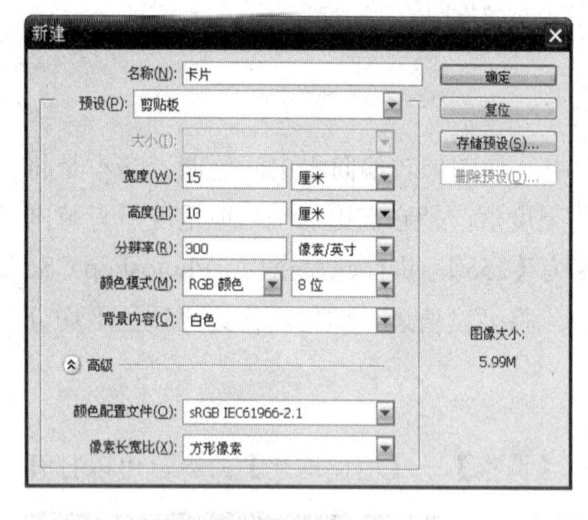


图 4-53 【新建】对话框

图 4-54　渐变效果

（3）按【Ctrl＋O】键，打开【04\卡片\素材\康乃馨】文件，选取【移动工具】，按住鼠标左键将其拖拽到卡片文件窗口中，效果如图 4-55 所示，将图层名称命名为【花卉】。

（4）选取【魔棒工具】，单击【紫色康乃馨】文件的背景部分，将背景区域选中，单击【Delete】键，将背景颜色删除，并按键【Ctrl＋D】键，取消选区，效果如图 4-56 所示。

（5）再次选取【魔棒工具】，单击花卉花瓣部分，并配合【Shift】键，将花瓣部分全部选取，效果如图 4-57 所示。

（6）单击【图像】→【调整】→【色相/饱和度】命令，弹出【色相/饱和度】设置对话框，参数设置数值如图 4-58 所示，从而将花瓣的颜色调整为红色，并按键【Ctrl＋D】键，取消选区，效果如图 4-59 所示。

图 4-55　打开的素材文件

图 4-56　去掉素材文件背景

图 4-57　选取花瓣选区

图 4-58　【色相/饱和度】设置对话框

（7）将【花卉】层进行移动复制多个，并调整大小及透明度，效果如图 4-60 所示。

图 4-59　色相调整后效果

图 4-60　复制花卉效果

（8）再次重复步骤（3）到（5），将【04\卡片\素材\康乃馨】调入并选择花瓣部分选区。

（9）单击【图像】→【调整】→【替换颜色】命令，弹出【替换颜色】对话框，参数设置如图 4-61 所示，将花瓣颜色调整成橘红色，效果如图 4-62 所示。

（10）选取【文字工具】T，输入文字内容，单击【图层样式】按钮，并将图层添加投影和描边效果，如图 4-63 所示，从而完成制作。

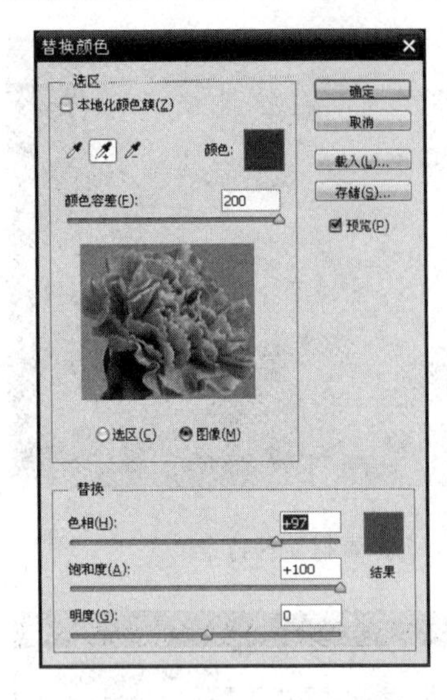


图 4-61 【替换颜色】对话框

图 4-62 色相调整后的效果

图 4-63 完成效果

## 4.3 综合训练——制作化妆品宣传单

以设计者的身份，完成一张化妆品宣传单设计，完成的最终效果如图 4-64 所示。

图 4-64 完成的最终效果

**1．调整色偏图像**

（1）按【Ctrl＋N】键，新建一个文件名称为【化妆品宣传单】，宽度为【26 厘米】，高度为【18.4 厘米】，分辨率为【300 像素/英寸】，颜色模式为【RGB 颜色】，背景内容为【白色】，单击【确定】按钮，如图 4-65 所示。

（2）按【Ctrl＋O】键，打开所需要的【04\综合训练\素材\人物】文件，使用【移动工具】将图片拖拽到【化妆品宣传单】文件图像窗口的右方，生成新图层并将其命名为【人物】，效果如图 4-66 所示。

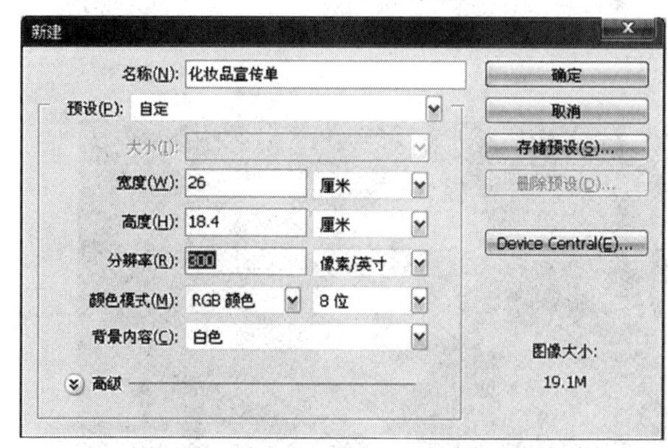


图 4-65 【新建】对话框

图 4-66　拖拽的人物图片

（3）执行【图像】→【调整】→【曲线】命令，弹出【曲线】对话框，参数设置如图 4-67 所示，将图像进行亮度调整，效果如图 4-68 所示。

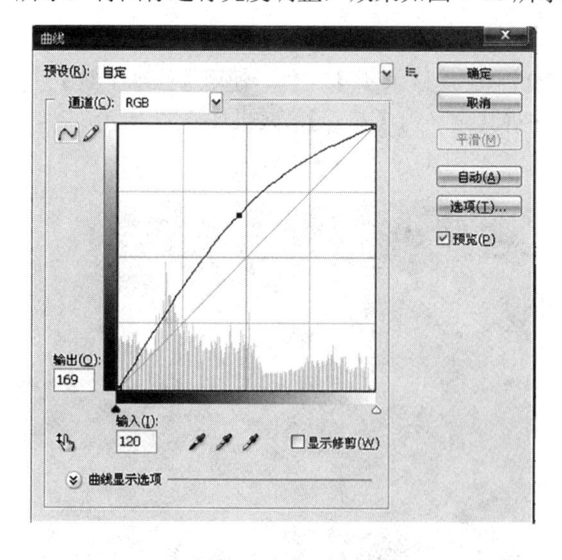


图 4-67 【曲线】对话框

图 4-68　曲线调整

（4）单击【图像】→【调整】→【色彩平衡】命令，弹出【色彩平衡】对话框，参数设置如图 4-69 所示，将图像面部偏紫的色调调整为接近自然肤色，效果如图 4-70 所示。

（5）单击【图像】→【调整】→【可选颜色】命令，弹出【可选颜色】对话框，参数设置如图 4-71 所示，减少图像背景偏紫色调效果，如图 4-72 所示。

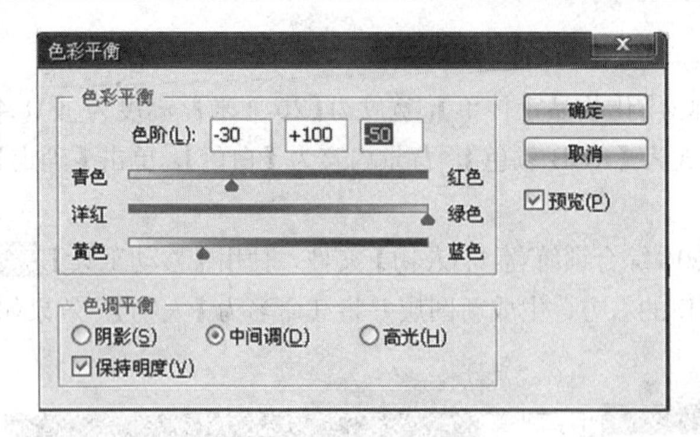


图 4-69 【色彩平衡】对话框

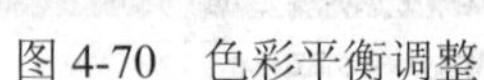

图 4-70 色彩平衡调整

图 4-71 【可选颜色】对话框

图 4-72 可选颜色调整

**2．制作变色花环**

（1）按【Ctrl＋O】键，打开所需要的【04\综合训练\素材\花卉】文件，使用【移动工具】将图片拖拽到文件图像窗口的右侧，生成新图层并将其命名为【花卉】，效果如 4-73 所示。

（2）选取【自定形状工具】，绘制心形路径，如图 4-74 所示。

图 4-73 打开的素材图片

图 4-74 绘制的路径

（3）按【Ctrl+Enter】键，将路径转换为选区，接下来单击【选择】→【修改】→【羽化】命令，弹出【羽化选区】设置对话框，设置羽化值为【30】，如图 4-75 所示，按【Delete】键，删除选区范围的图像，效果如图 4-76 所示。

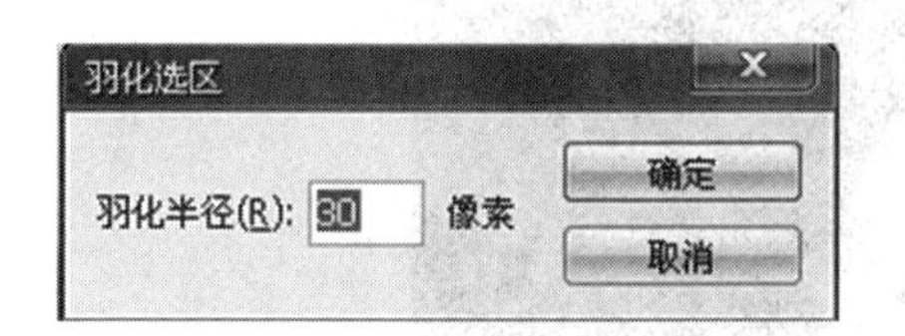

图 4-75　羽化选区设置对话框图　　　图 4-76　删除选区范围的图像

（4）单击【图像】→【调整】→【色相/饱和度】命令，弹出【色相/饱和度】设置对话框，参数设置数值如图 4-77 所示，从而调整图像的整体色调，效果如图 4-78 所示。

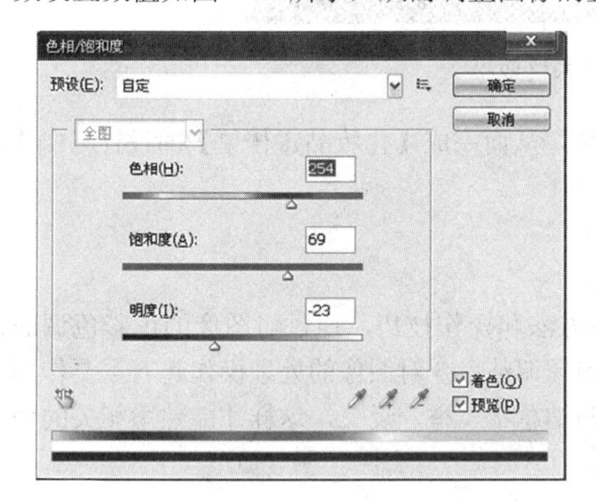

图 4-77 【色相/饱和度设置】对话框　　　图 4-78　色相/饱和度调整后的效果

（5）选取【横排文字工具】T，在属性栏中选择合适的字体并设置文字大小，输入需要的文字并选取文字，如图 4-79 所示，在【图层】控制面板中生成新的文字图层。

（6）在图层调板上单击【图层属性】按钮，如图 4-80 所示，设置描边效果，效果如图 4-81 所示。

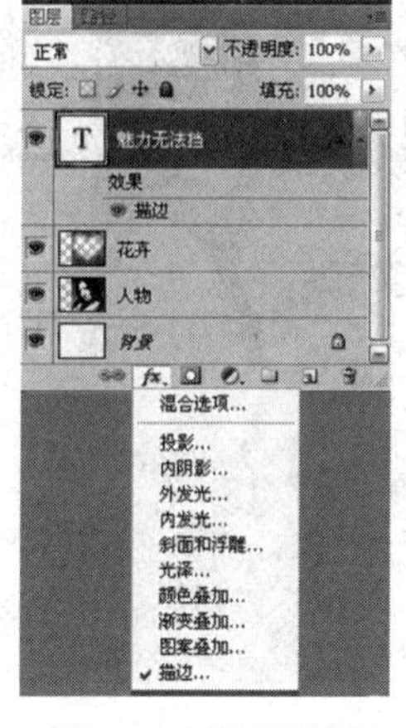

图 4-79　输入的文字　　　图 4-80　图层调板　　　图 4-81　设置的描边效果

（7）按【Ctrl＋O】键，打开所需要的【04\综合训练\素材\标志】、【04\综合训练\素材\口红】文件，使用【移动工具】将图片拖拽到【化妆品宣传单】文件图像窗口的左侧，生成新图层并将其命名为【标志】、【口红】，效果如4-82所示。

图4-82　项目最终效果

（8）单击【文件】→【存储】命令，保存文件，从而完成【化妆品宣传单】的设计与制作。

## 4.4　本章小结

本章主要介绍了调整图像的色彩色调的各种方法和操作技巧，通过对图像的色彩色调的调整，可以得到各种不同的效果，在实际应用中，图像调整命令对图像的处理操作起着重要作用，在实际操作中反复操练、不断揣摩、认真思考、归纳总结、举一反三，这样才能熟悉相关的调整功能，创作出色彩色调合理的、色彩丰富的图像。

## 4.5　课后练习

设计一张数码艺术照，效果如图4-83所示。

图4-83　艺术照最终效果

# 第 5 章　图层的应用

图层是 Photoshop CS6 中的一个非常重要的工具，要做出好的效果，图层的使用是非常必要的，也可以说图层是 Photoshop 的基本工具，用户只有很好地掌握了图层的使用，才能得心应手地使用 Photoshop 进行图像效果的创作。

## 5.1　图层基础知识

### 5.1.1　图层的种类

图层的使用在图像处理中是一个很重要的内容，除了 Photoshop 外，其他的一些软件也提供类似的功能，因为有了图层后图像的编辑比以前方便多了。图层就像一张透明的纸，画家在绘画时只能用到一张纸，但是在计算机图像的处理中则可以使用很多张透明的纸，用户可以在这些纸上绘制需要绘制的图形图像，然后再将这些透明的纸按照用户的要求和次序进行叠加。如果用户需要，还可以进行透明纸上图像的合并。

每个图层都可以有自己独特的内容，各个图层相互独立、互不相干，但是它们又有着密切的联系，用户可以把这些图层随意合并以达到所需的效果，所以它们使用户在图像的编辑中有很大的自由度。

在 Photoshop CS6 中，图层的类型分为六种，有普通图层、文字图层、调整图层、矢量形状图层、智能对象图层、背景图层。

**1．普通图层**

普通图层即是使用一般的方法建立的图层，也是我们常说的一般概念上的图层。在图像的处理中用户用得最多的就是普通图层，这种图层是透明无色的，用户可以在其上添加图像、编辑图像，然后使用图层菜单或图层控制面板进行图层的控制。

**2．文字图层**

当用户使用文本工具进行文字的输入后，系统即会自动地新建一个图层，这个图层就是文字图层。文字图层是一个比较特殊的图层，在文字图层可以直接转换成路径进行编辑，并且不需要转换成普通图层就可使用普通图层的所有功能。

**3．调整图层**

调整图层不是一个存放图像的图层，它主要用来控制色调及色彩的调整，它存放的是图像的色调和色彩，包括色阶、色彩平衡等的调节，用户将这些信息存储到单独的图层中，这样就可以在图层中进行编辑调整，而不会永久性地改变原始图像。

**4．矢量形状图层**

形状图层是使用一些形状建立工具绘制形状时产生的图层，比如钢笔工具绘制的形状或者其他的工具绘制的形状等等。如果在形状图层上单击右键，有一个栅格化图层，栅格化之后，形状图层也会转变成普通的像素图层了。

**5．智能对象图层**

智能对象图层是在一个 PS 文档中嵌入的另一个 PS 文档。我们选择智能对象图层之后，双击一下，可以弹出一个如图 5-1 所示的对话框，单击【确定】按钮，会自动打开智能图层的另一个文档。

### 6．背景图层

背景图层是一种特殊的图层，它是一种不透明的图层，它的底色是以背景色的颜色来显示的。当使用 Photoshop 打开不具有保存图层功能的图形格式（如 Gif、Tif）时，系统将会自动地创建一个背景图层。

## 5.1.2　图层控制面板

一般说来，图层控制面板中提供了对图层参数的控制，如图 5-2 所示。在第一栏中提供了设置不透明度及应用模式等操作；在第二栏中则提供了对图层的各种锁定功能。

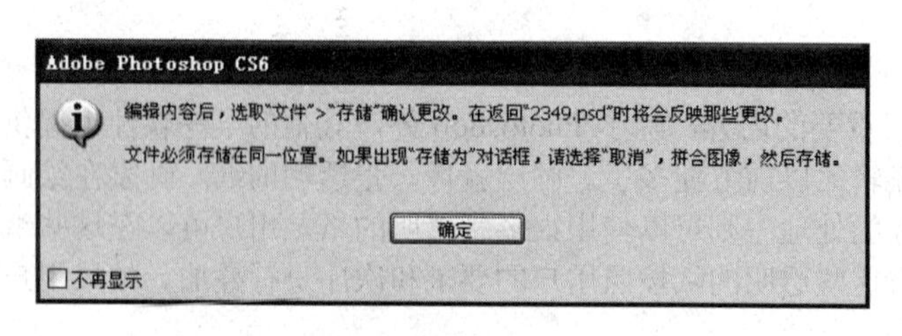

图 5-1　智能对象图层编辑对话框

图 5-2 【图层】控制面板

图层面板能实现的功能很多。下面让我们看一看【图层】控制面板中的图层控制功能。

①【图层的基本控制】：通过从【窗口】菜单中选择【显示图层】命令，打开【图层】控制面板。【图层】控制面板在其顶部给出了【应用模式】和【不透明度】控制。在其下面还给出了单个图层的级联以及排列重叠的次序。图层控制面板的中心部分显示图层缩略图，每个图层都含有下列部分：最左面的一个【可视性】图标、【活动性】图标、描述图层内容的缩略图以及最右面的图层名称。

②【图层的可视性】：单击【可视性】图标可以开关这个图层的可视性。当此图标消失时，表明图层被隐藏，而一只睁开的眼睛表示一个可视图层。

③【图层和图层遮罩】：在控制面板的底部还有 7 个图标：【链接图层】、【为当前图层增加层效果】、【添加图层蒙版】、【创建新的填充或调整层】、【增加图层组】、【新图层】以及【垃圾桶】。

④【背景图层】：无论何时打开图像或建立一个新文件，Photoshop 都自动创建一个背景图层，该图层出现在【图层】控制面板中，置于最底层，并被命名为【背景层】。每个图层都含有一个缩略图，该缩略图反映图层本身的内容。由于背景图层意欲用作整幅图像的实心背景，所以许多图层调整功能都不能应用到它上面，诸如【图层样式】、【图层选项】以及分组选项那样的功能在背景图层中是不可用的。为了应用这些效果，必须单击【图层】→【新建】→【背景图层】命令，把背景层转化成普通层，也可以建立一个背景图层的复制层，这样就可以应用效果功能。

## 5.1.3　新建与复制图层

### 1．新建图层

在 Photoshop CS6 中，可以使用许多方法新建图层。不仅可以直接创建图层，而且有些操作在被运用时会自动地生成图层。例如，每当粘贴素材到图像中或创建文本时，Photoshop 就创建一个新的图层。下面将列举一些能创建图层的方法。

①【图层菜单】：选择【图层】→【新建】→【图层】命令，设置对话框中的参数，单击【确

定】按钮即可，如图 5-3 所示。

②【面板菜单】：可以从【图层】控制面板的菜单中选择【新图层】，同样可打开如图 5-3 所示的对话框建立普通图层。

③【面板图标】：可以从【图层】控制面板中单击【新建图层】。

④【拖动创建】：可以把图层从一个图像拖到另一个图像，或把图层从【图层】控制面板拖动到另一个图像。

**2．复制图层**

在使用图层时，经常要创建一个原图层的精确拷贝，这时就需要复制图层。

复制图层可以从【图层】控制面板菜单中选择【复制图层】命令，或者从【图层】菜单中选择【复制图层】命令，这时会弹出一个【复制图层】对话框中，如图 5-4 所示。然后在对话框中设置以下参数：在【文档】项中选择一个要接受复制的图层的文件，在下拉式列表中会列出所有打开的图像文件名，最后一个选项为【新建】，表示以复制的图层为基础来新建一个文件；在【名称】项中设置复制后的图层的名称。

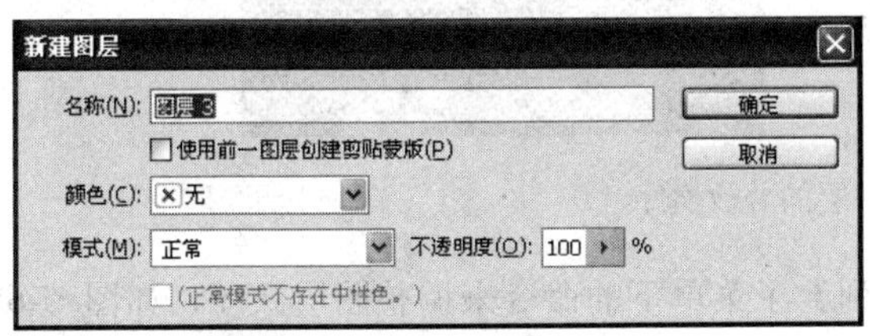

图 5-3 【新建图层】对话框

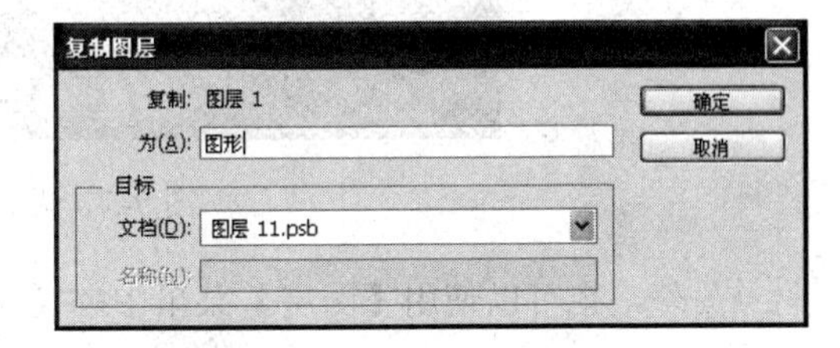


图 5-4 【复制图层】对话框

如果复制的图层是背景层，则上面一览设置会被激活，可以设置是否还是以一个背景层的形式粘贴到要接受复制图层的文件中。

设置完这些参数后单击【确定】按钮即可完成图层复制。

### 5.1.4　合并与删除图层

**1．合并图层**

合并图层共有两个命令，这两个合并命令既出现在【图层】菜单中，又出现在【图层】控制面板的弹出菜单中。下面分别介绍各个命令的功能。

①【向下合并】：单击菜单【图层】→【向下合并】命令，它把当前图层与下一图层合并成一个图层。

②【合并可视图层】：单击【图层】→【合并可视图层】命令，在该命令被应用时可合并所有可视图层，这是清理图像和精简文件尺寸的一种好方法。如果不想合并所有的图层时，做法很简单，关闭仍想分离的任何一个图层的可视性，并选择【合并可见图层】命令合并其余图层。按住【Alt】键可把所有可视图层合并到活动图层上。

**2．删除图层**

删除图层是很容易的，只需从【图层】菜单或【图层】控制面板中选择【删除图层】即可。另外，也可以简单地把图层拖到【图层】控制面板右下部的【垃圾桶】图标上来删除拖动的图层。

由于在删除图层时，系统并不像通常那样弹出一个对话框，所以，在删除图层时要考虑清楚，不过也可以使用【历史】面板进行恢复操作。

### 5.1.5　调整图层的叠放次序

图层的叠放次序对于图像来说非常重要，因为图层像一张透明的纸，图层的位置也就是图层中内容的位置，当然一个图层一般不会使用所有的不透明的对象盖住，所以，图层的叠放决定着图层中的哪些内容被遮住，哪些内容是可见的，这些可见的内容叠放在一起即可形成一个很好的图像效果，这也是图层的一个重要的功能。下面就介绍如何调整图层的叠放次序。

在【图层】控制面板中改变图层的叠放次序时只要将鼠标移到要调整次序的图层上，然后拖曳鼠标至适当的位置就可完成次序的调整，如图 5-5 所示。

图 5-5　调整图层的叠放次序

另外，也可以使用【图层】菜单中的【排列】子菜单下的命令来调整图层次序，如图 5-6 所示。

### 5.1.6　图层的不透明度

为了突出一个对象从其他的背景中淡出的效果，需要调节处于前面的图层的不透明度，使后面图层的对象能够显示出来。

通过降低透明度滑块的值可以为整个图层建立透明度，从而把一个图层叠加到另一个图层上。在【图层】控制面板中，选择想要改变不透明度的图层，单击【不透明度】后面的小三角，在弹出的滑块前后移动，移到所需要的不透明度值为止。另外，直接在前面的文本框中输入想设置的【不透明度】值也可以，如图 5-7 所示。

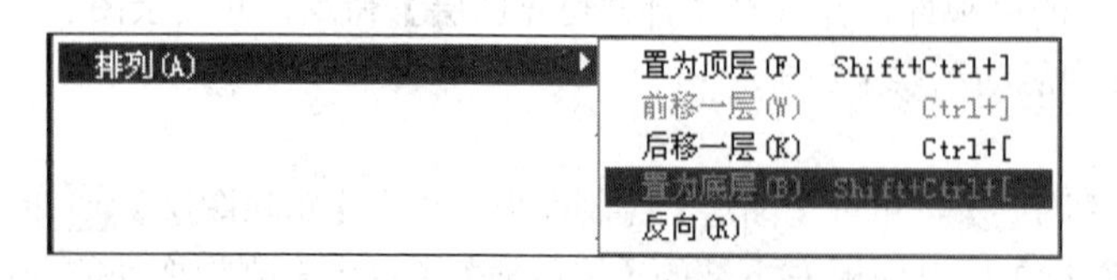


图 5-6　调整图层的叠放次序菜单

图 5-7　不透明度的修改

### 5.1.7　图层组

图层组是为了帮助用户组织和管理层而建立的。下面介绍图层组的几个特点。

① 可以通过控制图层组使工作组中的图层为可见，或者删除这个图层组从而删除工作组中

的所有图层。

② 仅仅邻近的层可以作为图层组的一部分，然而用户不能在一个图层组中创建或移动另一个图层组。

③ 对图层组和对层的操作差不多，可以使用同样的方法对图层组进行查看、选取、复制、移动的操作。

**1．新建图层组**

新建图层组是一个很简单的工作，可以使用以下几种方法建立图层组，如图5-8所示。

第一种方法：执行【图层】→【新建】→【图层组】命令。

第二种方法：单击【图层】面板中的【新图层组】按钮。

第三种方法：执行【图层】面板菜单中的【新图层组】命令。

图5-8　新建图层组

**2．为图层组添加图层**

建立好【图层组】后就要把图层加入到【图层组】中。为图层组添加图层的方法也很简单，只要使用鼠标选择图层后，按住鼠标拖动到图层组栏中的那个文件夹式的图标上即可，如图5-9所示。【图层3】即是图层组中的一个图层。如果觉得面板中显示的图层太多了，只要单击图层组栏中的向下小三角即可隐藏【图层组】中的所有图层，如图5-10所示，这时就可以单击向右小三角显现所有的图层。

图5-9　【图层】控制面板

图5-10　【图层】面板

**3．控制图层组**

单击图层面板中图层组左边的图标来控制面板中的图层的可见性，关闭图标后图层组中的所有图层都不可见。但是用户可以单独控制工作组中的某一个图层的可见性，这时不会影响到其他的图层。可以调整图层组和其他图层或图层组的叠放次序，这时图层组中的所有图层也随着图层组的位置而变化，但是图层组中的图层在工作组的叠放次序不会发生变化。

## 5.2　新建填充和调整图层

在图层面板中，选择一个图层，然后单击图层面板中的【创建新的填充或调整图层】按钮，将弹出如图5-11所示的新填充或调整图层菜单，可以在选择的图层之上创建一个填充图层或者是调整图层了。

### 5.2.1 使用填充图层

填充图层可以是纯色填充、渐变色填充或者图案填充的图层。

以渐变填充为例讲解具体操作步骤。

（1）按键盘【Ctrl+O】键，打开一张 PSD 格式的图像素材文件，如图 5-12 所示。

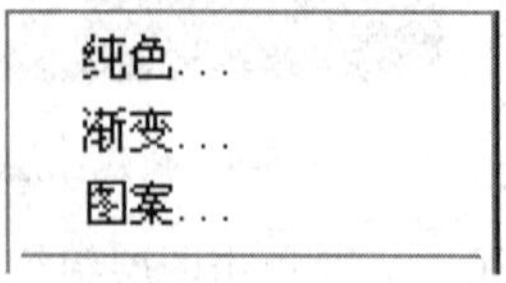

纯色...
渐变...
图案...

图 5-11 新填充或调整图层菜单

图 5-12 打开的素材文件

（2）在 Photoshop CS6【图层面板】中单击选中一个图层，单击【图层面板】下的【创建新的填充或调整图层】按钮，从弹出的菜单中选择【渐变】，将弹出【渐变填充】对话框，选择渐变颜色及角度等参数，如图 5-13 所示，单击【确定】按钮，完成创建新的渐变效果填充图层，如图 5-14 所示。

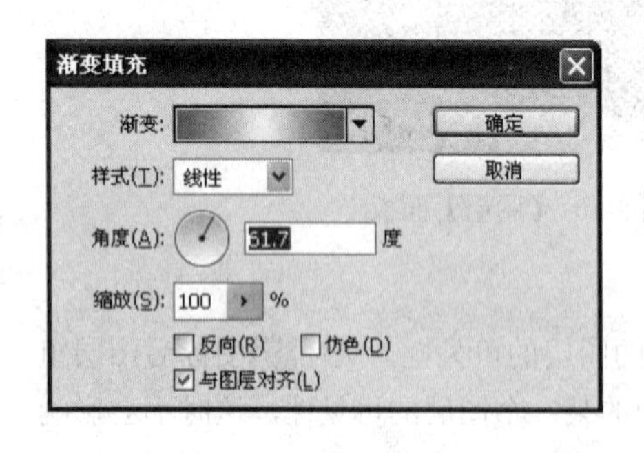


图 5-13 【渐变填充】对话框

图 5-14 创建渐变填充图层

### 5.2.2 使用调整图层

调整图层的图层本身没有任何内容，它是一种特殊的图层，作用是以一定的调整方式针对调整图层下方的所有图层做调整。

Photoshop CS6【图层面板】可以将各种【调整】命令以图标和预设列表的方式集合在同一面板中，利用调整面板可以快捷、有效的为当前图像添加【调整】图层。而不必通过执行繁琐的命令与设置对话框，全部操作都可以在【调整面板】中轻松完成。

（1）按【Ctrl+O】键，打开一幅素材图像文件，如图 5-15 所示。

（2）单击【图层面板】下的【创建新的填充或调整图层】按钮，弹出【创建新的填充或调整图层】菜单，如图 5-16 所示，添加【色相/饱和度】调整图层，将弹出【色相/饱和度】属性选项卡，设置参数值来调整图像色相饱和度，如图 5-17 所示。

图 5-15　打开的素材文件

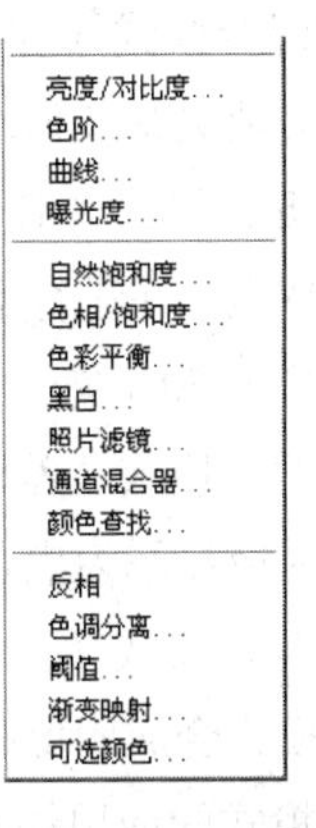


图 5-16 【创建新的填充或调整图层】菜单

图 5-17 【色相/饱和度】调整面板

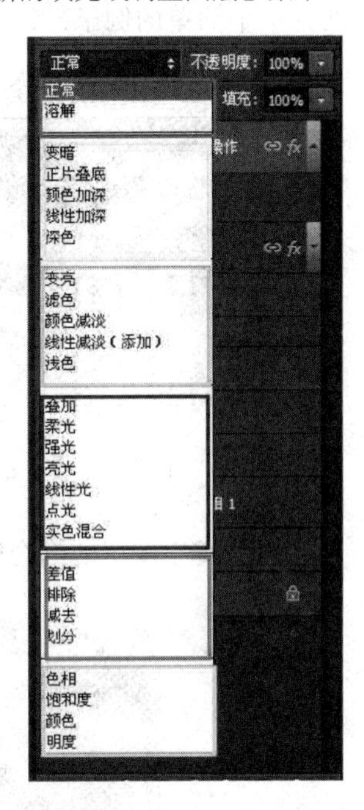


图 5-18　混合模式分类

# 5.3　图层的混合模式

## 5.3.1　图层混合模式种类

图层的混合模式，跟我们之前学过的画笔工具里面的模式是一样的。只不过，画笔工具的模式，是画笔绘制出来的图像，跟画布上的图像进行混合。而图层的混合模式，是图层跟图层之间的混合。混合模式，分为以下六大类（如图 5-18 所示）。

（1）组合模式（正常、溶解）。组合模式需要配合使用不透明度或者填充才能产生一定的混合效果。

（2）加深混合模式（变暗、正片叠底、颜色加深、线性加深、深色）。加深混合模式可将当前图像与底层图像进行比较使底层图像变暗。

（3）减淡混合模式（变亮、滤色、颜色减淡、线性减淡、浅色）。减淡模式的特点是当前图像中的黑色将会消失，任何比黑色亮的区域都可能加亮底层图像。

（4）对比混合模式（叠加、柔光、强光、亮光、线性光、点光、实色混合）。它综合了加深和减淡模式的特点，在进行混合时50%的灰色会完全消失，任何亮于50%灰色区域都可能加亮下面的图像，而暗于50%灰色的区域都可能使底层图像变暗，从而增加图像对比度。

（5）比较混合模式（差值、排除、减去、划分）。比较混合模式可比较当前图像与底层图像，然后将相同的区域显示为黑色，不同的区域显示为灰度层次或彩色。

（6）色彩混合模式（色相、饱和度、颜色、明度）。色彩的三要素是色相、饱和度和亮度，使用色彩混合模式合成图像时，Photoshop会将三要素中的一种或两种应用在图像中。

图层混合模式的应用很简单，只要在想应用效果的图层上单击相应的混合模式名称即可，下面介绍个简单的例子：设置文字图层的混合模式，【正常】混合模式效果如5-19所示。

设置文字图层混合模式为【亮光】，效果如图5-20所示。

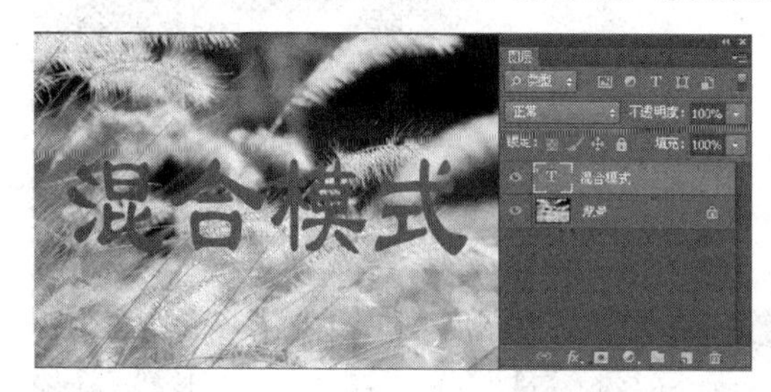


图5-19 【正常】混合模式

图5-20 【亮光】混合模式

设置文字图层的混合模式调整为【叠加】，效果如图5-21所示。

图5-21 【叠加】混合模式

### 5.3.2　案例应用——制作照片合成效果

（1）按【Ctrl+O】键，打开【05\照片合成\素材\风景】文件，这是一张较暗的素材文件，按键盘上的【Ctrl+J】键复制背景图层，如图 5-22 所示。

（2）复制好新的图层之后，调整【图层 1】的混合模式。这里因为图片整体偏暗，所以设置为【滤色】，如图 5-23 所示。

图 5-22　打开的素材文件

图 5-23　【滤色】混合模式

（3）图片就会亮了许多。但是，还是有点偏暗，这时可以选择【图层 1】，然后直接复制【图层 1】，得到【图层 1 副本】，现在图片整体亮度就好多了，如图 5-24 所示。

（4）按【Ctrl＋O】键，打开【05\照片合成\素材\船】文件，如图 5-25 所示。

图 5-24　调整亮度

图 5-25　打开的素材文件

（5）使用【移动工具】将图片拖拽到【风景】图像文件，生成新图层并将其命名为【人物】，效果如 5-26 所示。

（6）【人物】图层的混合模式改为【正片叠底】,效果如图 5-27 所示。

图 5-26　拖拽的图像

图 5-27　【正片叠底】混合模式

（7）使用【橡皮擦工具】，将【人物】图层图像边缘不需要的部分擦除掉，形成两张图片的最终效果合成，如图 5-28 所示。

图 5-28 完成效果

# 5.4 图层样式

利用Photoshop CS6【图层样式】可以对图层内容快速应用效果。图层样式也叫图层效果，它是用于制作纹理和质感的重要功能，可以为图层中的图像内容添加诸如投影、发光、浮雕、描边等效果，创建具有真实质感的水晶、玻璃、金属和立体特效。图层样式可以随时修改、隐藏或删除，它有非常强的灵活性。此外，使用系统预设的样式，或者嵌入外部样式.只需轻点眼标，便可以将效果应用于图像。

## 5.4.1 添加图层样式

如果要为图层添加样式，可以先选择这一图层，然后采用下面任一种方法打开【图层样式】对话框，进行效果的设定。

（1）单击【图层】→【图层样式】下拉菜单，选择一个效果命令，如图 5-29 所示，可以打开图层样式一对话框，并进入到相应效果的设置面板，如图 5-30 所示。

（2）在【图层面板】中单击添加图层样式按钮，在打开的下拉菜单中选择一个效果命令，如图 5-31 所示，可以打开【图层样式】对话框进入到相应效果的设置面板。

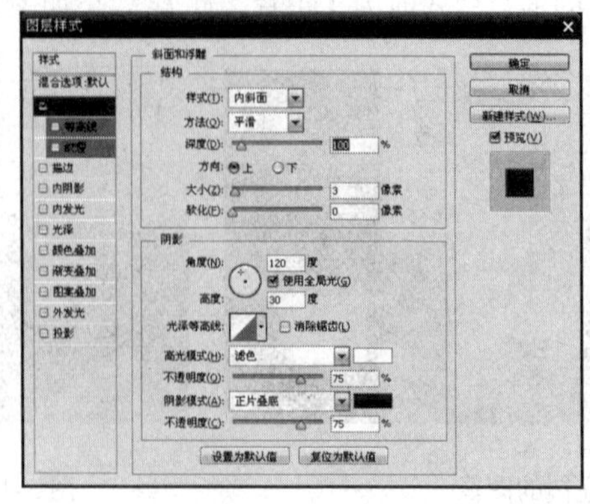


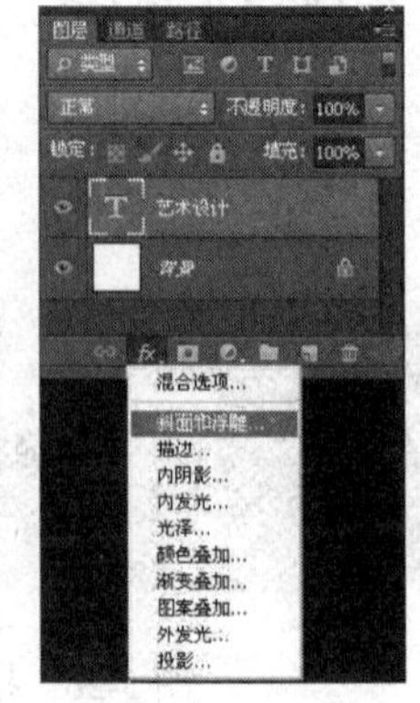


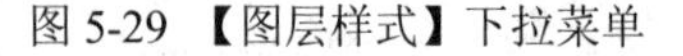

图 5-29 【图层样式】下拉菜单　　图 5-30 【图层样式】对话框　　图 5-31 【图层样式】下拉菜单

（3）单击需要添加效果的图层，可以打开【图层样式】对话框，在对话框左侧选择要添加的效果，即可切换到该效果的设置面板。

### 5.4.2　图层样式对话框

【图层样式】对话框的左侧列出了 10 种效果，如图 5-32 所示。效果名称前面的复选框内有【 √ 】标记的，表示在图层中添加了该效果。单击一个效果前面的【 √ 】标记，则可以停用该效果，但保留效果参数。

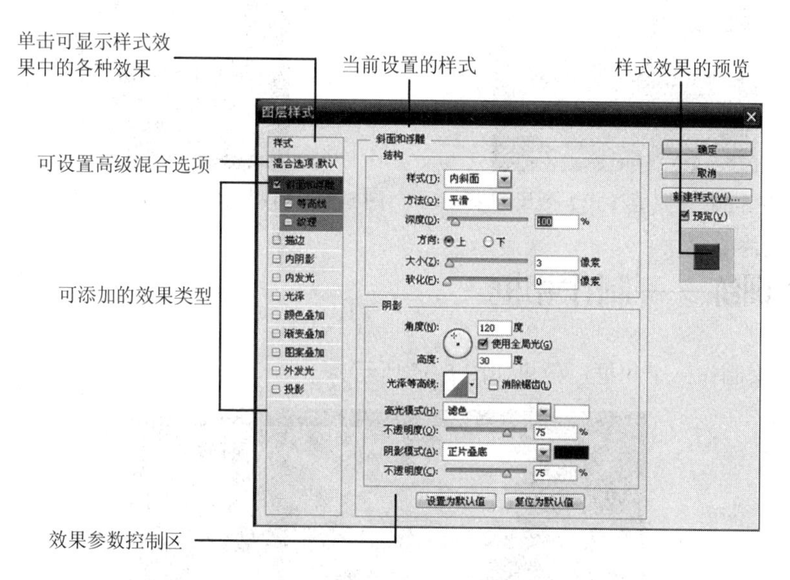


图 5-32 【图层样式】对话框

单击一个效果的名称，可以选中该效果，对话框的右侧会显示与之对应的选项，如图 5-33 所示。如果单击效果名称前的复选框，则可以应用该效果，但不会显示效果选项，如图 5-34 所示。

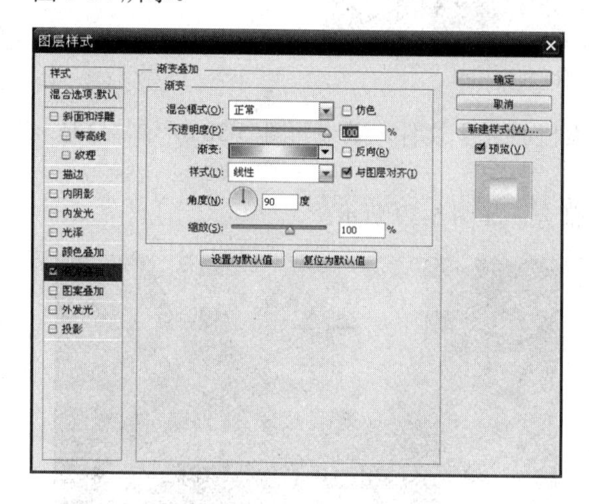


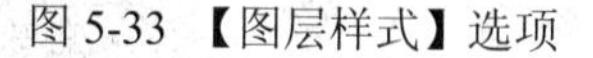

图 5-33 【图层样式】选项

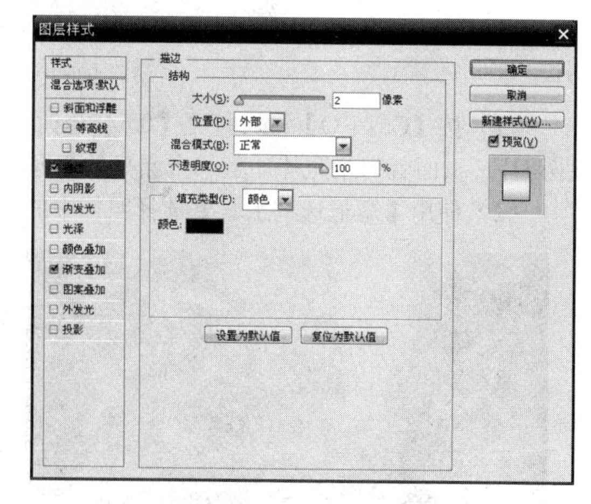


图 5-34 【图层样式】复选框

在对话框中设置效果参数以后，单击【确定】按钮即可为图层添加效果，该图层会显示出一个图层样式图标 fx 和一个效果列表，如图 5-35 所示。单击按钮可折叠或展开效果列表，如图 5-36 所示。

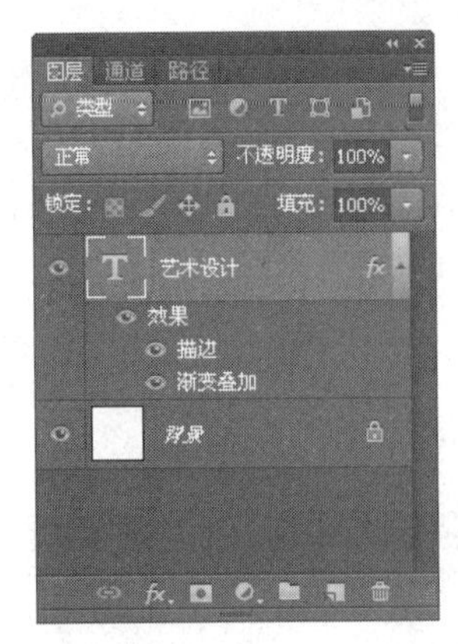


图 5-35 【图层样式】效果列表

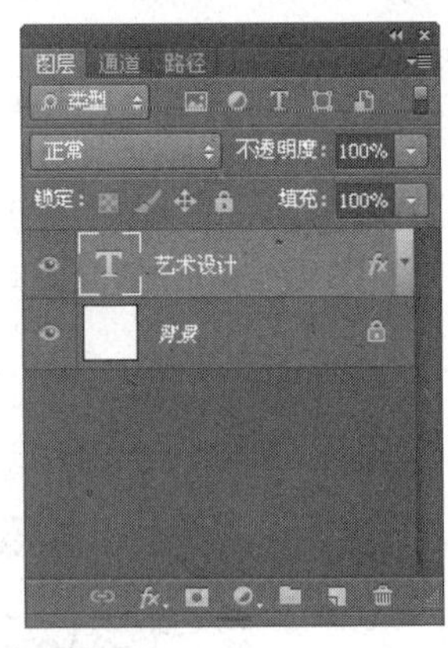


图 5-36 【图层样式】效果列表折叠或展开

## 5.5 综合训练——制作相框

利用图层来制作一个相框，效果如图 5-37 所示。

图 5-37 相框效果

（1）按【Ctrl＋O】键，打开【05\综合训练\素材\照片】文件，效果如图 5-38 所示，这是一张照片，下面就为张照片加上一个漂亮的相框。

（2）使用【矩形选框工具】选择照片中的一部分，如图 5-39 所示。

图 5-38 打开的图像文件

图 5-39 选择的区域

（3）按【Shift+Ctrl+I】键，将选区反选，将前景色设置为【白色】，并按【Ctrl＋Delete】键，进行前景色填充，如图 5-40 所示，选区内用来制作相框。

（4）新建图层，将其命名为【相框】，将其填充为白色。

（5）单击【图层】→【图层样式】→【斜面和浮雕】命令，打开如图 5-41 所示的对话框，我们在此设置斜面和浮雕效果的参数。设置【样式】项为【内斜面】，设置【方法】项为【雕刻清晰】，设置【深度】、【大小】和【软化】分别为【409】、【40】和【4】，然后再设置【高光模式】为【叠合】。

图 5-40　选区反选

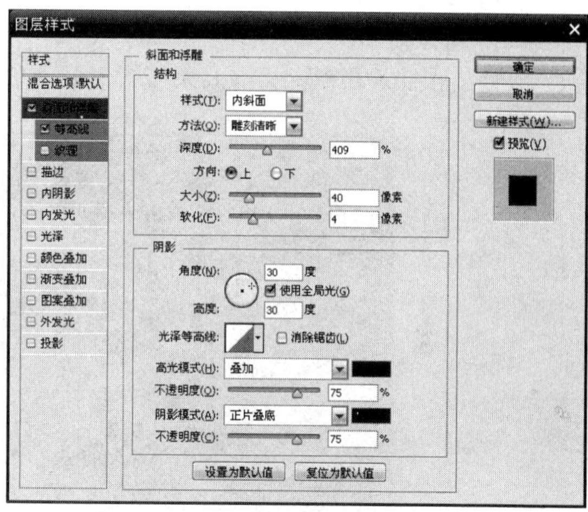


图 5-41　【图层样式】对话框

（6）设置渐变叠加效果的参数。设置渐变颜色的 RGB 值（RGB 的值为 170、90、25，RGB 的值为 250、220、0，RGB 的值为 170、90、25）。【图层样式】复选框如图 5-42 所示。

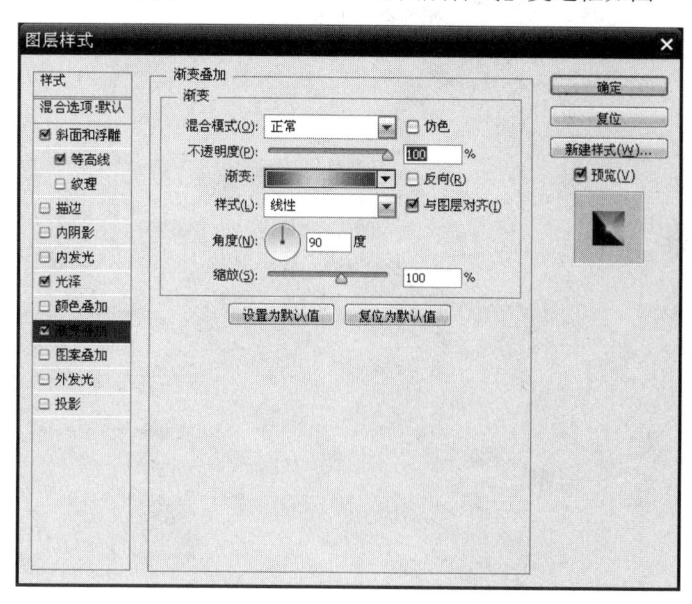


图 5-42　【图层样式】复选框

（7）设置【光泽】效果，单击【确认】按钮，即可完成相框制作。

## 5.6 本章小结

本章主要讲述了对图层的各项操作，比如图层的新建、复制、删除等，这些是图层的基本操作，应该很熟练地掌握。另外，还有一些图层的设置，比如调整图层以及图层组的设置等，在制作一个较复杂的图像时，这些管理功能就将发挥重要的作用。

## 5.7 课后练习

设计一张照片相框，相框效果如图 5-43 所示。

图 5-43　相框效果

# 第 6 章　通道与蒙版

有人说：【通道】是核心，【蒙版】是灵魂，可见通道与蒙版在 Photoshop 中的重要地位。只有弄明白通道与蒙版，才能离开初学者的行列，向高手进阶。那究竟什么是通道?什么是蒙版？有多少类通道？多少类蒙版？它们分别有什么作用？带着这些问题，我们通过对通道作用、特点等理论的学习，结合一些实例操作，深入地了解 Photoshop 通道和蒙版的作用以及使用方法。

## 6.1　通道的操作

【通道】，是由遮板演变而来的，也可以说通道就是选区。在通道中，以白色代替透明表示要处理的部分(选择区域)；以黑色表示不需处理的部分(非选择区域)。因此，通道也与遮罩一样，没有其独立的意义，而只有在依附于其他图像(或模型)存在时，才能体现其功用。

在 Photoshop 中，每一幅图像由多个颜色通道（如红、绿、蓝通道或青、品、黄、黑通道）构成，每一个颜色通道分别保存相应颜色的信息。比如我们所看到的五颜六色的彩色印刷品，其实在其印刷的过程中仅仅只用了黄品青黑四种颜色，在印刷前先通过计算机或电子分色机将图像分解成四色，并打印出分色胶片（四张透明的灰度图），再将这几张分色胶片分别着以 C（青）、M（品红）、Y（黄）和 K（黑）四种颜色并按一定的网屏角度叠印到一起时，就会还原出彩色图像；除此以外，我们还可以使用【Alpha】通道来存储图像的透明区域，主要为 3D、多媒体、视频制作透明背景素材；还可以使用专色通道，为图像添加专色，主要用于在印刷时添加专色印版。

### 6.1.1　通道的种类

**1．颜色通道**

图像的颜色模式决定了【颜色通道】的数目。例如：【RGB 模式】的图像包含红、绿、蓝三个颜色通道及用于查看和编辑三个颜色通道叠加效果的复合通道，如图 6-1 所示；【CMYK 模式】的图像包含青、品红、黄、黑和一个复合通道，如图 6-2 所示；【Lab 模式】的图像包含明度、a、b 和一个复合通道，如图 6-3 所示；位图、灰度图、双色调和索引颜色的图像只有一个颜色通道，如图 6-4 所示。由此看出，每一个通道其实就是一幅图像中的某一种基本颜色的单独通道。也就是说，通道是利用图像的色彩值进行图像的修改的，我们可以把通道看作摄像机的中的滤光镜。调整通道，可以对图像的颜色进行修改，可用于偏色图像的矫正。

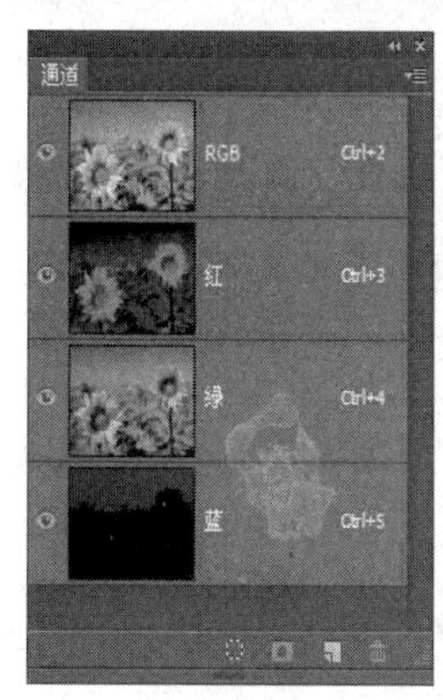

图 6-1　RGB 通道

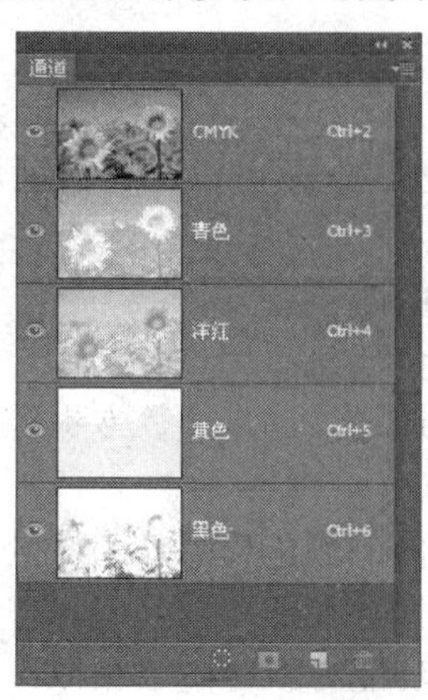

图 6-2　CMYK 通道

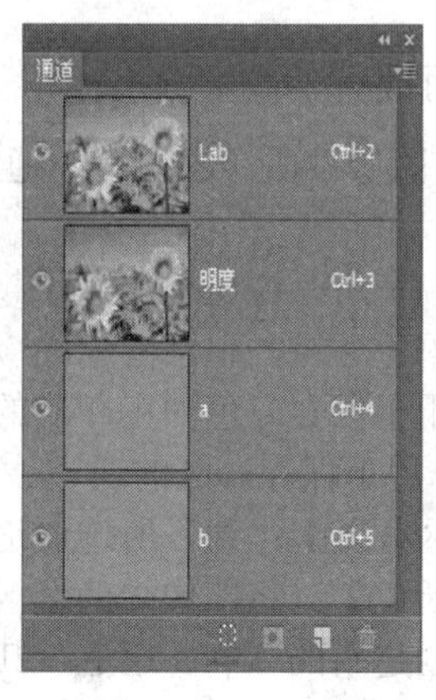

图 6-3　Lab 通道

图 6-4　灰度模式通道

**2．Alpha 通道**

可以添加【Alpha】通道用于保存、修改和载入选区。在【Alpha】通道中，白色代表了可以被选择的区域，黑色代表非选择区域，灰色代表部分被选择（即羽化）区域，当【Alpha】通道以不同深度的灰阶作为选区载入时，在图像中会呈现不同选择程度类似于蒙版遮罩的效果，如图 6-5 所示。

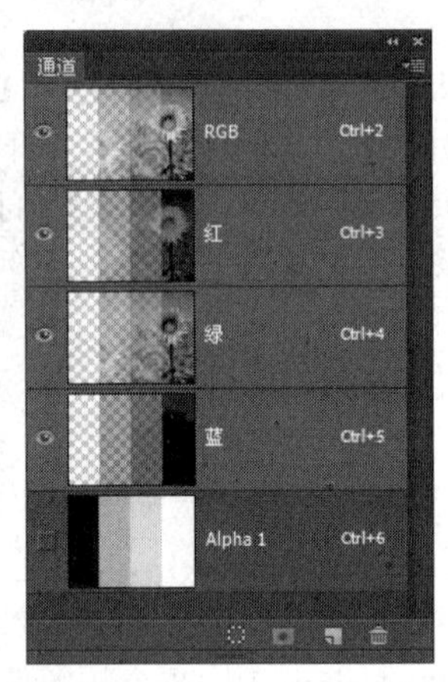


图 6-5 【Alpha】通道

**3．专色通道**

【专色】通道是用来在 CMYK 颜色模式下，存储印刷用特殊油墨颜色信息的，如图 6-6 所示。例如金属金银油墨、荧光油墨、防伪专色墨等，用于替代或补充普通的 CMYK 油墨，可以用专色的名称来命名该专色通道，一个图像最多可有 56 个通道。

图 6-6 【专色】通道

### 6.1.2 通道控制面板

【通道】面板列出了图像中所有的通道，通过该面板可以对通道进行选择、修改、载入等操作，如图 6-7 所示。

①【复合通道】：预览所有通道叠加在一起的颜色。

②【颜色通道】：单色通道，记录图像的颜色信息。

③【专色通道】：用于保存专色油墨印刷的通道，如专金、专银等。

④【Alpha 通道】：用于保存选区的通道。

⑤【将通道作为选区载入】：载入所选通道内的颜色信息作为选区。

⑥【将选区存储为通道】：将图像中的选区保存在通道内。

⑦【新建通道】：创建新的 Alpha 通道，其功能与新建图层相似。

⑧【删除当前通道】：删除当前所选的通道，除复合通道外。

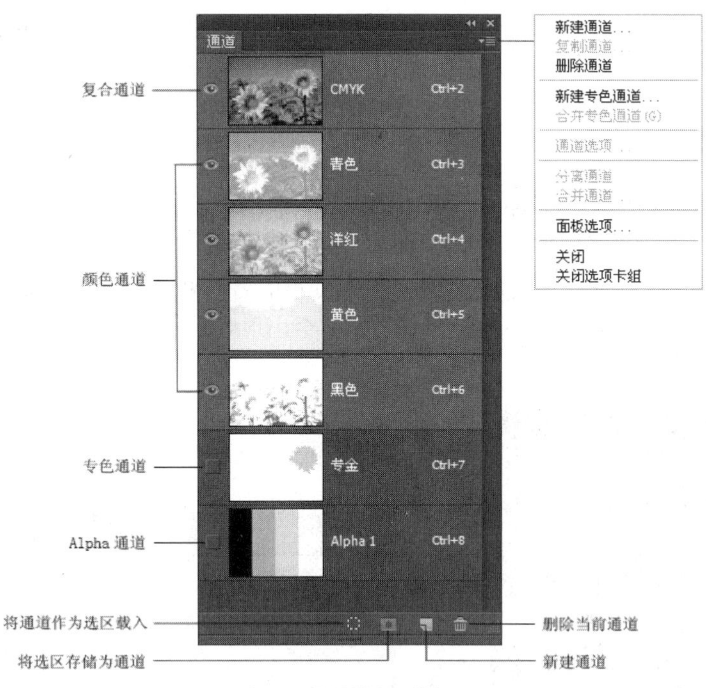


图 6-7 【通道】面板

### 6.1.3　创建新通道

（1）选择【通道】面板，单击【新建通道】按钮 ，新建【Alpha 1 通道】。

（2）单击【通道】面板右上方的 ，在弹出的菜单中选择【新建通道】。

（3）双击【通道】面板中要重命名的通道的名称，在显示的文本框中输入可以为它输入新的名称，但复合通道和颜色通道不能重命名，如图 6-8 所示。

### 6.1.4　复制通道

在【通道】面板中选择要复制的通道，拖拽到面板中的【新建通道】按钮上，可以复制该通道，如图 6-9 所示。

图 6-8　重命名通道

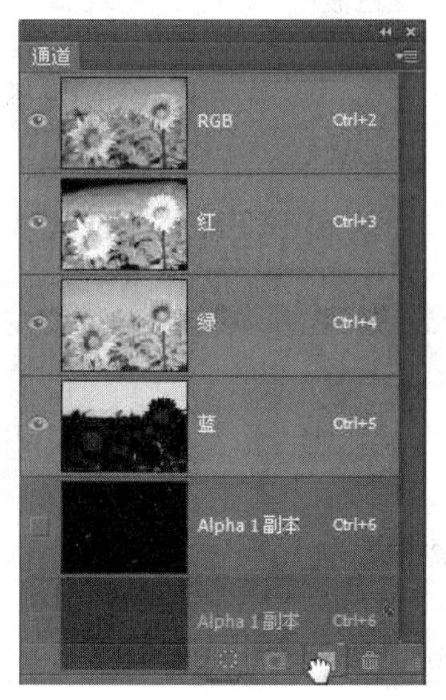


图 6-9　复制通道

在【通道】面板中选择要删除的通道拖拽到面板中的【删除当前通道】按钮上，可以删除该通道，如图 6-10 所示。也可以在【通道】面板中选择一个或多个通道，然后在面板中单击鼠标右键，在弹出的快捷菜单中单击【删除通道】命令。

### 6.1.5 专色通道

专色是特殊的预混油墨，如金银色油墨、荧光油墨等，它们用于替代或补充普通的印刷色（CMYK）油墨。专色通道用于存储印刷用的专色版，也就是说专色通道需要在【CMYK】模式下才有一定的意义。通常情况下，专色通道都是以专色的名称来命名的。

（1）单击【新建通道】，在新建的通道双击，会出现对话框，如图 6-11 所示，色彩指示：选择专色。

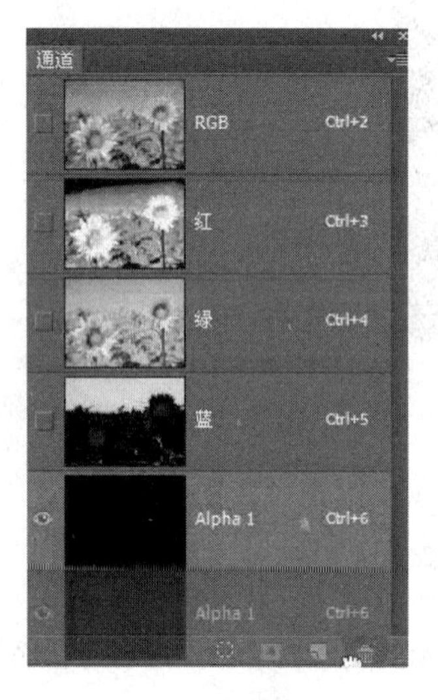


图 6-10 删除通道

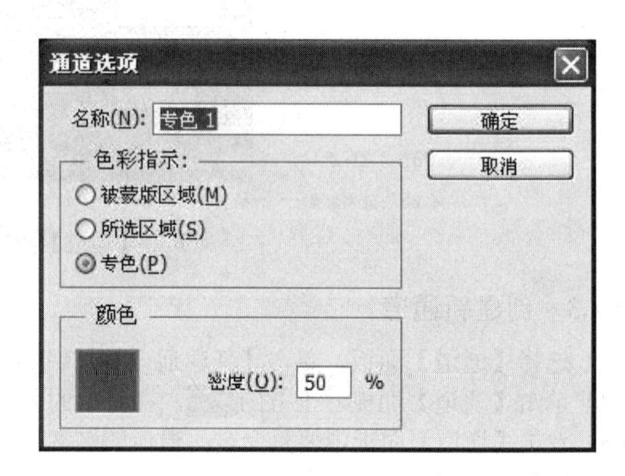


图 6-11 通道选项

（2）单击【颜色】下方的色块，选择专色，这个时候可以在颜色库选择相应的颜色，如图 6-12 所示，设置专色通道的颜色，这个颜色应与印刷时的专色的颜色配比相同。

（3）设置专色通道后，可以在专色通道上输入颜色信息，这个颜色信息在导出后会变成供于印刷的专色印刷色版。如图 6-13 所示，在专色通道上有【向日葵】三个字，当设置专色版为专金（PANTONE1235C）后，这个通道的颜色在【复合通道】显示时将显示为 PANTONE1235C。

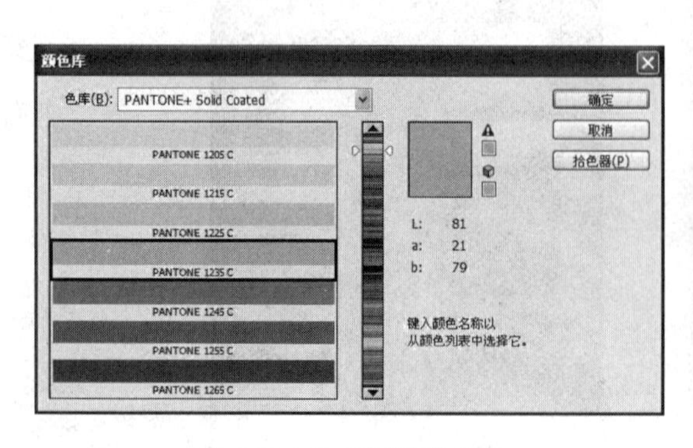


图 6-12 专色通道颜色库

图 6-13 专色通道颜色库面板

### 6.1.6　分离与合并通道

使用【通道】面板菜单中的【分离通道】命令，可以把一幅图像的每个通道拆分成一个独立的灰度图像，灰度图像数量的多少与原图像的色彩模式有直接关系。如【RGB】色彩模式图像可以分离出 3 幅灰度图像，而【CMYK】色彩模式图像则可以分离出 4 幅灰度图像。另外，我们还可以对分离后的灰度图像进行单独调整，如图 6-14 所示。

图 6-14　分离通道调整图像

【合并通道】是【分离通道】的逆向操作，执行该命令可将分离后的单独图像合并成一个图像。将需要合并的灰度图文件打开，单击通道面板中【合并通道】命令，选择合并的颜色模式，在合并时可以指定合并后图像的色彩模式等，如图 6-15 所示。如果在【合并 RGB 通道】对话框中改变通道所对应的图像，则合并成图像的颜色也将有所不同。

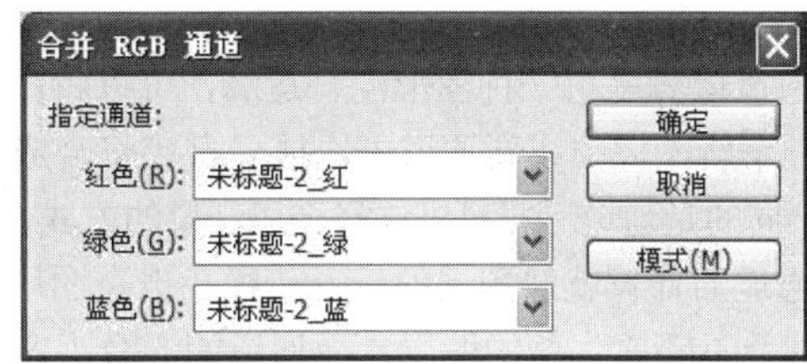


图 6-15　合并通道设置面板

### 6.1.7　案例应用——利用通道修正偏色图片

（1）按【Ctrl+O】键，打开【06\利用通道修正偏色图片\人物】素材文件，打开【窗口】→【通道】面板，观察发现蓝色通道没有颜色信息，图片偏黄，如图 6-16 所示。可以考虑到其他通道【借取】颜色信息。

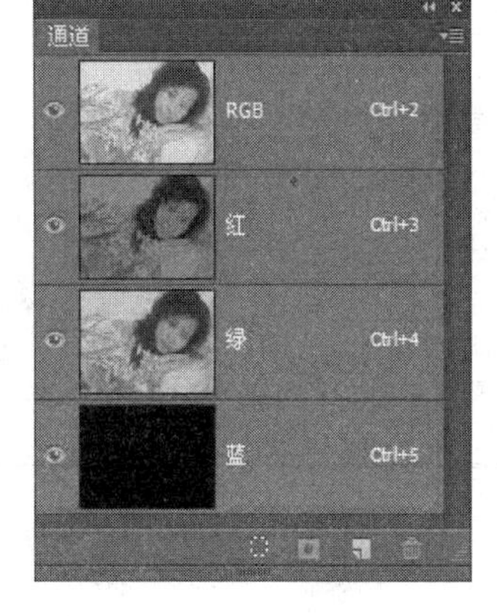


图 6-16　偏黄图片

（2）单击【绿色通道】,【Ctrl+A】将绿色通道的全选，【Ctrl+C】复制绿色通道的颜色信息，单击【蓝色通道】,【Ctrl+V】将复制的绿色通道颜色信息粘贴到蓝色通道上，偏黄的图片得以矫正，如图 6-17 所示。

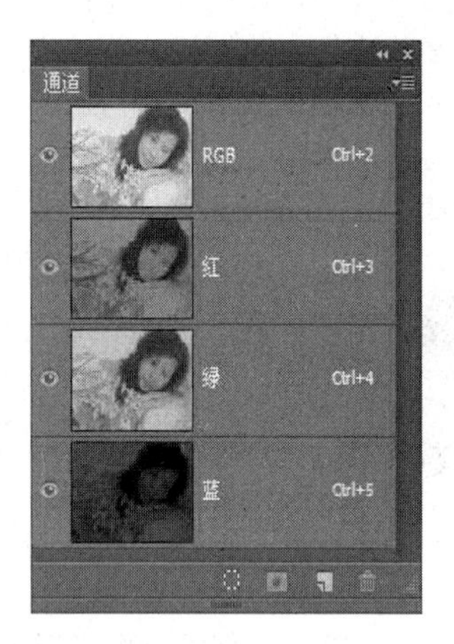


图 6-17　用通道矫正图像

## 6.2　通道运算

通道运算是用一种图形混合运算，可以将图像中的两个通道进行合成，并将合成后的结果保存到一个新图像中或新通道中，或者直接将合成后的结果转换成选区。它与【应用图像】命令相似，不同的是通道运算可以选择合成结果的方式，结果可以变成选区或通道，而【应用图像】不能。

通道的计算就像图层的混合一样，也有图层的混合有正片叠底、变暗等模式，所不同的是图层的混合不会产生新的图层，而通道的混合会产生新的通道，是两种通道按一种混合模式混合产生的。

值得注意的是：通道计算时必须保证被混合的两个图像文件其规则相同。例如：图像文件的格式、分辨率、色彩模式、尺寸等，否则该命令只针对某一个单一的图像文件进行混合。

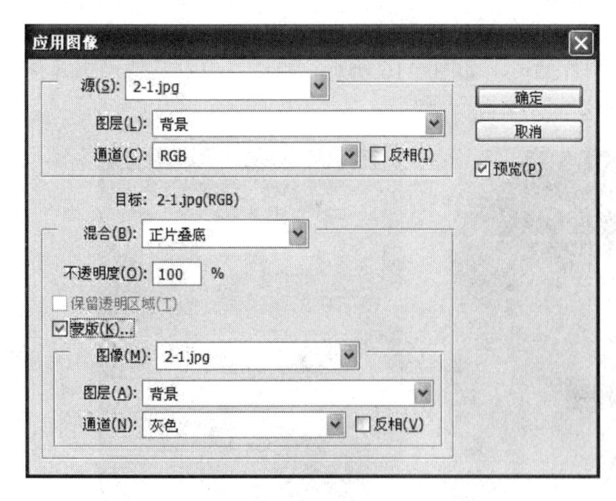


图 6-18 【应用图像】对话框

### 6.2.1　应用图像

【应用图像】对话框如图 6-18 所示，它是某一图层内通道与通道间（包括 RGB 通道或者 Alpha 通道）采用【图层混合】的混合模式进行直接作用产生的效果。类似于图层与图层间的混合效果，只是这种混合是针对图层内的单一通道或者 RGB 通道，是通道与通道发生作用，其结果是单一图层发生改变。

### 6.2.2　运算

使用通道【计算】命令，可以用不同的混合方式计算来自一个或者多个源图像的通道，并根据参数设置得到新的通道。要执行通道计算操作，需要执行【图像】→【计算】命令，弹出【计算】对话框，如图 6-19 所示。

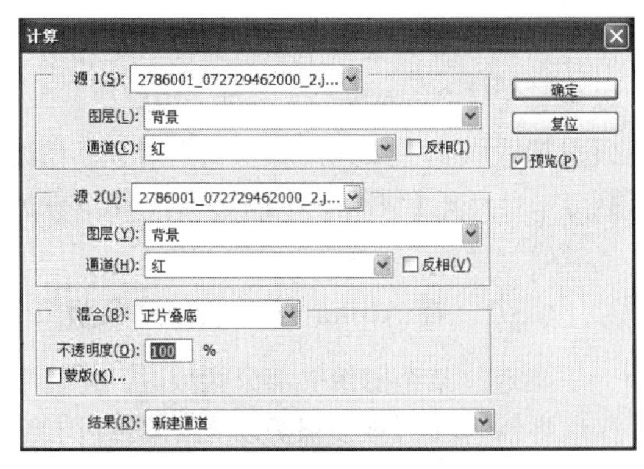


图 6-19 【通道计算】对话框

图 6-20　选择蒙版后的窗口

①【源 1】：下拉窗口显示了与当前图像文件尺寸相同的已打开的文件名称。可以在下拉菜单中选择参与通道计算的第一个源图像文件。

②【图层】：下拉窗口显示了所选择图像文件中所有图层的名称。如果要使用源图像中的所有图层，在图层下拉菜单中选择合并图层选项。

③【通道】：选择图像文件中需要进行计算的通道名称。

④【源 2】：选择参与计算的第二个源图像文件，此处可以选择与源 1 相同的文件。

⑤【反相】：源 1 图像文件中参与通道计算的通道以反相状态进行计算。

⑥【混合】：源 1 与源 2 的混合方式。

⑦【不透明度】：混合效果的强度。

⑧【蒙版】：选择后，出现图 6-20 所示的对话框，通过蒙版应用混合模式。

⑨【结果】：选择计算结果的生成方式。选择新建文档选项，生成仅有一个通道的多通道模式图像文件；选择新建通道选项，在当前图像文件中生成一个新通道；选择选取选项，生成一个选区。

## 6.3　通道蒙版

### 6.3.1　快速蒙版

【快速蒙版】实际上就是帮助快速形成选区，并可以将任何选区作为蒙版进行编辑，而无需使用【通道】。如图 6-21 所示，按快捷键【Q】进入快速蒙版模式，使用【画笔工具】将需要选取的内容用画笔涂出，此时画笔涂抹过的区域呈现半透明的红色，如果涂抹过程中不小心图错，可以切换按【X】切换前背景色，擦除涂抹错误的区域，如图 6-22 所示。涂抹完毕后，可以对【快速蒙版】选择的区域进行滤镜等的变换，再次按快捷键【Q】退出快速蒙版模式，此时将形成选区，该选区为画笔涂抹以外的区域，如图 6-23 所示。

图 6-21　进入快速蒙版模式

图 6-22　切换擦除涂抹错误区域

图 6-23 退出快速蒙版

将选区作为蒙版来编辑的优点是几乎可以使用任何 Photoshop 工具或滤镜修改蒙版。受保护区域和未受保护区域以不同颜色进行区分，当离开【快速蒙版】模式时，未受保护区域成为选区。

### 6.3.2 在 Alpha 通道中存储蒙版

当选择某个图像的部分区域时，未选中区域将【被蒙版】或受保护以免被编辑。因此，创建了蒙版后，当要改变图像某个区域的颜色，或者要对该区域应用滤镜或其他效果时，可以隔离并保护图像的其余部分。也可以在进行复杂的图像编辑时使用蒙版，比如将颜色或滤镜效果逐渐应用于图像。

如图 6-24 所示，蒙版示例（a）用于保护背景并编辑【蝴蝶】的不透明蒙版；蒙版示例（b）用于保护【蝴蝶】并为背景着色的不透明蒙版；蒙版示例（c）用于为背景和部分【蝴蝶】着色的半透明蒙版，蒙版存储在【Alpha】通道中。蒙版和通道都是灰度图像，因此可以使用绘画工具、编辑工具和滤镜像编辑任何其他图像一样对它们进行编辑。在蒙版上用黑色绘制的区域将会受到保护；而蒙版上用白色绘制的区域是可编辑区域，如图 6-24（d）所示。

要更加长久地存储一个选区，可以将该选区存储为【Alpha 通道】。【Alpha 通道】将选区存储为【通道】面板中的可编辑灰度蒙版。一旦将某个选区存储为【Alpha 通道】，就可以随时重新载入该选区或将该选区载入到其他图像中。

### 6.3.3 案例应用——快速蒙版制作简单相框

利用快速蒙版制作相框。

（1）按【Ctrl+O】键，打开【06\快速蒙版制作简单相框\小狗】素材文件，用矩形画一选区，按【Q】键进入【快速蒙版】，如图 6-25 所示。

图 6-24 通道中存储蒙版

图 6-25 按[Q]键进入快速蒙版

（2）执行【滤镜】→【扭曲】→【玻璃】命令，设置参数，如图 6-26 所示，产生的效果如图 6-27 所示。

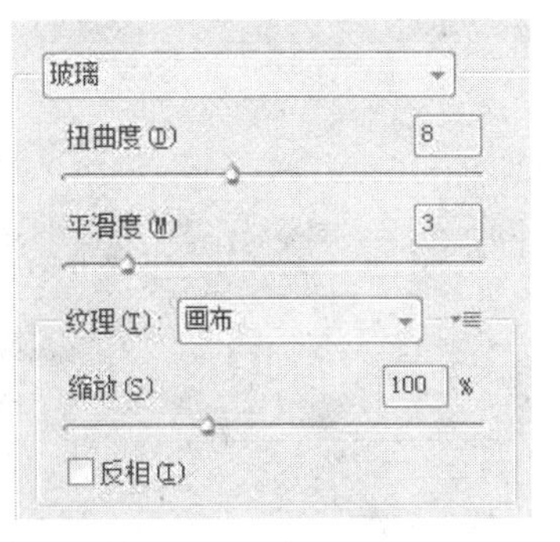


图 6-26　滤镜玻璃设置参数

（3）按【Q】键退出【快速蒙版】，得到一个变换后的选区，如图 6-28 所示。

图 6-27　滤镜玻璃效果

图 6-28　退出快速蒙版得到选区

（4）按【Ctrl+Shift+I】键，将选区反选并删除，完成效果如图 6-29 所示。

图 6-29　删除多余的内容

## 6.4　图层蒙版

使用蒙版可以保护部分图层，该图层不被编辑；蒙版可以控制图层区域内部分内容可隐藏或是显示；更改蒙版可以对图层应用各种效果，不会影响该图层上的图像。图层蒙版是灰度图像，因此，黑色绘制的内容将会隐藏，用白色绘制的内容将会显示，而用灰色调绘制的内容将以各级透明度显示。添加蒙版后，我们所做的操作是作用在蒙版上，而不是图层上。常用于图像的合成中，让两个图像无缝的合成在一起。

### 6.4.1　添加图层蒙版

单击图层面板的【添加蒙版】按钮，为图层添加蒙版，如图 6-30 所示，这时可以看到当前层上出现了蒙版，值得注意的是背景层不能加蒙版。

选择【画笔工具】，用黑色在图像中涂抹，可以看到蒙版中黑色部分中的图像都被遮挡掉了，如图 6-31 所示。这时选择白色进行涂抹，刚才被遮挡的图像又重新显露出来了。这样就可以在不对原图造成影响的情况下对图像进行编辑。

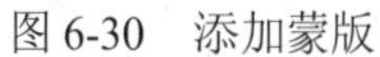

图 6-30 添加蒙版

图 6-31 擦除蒙版

### 6.4.2 隐藏图层蒙版

按住【Shift】键，用鼠标单击蒙版，可以临时关闭蒙版（图 6-32），查看原图，再次单击蒙版图标则重新打开蒙版。按住【Alt】键，用鼠标单击蒙版，可以进入蒙版（图 6-33）。

图 6-32 关闭蒙版

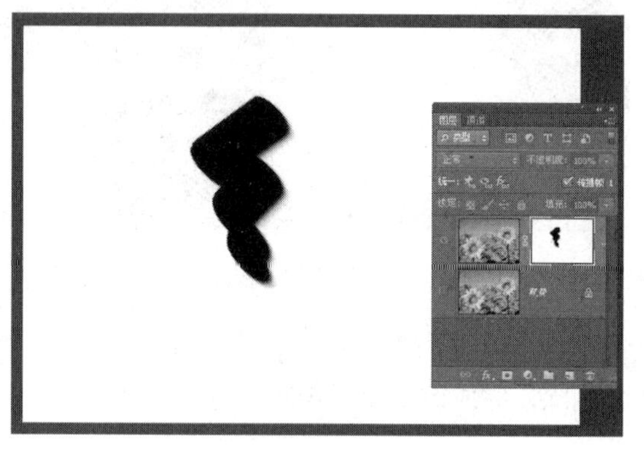

图 6-33 进入蒙版

### 6.4.3 图层蒙版的链接

单击图层与蒙版间的按钮，可以将图层与蒙版链接，这时再移动图层，其效果如图 6-34 所示。

图 6-34 图层与蒙版链接

再次单击键，解开链接，这时可以移动图层，其效果如图 6-35 所示。移动蒙版，其效果如图 6-36 所示。

图 6-35　图层与蒙版断开链接，移动图层

图 6-36　图层与蒙版断开链接，移动蒙版

### 6.4.4　应用及删除图层蒙版

拖动蒙版到，会出现如图 6-37 所示的对话框，选择【应用】，则将蒙版效果应用于图层，如图 6-38 所示，选择【删除】，则删除蒙版效果，如图 6-39 所示。

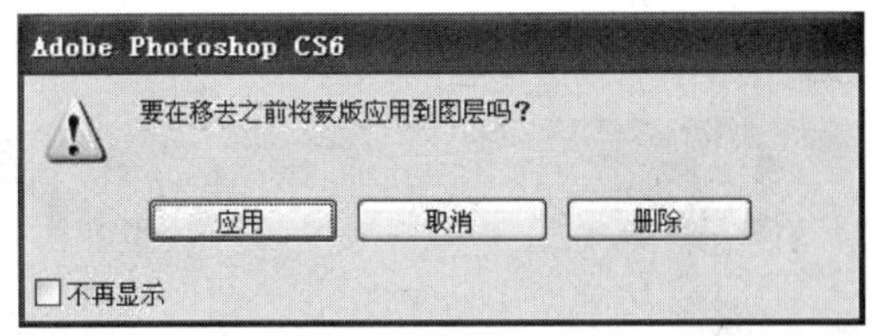


图 6-37　删除蒙版

图 6-38　应用蒙版效果

图 6-39　删除蒙版效果

### 6.4.5　案例应用——制作蒙版效果

按【Ctrl+O】键，打开【06\制作蒙版\素材\01】素材文件，再打开【06\蒙制作蒙版\02】素

材文件，并将【图 02】拖入到【图 01】的图像窗口中，为【图 02】添加蒙版，并在蒙版中用黑白渐变拖动，此时形成【图 01】到【图 02】的过渡效果，如图 6-40 所示。

图 6-40 添加渐变蒙版制作图 01 到图 02 的过渡效果

# 6.5 剪贴蒙版与矢量蒙版

## 6.5.1 剪贴蒙版

【剪贴蒙版】是通过使用处于下方图层的形状来限制上方图层的显示状态，达到一种剪贴画的效果。执行【图层】→【创建剪贴蒙版】命令，也可以按住【Alt】键，在两图层中间出现图标后点左键，建立剪贴蒙版，如图 6-41。创建了【剪贴蒙版】以后，当不再需要的时候，你可以执行【图层】→【释放剪贴蒙版】命令，取消【剪贴蒙版】效果。

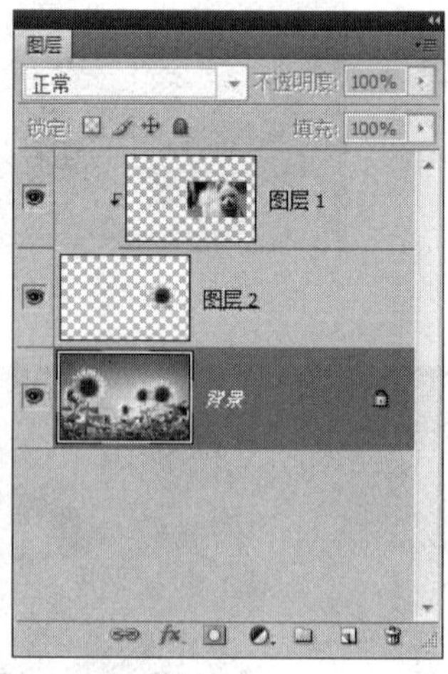


图 6-41 剪贴蒙版

## 6.5.2 矢量蒙版

在【矢量蒙版】中可以使用矢量图形绘制工具，如【钢笔工具】、【形状工具】等，但不能使用画笔之类的工具。而且它只能用黑或白来控制图像透明与不透明，不能产生半透明效果。而它的优点是可以随时通过编辑矢量图形来改变【矢量蒙版】的形状，如图 6-42 所示。

图 6-42　矢量蒙版

### 6.5.3　课堂案例——制作瓶中效果

(1) 按【Ctrl+O】键，打开【06\瓶中效果\素材\瓶子】素材文件。将背景图层向下拖动到【新建图层】按钮来复制背景图层，得到背景复制图层。或者直接按快捷键【Ctrl+J】复制图层，得到背景副本，如图 6-43 所示。

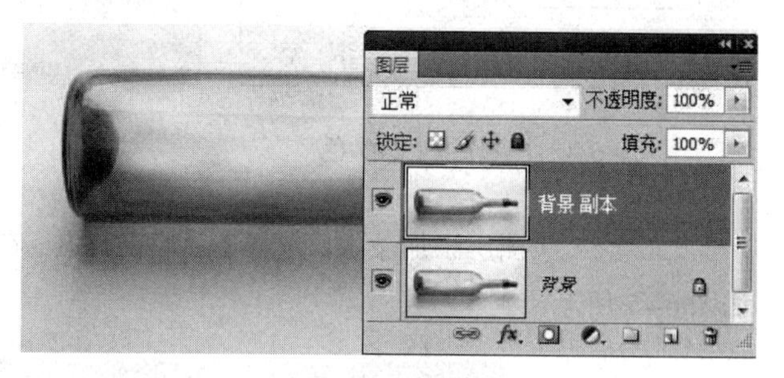


图 6-43　打开素材

(2) 单击下方的【创建新的填充或调整图层】按钮，找到色相饱和度，对图像的色相饱和度进行微调，先将绿色色相设置为【-100】，再对全图进行调整，将其色相调整到大致【+43】的位置，如图 6-44 所示。

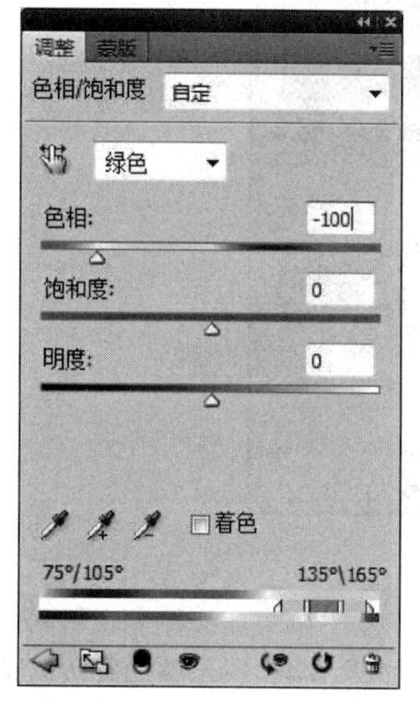


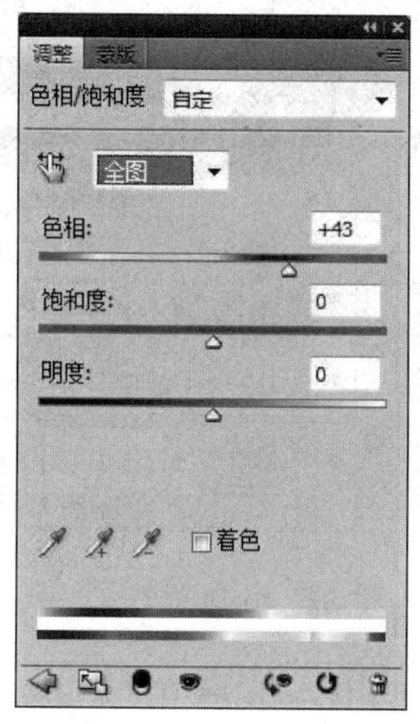


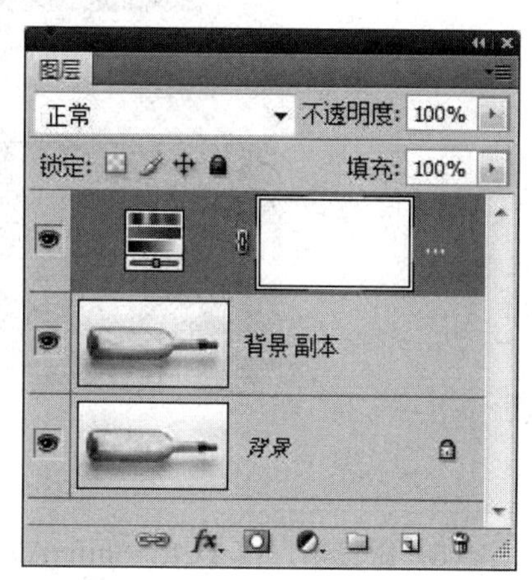


图 6-44　添加色相饱和度调整图层

（3）选择黑色画笔，设置画笔大小为【45】，不透明度设置为【100%】，属性栏中的不透明度为【29%】，然后涂抹瓶子的下面部分以及瓶口部分，如图 6-45 所示。

（4）选用【魔棒工具】抠取瓶子，【Delete】键删除背景。按快捷键【Ctrl+Shift+Alt+E】盖印所有可见图层，得到一个新的图层。按【Ctrl+O】键打开风景素材图片，按住【Alt】键将鼠标放于两图层间出现一个向下的箭头，单击一下，形成剪切蒙版，如图 6-46 所示。

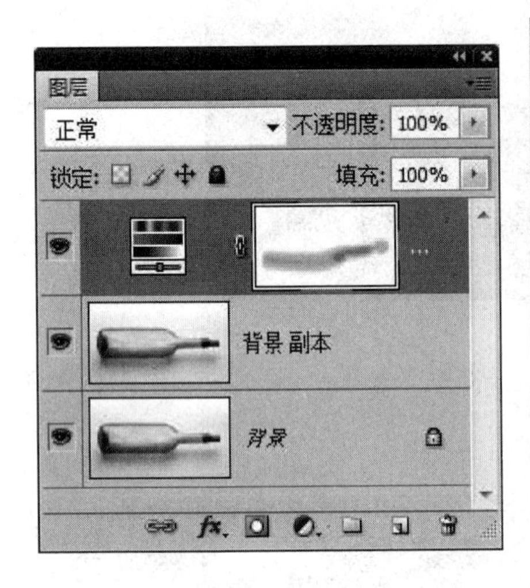


图 6-45 调节瓶子的颜色

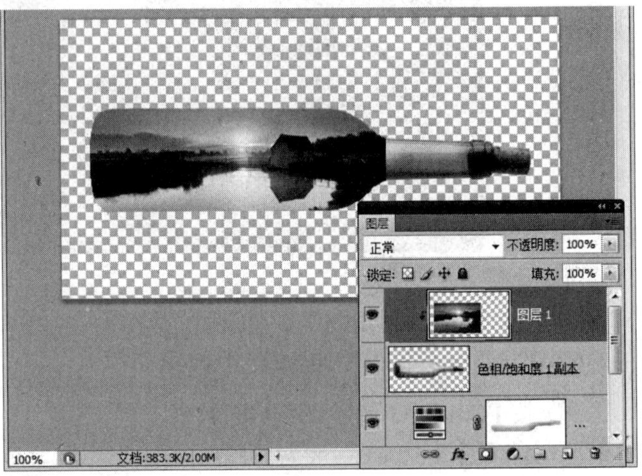


图 6-46 形成剪切蒙版

（5）给风景图层添加蒙版，选择【画笔工具】，在蒙版中进行涂抹，已形成较为柔和的效果，如图 6-47 所示。

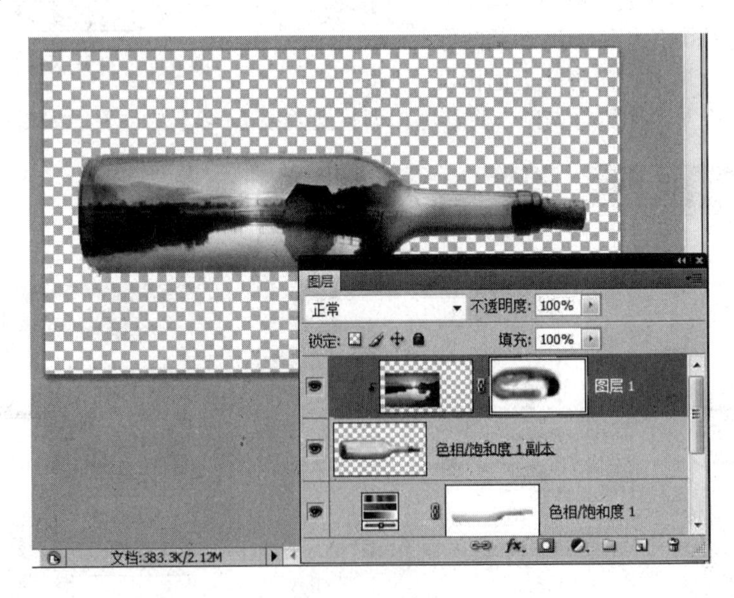


图 6-47 添加蒙版

（6）做投影，按【Ctrl+Shift+Alt+E】键，盖印所有可见图层，如图 6-48 所示添加蒙版，选择【渐变工具】，在蒙版中添加渐变。最终效果如图 6-49 所示

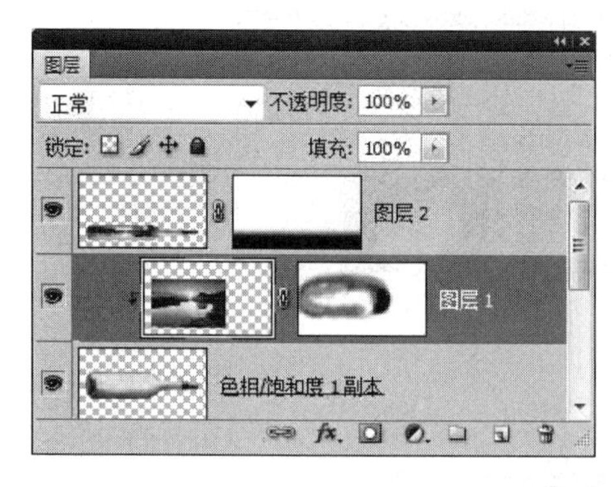

图 6-48　制作投影

图 6-49　最终效果

## 6.6　综合训练——通道、蒙版抠取图像

（1）按【Ctrl＋O】键，打开【06\综合训练\通道蒙版抠图\火花】素材文件，如图 6-50 所示。【火花】图像过于复杂，无法用【钢笔工具】抠出，可用通道与蒙版结合的方式，将其抠出。

图 6-50　打开图片

（2）观察后，发现红色通道的颜色信息更适合扣取火花，单击红色通道，【Ctrl+A】全选，【Ctrl+C】复制通道，如图 6-51 所示。

（3）为图层添加蒙版，按【Alt】键进入蒙版，【Ctrl+V】将红色通道的颜色信息粘贴到蒙版中，如图 6-52 所示。

图 6-51　复制红色通道

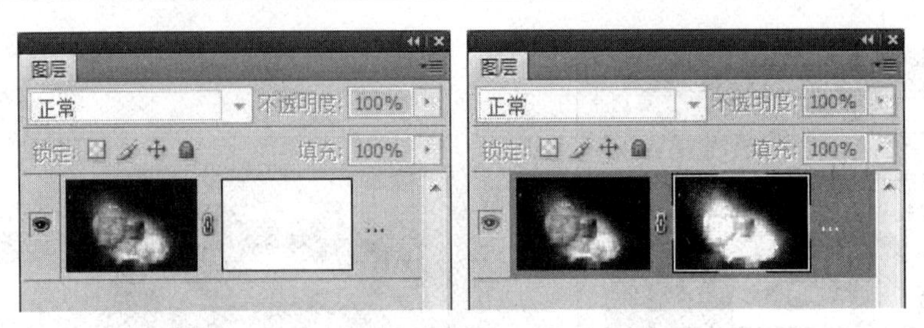


图 6-52 贴入蒙版中

（4）将火焰抠出。如图 6-53 所示。

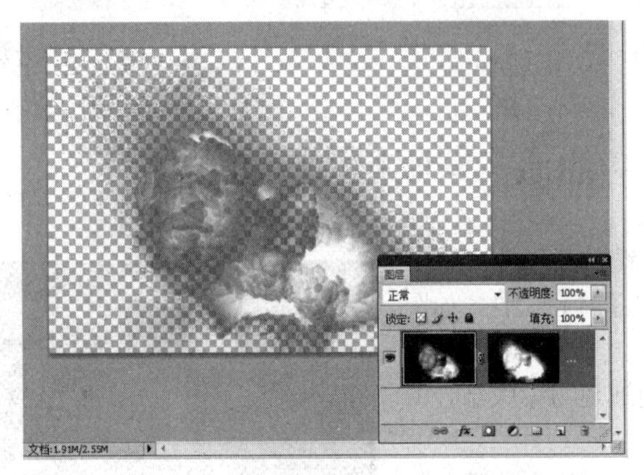

图 6-53 抠出火焰

## 6.7 本章小结

本章讲述了 Photoshop 中较为重要的通道和蒙版的概念，以及创建与编辑的具体应用。通道主要的作用是存储颜色信息和保存选择区域。蒙版的五大功能可以归纳为：用蒙版无痕迹拼接多幅图像，创建复杂边缘选区，替换局部图像，结合调整层来随心所欲调整局部图像，使用灰度蒙版按照灰度关系调整图像影调。此外，还讲述了快速蒙版和蒙版的异同点等内容。

## 6.8 课后练习

扣取玻璃杯，效果如图 6-54 所示。

图 6-54 抠取杯子

# 第 7 章　文字与滤镜

在 Photoshop CS6 中，可以利用【文字工具】对文字进行输入和编辑，其文字的输入包括文本和段落文本两种，Photoshop CS6 中设有默认字体，也可以根据需要载入艺术字体，并可用路径工具对已经输入的字体进行修改，与图像拼合制作海报、杂志内页等。

滤镜在 Photoshop CS6 中有非常重要的作用，滤镜菜单下提供了多种功能的滤镜，选择这些滤镜命令可以制作出奇妙的图像效果。

## 7.1　文字的输入与编辑

### 7.1.1　文字工具

【文字工具】包括【横排文字工具】、【直排文字工具】、【横排文字蒙版工具】、【直排文字蒙版工具】四种，如图 7-1 所示。使用【横排文字工具】T可以创建矩形选区文字。选取工具箱中的【横排文字工具】，鼠标指针指向编辑窗口，按住鼠标左键并拖动鼠标，即可创建一个横排文字选区，如图 7-2 所示。

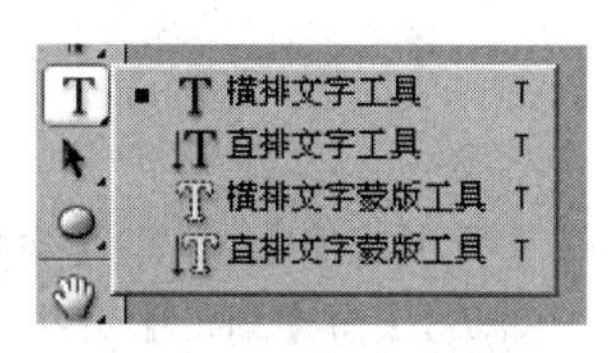

图 7-1　文字工具组

图 7-2　文字选框工具

如果要更改文字字体操作，只需在【文字选框工具】的属性栏中进行相应的参数设置，如图 7-3 所示。

图 7-3　文字工具属性栏

### 7.1.2　输入段落文字

新建一个画布命名为【文字】，单击【横排文字工具】，在画布上拖拽出一个段落文本框，可以输入文字，也可以将复制的文字粘贴进来。

段落文本框具有自动换行的功能，如果输入的文字需要分出段落，可以按【Enter】键进行操作。还可以对文本框进行旋转、拉伸等操作，如图 7-4 所示。单击菜单栏【文字】→【文字面板】命令，如图 7-5 所示，可弹出【字符、段落面板】进行调整，如图 7-6 所示。

### 7.1.3　栅格化文字

Photoshop 中，使用【文字工具】输入的文字是矢量图，优点是可以无限放大而不会出现马赛克现象，缺点是无法使用 PS 中的滤镜。因此，使用栅格化命令将文字栅格化可以制作更加丰富的效果。右击【文字图层】，选择【栅格化文字】，栅格化后的文字可以使用滤镜及其他变化制作出样式多样、漂亮的文字，如图 7-7 所示。

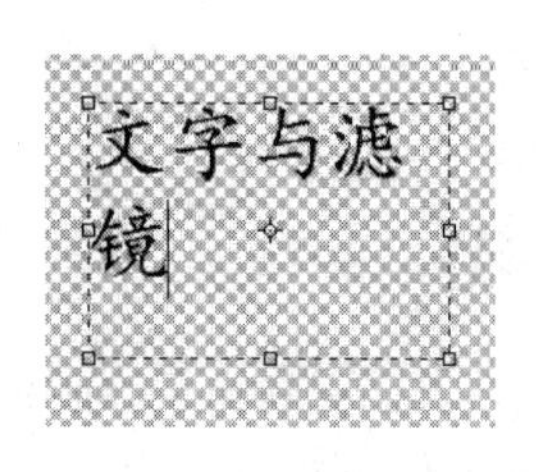


图 7-4　段落文字

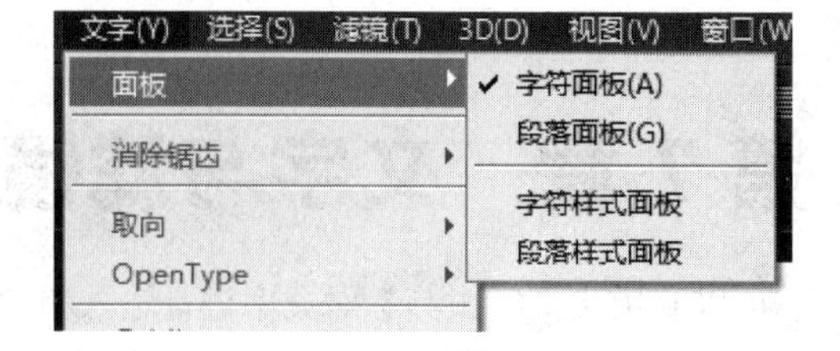


图 7-5　面板

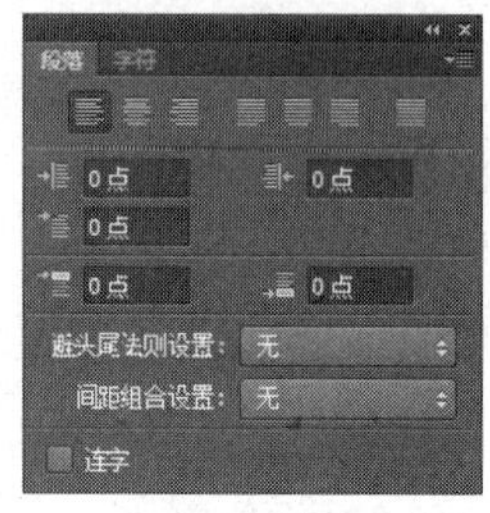

图 7-6　字符、段落面板

### 7.1.4　载入文字的选区

选择【文字工具】，点击画布，输入文字，然后按【Ctrl】键，单击该文字图层的缩略图，就可载入文字的选区，如图 7-8 所示。

图 7-7　栅格化文字

图 7-8　文字载入选区

## 7.2　创建变形文字与路径文字

### 7.2.1　变形文字

输入文字，在【文字选框工具】的属性栏中选择【变形文字】，出现【变形文字面板】，如图 7-9 所示。 然后在样式下拉列表中选择需要的样式，图 7-10 为【扇形】效果。

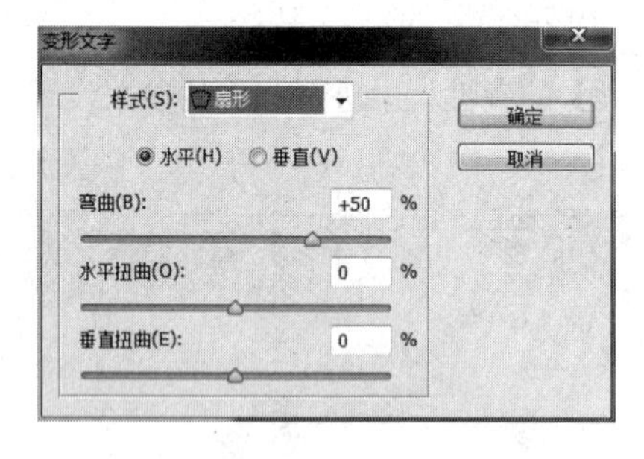


图 7-9　变形文字面板

图 7-10　扇形效果

### 7.2.2　路径文字

选择【自定形状工具】，设置需要的图形，绘图类型为【形状图层】，在画布上画出图案，如图 7-11 所示，在【自定形状工具】的属性栏中选择所需的图案。

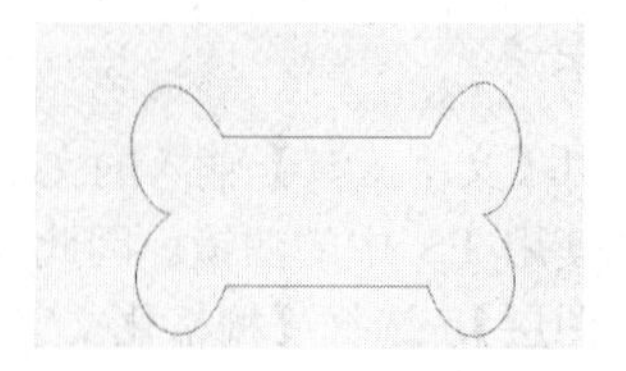

图 7-11　自定形状工具

选择【文字工具】，光标停留在图形的路径线条上，单击并输入文字，使其围绕图形排列一圈。执行【窗口】→【字符】命令，弹出字符设置调板，调整数值，使文字排列得更平均一些。再删除原图形图层，如图 7-12 所示。

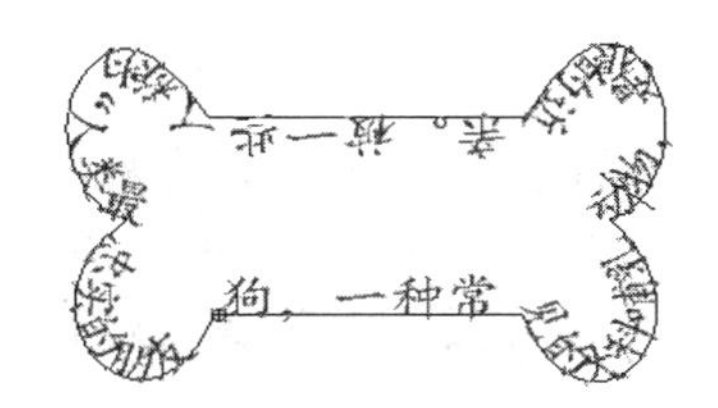
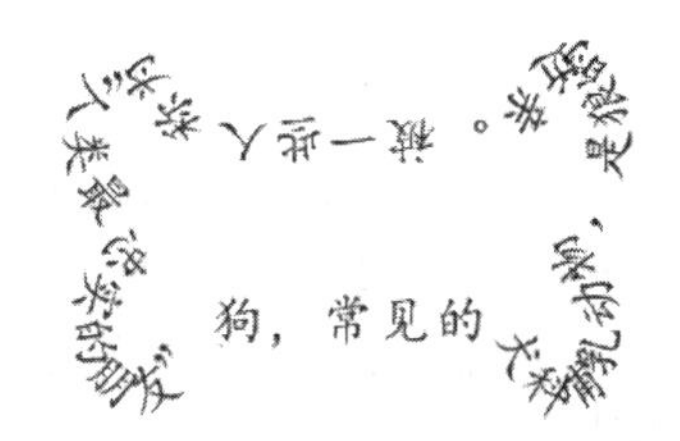

图 7-12　路径文字

### 7.2.3　案例应用——制作文字海报

利用【文字工具】制作文字海报效果。

（1）新建一个图层，然后用【钢笔工具】勾画出路径，光标停留在图形的路径线条上，单击并输入文字 PHOTOSHOP，字号选择【60 点】，使其围绕图形排列一圈。按【T】键输入文字，字号选择【30 点】，在【文字选框工具】的属性栏中选择【变形文字】出现【变形文字面板】选择【鱼形】。选择【文字工具】，选取工具箱中的【竖排排文字工具】拖出一个文本框输入文字，字号选择【30 点】。最终效果如图 7-13 所示。

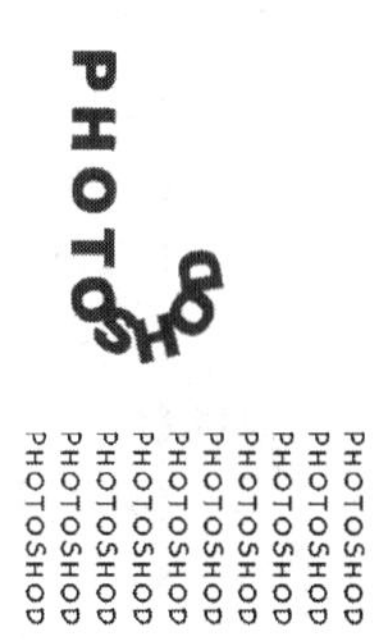


图 7-13　文字海报

## 7.3　滤镜库的功能

Photoshop【滤镜库】可提供许多特殊效果滤镜的预览，并且可以累积应用多个滤镜效果。滤镜效果是按照它们的选择顺序应用的，但滤镜库中所提供的【滤镜】并非是滤镜菜单中的全部。

通过 PS 滤镜库可以应用多个滤镜、打开或关闭滤镜效果、复位滤镜的选项，以及更改应用滤镜的顺序。在应用滤镜之后，可通过在已应用的滤镜列表中将滤镜名称拖动到另一个位置来重新排列它们，重新排列滤镜效果可显著改变图像的外观。

（1）滤镜只能应用于当前可视图层，且可以反复应用，连续应用，但一次只能应用在一个图层上。

（2）有些滤镜不能应用于位图模式、索引颜色和 48bit RGB 模式的图像，某些滤镜只对【RGB】模式的图像起作用，如【Brush Strokes】滤镜和【Sketch】滤镜就不能在【CMYK】模式下使用。另外，滤镜只能应用于图层的有色区域，对完全透明的区域没有效果。

（3）有些滤镜完全在内存中处理，所以内存的容量对滤镜的生成速度影响很大。

（4）有些滤镜很复杂，或者是要应用滤镜的图像尺寸很大，所以执行时需要很长时间。如果想结束正在生成的滤镜效果，只需按【Esc】键即可。

（5）上次使用的滤镜将出现在滤镜菜单的顶部，可以通过执行此命令对图像再次应用上次使用过的滤镜效果。

【滤镜库】中包括【杂色】、【渲染】、【纹理】、【像素化】、【艺术效果】、【画笔描边】、【风格化】、【素描】等滤镜。

显示滤镜库：选取【滤镜】→【滤镜库】命令，单击滤镜的类别名称，可显示可用滤镜效果的缩览图。

## 7.4 滤镜的应用

### 7.4.1 风格化滤镜

【风格化滤镜】主要作用于图像的像素，可以强化图像的色彩边界，所以图像的对比度对此类滤镜的影响较大，风格化滤镜最终营造出的是一种印象派的图像效果。包括【查找边缘滤镜】、【等高线滤镜】、【风滤镜】、【浮雕效果滤镜】、【扩散滤镜】、【拼贴滤镜】、【曝光过度滤镜】、【凸出滤镜】等。

**1．查找边缘**

用相对于白色背景的深色线条来勾画图像的边缘，得到图像的大致轮廓。如果先加大图像的对比度，然后再应用此滤镜，可以得到更多更细致的边缘，如图 7-14 所示。

**2．风**

在图像中色彩相差较大的边界上增加细小的水平短线来模拟风的效果，如图 7-15 所示。

① 【风】：细腻的微风效果；

② 【大风】：比风效果要强烈的多，图像改变很大；

③ 【飓风】：最强烈的风效果，图像已发生变形；

④ 【从左】：风从左面吹来；

⑤ 【从右】：风从右面吹来。

图 7-14 【查找边缘】滤镜前后对比图

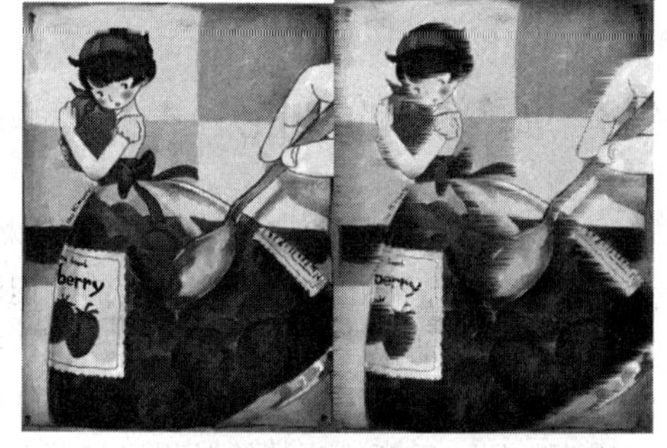

图 7-15 【风】滤镜前后对比图

**3．等高线**

类似于查找边缘滤镜的效果，但允许指定过渡区域的色调水平，主要作用是勾画图像的色阶范围。设置参数色阶数值为【128】，边缘选择较低，效果如图 7-16 所示。

① 【色阶】：可以通过拖动三角滑块或输入数值来指定色阶的阀值(0 到 255)；

② 【较低】：勾画像素的颜色低于指定色阶的区域；

③ 【较高】：勾画像素的颜色高于指定色阶的区域。

**4．浮雕效果**

生成凸出和浮雕的效果，对比度越大的图像浮雕的效果越明显。设置参数角度【135 度】，高度【3 像素】，数量【100%】，其效果如图 7-17 所示。

① 【角度】：光源照射的方向；

② 【高度】：凸出的高度；

③ 【数量】：颜色数量的百分比，可以突出图像的细节。

图 7-16 【等高线】滤镜前后对比图

图 7-17 【浮雕效果】滤镜前后对比图

**5. 扩散**

搅动图像的像素，产生类似透过磨砂玻璃观看图像的效果，效果如图 7-18 所示。

① 【正常】：为随机移动像素，使图像的色彩边界产生毛边的效果；

② 【变暗优先】：用较暗的像素替换较亮的像素；

③ 【变亮优先】：用较亮的像素替换较暗的像素；

④ 【各向异性】：平滑图像的克服了高斯模糊的缺陷，各向异性扩散在平滑图像时保留图像边缘。

（a）原图

（b）正常

（c）变暗优先

（d）各向异性

图 7-18 【扩散】滤镜前后对比图

**6. 拼贴滤镜**

将图像按指定的值分裂为若干个正方形的拼贴图块,并按设置的位移百分比的值进行随机偏移。设置参数拼贴数【10】，最大位移【10%】，填充空白区域用背景色，效果如图 7-19 所示。

① 【拼贴数】：设置行或列中分裂出的最小拼贴块数；

② 【最大位移】：为贴块偏移其原始位置的最大距离(百分数)；

③ 【背景色】：用背景色填充拼贴块之间的缝隙；

④ 【前景色】：用前景色填充拼贴块之间的缝隙；

⑤ 【反选颜色】：用原图像的反相色图像填充拼贴块之间的缝隙；

⑥ 【未改变颜色】：使用原图像填充拼贴块之间的缝隙。

图 7-19 【拼贴滤镜】滤镜前后对比图

**7．曝光过度**

使图像产生原图像与原图像的反相进行混合后的效果 (注:此滤镜不能应用在 Lab 模式下),设置效果如图 7-20 所示。

**8．凸出**

将图像分割为指定的三维立方块或棱锥体 (注:此滤镜不能应用在 Lab 模式下)。设置参数类型为:【块】，大小为【30 像素】，深度为【30】,随机，效果如图 7-21 所示。

① 【块】：将图像分解为三维立方块，将用图像填充立方块的正面；

② 【金字塔】：将图像分解为类似金字塔形的三棱锥体；

③ 【大小】：设置块或金字塔的底面尺寸；

④ 【深度】：控制块突出的深度；

⑤ 【随机】：选中此项后使块的深度取随机数；

⑥ 【基于色阶】：选中此项后使块的深度随色阶的不同而定；

⑦ 【立方体正面】：勾选此项,将用该块的平均颜色填充立方块的正面；

⑧ 【蒙版不完整块】：使所有块的突起包括在颜色区域。

图 7-20 【曝光过度】滤镜前后对比图

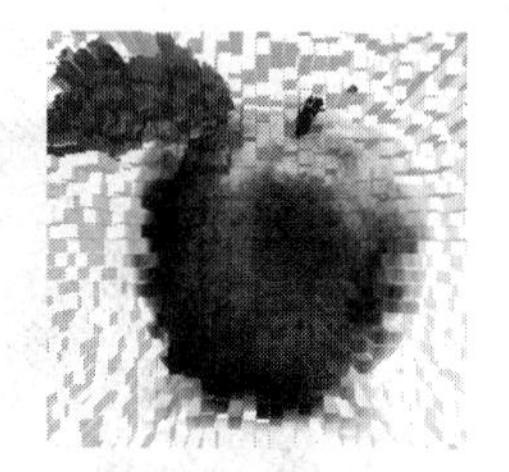

图 7-21 【凸出】滤镜前后对比图

### 7.4.2 像素化滤镜

【像素化】滤镜将图像分成一定的区域，将这些区域转变为相应的色块，再由色块构成图像，类似于色彩构成的效果。在【像素化】滤镜中包含【彩块化滤镜】、【彩色半调滤镜】、【点状化滤镜】、【晶格化滤镜】、【碎片滤镜】、【铜版雕刻滤镜】、【马赛克滤镜】等。

**1．彩块化**

使用纯色或相近颜色的像素结块来重新绘制图像，类似手绘的效果，如图 7-22 所示。

**2．彩色半调**

模拟在图像的每个通道上使用半调网屏的效果，将一个通道分解为若干个矩形，然后用圆形替换掉矩形，圆形的大小与矩形的亮度成正比。设置参数最大半径【8 像素】，通道 1 数值【108】，通道 2 数值【162】，通道 3 数值【90】，通道 4 数值【45】，效果如图 7-23 所示。

图 7-22 【彩块化】滤镜前后对比图

图 7-23 【彩色半调】滤镜前后对比图

① 【最大半径】：设置半调网屏的最大半径；

② 【对于灰度图像】：只使用通道 1；

③ 【对于 RGB 图像】：使用 1、2 和 3 通道，分别对应红色、绿色和蓝色通道；

④ 【对于 CMYK 图像】：使用所有 4 个通道，对应青色、洋红、黄色和黑色通道。

**3．点状化**

滤镜图像分解为随机分布的网点，模拟点状绘画的效果。使用背景色填充网点之间的空白区域。设置参数单元格大小为【5】，效果如图 7-24 所示。

【单元格大小】：调整单元格的尺寸，范围是【3】到【300】。

**4．晶格化**

使用多边形纯色结块重新绘制图像。设置参数单元格大小为【10】，效果如图 7-25 所示。

【单元格大小】：调整结块单元格的尺寸，范围是【3】到【300】。

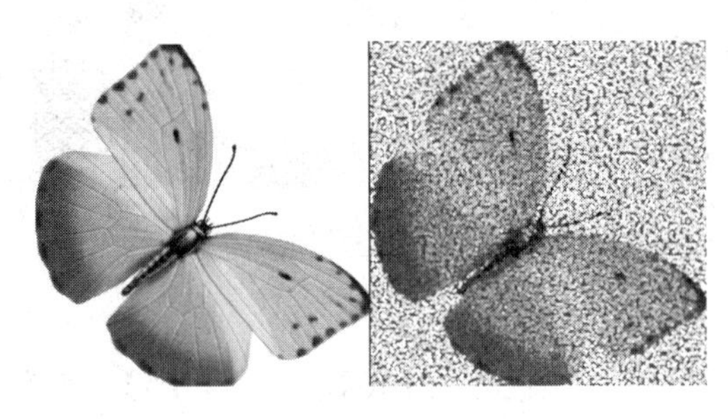

图 7-24 【点状化】滤镜前后对比图

图 7-25 【晶格化】滤镜前后对比图

**5．碎片**

将图像创建四个相互偏移的副本，产生类似重影的效果，效果如图 7-26 所示。

**6．铜版雕刻**

使用黑白或颜色完全饱和的网点图案重新绘制图像。其类型共有十种类型，分别为【精细点】、【中等点】、【粒状点】、【粗网点】、【短线】、【中长直线】、【长线】、【短描边】、【中长描边】和【长边】。设置参数类型为【精细点】，其效果如图 7-27 所示。

图 7-26 【碎片】滤镜前后对比图

图 7-27 【铜版雕刻】滤镜前后对比图

**7．马赛克**

将像素结为方形块。设置参数为【8】方形，其效果如图 7-28 所示。

### 7.4.3　画笔描边滤镜

【画笔描边】模拟使用不同的画笔和油墨进行描边，创造出绘画效果。包括【成角的线条滤镜】、【喷溅滤镜】、【喷色描边滤镜】、【强化的边缘滤镜】、【深色线条滤镜】、【烟灰墨滤镜】、【阴影线滤镜】、【油墨轮廓滤镜】等滤镜。

**1．成角的线条**

使用成角的线条勾画图像。设置参数方向平衡【50】、线条长度【15】、锐化程度【3】，其效果如图 7-29 所示。

① 【方向平衡】：可以调节向左下角和右下角勾画的强度；

② 【线条长度】：控制成角线条的长度；

③ 【锐化程度】：调节勾画线条的锐化度。

图 7-28　【马赛克】滤镜前后对比图

图 7-29　【成角的线条】滤镜前后对比图

**2．喷溅**

创建一种类似透过浴室玻璃观看图像的效果。设置参数喷色半径【10】、平滑度【5】，其效果如图 7-30 所示。

① 【喷色半径】：为形成喷溅色块的半径；

② 【平滑度】：为喷溅色块之间的过渡的平滑度。

**3．喷色描边**

使用所选图像的主色，并用成角的喷溅的颜色线条来描绘图像，所得到的与喷溅滤镜的效果很相似。设置描边长度【12】、喷色半径【7】、描边方向【右对角线】，其效果如图 7-31 所示。

① 【描边长度】：控制喷溅的颜色线条长度；

② 【喷色半径】：形成喷溅色块的半径；

③ 【描边方向】：包括【左对角线】、【水平】、【右对角线】、【垂直】四个方向。

图 7-30　【喷溅】滤镜前后对比图

图 7-31　【喷色描边】滤镜前后对比图

**4．强化的边缘**

将图像的色彩边界进行强化处理，设置较高的边缘亮度值，将增大边界的亮度；设置较低的边缘亮度值，将降低边界的亮度。设置边缘宽度【2】、边缘亮度【38】、滑度【5】，其效果如图 7-32 所示。

① 【边缘宽度】：设置强化的边缘的宽度；

② 【边缘亮度】：控制强化的边缘的亮度；

③ 【滑度】：调节被强化的边缘，使其变得平滑。

**5．深色线条**

用黑色线条描绘图像的暗区，用白色线条描绘图像的亮区。设置平衡【5】、黑色强度【6】、白色强度【2】，其效果如图 7-33 所示。

① 【平衡】：控制笔触的方向；

② 【黑色强度】：控制图像暗区线条的强度；

③ 【白色强度】：控制图像亮区线条的强度。

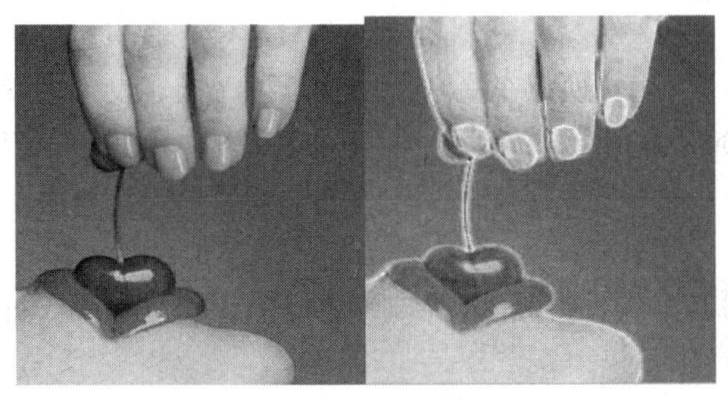
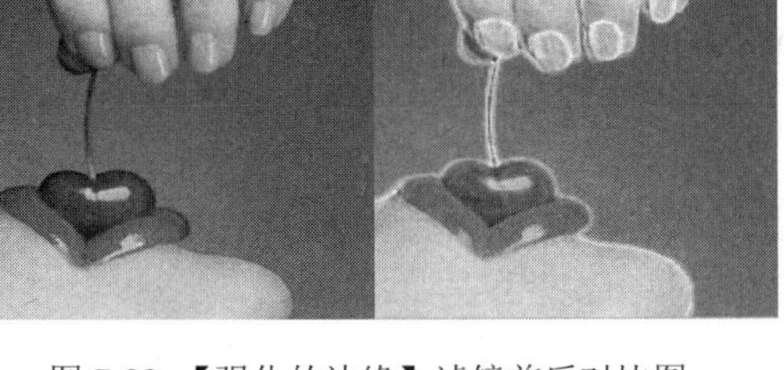

图 7-32 【强化的边缘】滤镜前后对比图

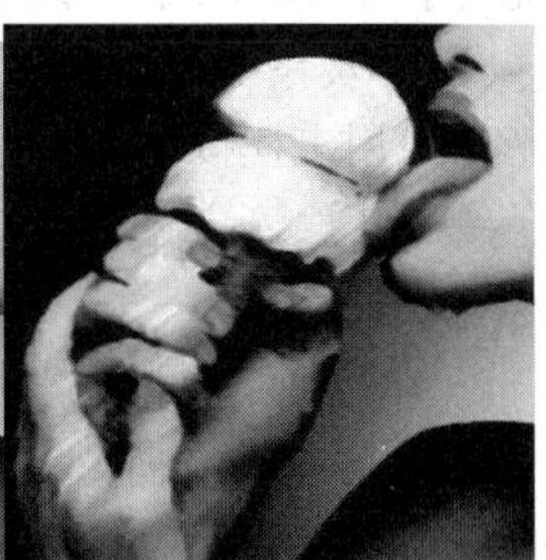

图 7-33 【深色线条】滤镜前后对比图

**6．烟灰墨**

以日本画的风格来描绘图像，类似应用深色线条滤镜之后又模糊的效果。设置描边宽度【10】、描边压力【1】、对比度【5】，其效果如图 7-34 所示。

① 【描边宽度】：调节描边笔触的宽度；

② 【描边压力】：描边笔触的压力值；

③ 【对比度】：可以直接调节结果图像的对比度。

**7．阴影线**

类似用铅笔阴影线的笔触对所选的图像进行勾画的效果，与成角的线条滤镜的效果相似。设置线条长度【9】、锐化程度【6】、强度【1】，其效果如图 7-35 所示。

① 【线条长度】：阴影线的长度，较低的值有利于保留图像的细节；

② 【锐化程度】：控制勾画后的图像的锐化效果；

③ 【强度】：使用阴影线的遍数，最大值为【3】。

图 7-34 【烟灰墨】滤镜前后对比图

图 7-35 【阴影线】滤镜前后对比图

**8．油墨轮廓**

用纤细的线条勾画图像的色彩边界，类似钢笔画的风格。设置线条长度【4】、深色强度【20】、光照强度【10】，其效果如图 7-36 所示。

① 【线条长度】：设置勾画线条的长度；

② 【深色强度】：控制将图像变暗的程度；

③ 【光照强度】：控制图像的亮度。

### 7.4.4 素描滤镜

【素描滤镜】用于创建手绘图像的效果，简化图像的色彩(此滤镜不能应用在 CMYK 和 Lab 模式下)。【素描滤镜】包含【炭精笔滤镜】、【半调图案滤镜】、【便条纸滤镜】、【粉笔和炭笔滤镜】、【铬黄渐变滤镜】、【绘图笔滤镜】、【基底凸现滤镜】、【石膏效果滤镜】、【水彩画纸滤镜】、【撕边滤镜】、【炭笔滤镜】、【图章滤镜】、【网格】、【影印滤镜】等。

**1．炭精笔**

可用来模拟炭精笔的纹理效果。在暗区使用前景色替换，在亮区使用背景色替换。设置前景色阶【11】、背景色阶【7】、纹理画布、缩放【100%】、凸现【4】、光照【上】，其效果如图 7-37 所示。

① 【前景色阶】：调节前景色的作用强度；

② 【背景色阶】：调节背景色的作用强度；我们可以选择一种纹理，通过缩放和凸现滑块对其进行调节，但只有在凸现值大于零时纹理才会产生效果；

③ 【光照方向】：指定光源照射的方向；

④ 【反相】：可以使图像的亮色和暗色进行反转。

图 7-36 【油墨轮廓】滤镜前后对比图

图 7-37 【炭精笔】滤镜前后对比图

**2．便条纸**

模拟纸浮雕的效果。与颗粒滤镜和浮雕滤镜先后作用于图像所产生的效果类似。设置图像平衡【25】、粒度【10】、凸现【11】，其效果如图 7-38 所示。

① 【图像平衡】：调节图像中凸出和凹陷所影响的范围，凸出部分用前景色填充，凹陷部分用背景色填充；

② 【粒度】：颗粒数量；

③ 【凸现】：调节颗粒的凹凸效果。

**3．粉笔和炭笔**

创建类似炭笔素描的效果。粉笔绘制图像背景，炭笔线条勾画暗区。粉笔绘制区应用背景色；炭笔绘制区应用前景色。设置炭笔区【6】、粉笔区【6】、描边压力【1】,其效果如图 7-39 所示。

图 7-38 【便条纸】滤镜前后对比图

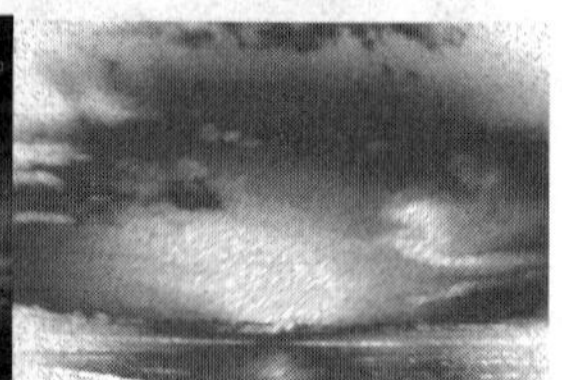

图 7-39 【粉笔和炭笔】滤镜前后对比图

① 【炭笔区】：控制炭笔区的勾画范围；

② 【粉笔区】：控制粉笔区的勾画范围；

③ 【描边压力】：控制图像勾画的对比度。

**4．铬黄**

将图像处理成银质的铬黄表面效果。亮部为高反射点；暗部为低反射点。设置细节【4】、平滑度【7】,其效果如图 7-40 所示。

① 【细节】：控制细节表现的程度；

② 【平滑度】：控制图像的平滑度。

**5．绘图笔**

模拟铅笔素描效果，使用细线状的油墨对图像进行细节描绘。它使用前景色作为油墨，背景色作为纸张，以替换原图像中的颜色。设置线条长度【15】、明暗平衡【50】、描边方向右【对角线】，其效果如图 7-41 所示。

① 【线条长度】：决定现状油墨的长度；

② 【明/暗平衡】：控制图像的对比度；

③ 【描边方向】：油墨线条的走向。

图 7-40 【铬黄】滤镜前后对比图

图 7-41 【绘图笔】滤镜前后对比图

**6．基底凸现**

变换图像使之呈浮雕和突出光照共同作用下的效果。图像的暗区使用前景色替换；浅色部分使用背景色替换。设置细节控制【13】、平滑度【3】、光照方向【下】,其效果如图 7-42 所示。

① 【细节控制】：细节表现的程度；

② 【平滑度】：控制图像的平滑度；

③ 【光照方向】：可以选择光照射的方向。

### 7.4.5　艺术效果滤镜

模拟天然或传统的艺术效果(注:此组滤镜不能应用于 CMYK 和 Lab 模式的图像)。包含【壁画滤镜】、【彩色铅笔滤镜】、【粗糙蜡笔滤镜】、【底纹效果滤镜】、【调色刀】、【干画笔】、【海报边缘滤镜】、【海绵滤镜】、【绘画涂抹滤镜】、【胶片颗粒滤镜】、【木刻滤镜】、【霓虹灯光滤镜】、【水彩滤镜】、【塑料包装滤镜】、【涂抹棒滤镜】等。

**1．壁画**

使用小块的颜料来粗糙地绘制图像。设置画笔大小【0】、画笔细节【8】、纹理【1】，其效果如图 7-43 所示。

① 【画笔大小】：调节颜料的大小；

② 【画笔细节】：控制绘制图像的细节程度；

③ 【纹理】：控制纹理的对比度。

图 7-42 【基底凸显】滤镜前后对比图

图 7-43 【壁画】滤镜前后对比图

**2．彩色铅笔**

使用彩色铅笔在纯色背景上绘制图像。设置铅笔宽度【4】、描边压力【8】、纸张亮度【25】，其效果如图 7-44 所示。

① 【铅笔宽度】：调节铅笔笔触的宽度；

② 【描边压力】：调节铅笔笔触绘制的对比度；

③ 【纸张亮度】：调节笔触绘制区域的亮度。

**3．粗糙蜡笔**

模拟用彩色蜡笔在带纹理的图像上的描边效果。设置线条长度【6】、线条细节【4】、纹理【画布】、缩放【100】、凸现【20】、光照方向【下】，其效果如图 7-45 所示。

① 【线条长度】：调节勾画线条的长度；

② 【线条细节】：调节勾画线条的对比度；

③ 【纹理】：可以选择砖形、画布、粗麻布和砂岩纹理或是载入其他的纹理；

④ 【缩放】：控制纹理的缩放比例；

⑤ 【凸现】：调节纹理的凸起效果；

⑥ 【光照方向】：选择光源的照射方向；

⑦ 【反相】：反转纹理表面的亮色和暗色。

图 7-44 【彩色铅笔】滤镜前后对比图

图 7-45 【粗糙蜡笔】滤镜前后对比图

**4．底纹**

模拟选择的纹理与图像相互融合在一起的效果。设置画笔大小【6】、纹理覆盖【16】、纹理【画布】、缩放【100】、凸现【4】、光照方向【上】，其效果如图 7-46 所示。

① 【画笔大小】：控制结果图像的亮度；

② 【纹理覆盖】：控制纹理与图像融合的强度；

③ 【纹理】：可以选择砖形、画布、粗麻布和砂岩纹理或是载入其他的纹理；

④ 【缩放】：控制纹理的缩放比例；

⑤ 【凸现】：调节纹理的凸起效果；

⑥ 【光照方向】：选择光源的照射方向；

⑦ 【反相】：反转纹理表面的亮色和暗色。

**5．调色刀**

降低图像的细节并淡化图像，使图像呈现出绘制在湿润的画布上的效果。设置描边大小【25】、线条细节【3】、软化度【0】，其效果如图7-47所示。

①【描边大小】：调节色块的大小；

②【线条细节】：控制线条刻画的强度；

③【软化度】：淡化色彩间的边界。

图7-46 【底纹】滤镜前后对比图

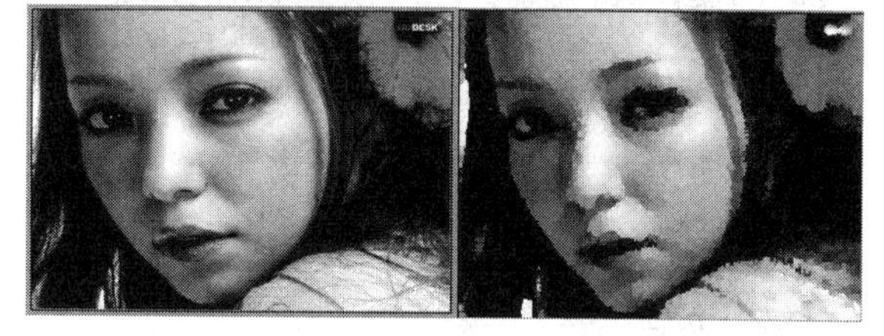

图7-47 【调色刀】滤镜前后对比图

**6．干画笔**

使用干画笔绘制图像，形成介于油画和水彩画之间的效果。设置画笔大小【2】、画笔细节【8】、纹理【1】，其效果如图7-48所示。

①【画笔大小】：调节笔触的大小；

②【画笔细节】：调节画笔的对比度；

③【纹理】：纹理效果。

**7．海报边缘**

使用黑色线条绘制图像的边缘。设置边缘厚度【2】、缘强度【1】、海报化【2】，其效果如图7-49所示。

①【边缘厚度】：调节边缘绘制的柔和度；

②【缘强度】：调节边缘绘制的对比度；

③【海报化】：控制图像的颜色数量。

图7-48 【干画笔】滤镜前后对比图

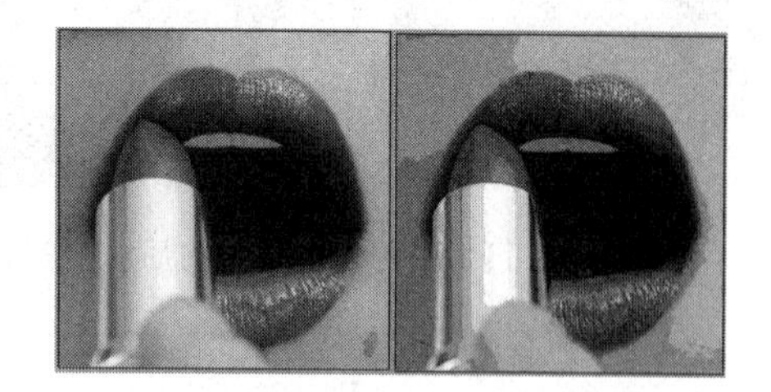

图7-49 【海报边缘】滤镜前后对比图

**8．海绵**

使图像看起来像是用海绵绘制的一样。设置画笔大小【10】、定义【7】、平滑度【5】，其效果如图7-50所示。

①【画笔大小】：调节色块的大小；

②【清晰度】：调节图像的对比度；

③【平滑度】：控制色彩之间的融合度。

**9．绘画**

使用不同类型的效果涂抹图像。设置画笔大小【8】、锐化程度【7】、画笔类型【简单】，其效果如图 7-51 所示。

① 【画笔大小】：调节笔触的大小；

② 【锐化程度】：控制图像的锐化值；

③ 【画笔类型】：共有简单、未处理光照、未处理深色、宽锐化、宽模糊和火花六种类型的涂抹方式。

图 7-50 【海绵】滤镜前后对比图

图 7-51 【绘画】滤镜前后对比图

**10．胶片颗粒**

模拟图像的胶片颗粒效果。设置颗粒【4】、高光区域【0】、强度【10】，其效果如图 7-52 所示。

① 【颗粒】控制颗粒的数量；

② 【高光区域】控制高光的区域范围；

③ 【强度】控制图像的对比度。

**11．木刻**

将图像描绘成如同用彩色纸片拼贴的一样。设置色阶数【4】、边缘简化度【4】、边缘逼真度【2】，其效果如图 7-53 所示。

① 【色阶数】：控制色阶的数量级；

② 【边缘简化度】：简化图像的边界；

③ 【边缘逼真度】：控制图像边缘的细节。

图 7-52 【胶片颗粒】滤镜前后对比图

图 7-53 【木刻】滤镜前后对比图

**12．霓虹灯光**

模拟霓虹灯光照射图像的效果，图像背景将用前景色填充，设置发光大小【5】、发光亮度【15】、发光颜色【蓝色】，其效果如图 7-54 所示。

① 【发光大小】：正值为照亮图像，负值是使图像变暗；

② 【发光亮度】：控制亮度数值；

③ 【发光颜色】：设置发光的颜色。

**13．水彩**

模拟水彩风格的图像。设置画笔细节【12】、暗调强度【0】、纹理【1】，其效果如图 7-55 所示。

① 【画笔细节】：设置笔刷的细腻程度；

② 【暗调强度】：设置阴影强度；

③ 【纹理】：控制纹理图像的对比度。

图 7-54 【霓虹灯光】滤镜前后对比图

图 7-55 【水彩】滤镜前后对比图

**14．塑料包装**

将图像的细节部分涂上一层发光的塑料。设置高光强度【15】、细节【9】、平滑度【7】，其效果如图 7-56 所示。

① 【高光强度】：调节高光的强度；

② 【细节】：调节绘制图像细节的程度；

③ 【平滑度】：控制发光塑料的柔和度。

**15．涂抹棒**

用对角线描边涂抹图像的暗区以柔化图像。设置描边长度【2】、高光区域【0】、强度【10】，其效果如图 7-57 所示。

① 【描边长度】：控制笔触的大小；

② 【高光区域】：改变图像的对比；

③ 【强度】：控制结果图像的对比度。

图 7-56 【塑料包装】滤镜前后对比图

图 7-57 【涂抹棒】滤镜前后对比图

### 7.4.6　杂色滤镜

【杂色滤镜】中包含【减少与添加杂色】、【蒙尘与划痕】、【去斑】、【中间值】等四种滤镜。可以添加或去掉图像中的杂色，可以创建不同寻常的纹理或去掉图像中有缺陷的区域，主要用于校正图像处理过程（如扫描）的瑕疵。

**1．减少与添加杂色**

利用滤镜【减少杂色】快速给人物祛斑。

（1）打开需要进行祛斑的图像，按【Ctrl+J】键复制背景图层，得到背景副本图层，设置图层混合模式为【滤色】，也就是说滤去照片上的黑色，使照片变亮，设不透明度为【60%】，如图 7-58 所示。

（2）利用减少杂色滤镜进行皮肤磨皮。减少杂色磨皮是针对基本上集中在蓝、绿的通道上脸部的斑点，对五官与头发等纯色部位的清晰度细节没什么影响。

执行【滤镜】→【杂色】→【减少杂色】命令，对通道进行过滤设置参数，红、强度【10】、保留细节【100%】；绿、强度【10】、保留细节【5%】；蓝，强度【10】，保留细节【4%】；绿、蓝保留细节值越小，磨皮越糊，得到如图 7-59 所示的最终效果。

滤镜【添加杂色】的应用步骤如下。

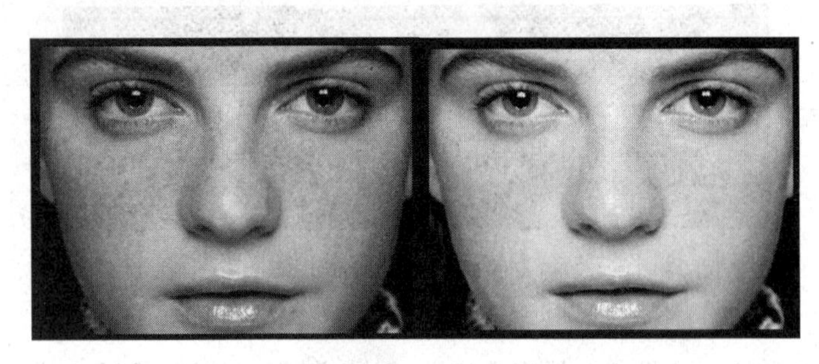

图 7-58 滤色前后对比图

（1）打开图像文件。执行【滤镜】→【杂色】→【添加杂色】命令，打开【添加杂色】对话框。

①【数量】：设置图像中生成杂色的数量，值越大，生成的杂色数量就越多；

②【分布】：设置杂色分布的方式；

③【平均分布】：会随机地在图像中加入杂点，生成的效果比较柔和；

④【高斯分布】：会沿一条钟形曲线分布的方式来添加杂点，杂点效果较为强烈；

⑤【单色】：选择该项，杂点只影响原有像素的亮度，像素的颜色不会改变。

（2）在对话框中设置好选项以后，点击【确定】按钮即可为该图像应用【添加杂色】滤镜，如图 7-60 所示。在对话框中修改参数以后，如果按住【Alt】键，对话框中的【取消】按钮就会变成【复位】按钮，单击【复位】按钮可以将参数恢复到初始状态。

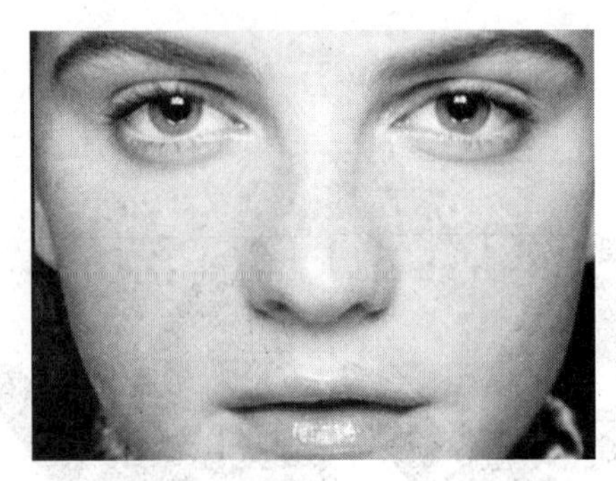

图 7-59 【减少杂色】最终效果

图 7-60 【添加杂色】滤镜前后对比图

**2．蒙尘与划痕**

【蒙尘与划痕】作用可以捕捉图像或选区中相异的像素，并将其融入周围的图像中去。

打开需要进行调整的图像，按【Ctrl+J】键，复制图层，调节参数半径：【5 像素】、阈值为【0】，效果图如图 7-61 所示。

①【半径】：控制捕捉相异像素的范围；

②【阈值】：用于确定像素的差异究竟达到多少时才被消除。

**3．去斑**

【去斑】滤镜可检测图像边缘颜色变化较大的区域，通过模糊除边缘以外的其他部分以起到消除杂色的作用，但不损失图像的细节。调节参数：【无】，效果如图 7-62 所示。

图 7-61 【蒙尘与划痕】滤镜前后对比图

图 7-62 【去斑】滤镜前后对比图

**4．中间值**

【中间值】作用通过混合像素的亮度来减少杂色。打开所需的图像，按【Ctrl+J】键，复制一个新图层，调节参数:【半径】为【5 像素】，此滤镜将用规定半径内像素的平均亮度值来取代半径中心像素的亮度值，如图 7-63 所示。

### 7.4.7　渲染滤镜

【渲染滤镜】中包含【分层云彩】、【光照效果】、【镜头光晕】、【纤维】、【云彩】等滤镜。可在图像中创建云彩图案、折射图案和模拟光线反射。

**1．分层云彩**

使用随机生成的介于前景色与背景色之间的值来生成云彩图案，产生类似负片的效果，此滤镜不能应用于【Lab】模式的图像，如图 7-64 所示。

图 7-63 【中间值】滤镜

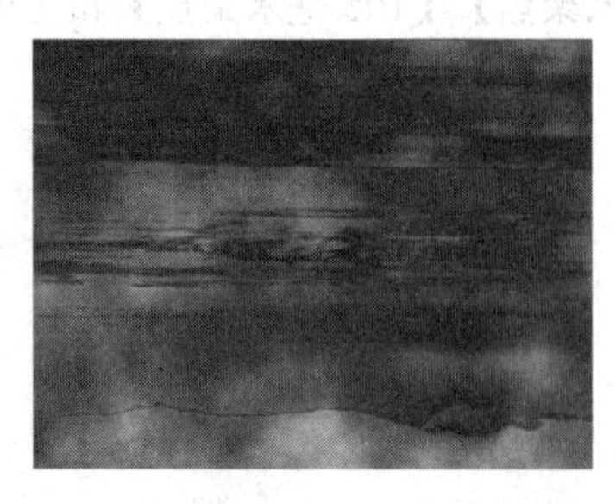

图 7-64 【分层云彩】滤镜前后对比图

**2．光照效果**

使图像呈现光照的效果，此滤镜不能应用于灰度、【CMYK】和【Lab】模式的图像。滤镜自带了十七种灯光布置的样式，可以直接调用，还可以将自己的设置参数存储为样式，以备日后调用。三种灯光类型:【点光】、【聚光灯】和【无限光】，效果如图 7-65 所示。

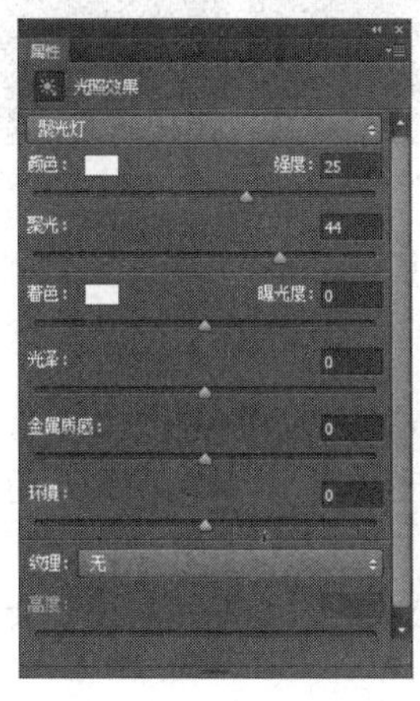

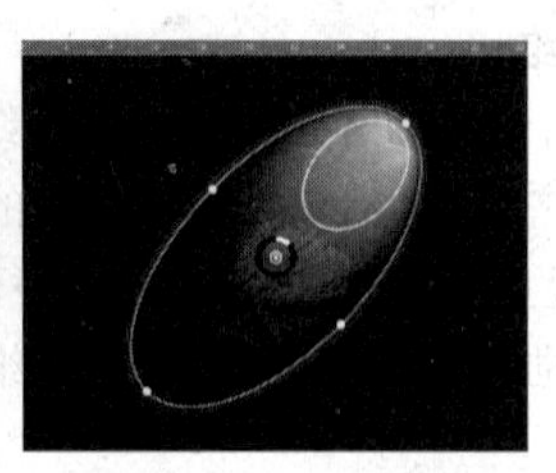

图 7-65 【光照效果】滤镜前后对比图

① 【点光】：当光源的照射范围框为椭圆形时为斜射状态，投射下椭圆形的光圈；当光源的照射范围框为圆形时为直射状态，效果与全光源相同；

② 【聚光灯】：均匀的照射整个图像，此类型灯光无聚焦选项；

③ 【无限光】：光源为直射状态，投射下圆形光圈；

④ 【强度】：调节灯光的亮度，若为负值则产生吸光效果；

⑤ 【聚焦】：调节灯光的衰减范围；

⑥ 【属性】：每种灯光都有光泽、材料、曝光度和环境四种属性。通过单击窗口右侧的两个色块可以设置光照颜色和环境色；

⑦ 【纹理通道】：选择要建立凹凸效果的通道；

⑧ 【白色部分凸出】：默认此项为勾选状态，若取消此项的勾选，凸出的将是通道中的黑色部分；

⑨ 【高度】：控制纹理的凹凸程度。

**3．镜头光晕**

模拟亮光照射到相机镜头所产生的光晕效果。通过点击图像缩览图来改变光晕中心的位置，此滤镜不能应用于灰度、CMYK 和 Lab 模式的图像。四种镜头类型:【50-300 毫米变焦】、【35 毫米聚焦】、【105 毫米聚焦】和【电影镜头】，如图 7-66 所示。

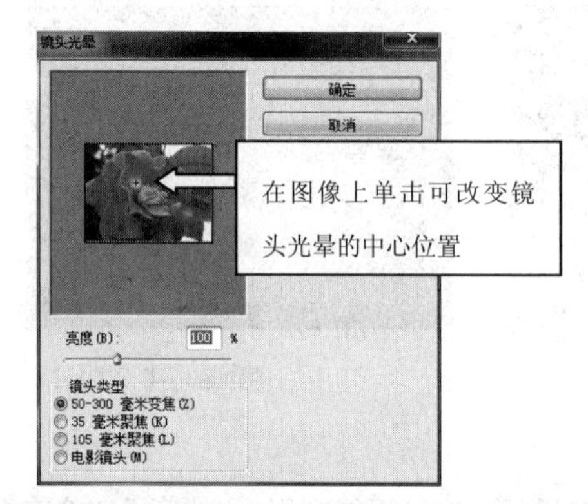

(a)50～300 毫米变焦

（b）35 毫米变焦

（c）105 毫米聚焦

（d）电影镜头

图 7-66 【镜头光晕】滤镜前后对比图

**4．纤维**

使用前景色和背景色创建编织纤维的外观。设置差异【16】、强度【4】，效果如图 7-67 所示。

① 【差异】：滑块来控制颜色的变化方式（较低的值会产生较长的颜色条纹；而较高的值会产生非常短且颜色分布变化更大的纤维）；

② 【强度】：滑块控制每根纤维的外观。低设置会产生松散的织物，而高设置会产生短的绳状纤维；

③ 【随机化】：按钮可更改图案的外观；可多次单击该按钮，直到看到喜欢的图案。当应用【纤维】滤镜时，现用图层上的图像数据会被替换。

**5．云彩**

使用介于前景色与背景色之间的随机值生成柔和的云彩图案。若要生成色彩较为分明的云彩图案，请按住【Alt】键并执行【滤镜】→【渲染】→【云彩】命令。【云彩】滤镜在图像中的运用效果如图 7-68 所示。

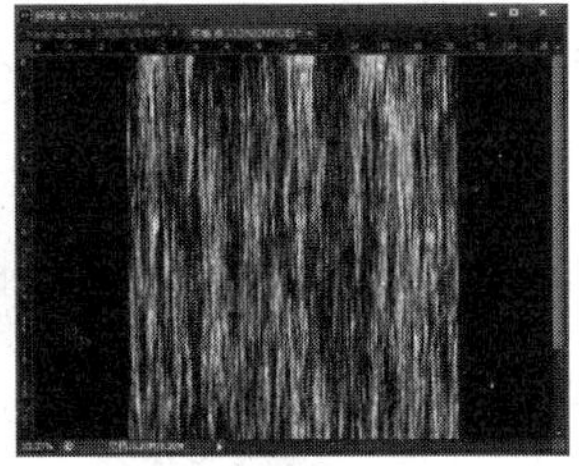

图 7-67 【纤维】滤镜前后对比图

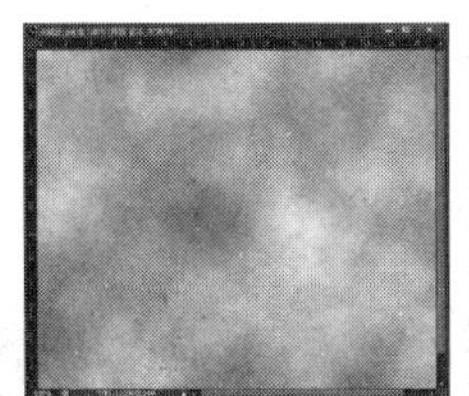

图 7-68 【云彩】滤镜前后对比图

### 7.4.8 纹理滤镜

【纹理】滤镜为图像创造各种纹理材质的感觉。包括【龟裂缝】、【颗粒】、【马赛克拼贴】、【拼缀图】、【染色玻璃】、【纹理化】等。

**1．龟裂缝**

根据图像的等高线生成精细的纹理，应用此纹理使图像产生浮雕的效果。设置参数：裂缝间距【15】、裂缝深度【6】、裂缝亮度【9】，效果如图 7-69 所示。

① 【裂缝间距】：调节纹理的凹陷部分的尺寸；

② 【裂缝深度】：调节凹陷部分的深度；

③ 【裂缝亮度】:通过改变纹理图像的对比度来影响浮雕的效果。

**2．颗粒**

滤镜模拟不同的颗粒纹理(常规、软化、喷洒、结块、强反差、扩大、点刻、水平、垂直和斑点)添加到图像的效果，设置参数：强度【40】、对比度【50】、颗粒类型【常规】，效果图如图 7-70 所示。

① 【强度】：调节纹理的强度；

② 【对比度】：调节结果图像的对比度；

③ 【颗粒类型】：可以选择不同的颗粒。

图 7-69 【龟裂缝】滤镜前后对比图

图 7-70 【颗粒】滤镜前后对比图

**3．马赛克拼贴**

使图像看起来由方形的拼贴块组成,而且图像呈现出浮雕效果。设置参数：拼贴大小【12】、缝隙宽【3】、加亮缝隙【9】，其效果图如图 7-71 所示。

① 【拼贴大小】：调整拼贴块的尺寸；

② 【缝隙宽】：调整缝隙的宽度；

③ 【加亮缝隙】：对缝隙的亮度进行调整,从而起到在视觉上改变了缝隙深度的效果。

**4．拼缀图**

将图像分解为由若干方形图块组成的效果，图块的颜色由该区域的主色决定。设置参数方形大小【4】、凸现【8】，其效果图如图 7-72 所示。

① 【方形大小】：设置方形图块的大小；

② 【凸现】：调整图块的凸出的效果。

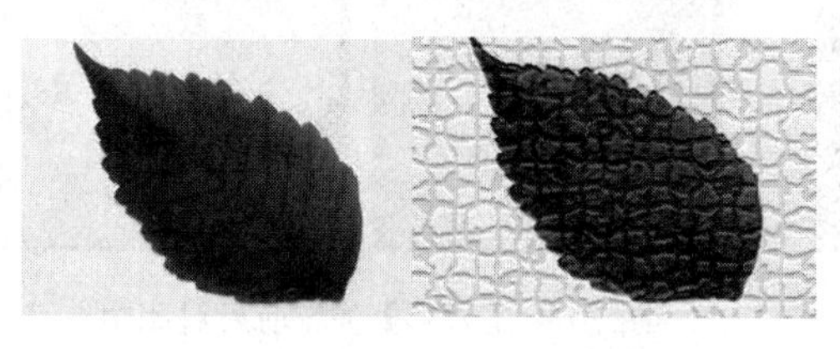

图 7-71 【马赛克】滤镜前后对比图

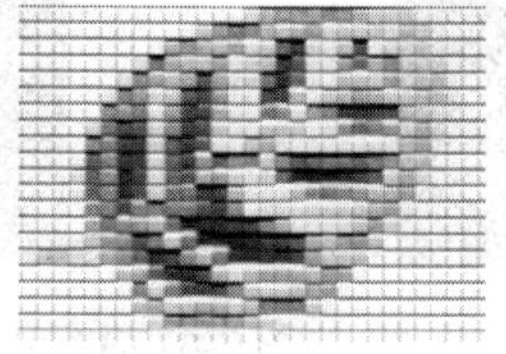

图 7-72 【拼缀图】滤镜前后对比图

**5．染色玻璃**

将图像重新绘制成彩块玻璃效果，边框由前景色填充。设置参数：单元格大小【11】、边框粗细【4】、光照强度【3】，其效果图如图 7-73 所示。

① 【单元格大小】：调整单元格的尺寸；

② 【边框粗细】：调整边框的尺寸；

③ 【光照强度】：调整由图像中心向周围衰减的光源亮度。

**6．纹理化**

滤镜对图像直接应用自己选择的纹理，设置参数：纹理【画布】、缩放【100%】、凸现【4】、光照方向【上】，其效果图如图 7-74 所示。

① 【纹理】：可以从砖形、粗麻布、画布和砂岩中选择一种纹理,也可以载入其他的纹理；

② 【缩放】：改变纹理的尺寸；

③ 【凸现】：调整纹理图像的深度；

④ 【光照方向】：调整图像的光源方向；

⑤ 【反相】反转纹理表面的亮色和暗色。

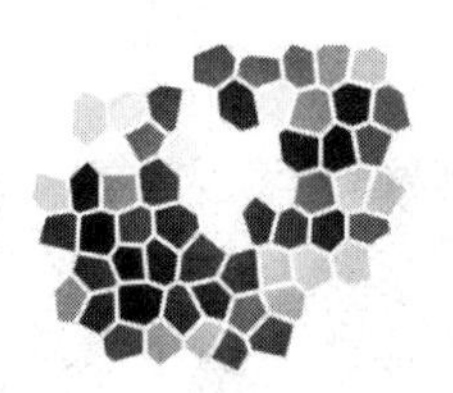

图 7-73 【染色玻璃】滤镜前后对比图

图 7-74 【纹理化】滤镜前后对比图

## 7.5 综合训练——浩瀚星空效果

（1）新建一个文档，大小为【1024×720】像素。新建【图层 1】，按【D】键载入默认颜色。执行【滤镜】→【渲染】→【云彩】命令，如图 7-75 所示。

（2）执行【滤镜】→【素描】→【粉笔和炭笔】命令，粉笔区和炭笔区的值均设为【6】，描边压力设为【0】，执行【滤镜】→【扭曲】→【极坐标】命令，选择平面坐标到极坐标，如图 7-76 所示。

（3）按【Ctrl+T】组合键对本层进行变形，将宽度变为【65%】，如图 7-77 所示。

（4）使用【椭圆选区工具】，按住【Shift+Alt】键，自图层中心位置起拉出正圆选区，如图 7-78 所示。

图 7-75 云彩滤镜

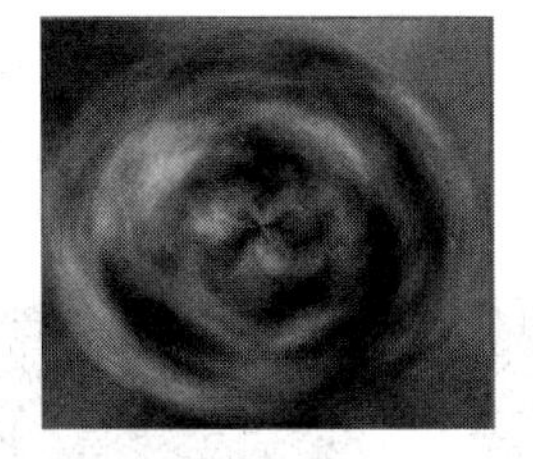

图 7-76 极坐标滤镜

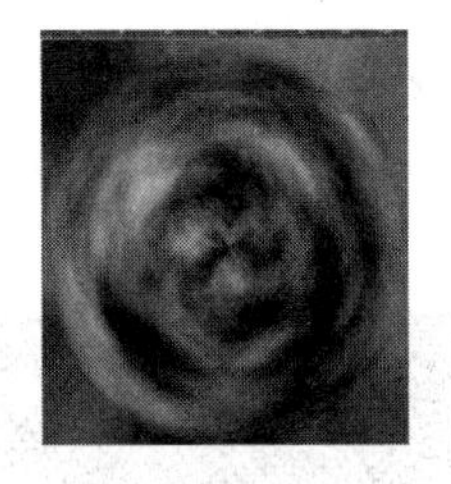

图 7-77 变形

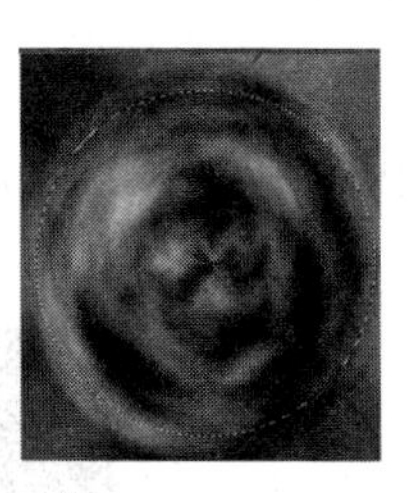

图 7-78 选区

（5）按【Shift+F6】键，弹出羽化设置对话框，设置羽化值为【2 像素】，反选选区，删除掉多余部分，球体的基本形状就出来了，如图 7-79 所示。

（6）新建【图层 2】，用前面的方法从中间拉一个较小的正圆选区，羽化【50】，做云彩滤镜，取消选区，执行【滤镜】→【素描】→【粉笔和炭笔】命令，粉笔区和炭笔区的值均设为【6】，描边压力设为【0】。将【图层 2】向下合并到【图层 1】，将合并后的【图层 1】复制一层。锁定【图层 1 副本】透明像素，执行【滤镜】→【模糊】→【高斯模糊】命令，值设为【0.8】。

（7）对【图层 1 副本】执行【滤镜】→【画笔描边】→【墨水轮廓】命令，描边长度设置为【4】、深色强度设为【20】，光照强度设为【10】。

（8）将【图层 1 副本】模式改为【滤色】，将【图层 1 副本】向下合并到【图层 1】，按住【Ctrl】键单击图层面板中的【图层 1】选择图层透明度，执行【滤镜】→【扭曲】→【球面化】命令，数值设置为【50】。

（9）将背景填充为黑蓝色，将球体变换大小调整到如图位置，对【图层 1】调整【色相/饱和度】，着色、色相【224】、饱和度【40】、明度【0】，效果如图 7-80 所示。

（10）在右侧选择一个大的椭圆选区，羽化 150，反选，新建一层，命名【阴影】，填充与背景相同的黑蓝色，始终将这层放在最上面，在图层面板里双击【图层 1】，调出图层样式进行设置，对【图层 1】做内外发光效果，设置参数如图 7-81 所示。

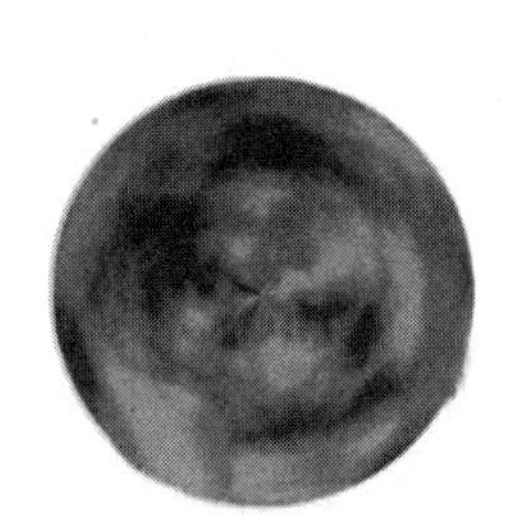

图 7-79 羽化

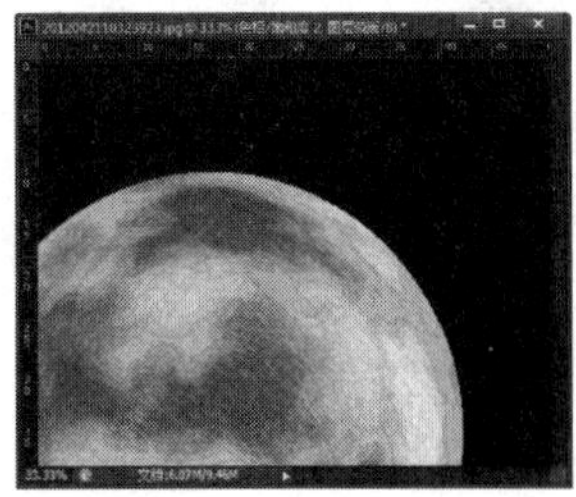

图 7-80 调色相饱和度图

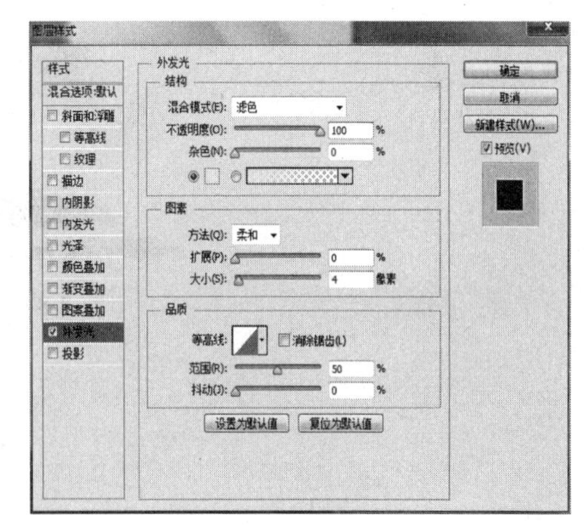


图 7-81 图层样式调整数据

（11）在【图层 1】和【阴影层】间增加一个图层，命名为【颜色】并将图层模式改为【颜色】，用透明度为【50】，硬度为【0】的大画笔给星球左边、下边着紫色，将颜色层的透明度降低一点使整体效果更加和谐，如图 7-82 所示。

（12）在【背景层】和【图层 1】之间新建一个图层，命名为【星云】。按【D】键将颜色换回默认颜色，执行【滤镜】→【渲染】→【云彩】命令。

（13）执行【滤镜】→【模糊】→【高斯模糊】命令，值设为【5】，硬度为【0】，透明度为【50%】的大画笔橡皮擦擦除，剩下右上角，将星云层连续做两次分层云彩，用色相/饱和度调整颜色，如图 7-83 所示。

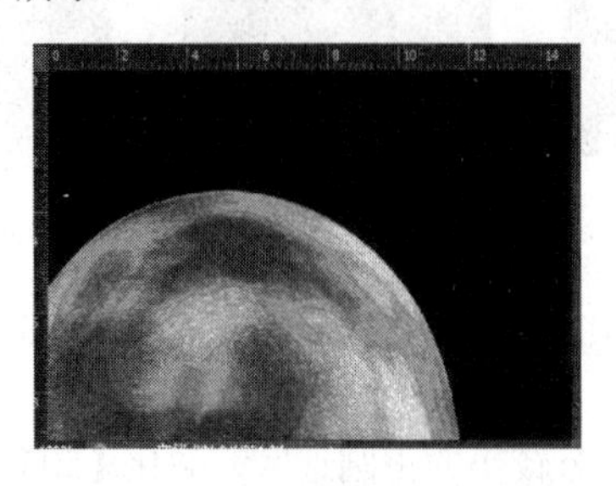

图 7-82 【颜色】模式

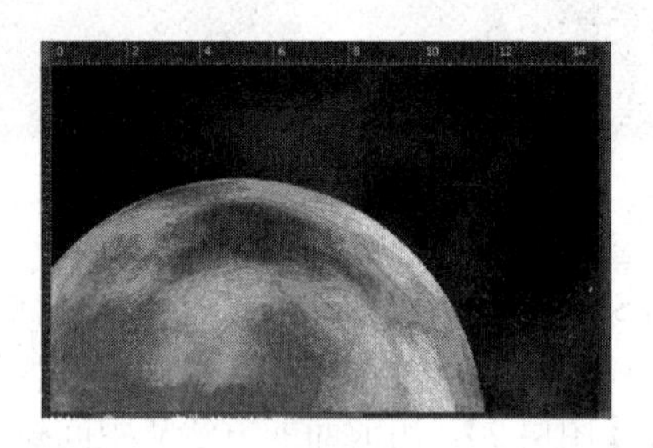

图 7-83 最终效果

## 7.6 本章小结

本章详细地介绍了文字与滤镜的操作方法，以及使用滤镜调整、修改与变换图像的方法。文字在图像处理中是操作非常频繁和十分重要的，这部分知识同时也是图像处理的基础。在学习的过程中，不仅要熟练掌握各种滤镜的编辑操作方法，并且还要了解和掌握滤镜对图像进行编辑的方法。

## 7.7 课后练习

制作水墨画效果，如图 7-84 所示。

图 7-84 制作水墨画效果

# 模块二　CorelDRAW X6 软件精讲

## 第 8 章　CorelDRAW X6 的功能特色

CorelDRAW X6 是一款专业的图形设计软件，它广泛支持标识设计、图形创作、排版设计等平面设计领域。在绘制图形之前，首先需要了解该软件的工作界面和环境，以及该软件的一些基本操作，其主要包括新建文件、打开文件、保存文件及对页面的设置等内容。通过对本章的基础学习，全面掌握该软件的操作知识，使用户能够快速高效地利用 CorelDRAW 软件进行创作。

### 8.1　CorelDRAW X6 中文版的工作界面

CorelDRAW 界面设计友好，操作精微细致，并且提供了一整套的图形精确定位和变形控制方案，赢得用户好评。它广泛地应用于商标设计、模型绘制、插图描画、排版、分色输出以及新兴的网页图像设计等诸多领域。

#### 8.1.1　工作界面

CorelDRAW X6 的工作界面主要由不同的工具栏组成，如图 8-1 所示。

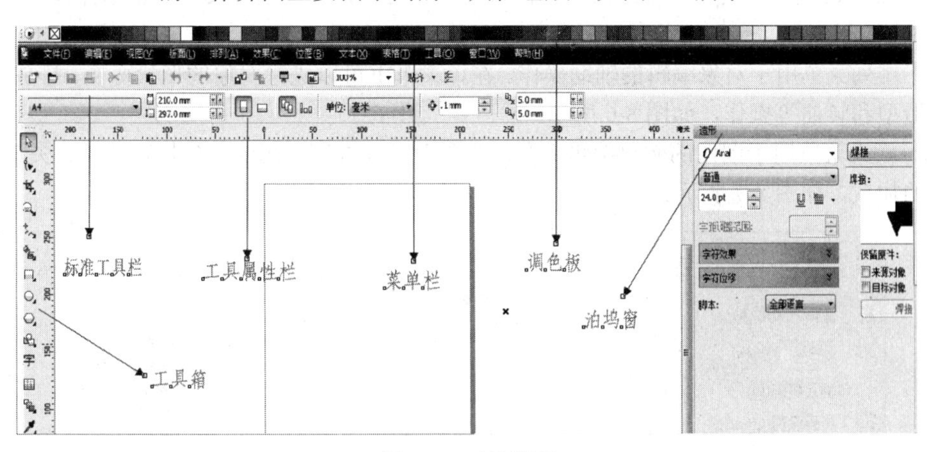


图 8-1　工作界面

#### 8.1.2　使用菜单

CorelDRAW X6 中所有的命令分门别类地放置在不同的菜单中。

（1）文件菜单可以对文档进行基本操作，选择相应菜单可以进行页面的新建、打开、关闭和保存等操作，也可以进行导入、导出等操作，如图 8-2 所示。

（2）编辑菜单用于进行对象编辑操作，选择相应的菜单可以进行步骤的撤销与重做，也可以进行对象的剪切、复制、粘贴、删除和符号制作操作，还可以插入条码、插入对象以及查看对象属性，如图 8-3 所示。

（3）视图菜单用于进行文档的视图操作，选择相应的菜单可以对文档视图模式进行切换、调整、视图预览模式和界面操作，如图 8-4 所示。

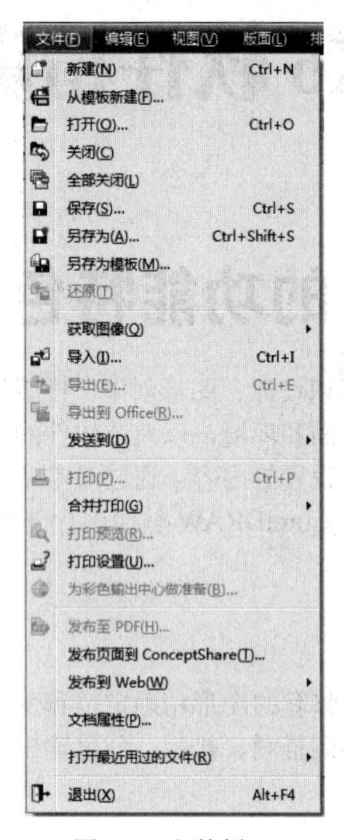

图 8-2 文件栏

图 8-3 编辑栏

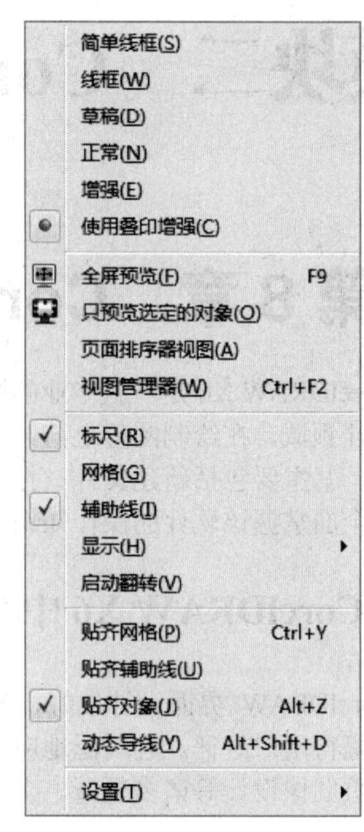

图 8-4 视图菜单栏

（4）布局菜单用于文本编排的操作。在该菜单下可以执行页面和页码的基本操作，如图 8-5 所示。

（5）排列菜单用于对象编辑的辅助操作。在该菜单下可以进行对象的形状变换、排放、组合、锁定、造型和转曲等操作，如图 8-6 所示。

（6）效果菜单用于图像的效果编辑，在该菜单下可以进行位图的颜色校正调节、矢量图的材质效果的加载，如图 8-7 所示。

图 8-5 布局菜单栏

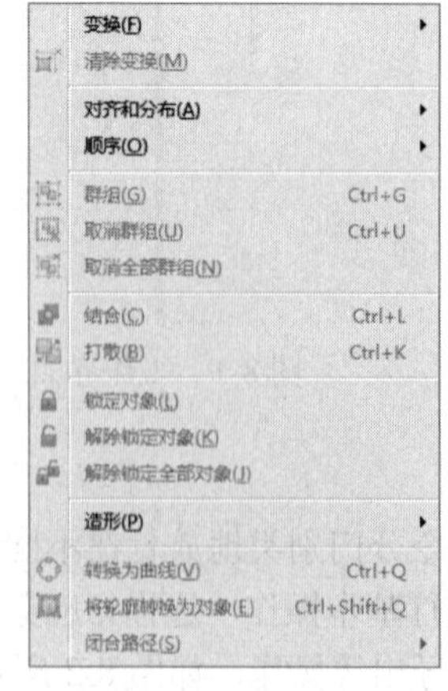

图 8-6 排列菜单栏

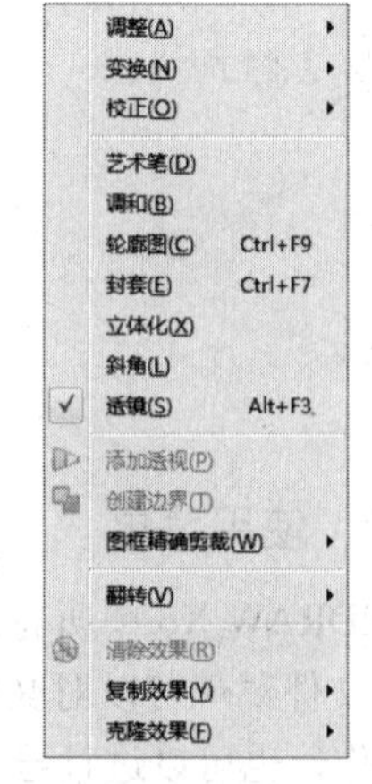

图 8-7 效果菜单栏

（7）位图菜单可以进行位图的编辑和调整，也能为位图添加特殊效果，如图 8-8 所示。

（8）文本菜单用于文本的编辑与设置，在该菜单下可以进行文本的段落设置、路径设置和查询操作，如图 8-9 所示。

图 8-8　位图菜单栏

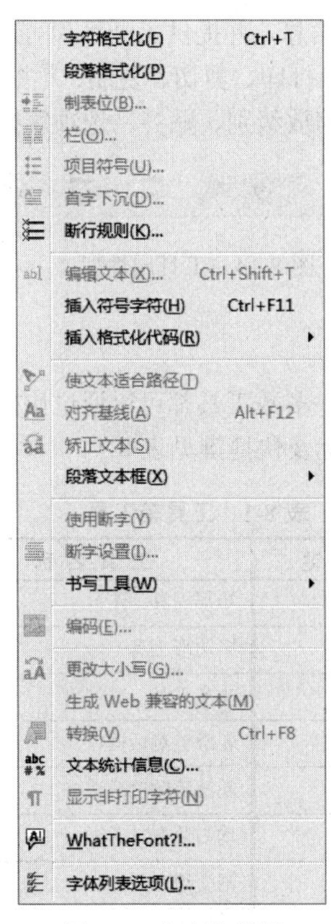


图 8-9　文本菜单栏

图 8-10　表格菜单栏

（9）表格菜单可以用于文件表格创建与设置，在该菜单栏下可以进行表格的创作和编辑，也可以进行文本与表格的转换，如图 8-10 所示。

（10）工具菜单用来打开样式管理器进行对象的多项处理，如图 8-11 所示。

（11）窗口菜单用于调整窗口文档视图和切换编辑窗口，在该菜单下可以对文档窗口的添加、排放和关闭，如图 8-12 所示。当打开多个视图时，在文档最下方显示，单选相应的文档可以快速切换。

（12）帮助菜单可用来帮助新手入门学习和查看软件信息，如图 8-13 所示。

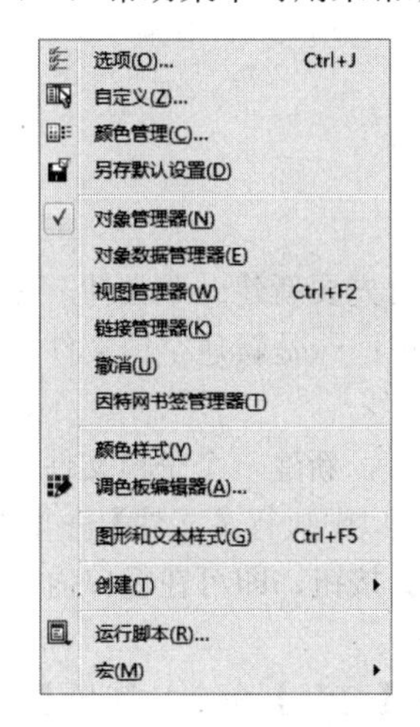


图 8-11　工具菜单栏

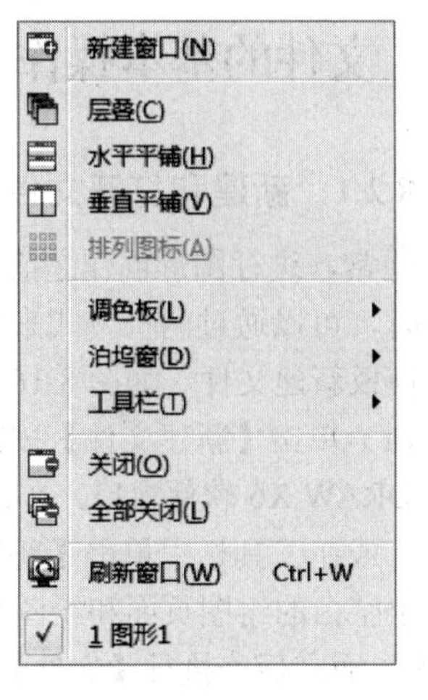


图 8-12　窗口菜单栏

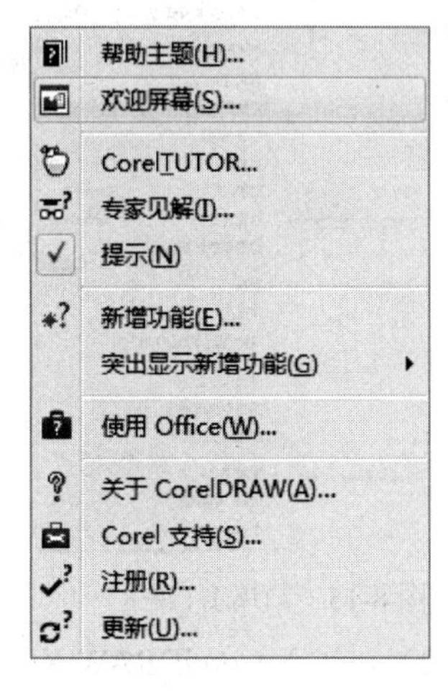


图 8-13　帮助菜单栏

### 8.1.3　使用工具栏

工具属性栏显示了所绘制图形的信息，并提供了一系列可对图形进行修改操作的工具。如图 8-14 所示，可进行新建、打开、保存、打印、剪切、复制、粘贴、撤销、重做、搜索内容、导入、导出、应用程序启动器、欢迎屏幕、缩放级别、贴齐、选项等操作。

图 8-14　工具属性栏

### 8.1.4　使用工具箱

可以快捷完成各项操作；其中，大多数工具都可以通过快捷键来选择，这样可以极大地提高工作效率。工具箱中的工具名称、图标及快捷键见表 8-1。

**表 8-1　工具箱工具**

| 工具名称 | 图标 | 快捷键 | 工具名称 | 图标 | 快捷键 |
|---|---|---|---|---|---|
| 选择工具 | | 空格 | 矩形工具 | | F6 |
| 键形状工具 | | F10 | 多边形工具 | | Y |
| 橡皮擦工具 | | X | 文本工具 | | F8 |
| 手形工具 | | H | 轮廓笔对话框 | | F12 |
| 艺术笔工具 | | I | 轮廓笔颜色对话框 | | Shift+F12 |
| 智能绘图工具 | | Shift+S | 均匀填充对话框 | | Shift+F11 |
| 椭圆工具 | | F7 | 渐变填充 | | F11 |
| 放大镜工具 | | Z | 交互式填充工具 | | G |
| 手绘工具 | | F5 | 网格填充工具 | | M |

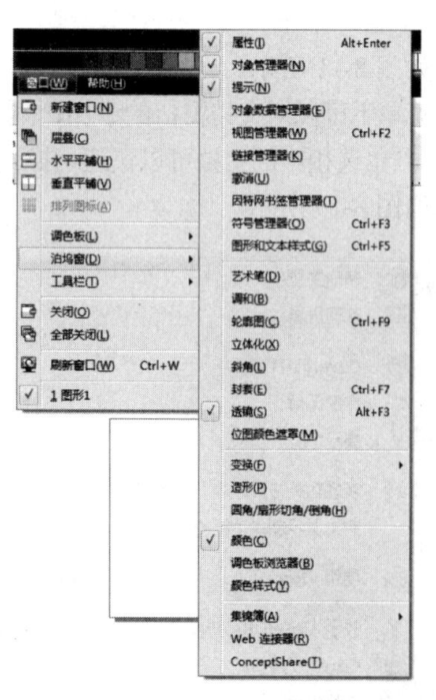


图 8-15　泊坞窗口栏

### 8.1.5　使用泊坞窗

这是 CorelDRAW 中最具有特色的窗口，因为它可以随意停放在工作区域的边缘，并提供许多常用的功能，如图 8-15 所示。

## 8.2　文件的基本操作

### 8.2.1　新建和打开文件

通常，进行图形创作之前，首先要新建一个文件。在新建文件时，可以通过两种方式来实现：一是新建空白文件，二是基于模板新建文件，如图 8-16 所示。

（1）单击【新建文件】按钮，新建一个空白文件，打开 CorelDRAW X6 软件窗口，在该窗口中执行【文件】→【新建】命令，或在工具栏中单击【新建】按钮，即可在窗口内自动创建一个空白的绘图页面和绘图窗口。

（2）在进入 CorelDRAW X6 的工作界面之后，执行【文件】→【打开】命令，打开【绘图】对话框。选择快捷键【Ctrl+O】，可以快速打开【打开绘图】对话框。

### 8.2.2　保存和关闭文件

单击【保存文件】是将创建好的图形保存到硬盘指定的位置，以方便再次编辑或使用。每个应用软件都有自己的文件格式，并以扩展名为标识以方便辨别。在默认情况下，CorelDRAW X6 以 CDR 格式保存文件，也可以利用 CorelDRAW X6 提供的【高级保存】选项来选择其他的文件格式；文件关闭或者全部关闭的方法，如图 8-17(a)、图 8-17(b)所示。

(a)　(b)

图 8-16　新建文件界面　　图 8-17　关闭和保存文件界面

### 8.2.3　导出文件

执行【文件】→【导出】命令或单击标准工具栏上的【导出】按钮，打开【导出】对话框，选择要导出的文件格式，然后单击该按钮，在打开的【导出到 JPEG】对话框中设置好相关参数后，单击【导出】即可。

需要导入文件时，执行【文件】→【导入】命令，弹出【导入】对话框。选择所需导入的文件，确定后单击【导入】即可。

## 8.3　设置版面

### 8.3.1　设置页面大小

如图 8-18 所示，可以在【属性栏】中直接设置页面大小。

图 8-18　属性栏

单击【布局】→【页面设置】命令，弹出【选项】对话框，可以进行页面大小的设置，如图 8-19 所示。

### 8.3.2　设置页面标签

执行【布局】→【页面设置】→【标签】命令，打开页面标签，如图 8-20 所示。在【标签】中可以选择标签的类型，同时与可以【自定义标签】，如图 8-21 所示。

图 8-19　页面设置界面

图 8-20　设置页面标签界面

### 8.3.3 设置页面背景

执行【布局】→【页面背景】命令，可以设置页面背景，如图 8-22 所示。

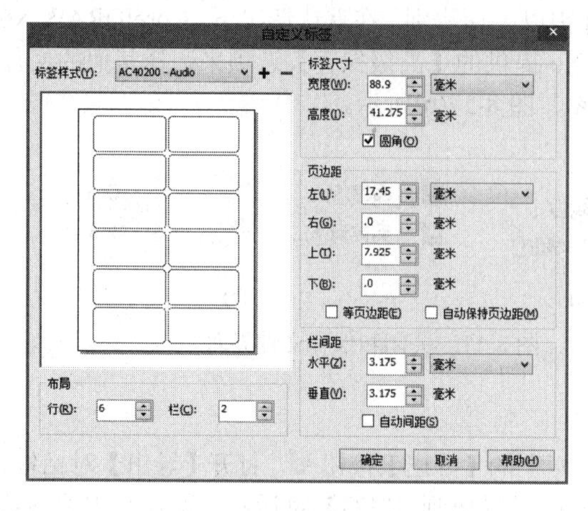


图 8-21 自定义标签界面

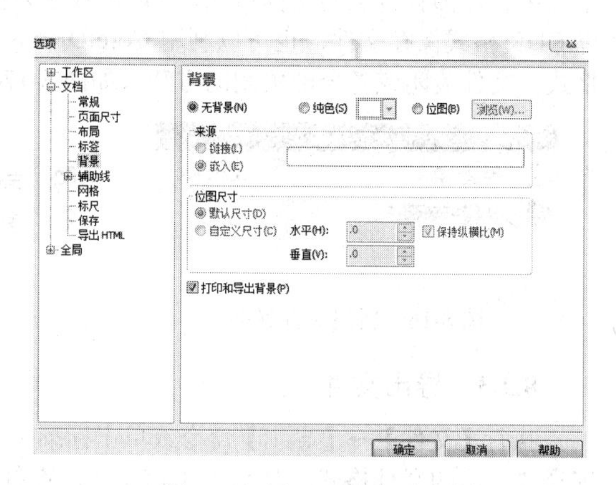


图 8-22 设置页面背景界面

### 8.3.4 插入、删除与重命名页面

#### 1. 插入页面

插入页面有以下 4 种方法。

第 1 种：单击页面导航器前面的【添加页】按钮，可以在当前页的前面添加一个或者多个页面。这种方法适用于当前页前后快速添加多个连续的页面。

第 2 种：选中要插入页的页面标签，然后单击鼠标右键，接着在弹出的快捷键菜单中选择【在后面插入页面】命令或【在前面插入页面】命令，如图 8-23 所示。注意这种方法适用于当前页面的前后添加一个页面。

第 3 种：在当前页面上单击鼠标右键，然后弹出快捷键菜单选择【再制页面】对话框，如图 8-24 所示。在该对话框中可以插入页面，同时还可以选择插入页面的前后顺序。另外，如果在插入页面的同时勾选【复制图层及内容】选项，那么插入的页面将保持与当前页面相同的设置，还会将当前页面上所有内容也复制到插入的页面上。

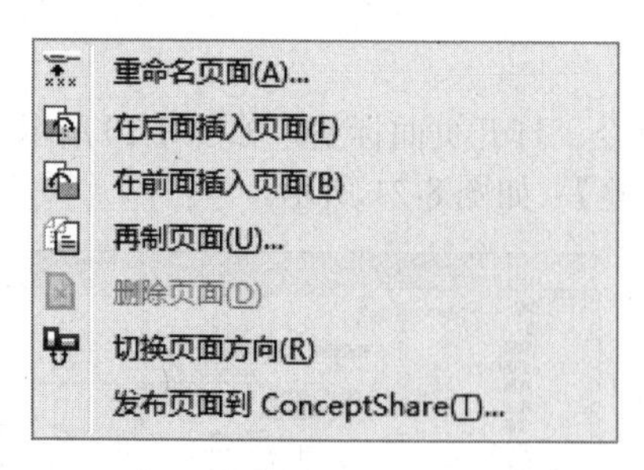


图 8-23 插入页面标签命令

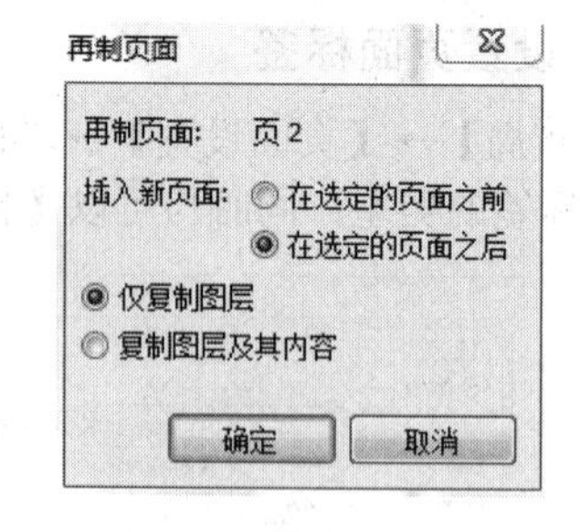


图 8-24 再制页面界面

第 4 种：在布局菜单下执行相关的页面操作命令。

#### 2. 删除页面

删除页面有以下 3 种方法。

第 1 种：选中要删除页的页面标签，然后单击鼠标右键，接着在弹出的快捷键菜单中选【删除页面】。

第 2 种：单击页面导航器前面的【删除页面】按钮，可以删除想要删除的页面，如图 8-25 所示。

第 3 种：在布局菜单下执行相关的命令。

**3．重命名页面**

重命名页面有以下 3 种方法。

第 1 种：单击页面导航器前面的【重命名页面】按钮，可以重命名想要的页面。

第 2 种：单击【布局】→【重命名页面】命令，可以重命名页面，如图 8-26 所示。

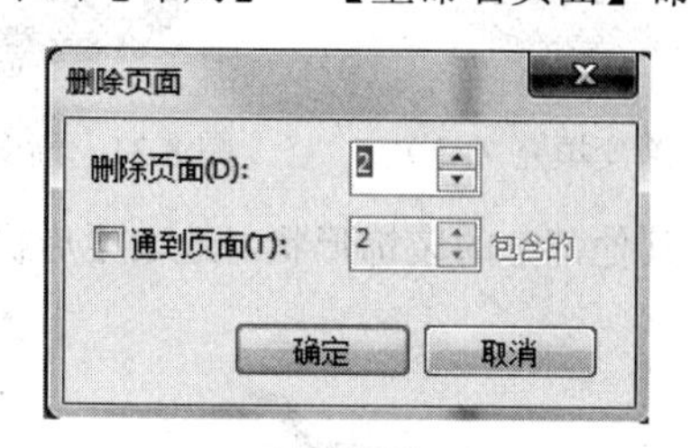


图 8-25　删除页面命令

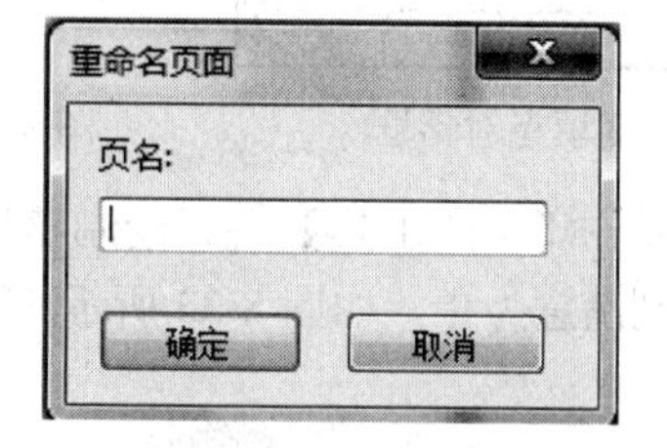


图 8-26　重命名页面

第 3 种：在布局菜单下执行相关的命令。

## 8.4　综合训练——绘制苹果

完成苹果图形制作，完成的步骤如下。

（1）单击【开始】→【程序】→【CorelDRAW X6】，启动 CorelDRAW X6 软件。

（2）单击【文件】→【新建】命令，在工具属性栏的【纸张宽度】和【纸张高度】的右边输入框中直接输入所需要的页面宽度为 100mm 和高度为 100mm，创建出一个页面尺寸为 100mm×100mm 文件。

（3）选取工具箱中的【椭圆形工具】，单击鼠标左键以对角线的方向进行拉伸，出现一个实线椭圆形预览，松开鼠标左键即可创建一个椭圆形，如图 8-27 所示。

（4）按【Ctrl+Q】键，将椭圆形转换为曲线，选取【形状工具】，调节椭圆形，形成如图 8-28 所示的效果。

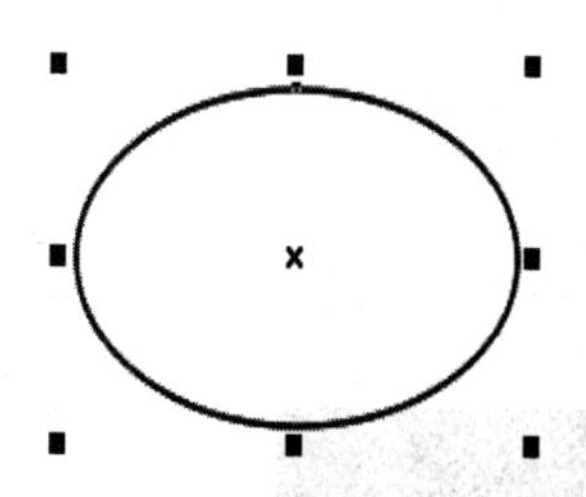

图 8-27　绘制椭圆形

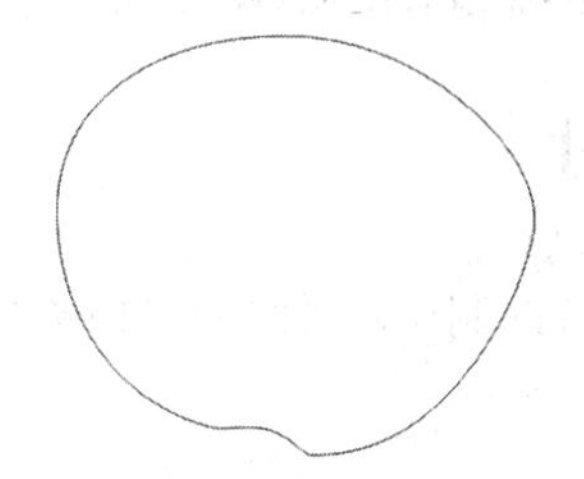

图 8-28　修改椭圆形

（5）选取【渐变填充工具】，在弹出的对话框中设置填充颜色为红色到黄色渐变，如图 8-29 所示，单击颜色调板中的☒去掉边框，形成如图 8-30 所示的效果。

（6）按【Ctrl+C】键，复制图形，按【Ctrl+V】键，粘贴图形，形成一个和之前所绘制的图形完全一样的图形。

（7）参照步骤（6）进行白到灰的颜色渐变，如图 8-31 所示，将两个图形重合排放，使用【透明度】工具将其设置为标准透明，形成如图 8-32 所示的效果。

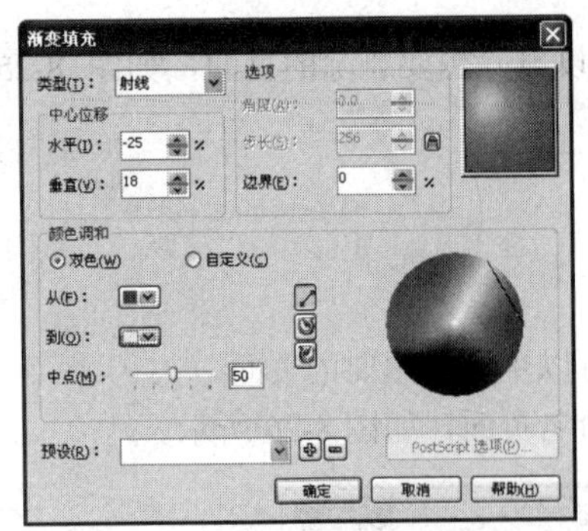


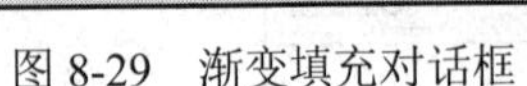
图 8-29　渐变填充对话框

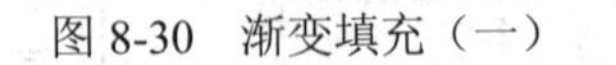
图 8-30　渐变填充（一）

图 8-31　渐变填充（二）

（8）选取单击【手绘工具】，绘制苹果的其他部分的装饰形状，选取【形状工具】进行形状的调整，直到满意为止，如图 8-33 所示。

图 8-32　透明度效果

图 8-33　最终效果

（9）单击【文件】→【存储】命令，保存文件，从而完成案例的制作。

（10）单击【文件】→【退出】命令，退出软件使用程序。

## 8.5 本章小结

CorelDRAW X6 的工作界面布局人性化，都可以自由拖动，更加方便操作。本章主要介绍该软件版本 CorelDRAW X6 的基础知识，以及该软件的基本操作等，使初学者对软件有一个初步的了解，尽快熟悉掌握 CorelDRAW X6 的主要功能。

## 8.6 课后练习

完成个人名片的制作，最终效果如图 8-34 所示。

图 8-34　名片效果

# 第 9 章　图形的绘制与编辑

本章主要讲解 CorelDRAW X6 的绘制工具的使用，以及绘图工具绘制形状的方法和技巧。工具箱非常人性化，其中有很多预设的工具可以直接使用，并且可以在已绘制的图形上直接修改创作，使用更加方便快捷。

CorelDRAW X6 的简单图形可以用工具笔绘制，也可以直接用复杂工具进行绘制，再根据自己需求进行修改。

## 9.1　线的绘制

线的绘制工具类型有很多，都存在工具箱中，共有【手绘工具】、【2 点线工具】、【贝塞尔工具】、【艺术笔工具】、【钢笔工具】、【B 样条】、【折线工具】、【三点曲线工具】八种工具，如图 9-1 所示。

### 9.1.1　直线的绘制

【贝塞尔工具】、【钢笔工具】、【2 点线工具】都可以绘制直线，选中工具，然后将光标移动到页面空白处，单击鼠标左键确定起点，移动鼠标，单击鼠标左键确定下一个点。【贝塞尔工具】确定第二个节点后直接结束绘制，【钢笔工具】需要双击鼠标左键结束绘制，如需创建水平与垂直线，只需在绘制过程中按住【Shift】键即可，这两种工具还能直接创建与对象垂直或相切的直线。【折线工具】与前面两个虽然同样是两点成直线但是终点需要双击鼠标左键才算结束直线的绘制。

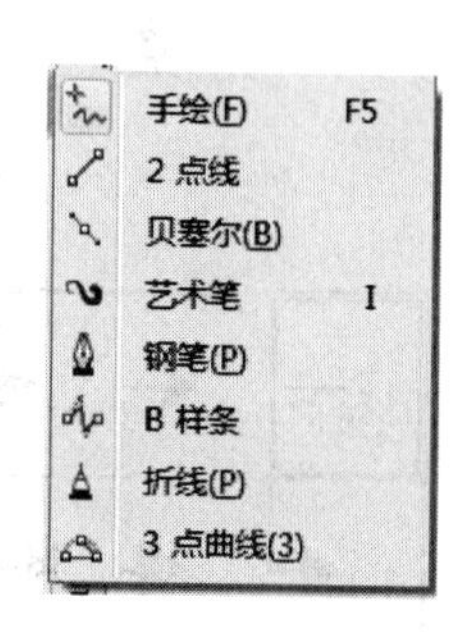


图 9-1　绘制工具

### 9.1.2　曲线的绘制

【手绘工具】、【折线工具】、【贝塞尔工具】、【钢笔工具】、【三点曲线工具】、【B 样条工具】可以绘制曲线。【手绘工具】和【折线工具】都是依靠自己的手来绘制，曲线的弧度不够精确，不能智能的调整曲线的大小及弯曲角度，然而【贝塞尔工具】和【钢笔工具】都是由编辑节点连接成的曲线，每个节点都有两个控制点，根据自己所需精确的调节线条的形状。

图 9-2　手绘曲线

（1）选中【手绘工具】，单击鼠标左键在空白页面处绘制一条所需的曲线，如图 9-2 所示。

（2）选中【贝塞尔工具】，单击鼠标左键设置起点并进行拖拽，会出现蓝色控制线，如图 9-3 所示，调节蓝色控制线控制曲线的弧度和大小，如图 9-4 所示。

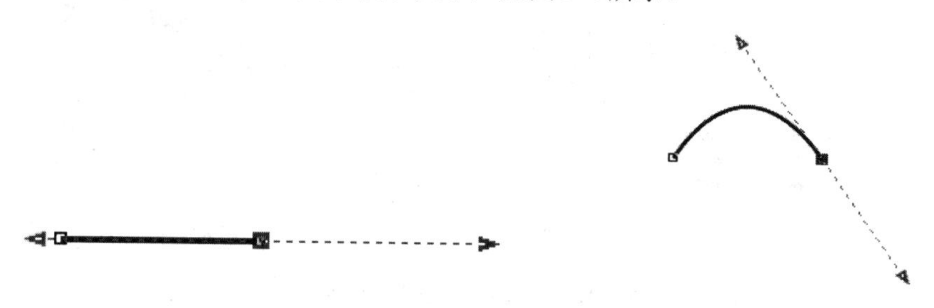

图 9-3　贝塞尔绘制起点　　图 9-4　贝塞尔调整线条

（3）【B样条工具】是通过创建控制点来轻松创建连续平滑的曲线。选中工具之后，光标移动到空白处，单击鼠标左键确定第一个点，移动光标可拖拽出一条实线和虚线重合的线，如图9-5所示，单击鼠标左键确定第二个点，第二点确定后实线被分离开来，如图9-6所示，虚线为链接控制点的控制线，双击可以结束线的绘制。

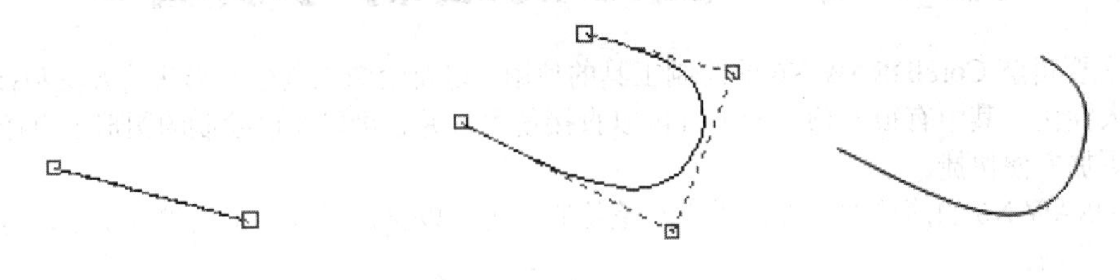

图9-5　B样条工具绘图　　　　图9-6　B样条工具绘制曲线

### 9.1.3　线的编辑

当使用绘线工具时，会显示属性栏，如图9-7所示。属性栏中可以调节线的大小、线的样式、线开始和终止的样式，如图9-8所示。选中后效果如图9-9所示。

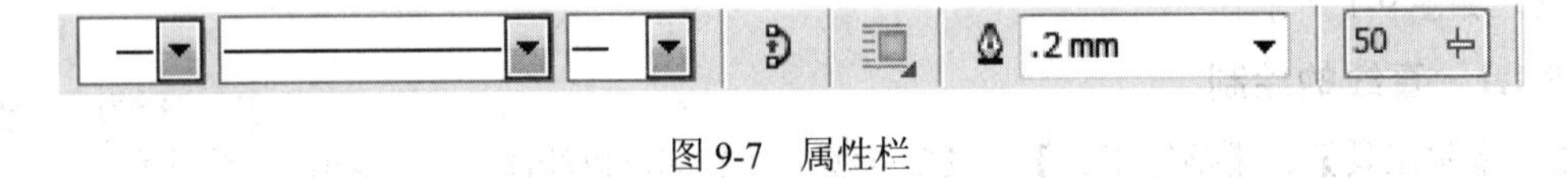


图9-7　属性栏

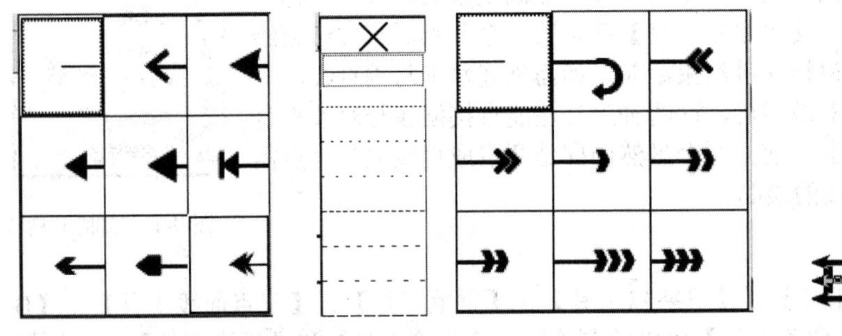

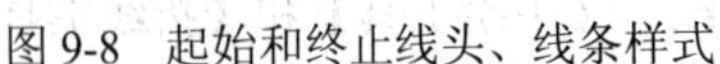

图9-8　起始和终止线头、线条样式

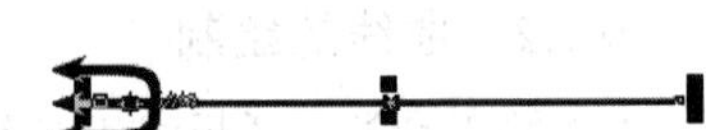

图9-9　添加线起始结尾样式

如要改变线的颜色，双击【轮廓笔工具】，根据需求修改颜色，如图9-10所示，选中的线条及颜色就会改变。

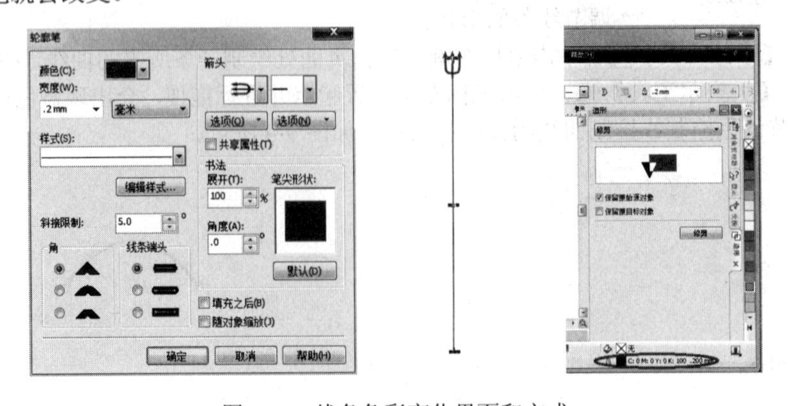


图9-10　线条色彩变化界面和方式

### 9.1.4　案例应用——绘制字母 S 效果

使用【贝塞尔工具】绘制字母 S 效果。

（1）从工具箱中调用【贝塞尔工具】，逐点绘制自己所需要的图形走向，如图 9-11 所示。

（2）绘制所有的点回到起点进行闭合，图形绘制后，如果有不满意的地方，还能进行修改，如图 9-12 所示。

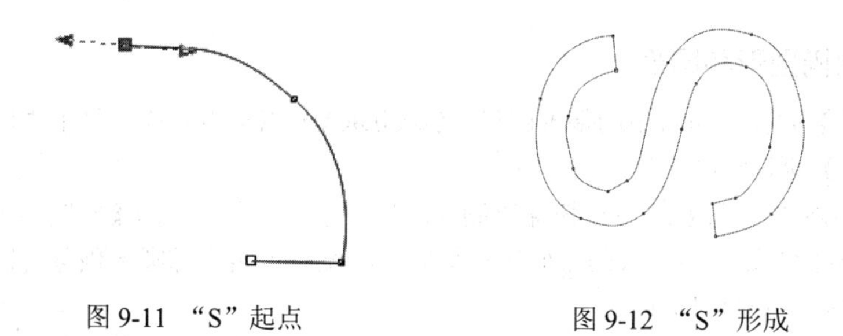

图 9-11　“S”起点　　图 9-12　“S”形成

## 9.2　几何图形的绘制

使用 CorelDRAW X6 绘制的图形中，主要是由矩形、椭圆形和多边形等各种复杂图形的几何图形所组成。为了给用户提供方便，在工具箱中专门提供了一些用于绘制几何图形的工具，通过这些工具可以直接绘制不同形状的图形。接下来介绍使用工具箱中的绘图工具绘制形状的方法和技巧，如矩形、圆形、弧形、饼形、多边形、星形、网格、螺旋曲线和预定义形状等。

### 9.2.1　绘制矩形

矩形工具是常用的基本图形，CorelDRAW X6 提供了【矩形工具】和【三点矩形工具】两种绘制工具，提供给用户轻松快捷的绘制方式。

（1）使用【矩形工具】可以快速绘制矩形。选中工具箱中的【矩形工具】，然后再页面空白处单击鼠标左键以对角线的方向进行拉伸，即可创建一个矩形，如图 9-13 所示。在绘制矩形时同时按住【Ctrl】键可以绘制一个正方形，也可以直接在属性栏上输入所需的大小变成指定矩形，如图 9-14 所示。

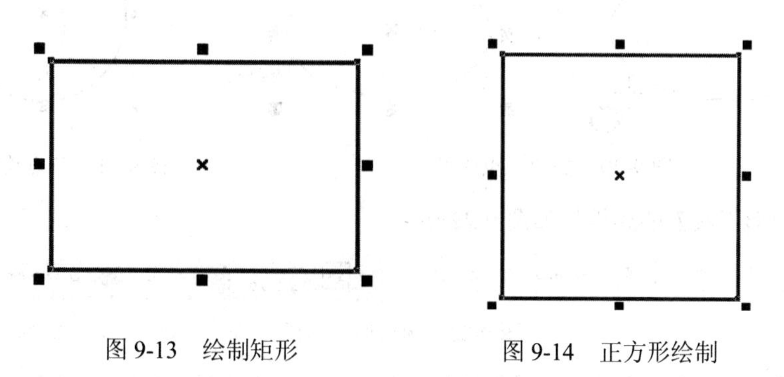

图 9-13　绘制矩形　　图 9-14　正方形绘制

（2）【三点矩形工具】是通过 3 个点的位置以指定的高度和宽度来绘制矩形。选中【三点矩形工具】，然后再页面空白处定一个点，长按鼠标左键拖拽，同时会出现一条实线进行预览，如图 9-15 所示；确定位置后松开鼠标左键定下第二个点，同时移动鼠标进行定位，如图 9-16 所示，确定图形大小之后单击鼠标左键结束编辑，如图 9-17 所示。

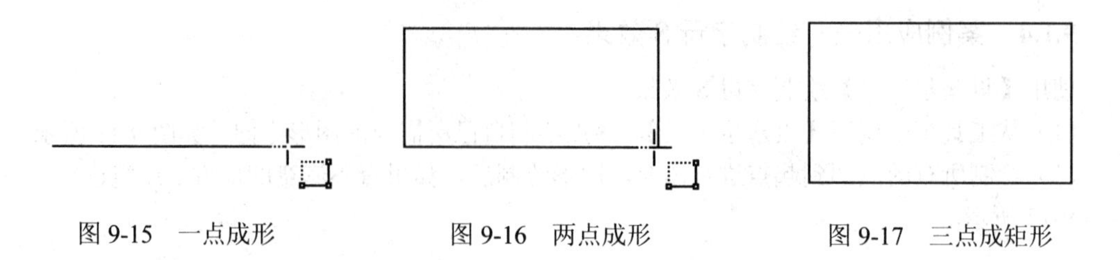

图 9-15　一点成形　　　图 9-16　两点成形　　　图 9-17　三点成矩形

### 9.2.2　绘制椭圆形和圆形

【椭圆形工具】同样作为常用的基本图形，CorelDRAW X6 也同样提供了【椭圆形工具】和【三点椭圆形工具】两种绘制工具。

（1）使用【椭圆形工具】可以快速绘制椭圆形，选中工具箱中的【椭圆形工具】，然后再页面空白处单击鼠标左键以对角线的方向进行拉伸，出现一个实线椭圆形预览，松开鼠标左键即可创建一个椭圆形，如图 9-18 所示。

（2）选中【三点椭圆形工具】，然后再页面空白处定一个点，长按鼠标左键拖拽，同时会出现一个实线椭圆进行预览，如图 9-19 所示，确定位置后松开鼠标左键定下第二个点，同时移动鼠标进行定位，确定图形大小之后单击鼠标左键结束编辑，如图 9-20 所示。

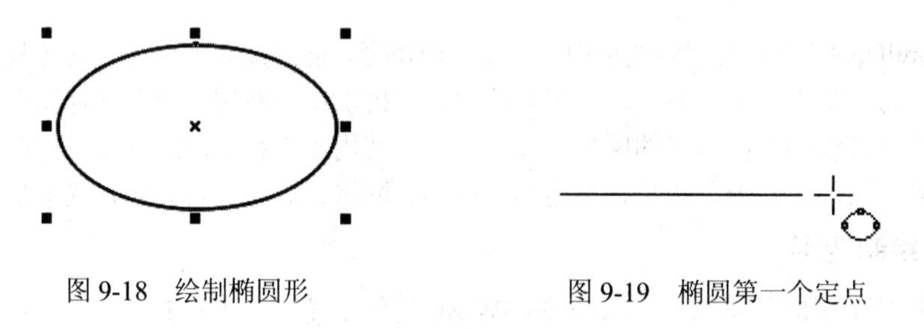

图 9-18　绘制椭圆形　　　图 9-19　椭圆第一个定点

绘制正圆形只需要在使用【椭圆形工具】和【三点椭圆形工具】时同时按住【Shift+Ctrl】键即可绘制出以起始点为中心的正圆，如图 9-21 所示。

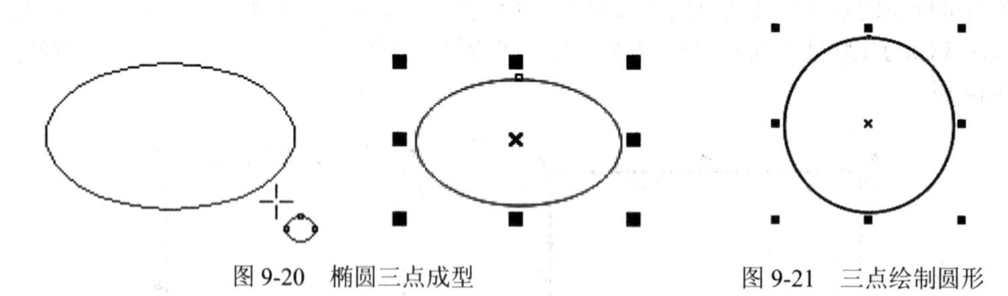

图 9-20　椭圆三点成型　　　图 9-21　三点绘制圆形

（3）【椭圆形工具】的属性栏如图 9-22 所示。

图 9-22　椭圆形工具栏

属性栏中【椭圆形】是在使用【椭圆形工具】时默认选中的，如图 9-23 所示。当选中【饼形】时，已绘制的椭圆变为饼形，如图 9-24 所示，选中【弧形】时，所绘制的椭圆变为弧形，如图 9-25 所示，变为弧形后填充小时只显示轮廓线。属性栏中起始和结束角度可以设置所需数值，范围最大为【360° 】，最小为【0° 】。【旋转工具】可用于饼形和弧形工具上，变换饼形和弧形工具更起始和终止的角度方向，也可称为顺时针和逆时针的调换，如图 9-26

所示，【转曲】，未转曲进行编辑是，是以饼形图或弧形图编辑的，如图 9-27 所示，转曲后可以进行曲线编辑，可以增减节点。

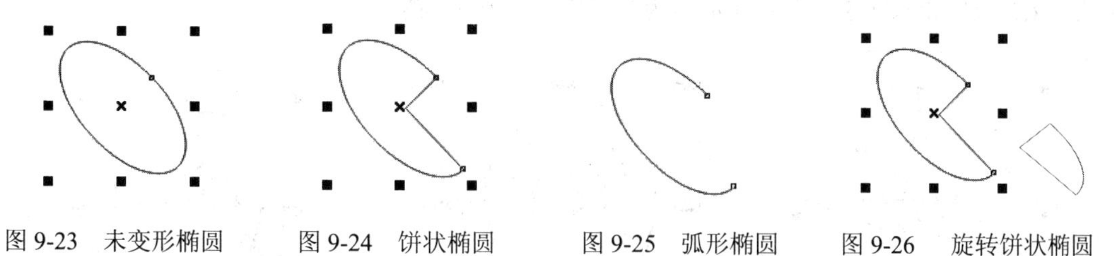

图 9-23　未变形椭圆　　图 9-24　饼状椭圆　　图 9-25　弧形椭圆　　图 9-26　旋转饼状椭圆

### 9.2.3　绘制多边形

工具箱中【多边形工具】、【星形工具】、【复杂星形工具】归类于不规则对称图形中，如图 9-28 所示，这三个工具可以根据自己所需编辑所需要的不规则对称图形。三个工具的工作原理一模一样。

选中【多边形工具】或者【星形工具】，在页面空白处单击鼠标左键以对角的方向进行拉伸，拉伸时会有一个实线图形提供预览所绘制图形的大小，如图 9-29 所示，确定大小后松开鼠标左键完成编辑，在默认情况下，多边形边数是【5】，如图 9-30 所示，也可以在属性栏上输入宽、高和边数进行自我所需绘制图形。【多边形工具】和【星形工具】边数最大值是【500】，最小值是【3】。属性栏中锐度的更更改会使图形越来越圆润，锐度最小值是【1】。

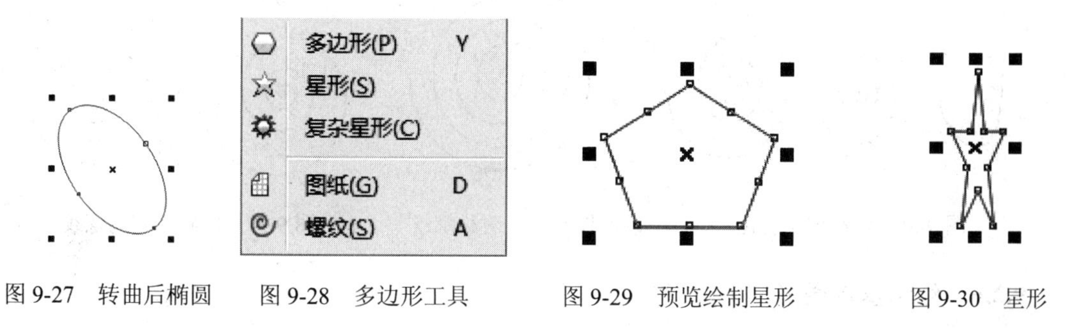


图 9-27　转曲后椭圆　　图 9-28　多边形工具　　图 9-29　预览绘制星形　　图 9-30　星形

绘制图形的同时按住【Ctrl】键可以绘制一个正多边形，如图 9-31 所示。按住【Shift】键以中心为起点绘制一个多边形，按住【Shift+Ctrl】键是以中心点为起点绘制一个多边形。

图 9-31　绘制正多边形

选中【复杂星形工具】，同绘制多边形工具原理一样，只是【复杂星形工具】点数或边数的最小值是【5】，最大值是【500】，如图 9-32 所示。

### 9.2.4　绘制螺旋线

【螺纹工具】是能直接绘制特殊对称式和对数式的螺纹式图形的工具。选中工具之后，单击鼠标左键以对角线进行拖拽预览，松开左键完成绘制，如图 9-33 所示。绘制图形的同时按住【Ctrl】键可以绘制一个正圆形螺纹，如图 9-34 所示。按住【Shift】键以中心为起点绘制一个圆形螺纹，按住【Shift+Ctrl】键是以中心点为起点绘制一个圆形螺纹。

图 9-32　绘制复杂星形　　　　图 9-33　预览螺纹　　　　图 9-34　绘制螺纹

属性中螺纹回圈设置螺纹中完整圆形回圈的圈数，最小值是【1】，最大值是【100】，数值越大圈数越密集，如图 9-35 所示。

【对数式螺纹】激活后，螺纹的回圈间距是由内向外不断增大的（图 9-36），螺纹扩展参数工具同时被激活，可以根据所需改变参数，螺纹式参数最小值为【1】，最大值为【100】，间距内圈最小往外越大，如图 9-37 所示。

图 9-35　螺纹密集变化　　　　图 9-36　对称螺纹　　　　图 9-37　间距不同的螺纹

### 9.2.5　绘制基本图形

形象工具组中包括【基本形状工具】【箭头形状工具】【流程图形状工具】【标题形状工具】和【标注形状工具】五种样式，如图 9-38 所示。这五种样式中又有很多小形状提供选择，五个样式的绘制原理一样，均是按住鼠标左键进行拖拽。

① 【基本形状工具】，选择【基本形状工具】进行绘制，如图 9-39 所示。

② 【箭头形状工具】，选择【箭头形状工具】进行绘制，如图 9-40 所示。

③ 【标题形状工具】，选择【标题形状工具】进行绘制，如图 9-41 所示。

④ 【流程图形状工具】，选择【流程图形状工具】进行绘制，如图 9-42 所示。

⑤ 【标注形状工具】选择【标注形状工具】进行绘制，如图 9-43 所示。

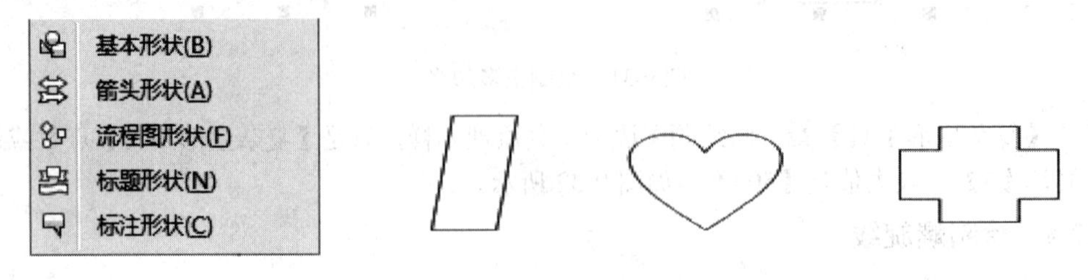


图 9-38　图标工具界面　　　　图 9-39　基本形状

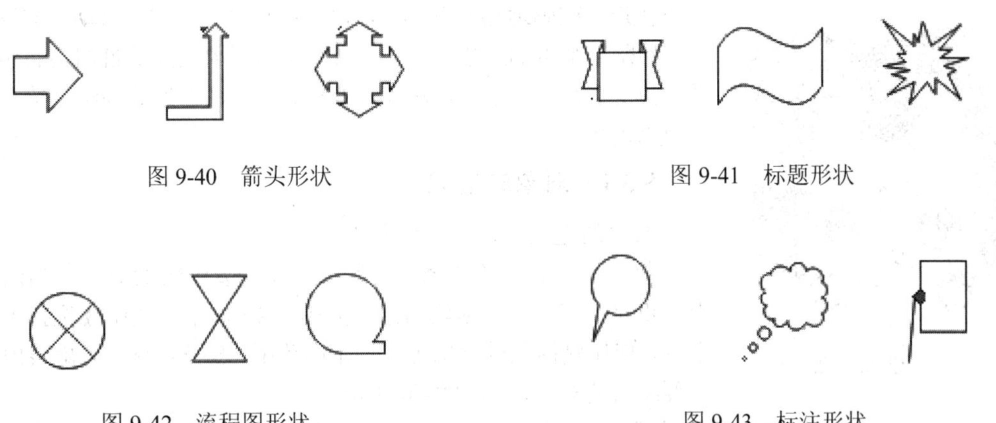

图 9-40　箭头形状　　图 9-41　标题形状

图 9-42　流程图形状　　图 9-43　标注形状

### 9.2.6　案例应用——Q 版阿狸

利用基本形工具绘制 Q 版阿狸图案。

（1）新建默认空白页面，选择【贝塞尔工具】或者【钢笔工具】，在空白页面中绘制头的轮廓线，如图 9-44 所示。

（2）单击【形状工具】，选中图形，右键单击曲线，再单击一个节点，弹出蓝色的操纵杆箭头，拨动即可调节不同的弧度，如图 9-45 所示。 按照以上方法绘制出阿狸的其他部分。绘制脸的时候，需要注意脸的不同部分轮廓形状，并进行色彩填充，如图 9-46 所示。

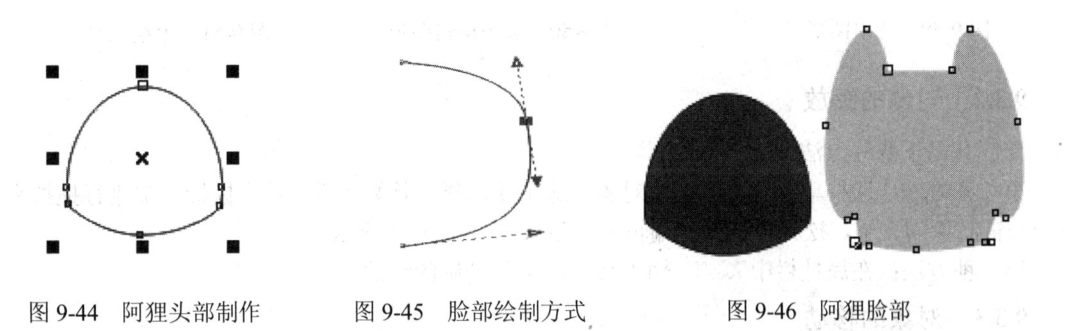

图 9-44　阿狸头部制作　　图 9-45　脸部绘制方式　　图 9-46　阿狸脸部

（3）眼睛鼻子和手的绘制比较简单。先绘制出外轮廓，然后进行反光和高光的绘制，如图 9-47 所示。

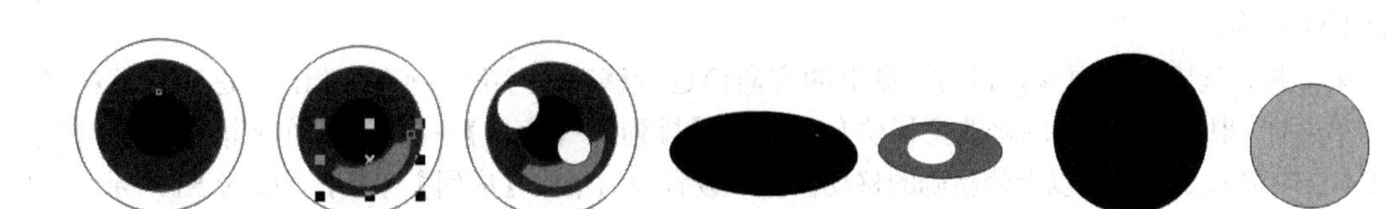

图 9-47　阿狸眼睛鼻子绘制方法

（4）最后进行整合，一个 Q 版的阿狸绘制完成，如图 9-48 所示。

## 9.3　编辑对象

当创建图形时，离不开对图像各种各样的操作，CorelDRAW X6 中有很多相应的工具和命令，

图 9-48　Q 版阿狸成稿

可以快速、准确地绘制图形。可以对图形进行选取、移动、缩放、复制、粘贴等基本的对象操作，还有对象与对象之间的群组与解组、合并与拆分、锁定与解锁、对齐与分布、对象的造型等高级功能，制作更复杂的图形。

### 9.3.1　对象的选取

对象的选取有以下两种方法。

第一种：选中【选择工具】，单击要编辑的对象，当四周出现黑点时，表示选中编辑对象，如图 9-49 所示。选中【选择工具】之后，拖住鼠标左键画出虚线规定的范围，松开鼠标后，虚线内为选中要编辑的对象，如图 9-50 所示。

第二种：选中【手绘选择工具】工具之后，出现蓝色的辅助线，蓝色的线根据鼠标的走向进行手绘式选择，如图 9-51 所示。

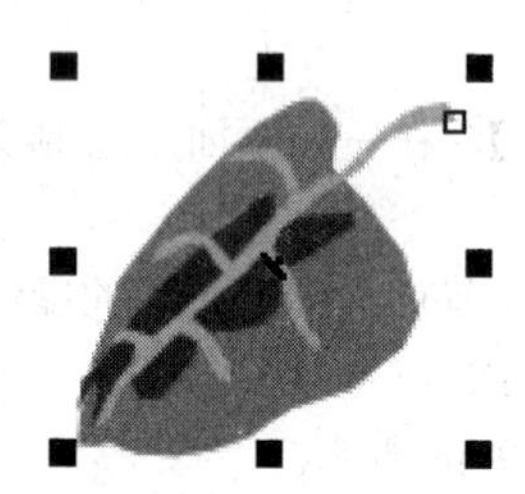

图 9-49　选中图形

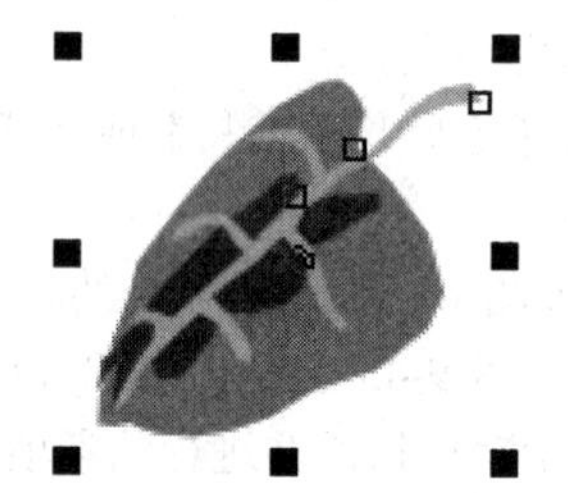

图 9-50　选中编辑图形

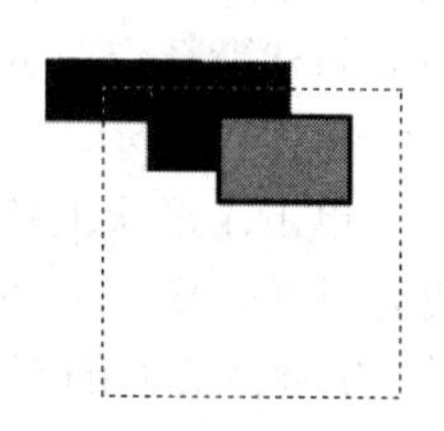

图 9-51　手绘工具

### 9.3.2　对象的缩放

缩放有以下两种方法。

第一种方法：选择单个对象或多个对象，选中【选择工具】之后，单击鼠标左键进行拖拽来改变编辑对象的大小，松开鼠标后，编辑大小生效，如图 9-52 所示。

第二种方法：在属性栏中 135.0 mm 218.0 mm 输入数值，进行精确的缩放。

### 9.3.3　对象的移动

移动编辑对象有以下三种方式。

第一种：选中对象，当光标变成✥时，按住鼠标左键进行拖拽移动，但是这个方法移动的位置不够精确。

第二种：选中编辑对象，利用键盘上的方向键进行移动，与第一种方式相比，这种比较精确。

第三种：根据具体的要求来改变移动方向。单击【排列】→【变换】→【位置】，在 x 轴和 y 轴 x: 179.0 mm y: 230.0 mm 的文本框中输入数值，可以十分精确的移动位置，设置完后单击【应用】生效，如图 9-53 所示。

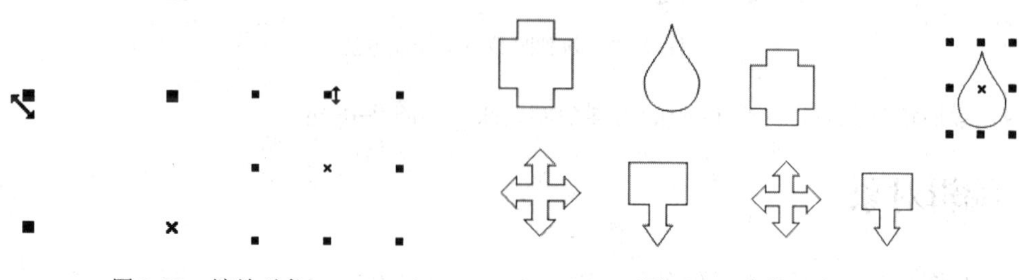

图 9-52　缩放对象

图 9-53　变换对象位置

### 9.3.4　对象的镜像

镜像变化有以下三种。

第一种：选中编辑对象，按住【Ctrl】键同时按住鼠标左键在锚点上进行旋转，松开鼠标完成镜像操作。上下为垂直镜像，左右为水平镜像。

第二种：选中对象，在属性面板上单击水平镜像键或者垂直镜像，进行快捷操作。

第三种：根据具体的要求来改变移动方向，单击【排列】→【变换】→【缩放和镜像】命令，在 x 轴和 y 轴的文本框中输入数值，可以十分精确的移动位置，设置完后单击【应用】按钮确认。

### 9.3.5　对象的旋转

编辑对象有以下三种旋转方式。

第一种：双击需要编辑的对象，四周出现可以旋转的箭头后才能进行旋转，如图 9-54 所示，然后把鼠标移动到有箭头的地方，拖住鼠标左键拖拽旋转，如图 9-55 所示。

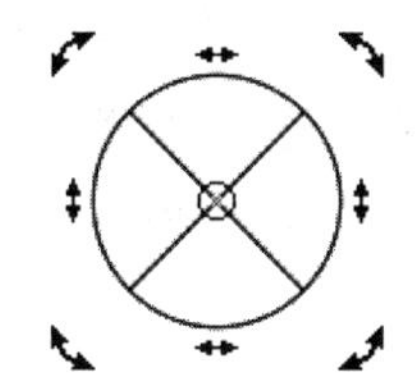

图 9-54　旋转箭头

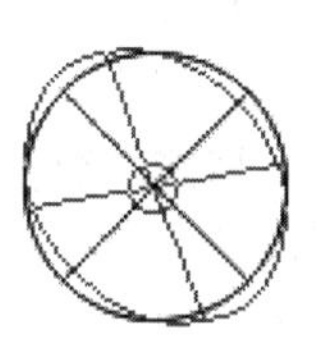

图 9-55　旋转对象

第二种：选中编辑对象后，在属性栏上旋转角度后面的文本框中输入精确的旋转值进行精确的旋转。

第三种：选中编辑对象后，单击【排列】→【变换】→【旋转】命令，输入精确值，选择相对旋转中心，单击【应用】按钮进行旋转。

### 9.3.6　对象的倾斜变形

对象倾斜的方法有以下两种。

第一种：双击需要倾斜的对象，当对象周围出现旋转/倾斜箭头后，将光标移动到水平或直线上的倾斜锚点上，按住鼠标左键进行拖拽进行倾斜，如图 9-56 所示。

第二种：选中编辑对象，单击【排列】→【变换】→【倾斜】命令，出现变换面板，然后直接在文本框中输入数值，再设置旋转的点，单击【应用】按钮即可，如图 9-57 所示。

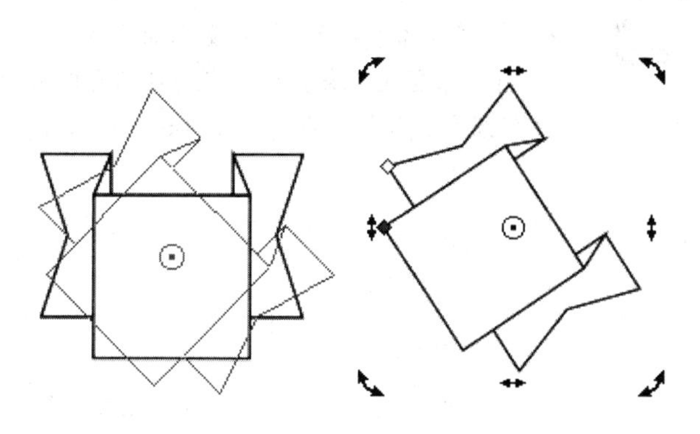

图 9-56　对对象进行旋转

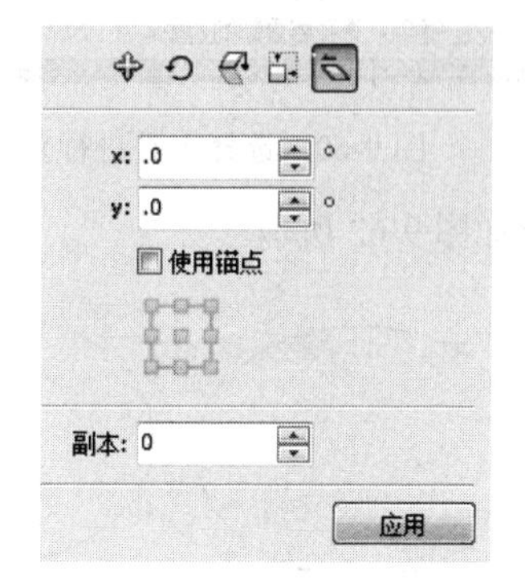


图 9-57　设置倾斜界面

### 9.3.7 对象的复制

对象的复制包括：基本复制、对象再复制、对象属性复制。

（1）对象的基本复制共有以下四种。

第一种：选择编辑对象，执行【编辑】→【复制】命令，再执行【编辑】→【粘贴】命令，进行复制，在原始对象上进行覆盖复制。

第二种:选择编辑对象,单击鼠标右键，在下拉菜单中单击【复制】，然后在需要编辑的位置单击右键进行【粘贴】。

第三种：选择编辑对象，按住【Ctrl+C】进行复制，【Ctrl+V】进行复制。

第四种：选择编辑对象，按住鼠标左键拖拽到空白处，将会出现蓝色的预览图形，紧接着在释放鼠标左键前单击鼠标右键，完成复制。

（2）对象的再制。可以将对象按一定规律复制多个对象，可用来绘制花边、底纹等，再制的方法有两种。

第一种：选中编辑对象，然后按住鼠标左键将对象拖至一定的距离，然后执行【编辑】→【重复再制】命令，即可按前面移动的规律进行相同的再制。

第二种：在默认页面属性栏中，调整移位的单位为【mm】，然后【微调距离】的偏离数值，接着在【再制距离】上输入精确的数值，如图 9-58 所示，最后选中需再复制的对象，按住【Ctrl+D】进行再复制，如图 9-59 所示。

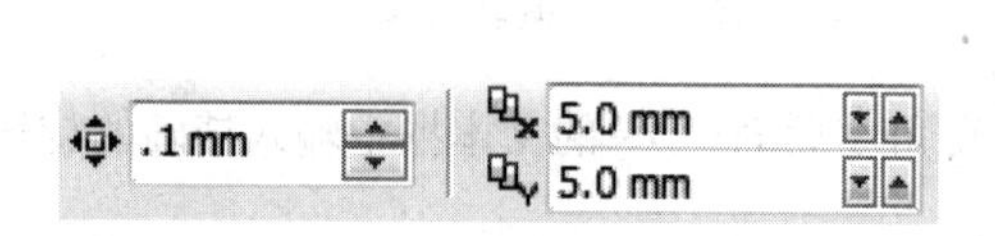


图 9-58　微调偏移数字

图 9-59　连续复制粘贴

（3）选中【选择工具】，先选中需要复制属性的对象，然后单击【编辑】→【复制属性自】命令，打开【复制属性】对话框，勾选要复制的属性类型，接着单击【确定】即可生效，如图 9-60 所示。

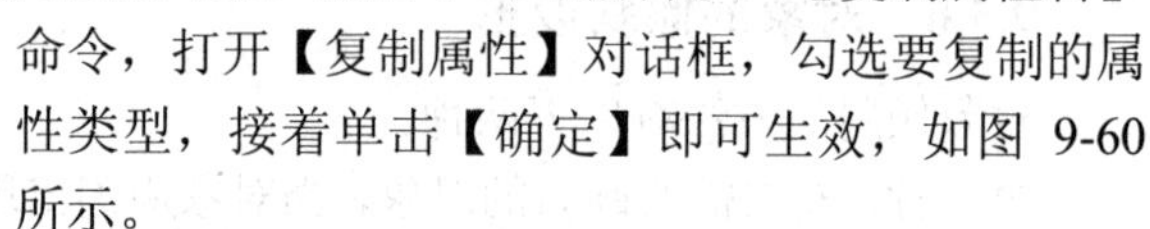

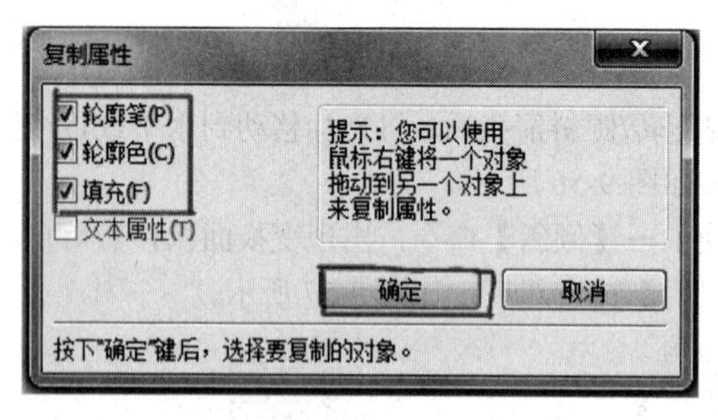


图 9-60　选择工具进行复制

①【轮廓笔】：复制轮廓线的宽度和样式

②【轮廓色】:复制轮廓线使用的颜色属性。

③【填充】：复制对象的填充颜色和样式。

④【文本复制】：复制文本对象的字符属性。

当光标变成【➡】时，移动到源文件位置单击鼠标左键完成属性复制，如图 9-61 所示，复制后的效果如图 9-62 所示。

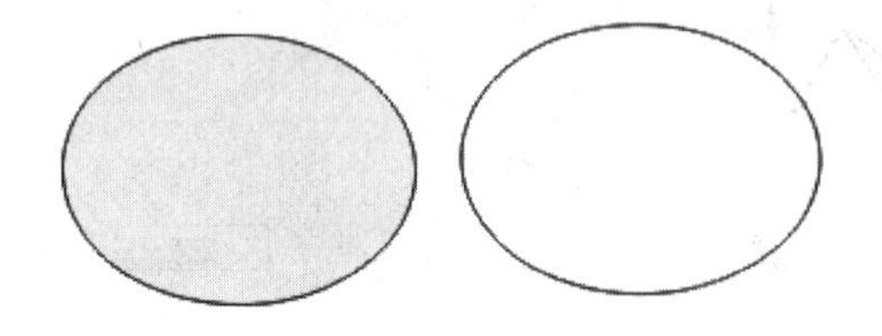

图 9-61　移动对象

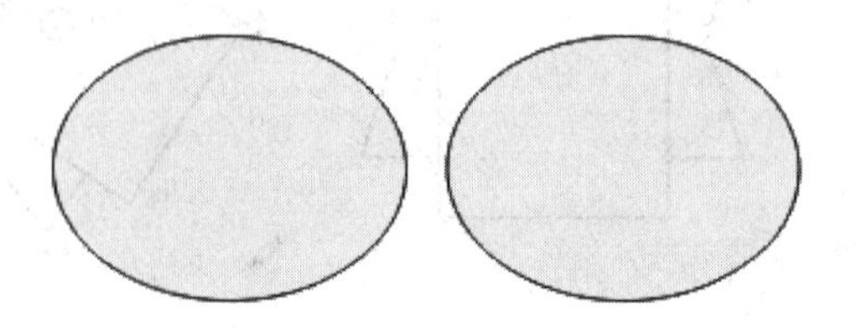

图 9-62　复制后的效果

### 9.3.8　对象的删除

选中不需要的对象，单击鼠标右键，出现信息栏，单击删除即可，或者在键盘上单击【Delete】键直接删除。

### 9.3.9　撤销和恢复对象的操作

修撤销和恢复对象有以下两种方式。

第一种：按住【Ctrl+Z】键进行撤销和恢复，如图 9-63 所示。

第二种：单击【编辑】→【撤销移动】→【重做移动】→【重复移动】命令，如图 9-64 所示。

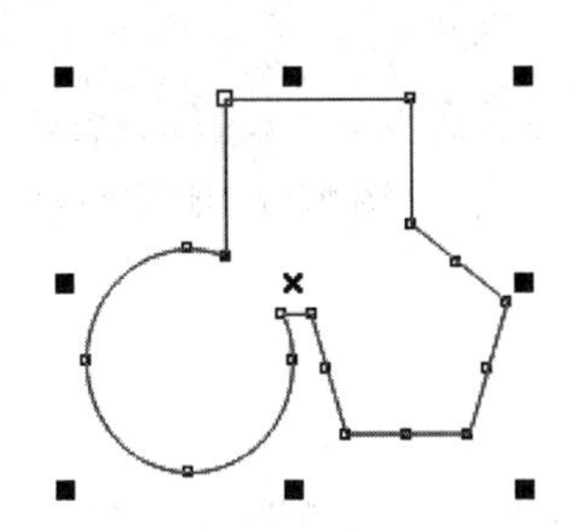

图 9-63　快捷键命令

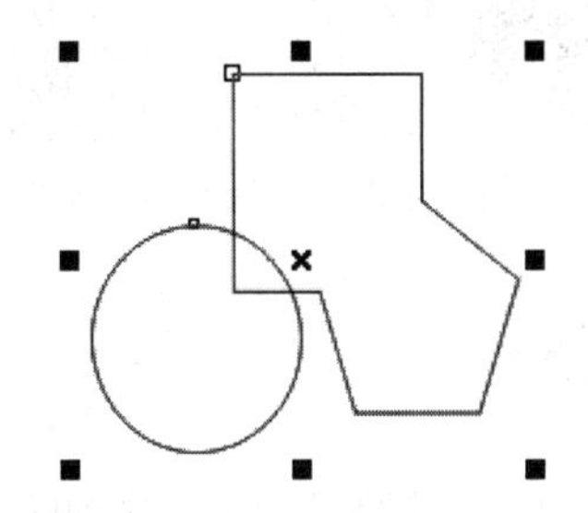

图 9-64　选择键命令

### 9.3.10　案例应用——游戏小地图

制作游戏小地图。

（1）打开素材文件【09\游戏小地图\素材\地图】，如图 9-65 所示。

（2）使用【手绘工具】或是【贝塞尔工具】画出宝藏所在的位置，如图 9-66 所示。

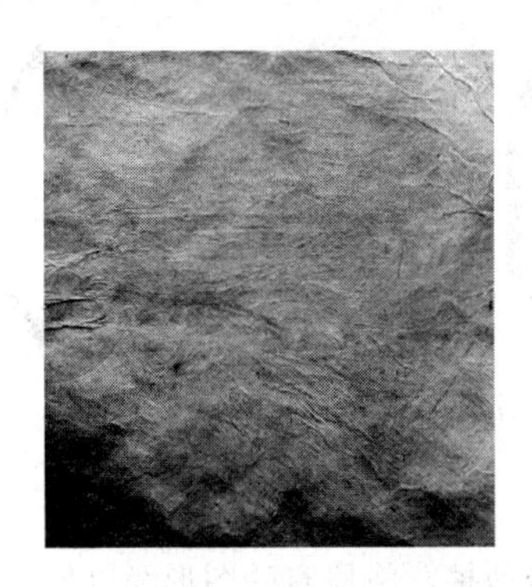

图 9-65　地图背景

图 9-66　手绘地图

（3）【画笔工具】加上【图形工具】画出地图中所需要的元素，如图 9-67 所示，将元素放入合适的位置，如图 9-68 所示。

图 9-67　地图元素

（4）选取【箭头工具】，画出四个方向的图标，并文字备注方向，如图 9-69 所示。

（5）将所有的图形组合好放在背景纸上，如图 9-70 所示，游戏小地图完成。

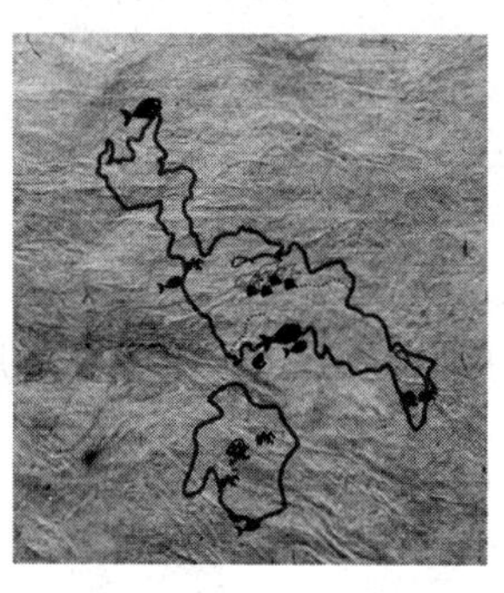

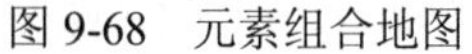

图 9-68 元素组合地图

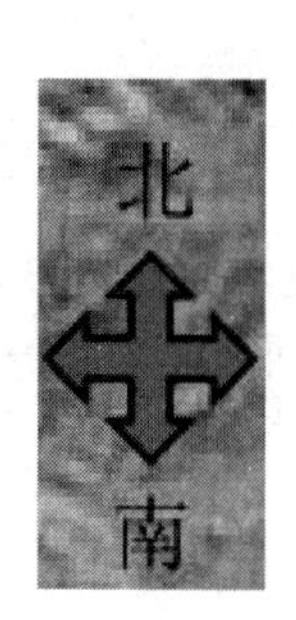


图 9-69 地图方向标志

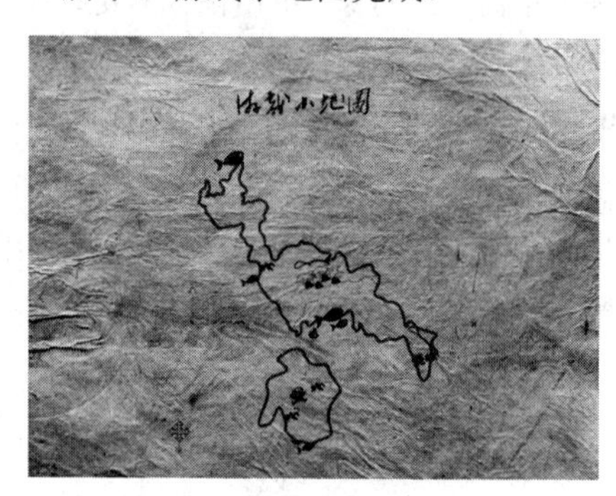

图 9-70 地图完成稿

## 9.4 修整图形

在 CorelDRAW X6 中修整图形在排列的造型泊坞窗里面，修整图形有【焊接】、【修剪】、【相交】、【简化】、【移除后面对象】、【移除前面对象】、【边界】这几种功能，每种功能的使用方法一样，必须有两个图形才能使用这几个功能。

### 9.4.1 焊接

【焊接】主要是将两个或者多个图形的相叠的地方进行合并，焊接成一个图形，在焊接的同时所选对象的颜色不同也会被合并成同一个颜色，如图 9-71 所示。

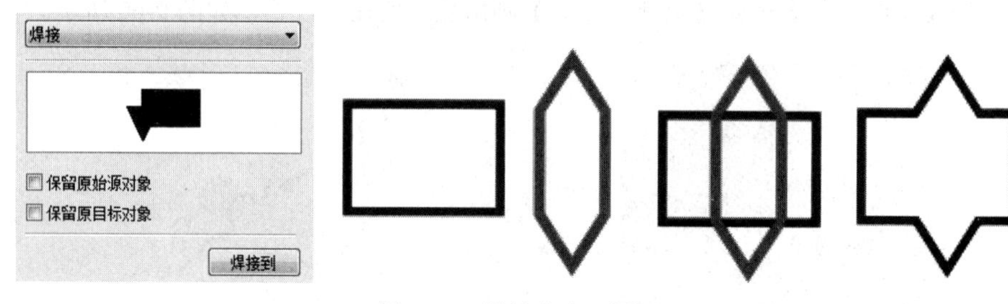


图 9-71 焊接命令及图形

### 9.4.2 修剪

【修剪】主要是将两个或者多个图形多余的部分修剪掉，将原有的图形经过另一个裁剪后形成另一个图形，如图 9-72 所示。一次性可以修剪多个图形，根据对象的排放位置，在全选中的情况下，位于最下方的对象为目标对象，上面的所有对象均是修剪目标对象的源对象。

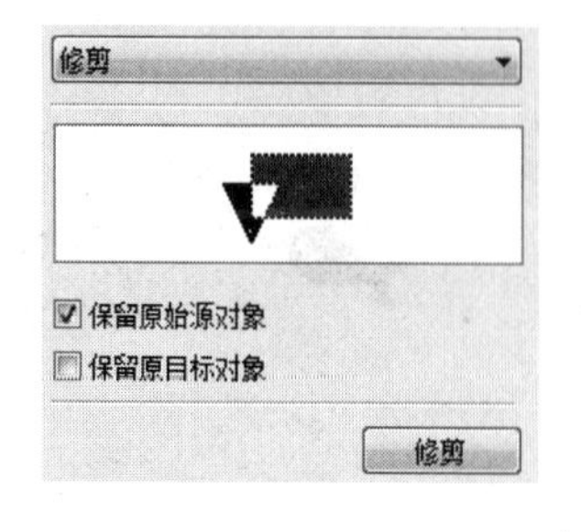


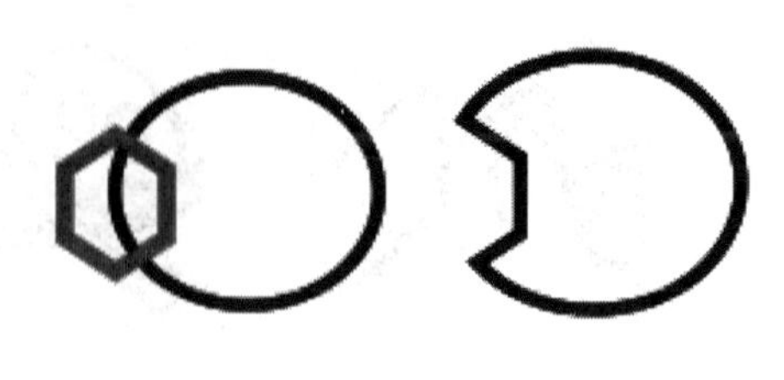

图 9-72 修剪命令及图形

### 9.4.3 相交

【相交】是将两个或者多个对象重叠区域创建新的对象，如图 9-73 所示。

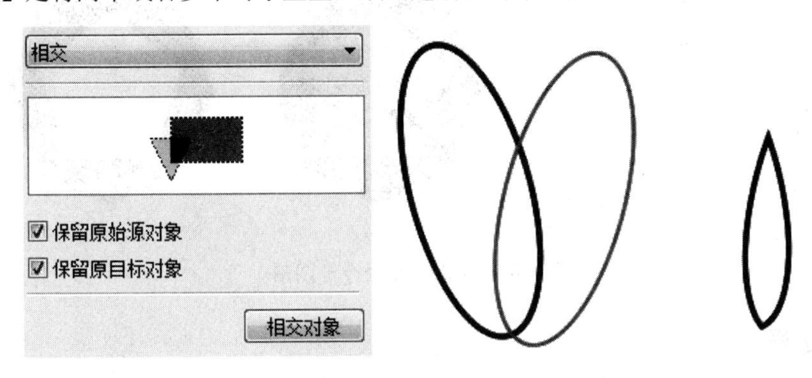


图 9-73 相交命令及图形

### 9.4.4 简化

【简化工具】和【修剪工具】相似，将相叠的区域进行修剪，不同的地方是区分源对象，在进行这个工具使用时，必须选中两个或者两个以上的对象才能使用，如图 9-74 所示。

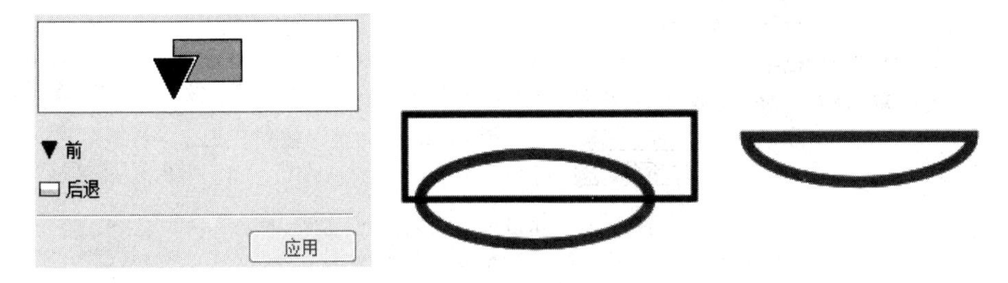


图 9-74 简化命令及图形

### 9.4.5 移除后面对象

【移除后面对象】可用于后面对象减去顶层对象。选中两个或两个以上的对象，使用此功能，如图 9-75 所示。

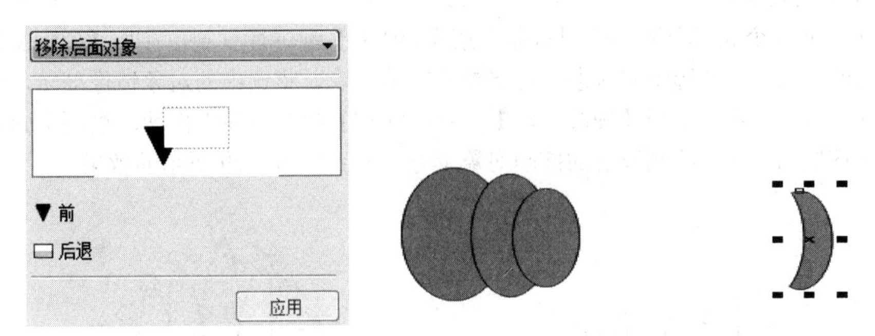


图 9-75 移除后面对象命令及图形

### 9.4.6 移除前面对象

【移除前面对象】可用于前面对象减去顶层对象。选中两个或两个以上的对象，使用此功能，如图 9-76 所示。

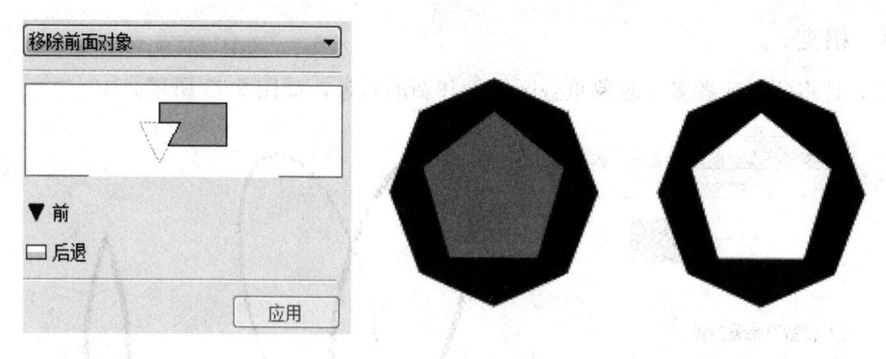


图 9-76 移除前面命令及图形

### 9.4.7 边界

【边界】可将选中对象的轮廓以线的方式显示，如图 9-77 所示。

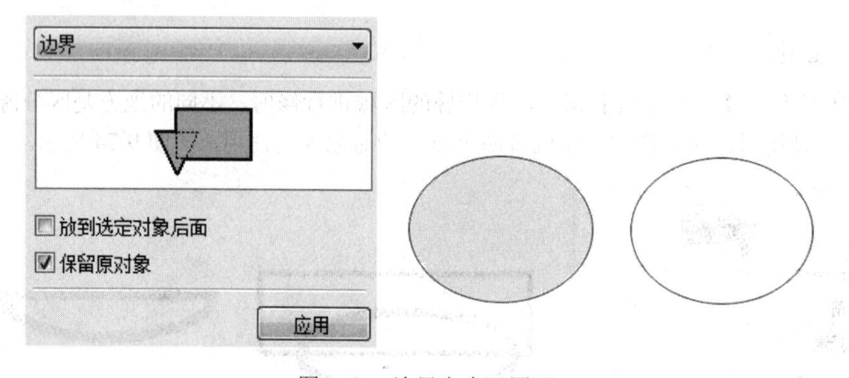


图 9-77 边界命令及图形

### 9.4.8 案例应用——制作皇冠

利用基础图形工具制作皇冠效果图。

（1）新建页面，并将页面横置；选择【椭圆工具】绘制椭圆形状。接下来拖动鼠标，在页面中绘制若干大小不同的椭圆对象，并对这些椭圆对象进行移动、旋转等操作，摆放到合适的位置，得到图 9-78 所示的效果。

（2）选中左面五个竖直放置的椭圆对象，按【Ctrl+C】键进行复制，在按【Ctrl+V】键进行粘贴，使粘贴的对象保持被选中的状态，在属性栏中单击，将选中的对象镜像翻转，然后将它们移到适当的位置上，再次选择【椭圆工具】，按住【Ctrl】键在页面中拖动，绘制不同大小的圆形对象，并将这些圆形对象移到竖直的椭圆对象上方，得到如图 9-79 所示的效果。

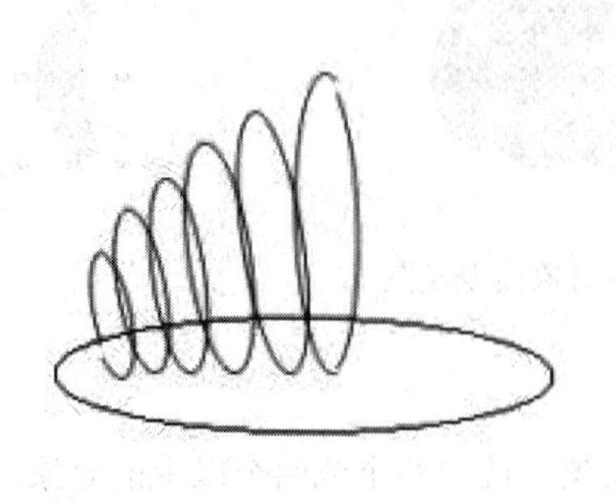

图 9-78 椭圆形工具绘制皇冠

图 9-79 简形皇冠雏形

（3）单击【排列】→【造型】→【焊接】命令，在绘图窗口中显示【焊接】浮动面板。对选中的对象进行焊接操作，如图 9-80 所示。

（4）在面板中取消对【源对象】和【目标对象】复选框的选择，将所有椭圆对象全焊接在一起，得到如图 9-81 的效果。

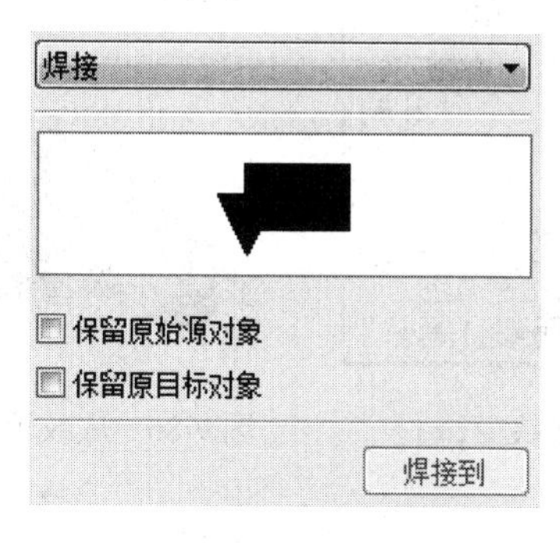


图 9-80 焊接命令

图 9-81 焊接后皇冠简形

（5）使它处于按下的状态，对对象进行剪切操作；取消面板中对【源对象】和【目标对象】复选框的选择，在页面中单击横直的椭圆对象，单击面板底部的【修剪】，对它进行剪切操作。

（6）在工具箱中选择【椭圆工具】，在页面中再绘制一个椭圆对象，放置在【王冠】形状的中央；选择【工具】→【符号和特殊字符】命令，从弹出的面板中选择适当的图标，放置在页面中，此时的页面效果如图 9-82 所示。

（7）选中王冠形状的对象，选择【渐变填充工具】 渐变填充 F11，弹出如图 9-83 的对话框，得到如图 9-84 所示的效果。

图 9-82 绘制皇冠标志

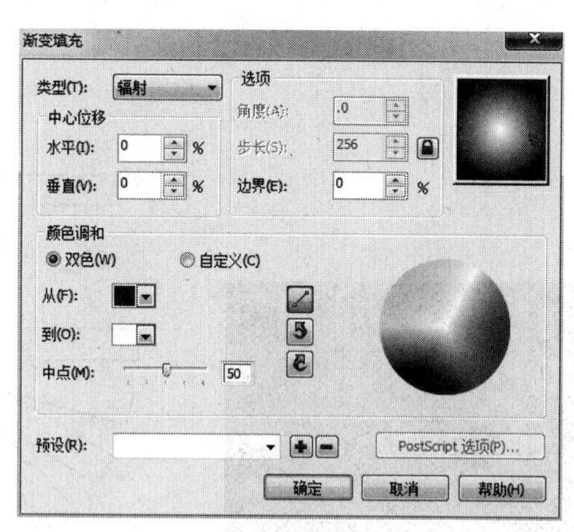


图 9-83 渐变工作界面

（8）选中王冠形状对象，单击【排列】→【顺序】→【后退】命令，将它放置在最底层；选中王冠形状对象顶部的圆形，单击【理纹填充】 底纹填充，弹出【理纹填充】对话框，如图 9-85 所示。

（9）在对话框中单击【理纹库】下拉列表框，在弹出的下拉列表框中选择底纹图案，设置其他选项后单击【确定】按钮，对圆形对象应用底纹填充，得到所示图 9-86 的效果。 选中王冠中央的椭圆对象和两旁的图标，再次选择【底纹填充工具】，选择适当的底纹图案，对选中的对象应用底纹填充，得到最终效果，如图 9-86 所示。

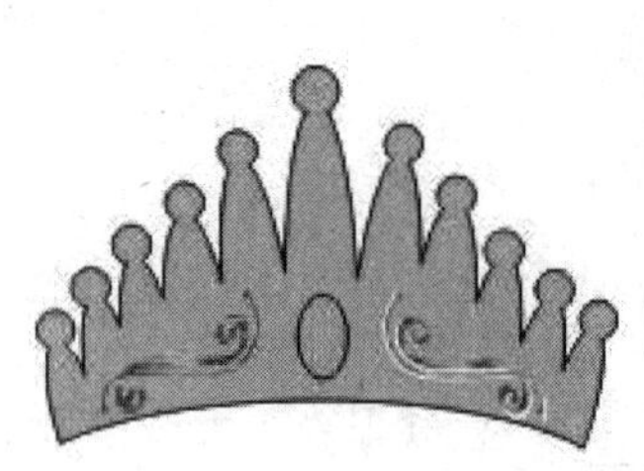

图 9-84　填充颜色

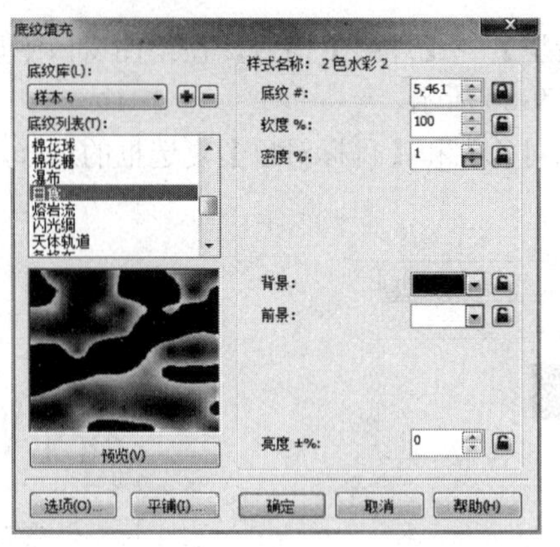


图 9-85　填充底纹

图 9-86　底纹填充后皇冠

图 9-87　扇子

## 9.5　综合训练——制作扇子

制作一把扇子，效果如图 9-87 所示。

（1）用【矩形工具】工具做一个深色的背景，便于与扇子形成对比，如图 9-88 所示。

（2）扇子部分，先用【矩形工具】做一个扇子的扇骨，然后输入旋转数值，然后鼠标右击复制，按【Ctrl+D】键重复复制，得到相应的数量，如图 9-89 所示。

图 9-88　背景色

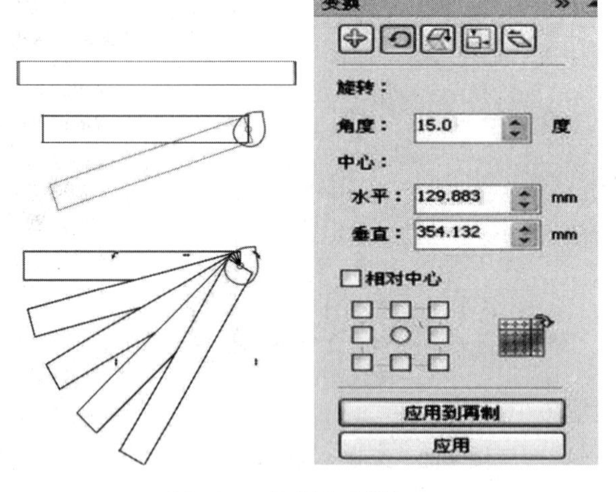


图 9-89　绘制扇子骨架

（3）接下来用【椭圆形工具】画一小一大两个同心圆，单击【排列】→【造型】→【修剪】命令，制作一个圆环，再画一个多边形，如图 9-90 所示，将圆环与多边形选中，单击属性栏的【相交】按钮，得到扇面的锥形，如图 9-91 所示。

（4）接下来插入一张画（一般水墨画或者毛笔字更加匹配），单击【效果】→【图框精确剪裁】→【置于图文框内部】命令，将图片放置到扇形轮廓内，效果如图 9-92 所示。

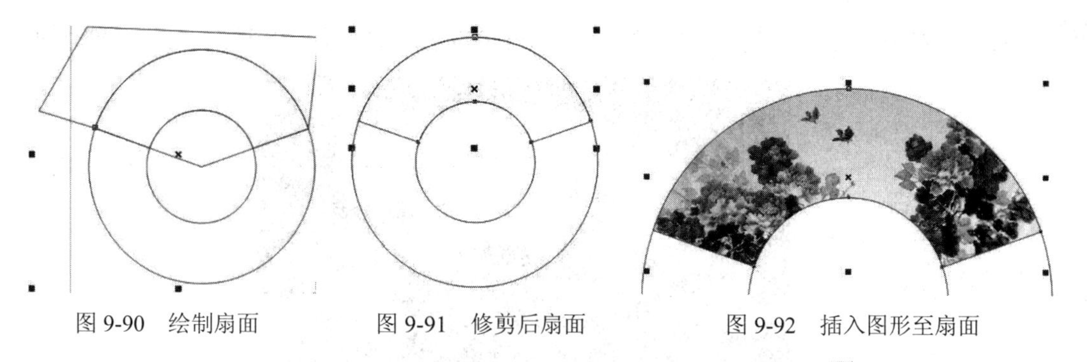

图 9-90　绘制扇面　　图 9-91　修剪后扇面　　图 9-92　插入图形至扇面

（5）接下就是处理折扇手有的折熠，如图 9-93 所示，用【多边形】画一个等腰三角形，三角形的顶点要恰好在圆环的中心点，底边与扇边重合，然后用到旋转复制。角度和个数自己控制，填充白色，在把复制的物件群组，再用扇面去相交，得到如图 9-94 所示。

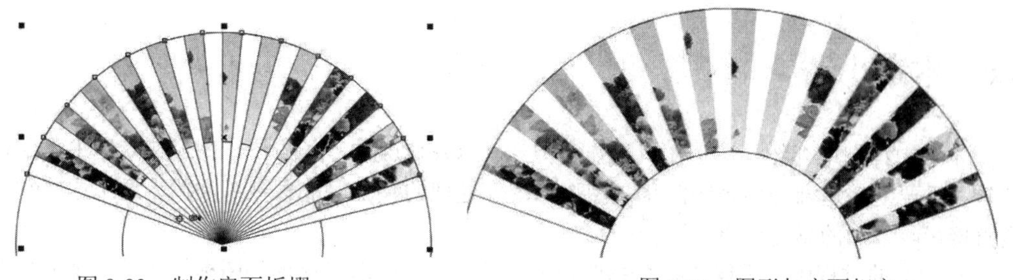

图 9-93　制作扇面折熠　　图 9-94　图形与扇面相交

（6）白色三角形是做扇子的亮部，属性栏中再调一下透明度，如图 9-95 所示效果。

（7）接下来画下半部分的扇子柄，用【多边形】先画一个倒角矩形，选择【底纹填充工具】，在弹出底纹对话框中选择【样品\窗帘】，颜色填充木质色，并且做一个竹柄的侧面，将两个竹柄重叠，如图 9-96 所示。根据折扇的角度复制竹柄，把边上的两片支架稍作修饰，如图 9-97 所示。

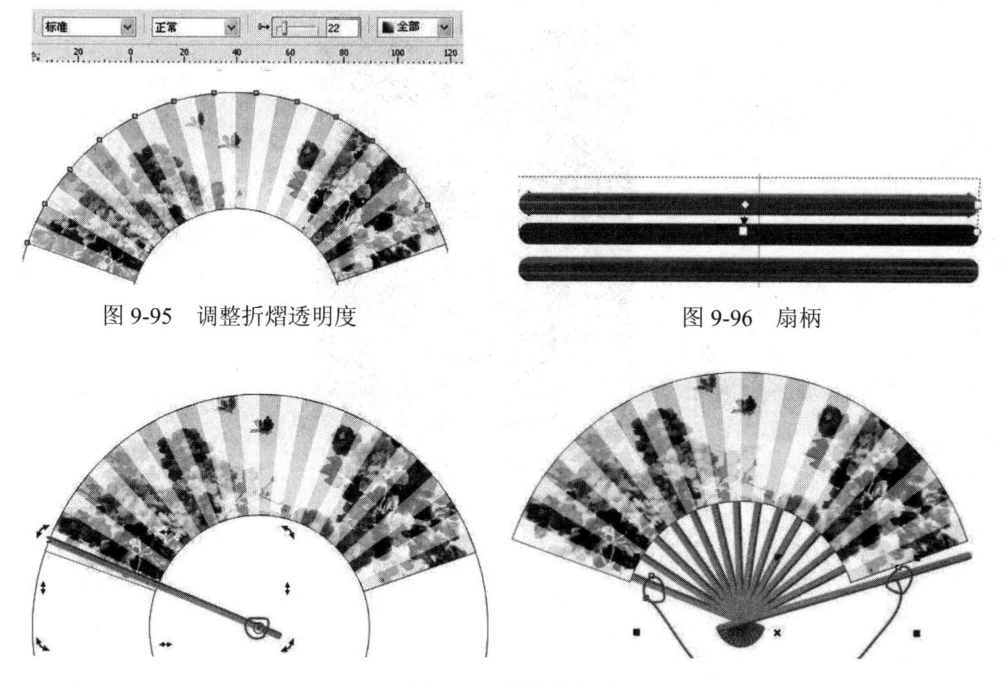


图 9-95　调整折熠透明度　　图 9-96　扇柄

图 9-97　制作扇柄

（8）最后把所做的扇子和背景结合起来，一个有立体感的扇子就出来了，如图 9-98 所示。

图 9-98 扇子完成稿

## 9.6 本章小结

本章中详细地介绍了图形工具的操作方法，以及修改调整的方法。图形在绘制中是操作非常细致和重要的，这部分内容同时也是图形、图像处理的基础，能否熟练掌握、运用这些知识，将会直接影响以后的学习效果。

在学习的过程中，不仅要熟练掌握矩形、椭圆形、扇形、星形、图标等各种复杂的自选图形的编辑操作方法，灵活运用各种图形和笔类工具，为后续的学习打下良好的基础。

## 9.7 课后练习

制作圣诞卡片，效果如图 9-99 所示。

图 9-99 圣诞贺卡 最终效果

# 第 10 章　轮廓线的编辑与填充

在图形设计的过程中，通过修改对象轮廓线的颜色、样式和粗细等属性，可以使图形设计更加丰富，更加灵活，从而提高设计的水平；利用多种的填充方式来为对象填充颜色，多样化的操作方式与编辑技巧赋予了对象更多的变化，表现出更丰富的视觉效果。

## 10.1　轮廓线的编辑

### 10.1.1　使用轮廓工具

【轮廓笔】用于设置轮廓线的属性，可以设置颜色、样式、粗细和轮廓线角的样式及端头样式等。

单击【轮廓笔工具】，展开的工具选项板，如图 10-1 所示，也可以按下快捷键【F12】打开【轮廓笔】对话框，可在里面设置、变更轮廓线的属性，如图 10-2 所示。

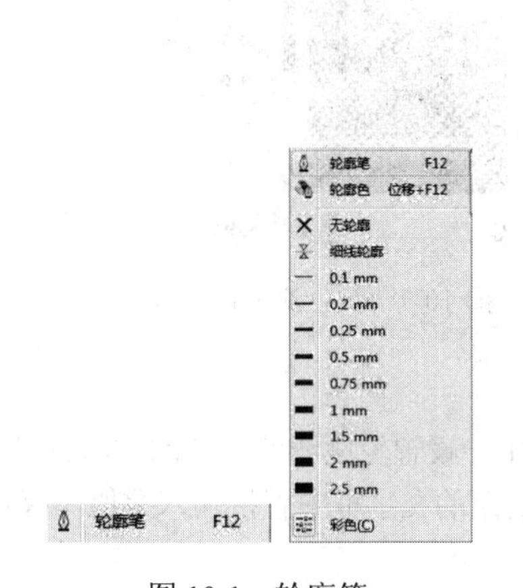


图 10-1　轮廓笔

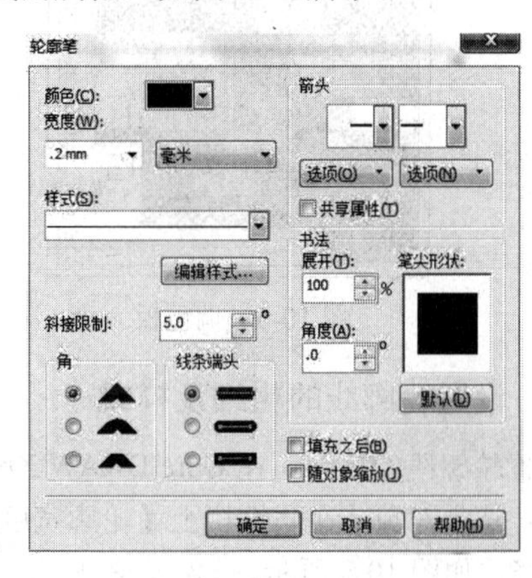


图 10-2　轮廓笔对话框

### 10.1.2　设置轮廓线的颜色

在 CorelDRAW X6 软件中，设置轮廓线颜色的方法有四种，即使用轮廓笔、轮廓色、调色板、颜色泊坞窗。

第 1 种：单击【轮廓笔对话框工具】，在打开的【轮廓笔】对话框中单击下拉的颜色选项里选择填充的线条颜色，如图 10-3 所示，单击 更多(O)... 将会展开更多颜色，可进行色板的设置，如图 10-4 所示，填充已有的颜色可单击【滴管工具】吸取图片的颜色进行填充。

第 2 种：单击【轮廓色工具】 轮廓色　位移+F12 ，在展开的【轮廓颜色】对话框中设置轮廓颜色，如图 10-5 所示。如果只需要自定义轮廓颜色，而不需要设置其他的轮廓属性，最简单的方法就是单击【轮廓笔工具】中的【轮廓色】。

第 3 种：使用【选择工具】选择需要设置轮廓线颜色的对象，然后使用鼠标右键单击调色板中的色样，如图 10-6 所示，即可为该对象设置新的轮廓线颜色。如果选择的对象无轮廓，则直接单击调色板中的色样，即可为对象添加指定的轮廓颜色。使用鼠标左键将调色板中的色样拖至对象的轮廓线上，也可以修改对象的轮廓线颜色。

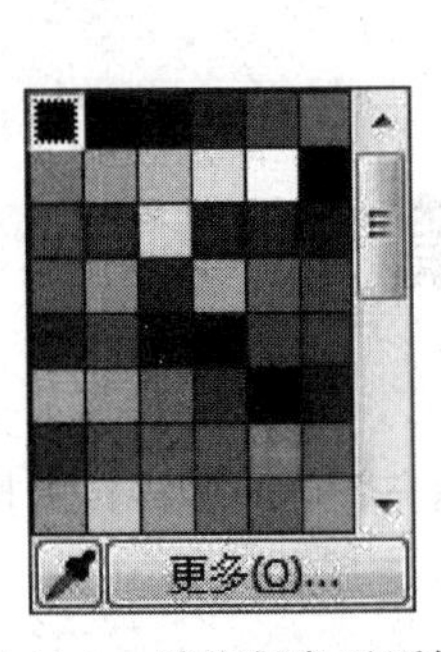


图 10-3　轮廓颜色对话框

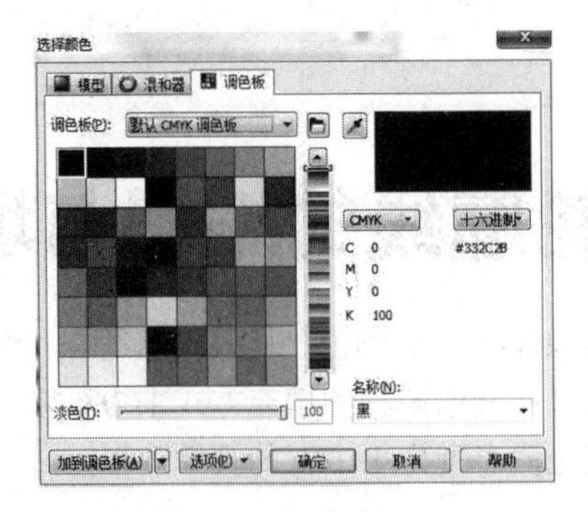


图 10-4　调色板

图 10-5　轮廓颜色

第 4 种：在展开的【轮廓笔】工具选项板中单击 彩色(C)，可打开【颜色泊坞窗】,如图 10-7 所示。或者单击【窗口】→【泊坞窗】→【颜色】命令进行设置，也可以打开【颜色泊坞窗】，在泊坞窗中拖动滑块设置颜色参数，或者直接在数值框中输入所需要的颜色值，然后单击 轮廓(O) 按钮，即可将设置好的颜色应用到对象的轮廓上。

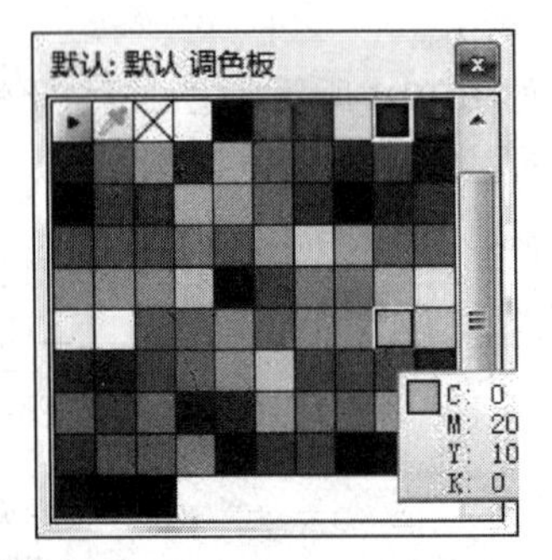


图 10-6　调色板

图 10-7　颜色泊坞窗

### 10.1.3　设置轮廓线的粗细及样式

（1）设置轮廓线的粗细：在 CorelDRAW X6 软件中，设置轮廓线的粗细的方法有以下四种。

第 1 种：选中对象，在属性栏上【轮廓宽度】后面的文字框中直接输入数值，或者在下拉的选项中选择，如图 10-8 所示。

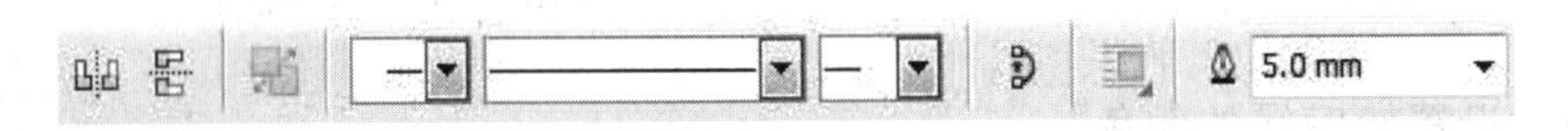


图 10-8　轮廓宽度

第 2 种：选中对象，在打开的【轮廓笔】对话框中宽度的文字框 2mm 中直接输入数值，或者在下拉选项中选择，如图 10-9 所示，可以在后面的文字框 毫米 下拉的选项中选择单位，如图 10-10 所示。

第 3 种：选中对象，按快捷键【F12】，快速打开【轮廓线】对话框，在对话框【宽度】中进行设置。

第 4 种：选中对象，在【轮廓笔】工具展开的工具选项板中直接选择，如图 10-11 所示。

（2）轮廓线的样式：改变轮廓线的样式有以下两种方法。

第 1 种：选中对象，在属性栏上【线条样式】的下拉选项中选择相应线条样式，如图 10-12 所示。

第 2 种：单击【轮廓笔】工具，打开【轮廓笔】对话框，可在 样式(S): 下拉的选项中选择线条样式，如图 10-13 所示。

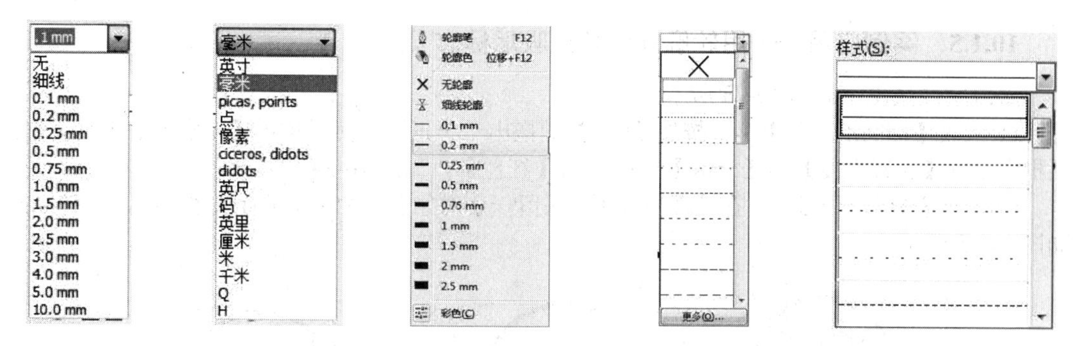


图 10-9　宽度　图 10-10　单位　图 10-11　直接选择　图 10-12　线条样式　图 10-13　样式对话框

（3）编辑样式：在下拉的样式中没有需要的样式时，单击编辑样式...可以打开【编辑线条样式】对话框进行自定义编辑线条样式，如图 10-14 所示。

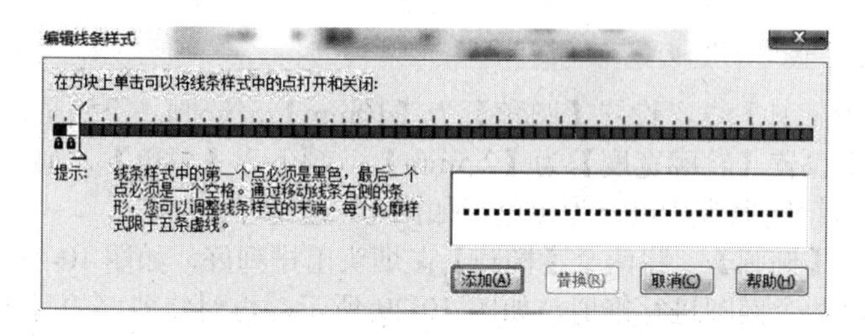


图 10-14　编辑线条样式对话框

### 10.1.4　设置轮廓线角的样式及端头样式

（1）角：用于轮廓线夹角的【角】样式的设置，如图 10-15 所示。

角分为尖角、圆角、平角，默认情况下轮廓线的角为尖角，点选后轮廓线为尖角显示，如图 10-16 所示。点选后轮廓线的角变圆滑，为圆角显示，如图 10-17 所示。点选后轮廓线的角为平角显示，如图 10-18 所示。

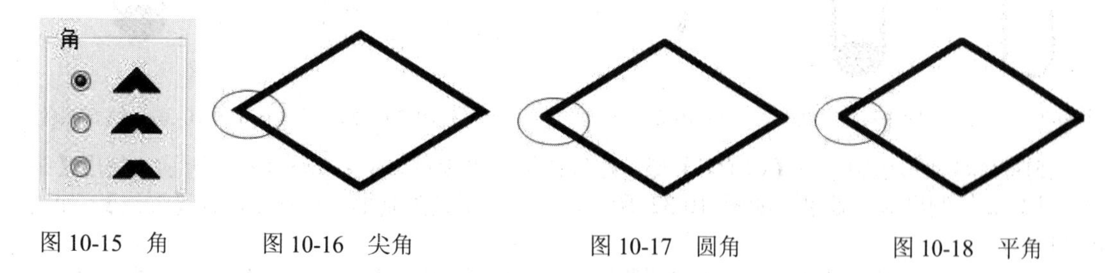


图 10-15　角　图 10-16　尖角　图 10-17　圆角　图 10-18　平角

（2）端头：用于设置单线条或未闭合路径线段顶端的样式，如图 10-19 所示。

点选后为默认状态，节点在线段边缘，如图 10-20 所示。点选后为圆头显示，使端点圆滑，如图 10-21 所示。点选后节点被包裹在线段内，如图 10-22 所示。

图 10-19　线条端头　图 10-20　尖头　图 10-21　圆头　图 10-22　平头

### 10.1.5　案例应用——用轮廓制作禁止吸烟标志

最终完成效果，如图 10-23 所示。

(1)选取【椭圆形工具】，按住【Ctrl】键拖出一个正圆，然后单击【轮廓笔】工具在对话框中设置【轮廓宽度】为【3mm】、颜色为【红色】，如图 10-24 所示。

(2)单击【刻刀工具】，在属性栏设置【保留一个对象】后对对象进行水平切割后旋转–45°，如图 10-25 所示。

图 10-23　最终效果

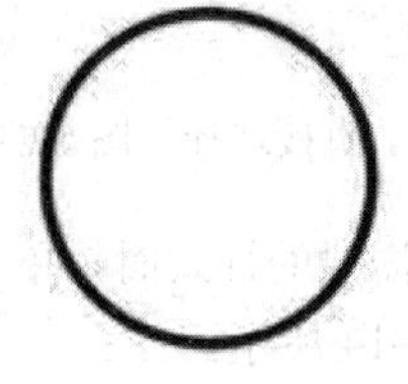

图 10-24　正圆

图 10-25　切割后

（3）选取【矩形工具】，设置【圆角】为【10mm】，绘制一个矩形，再单击【轮廓笔工具】，在对话框中设置【轮廓宽度】为【2.5mm】、颜色为【黑色】，如图 10-26 所示。再使用【椭圆形工具】绘制烟头，填充为黑色，如图 10-27 所示。

（4）再绘制两个【椭圆】，将两个【椭圆】在烟头出排列好，如图 10-28 所示，执行【造形】→【修剪】命令，对两个椭圆进行修剪，如图 10-29 所示，再对修剪好的月牙与烟进行【造形】→【相交】命令，如图 10-30 所示填充黑色。

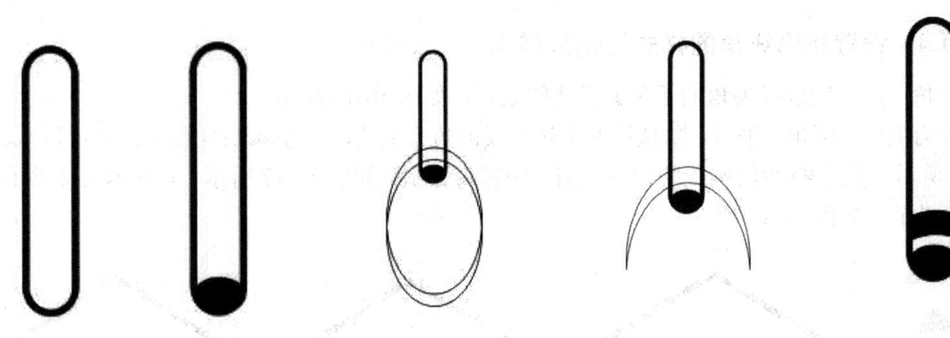

图 10-26　矩形　图 10-27　烟头　图 10-28　修剪前　图 10-29　修剪后　图 10-30　填充黑色

(5)将全部图形选中，按【Ctrl+G】键，进行群组，再旋转–36°，如图 10-31 所示，使用【钢笔工具】绘制出烟雾效果，如图 10-32 所示，再将烟雾调整到烟头位置后进行【群组】，如图 10-33 所示。

（6）将红色的禁止圆放在烟的上方并调好位置，按【Ctrl+G】键，进行群组，如图 10-34 所示。再使用【文本工具】输入【禁止吸烟】并调好位置，这个禁止吸烟的标志就做好了，如图 10-35 所示。

图 10-31　旋转

图 10-32　烟雾

图 10-33　结合（一）

图 10-34　结合（二）

图 10-35　添加文字

## 10.2　标准填充

标准填充的方法有以下三种。

第 1 种：选中对象，然后使用鼠标左键单击调色板中的色样，如图 10-36 所示，即可为该对象填充新的颜色。使用鼠标左键将调色板中的色样拖至对象，也可以修改对象的填充颜色。

第 2 种：单击【填充工具】在下拉选项中选择【均匀填充】均匀填充 位移+F11，如图 10-37 所示,在打开的对话框中可以对单一图形或多个图形进行单一颜色的标准填充，如图 10-38 所示。

第 3 种：在展开的【填充工具】选项板中单击 彩色(C)，可打开颜色泊坞窗,如图 10-39 所示。或者执行【窗口】→【泊坞窗】→【颜色】命令，也可以打开【颜色泊坞窗】，在泊坞窗中拖动滑块设置颜色参数，或者直接在数值框中输入所需要的颜色值，然后单击颜色泊坞窗中的【填充】填充(E)，可以为对象内部填充指定的颜色。

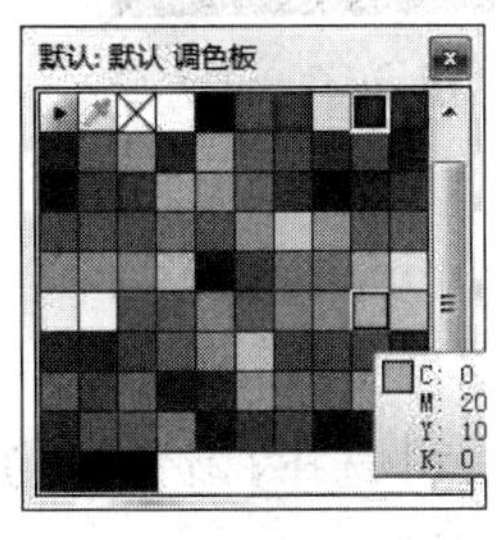


图 10-36　调色板

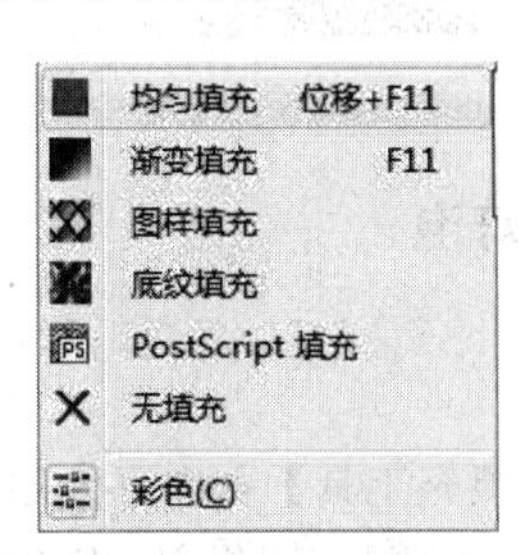


图 10-37　填充工具

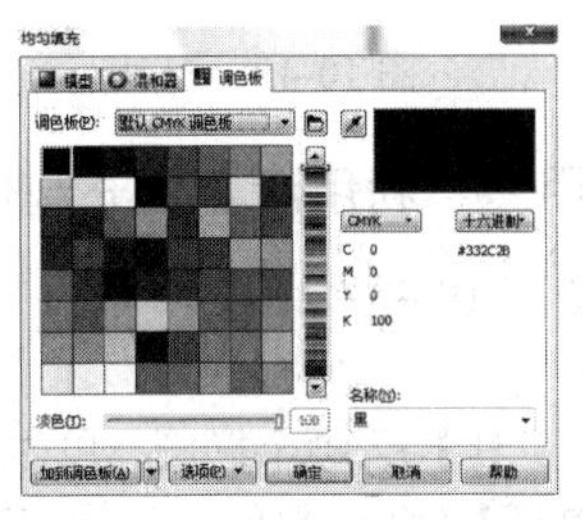

图 10-38　均匀填充对话框

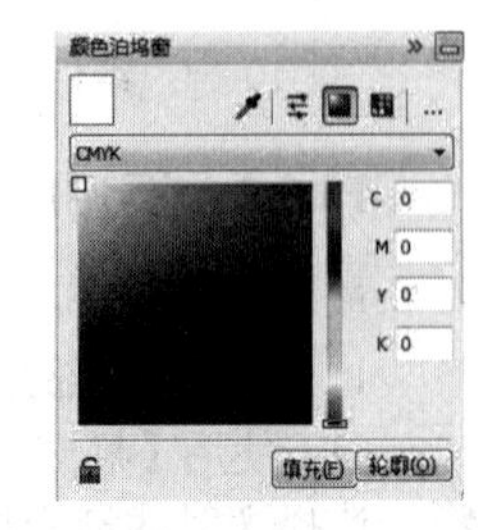


图 10-39　颜色泊坞窗

## 10.3　渐变填充

使用【渐变填充】可以为对象添加两种或多种颜色的平滑渐变效果。【渐变填充】包括【线性】、【辐射】、【圆锥】和【正方形】四种填充类型，可以表现对象的质感和丰富的色彩变化。

### 10.3.1　渐变颜色编辑

选中对象，单击【填充工具】在下拉的选项中选择【渐变填充】，如图 10-40 所示。在弹出的面板中可以设置类型和颜色等，如图 10-41 所示。单击类型(T):，可以设置渐变的类型，如图 10-42 所示。【颜色调和】可以对渐变颜色进行设置，如图 10-43 所示。

图 10-40　填充工具

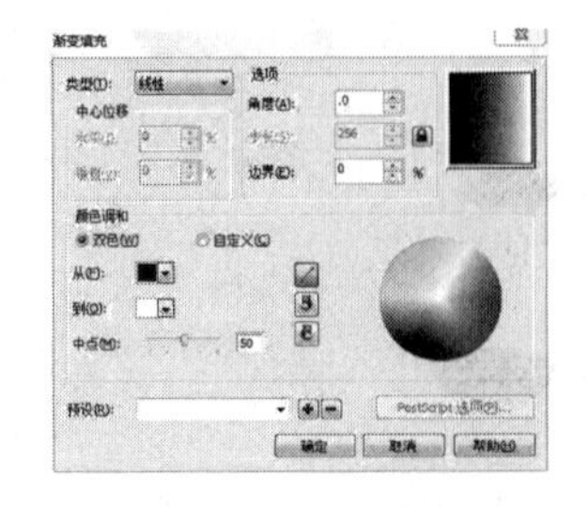

图 10-41　渐变填充对话框

图 10-42　渐变类型

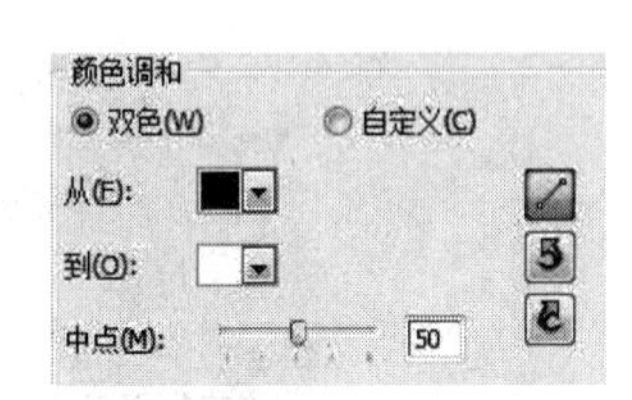


图 10-43　颜色调和对话框

① 【线性填充】：用于在两个或多个颜色之间的直线型的颜色渐变，可以很好地体现柱体的体积感和不锈钢材质的质感。选择对象，在打开的【渐变填充】面板中单击类型(T):下拉的列表中选择【线性】线性，可以对对象进行线性填充，如图 10-44 所示。

② 【辐射填充】：用于在两个或多个颜色之间的以同心圆的形式由对象中心向外辐射生成的渐变效果，可以很好地体现球体的光线、体积感和光晕效果。选择对象，在打开的【渐变填充】

面板中单击类型(T):下拉列表中选择【辐射】辐射，可以对对象进行辐射填充，如图 10-45 所示。

③【圆锥填充】：用于在两个或多个颜色之间的模拟光线打在锥体上的效果，使平面变得立体。选择对象，在打开的【渐变填充】面板中单击类型(T):下拉列表中选择【圆锥】圆锥，可以对对象进行圆锥填充，如图 10-46 所示。

④【正方形填充】：用于在两个或多个颜色之间的以同心方形由对象中间向四周扩散的色彩渐变效果。选择对象，在打开的【渐变填充】面板中单击类型(T):下拉列表中选择【正方形】正方形，可以对对象进行正方形填充，如图 10-47 所示。

图 10-44　线性

图 10-45　辐射

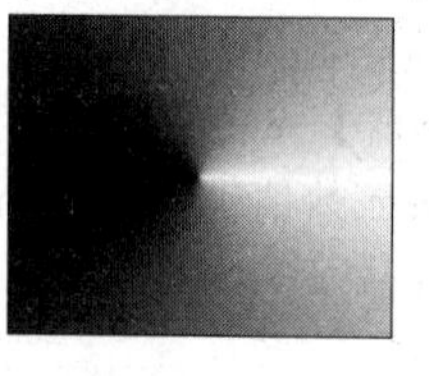
图 10-46　圆锥

图 10-47　正方形

### 10.3.2　案例应用——利用渐变填充制作灯泡

最终完成效果，如图 10-48 所示。

1．灯泡底座部分

（1）使用【椭圆形工具】画个椭圆，单击【填充工具】在下拉的选项中选择【渐变填充】，选择【射线渐变填充】（渐变数值白色到 C20、K80），如图 10-49（a）所示。

（2）画个稍大的椭圆，线形渐变填充，如图 10-49（b）所示。

（3）按【Ctrl+C】键，再按【Ctrl+V】键复制一个相同椭圆，拉大，如图 10-49（c）所示。

（4）单击【调和工具】，将两个椭圆进行交互式调和，如图 10-49（d）所示。

（5）再画个稍大的椭圆，单击【渐变填充工具】，选择线形渐变填充，如图 10-49（e）所示。

（6）按【Ctrl+C】键，再按【Ctrl+V】键复制一个相同椭圆，如图 10-49（f）所示。

（7）单击【调和工具】进行调和，按【Ctrl+K】键拆分调和群组，调和群渐变，如图 10-49（g）所示。

（8）画个椭圆填充渐变（渐变数值：黑色到 K50），如图 10-50（a）所示。

（9）螺柱部分：画两个椭圆，单击【窗口】→【泊坞窗】→【造型】→【修剪工具】命令，修剪后再相交，再在上面填充一层填充渐变，再在底下一层填充【K40】，得到如图 10-50（b）所示。

（10）把刚做好的螺柱部分放到底部适合位置，如图 10-50（c）所示，底座部分完成。

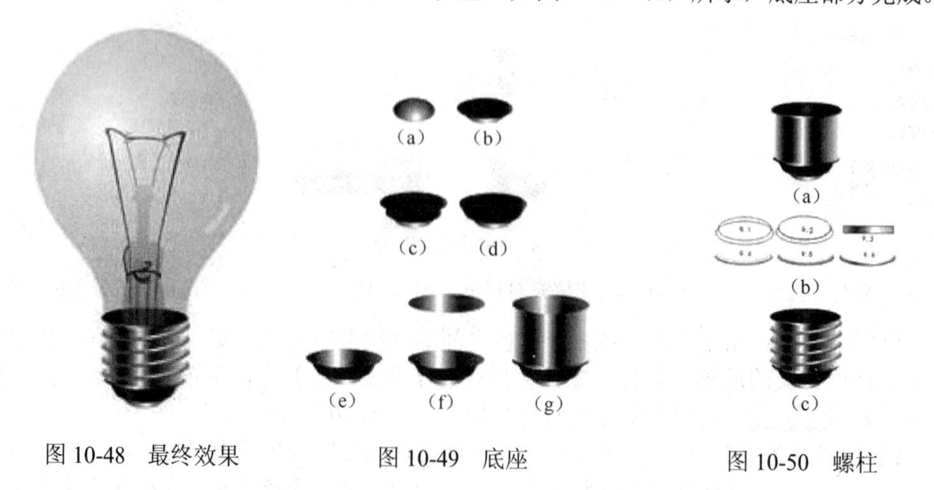

图 10-48　最终效果　　图 10-49　底座　　图 10-50　螺柱

**2．灯泡灯芯部分**

（1）用【钢笔工具】画出灯芯形状，填充渐变（渐变数值 K14 到 C64 M31），选择【交互式透明工具】，拖拽透明度效果，如图 10-51（a）所示。

（2）用【钢笔工具】画出灯芯内的结块形状，填充渐变（渐变数值 K14 到 C64、M31），选择【交互式透明工具】，拖拽透明度效果，如图 10-51（b）所示，再用【钢笔工具】勾出灯丝，如图 10-51（c）所示。

（3）用【钢笔工具】画出灯丝柱放置灯芯底层，如图 10-52（a）所示。

（4）用【钢笔工具】画出钨丝，如图 10-52（b）所示，灯芯部分完成。

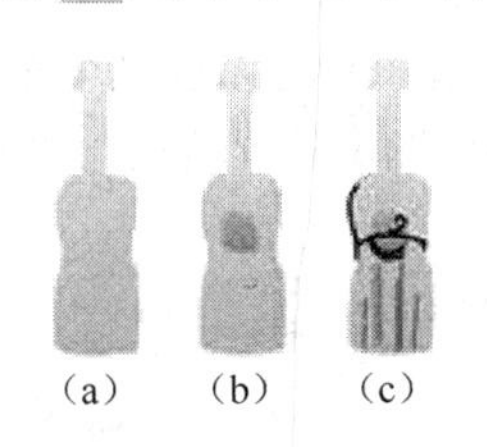
（a）　（b）　（c）

图 10-51　灯芯形状

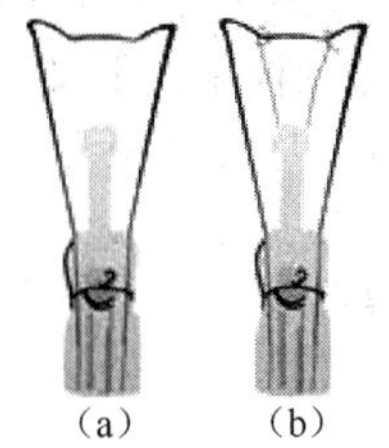
（a）　（b）

图 10-52　钨丝

**3．灯泡部分**

（1）回到灯座，按键盘上的【+】键，复制最上的黑色椭圆，为了区分，我们先填充灰色，转成曲线，如图 10-53（a）所示。

（2）单击【形状工具】，拖动上面的节点，如图 10-53（b）所示。

（3）画个椭圆，如图 10-54 所示。

（4）与灰色层相结合，得到如图 10-55 所示。

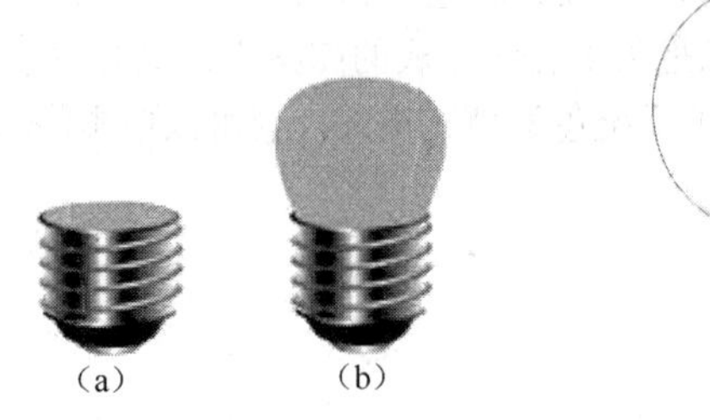
（a）　（b）

图 10-53　椭圆

图 10-54　形状

图 10-55　结合

（5）单击【形状工具】，选中灰色图层，删除两边的节点，如图 10-56 所示。

（6）用渐变填充灯泡颜色（渐变数值：白色到 C100），选择【交互式透明工具】，拖拽透明度效果，如图 10-57 所示。

（7）把做好的灯芯放到灯泡里，顺序为在灯泡后面，调整下灯芯与灯座的结合处，再在灯泡上做点折射面。整个灯泡就完成，如图 10-58 所示。

图 10-56　删除节点

图 10-57　渐变填充

图 10-58　组合

## 10.4 图案填充

图案填充分为【图样填充】、【底纹填充】、【PostScript 填充】等填充方式，如图 10-59 所示。

### 10.4.1 图样填充

CorelDRAW X6 提供了预设的多种图案，使用【图样填充】对话框可以直接对对象进行图案填充，也可以填充预设好的图案，绘制好的对象或导入的图像，可以对图样填充进行预设。

选中对象，单击【图样填充】，在弹出来的对话框中可以选择填充类型、颜色、大小等，如图 10-60 所示。也可以单击浏览(L)...下载或制作创建图案进行填充，如图 10-61 所示。

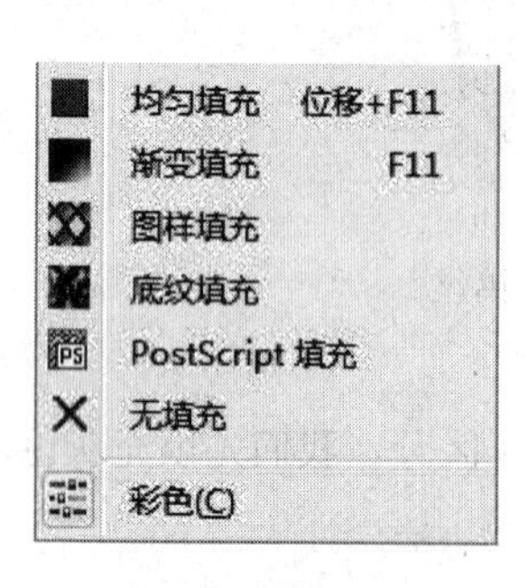


图 10-59 填充工具

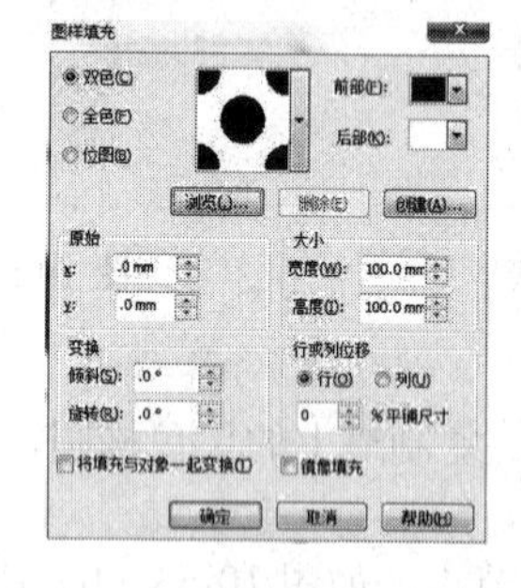

图 10-60 图样填充对话框

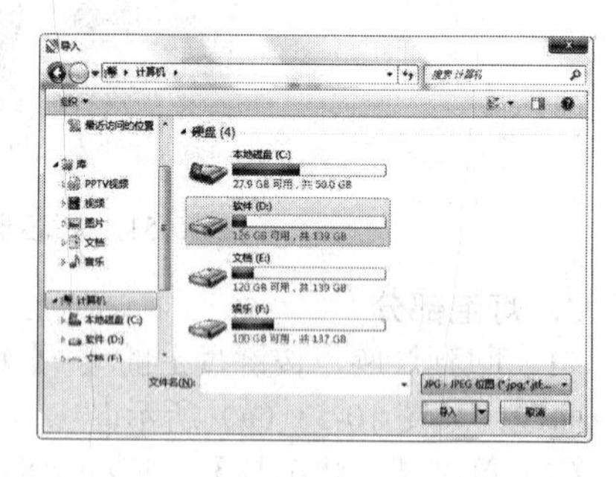

图 10-61 浏览

① 【双色填充】：在【图样填充】对话框中单击双色(C)，在后面的下拉选项中可以选择图案样式，如图 10-62 所示。可以为对象的前部(F):和后部(K):设置颜色，如图 10-63 所示。

② 【全色填充】：使用全色图样填充，可以把矢量花纹生成的图案为样式对对象进行填充，如图 10-64 所示。单击更多...，软件中包含多种【全色】填充样式，也可以单击浏览(L)...下载或制作创建图案进行填充，如图 10-65 所示。

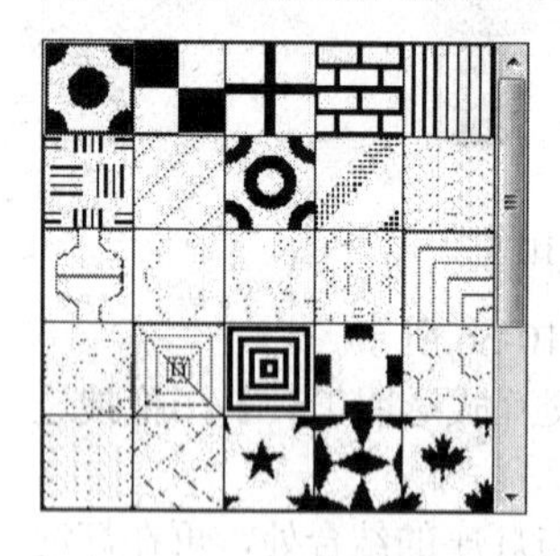

图 10-62 图样填充

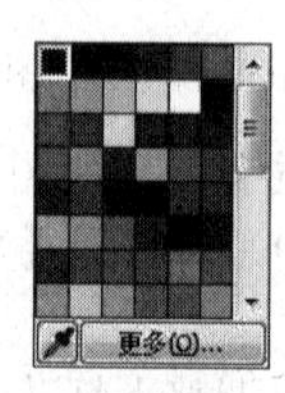


图 10-63 设置颜色

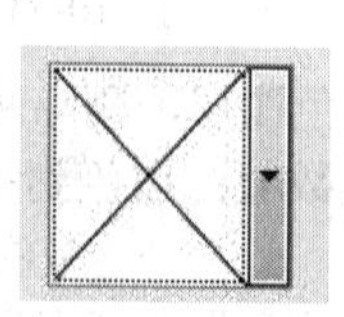

图 10-64 全色

图 10-65 更多

③ 【位图填充】：使用【位图】图样填充，可以选择位图图像为对象进行填充。

### 10.4.2 底纹填充

【底纹填充】是随机产生的纹理来对对象进行填充，CorelDRAW X6 提供了多种底纹样式，还可以通过【底纹填充】对话框对属性进行相应的调整。选中对象，单击【底纹填充】，在弹出的【底纹填充】对话框中可以对底纹样式进行设置，如图 10-66 所示。

① 【底纹库】：下拉选项可以选择样品等样式，如图 10-67 所示。

② 【底纹列表】：下拉选项可以对对象进行底纹样式的设置，如图 10-68 所示。

③ 【平铺】：可以对所选底纹的参数进行修改，如图 10-69 所示。

图 10-66　底纹填充

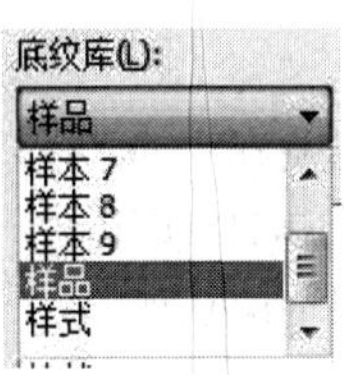


图 10-67　底纹库

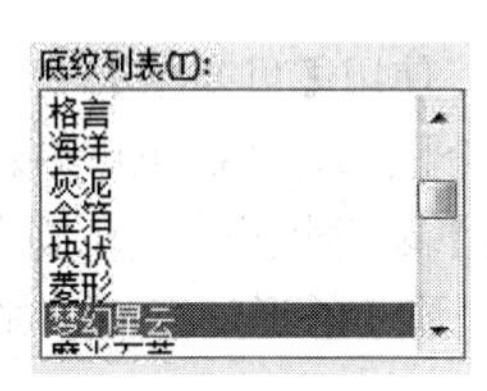


图 10-68　底纹列表

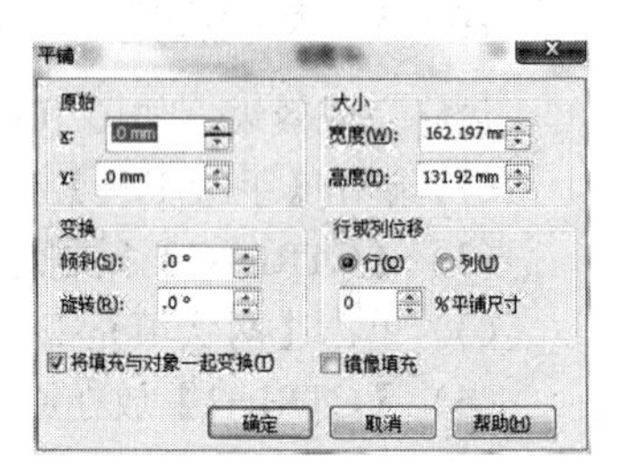


图 10-69　【平铺】对话框

## 10.5　交互式填充

【交互式填充】工具包含填充工具组中所有填充工具的功能，使用该工具可以对对象设置各种填充效果，其属性栏选项可以对对象的填充属性进行更改或设置。

### 10.5.1　交互式填充属性栏

选中对象，单击【交互式填充】工具，在属性栏可以设置更改属性等，如图 10-70 所示。单击下拉设置填充样式，有【无填充】、【均匀填充】、【线性】、【辐射】、【圆锥】、【正方形】、【双色图样】、【全色图样】、【位图图样】、【底纹填充】、【PostScript 填充】等填充方式，如图 10-71 所示。也可以使用鼠标左键单击调色板中的色样，如图 10-72 所示，即可为该对象填充新的颜色。使用鼠标左键将调色板中的色样拖至对象，也可以修改对象的填充颜色。

图 10-70　交互式填充属性栏

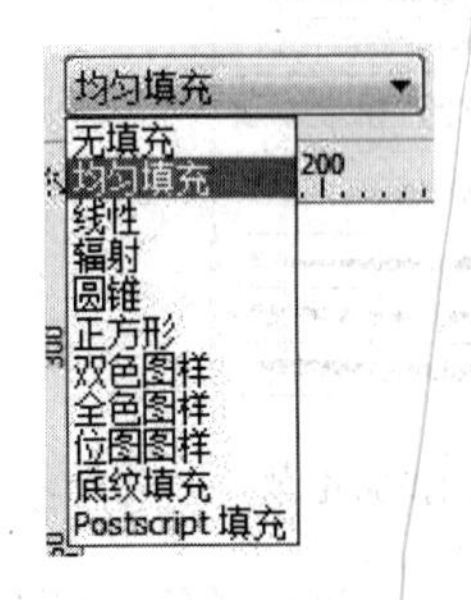


图 10-71　填充样式

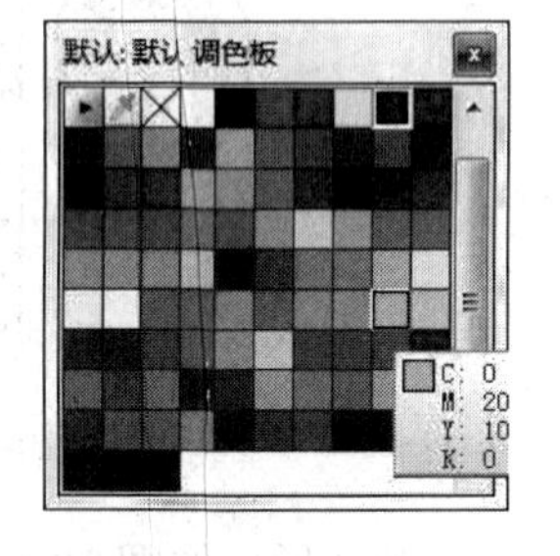


图 10-72　调色板

图 10-73　网状填充

### 10.5.2　交互式网状填充

使用【网状填充】工具，可以对所选对象设置不同参数的网格数量和节点并进行颜色填充，填充不同颜色的混合效果，可以做包含色彩比较丰富的设计。选中对象，单击【网状填充】，对对象进行网状填充的设置，如图 10-73 所示。可以在属性栏对对象进行参数设置，如图 10-74 所示。可选择矩形和手绘两种模式，如图 10-75 所示。

图 10-74　属性栏

图 10-75　模式

### 10.5.3 案例应用——利用交互式网状填充制作萝卜

最终完成效果，如图 10-76 所示。

（1）单击【手绘工具】，使用【贝塞尔】工具先绘制一个萝卜的外形，如图 10-77 所示。

（2）【CTRL+C】复制这个图形，【CTRL+F】粘贴在前面。

（3）单击【网状填充工具】并填充红色，如图 10-78 所示。

（4）【CTRL+[】放在原来那个外形的下面，如图 10-79 所示。

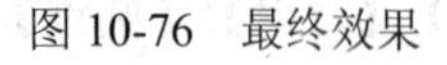

图 10-76 最终效果

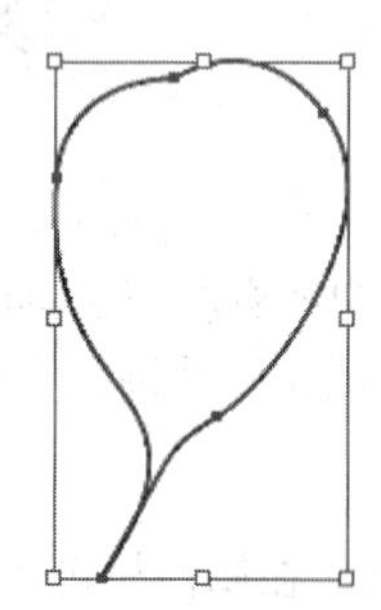

图 10-77 外形

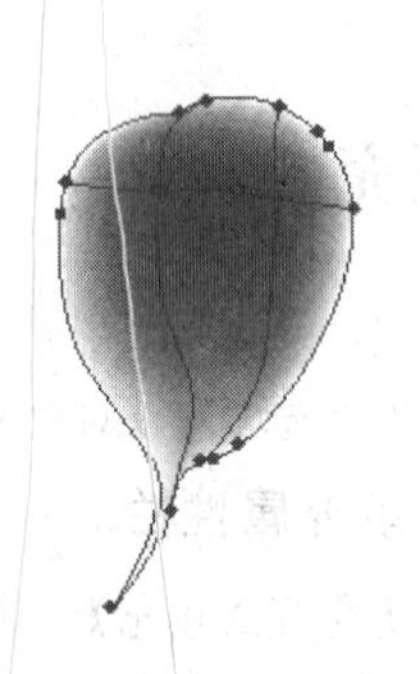

图 10-78 填充

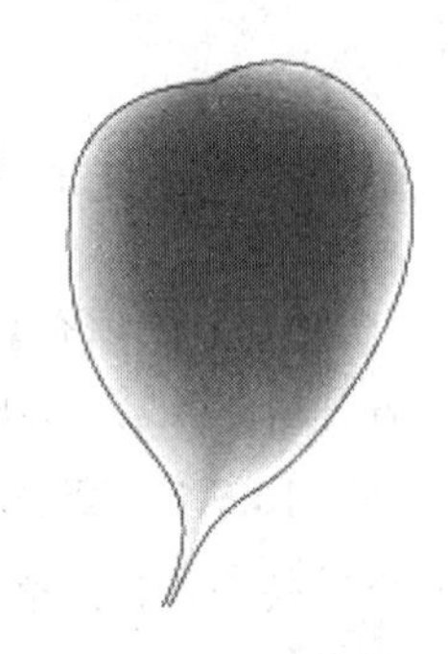

图 10-79 后移

（5）使用【选择工具】选中这个外轮廓，使用【形状工具】选择节点，在属性栏中单击【断开】按钮，将其开为两条线段，如图 10-80 所示。

（6）单击【艺术笔工具】，施加画笔效果，如图 10-81 所示。

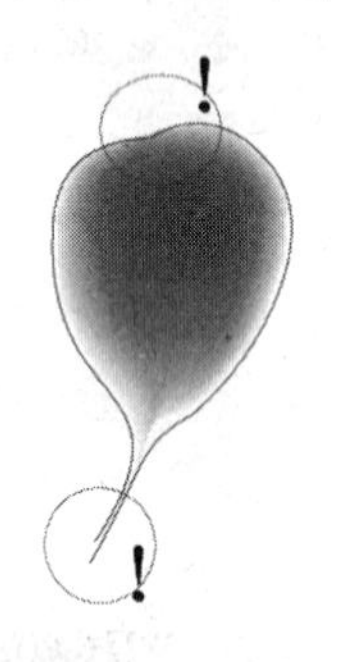

图 10-80 断开节点

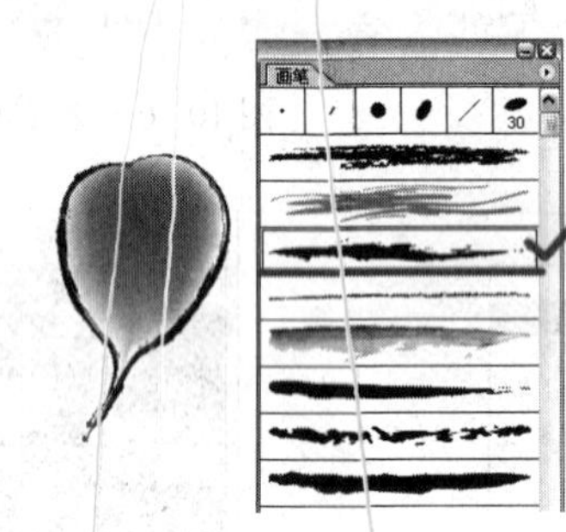

图 10-81 添加轮廓

（7）单击【贝塞尔工具】绘制叶子的外形，如图 10-82 所示。填充颜色，如图 10-83 所示。

（8）单击【网状填充工具】，进行颜色编辑，如图 10-84 所示。

图 10-82 外形

图 10-83 填充

图 10-84 网状填充

（9）使用【选择工具】选中这个外轮廓，使用【形状工具】选择节点，在属性栏中按钮，将其开为两条线段。单击【艺术笔工具】，施加画笔效果，如图 10-85 所示。

（10）用同样的方法再制作一片叶子，然后把上面的三个物件组合起来，如图 10-86 所示。

（11）再用【手绘工具】绘制几条点缀线，如图 10-87 所示。把这几根线制作出模糊效果，完成案例制作，如图 10-88 所示。

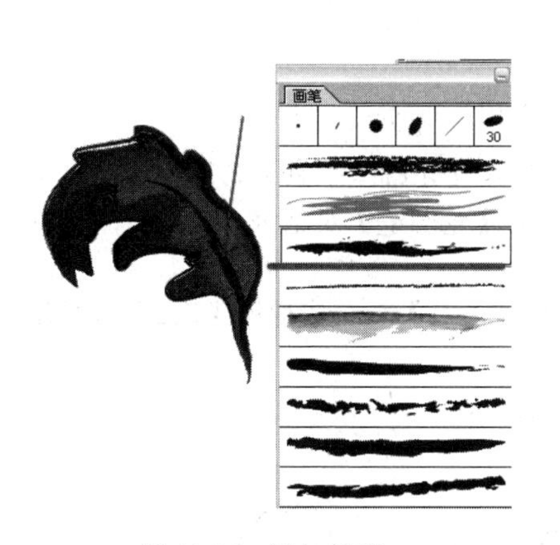


图 10-85　添加轮廓

图 10-86　叶子组合

图 10-87　加点缀

## 10.6　综合训练——打造兰花水墨画效果

最终完成效果，如图 10-89 所示。

图 10-88　组合

图 10-89　最终效果

**1．新建文件**

按【Ctrl+N】键，新建一个文件，大小为【A4】，颜色模式为【RGB】，背景内容为【白色】，单击【确定】按钮。

**2．画叶子**

（1）单击【贝塞尔】工具，如图 10-90 所示，画出叶子的走势,定下画面的大概布局，也就是构图，如图 10-91 所示。

图 10-90 贝塞尔

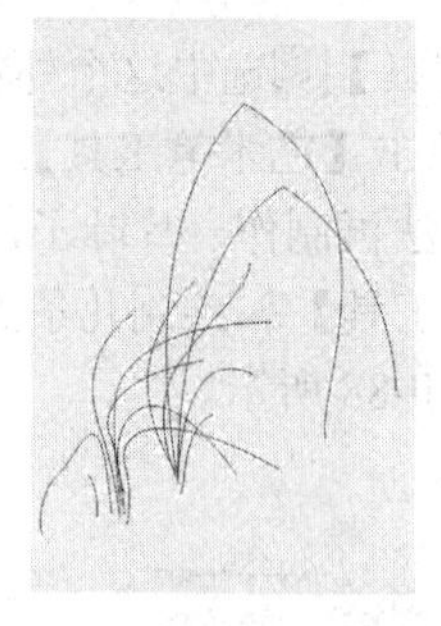
图 10-91 布局

（2）使用【选择工具】选择需要设置轮廓线的对象，单击【轮廓笔工具】展开的工具选项板，如图 10-92 所示，选中【轮廓笔】，打开【轮廓笔】对话框，可在里面设置变更轮廓线的属性，将线条加粗，如图 10-93 所示。

（3）按【Ctrl+Shift+Q】键，将轮廓转换为对象,再用【形状工具】，快捷键【F10】将对象调整成叶子形状，如图 10-94 所示。

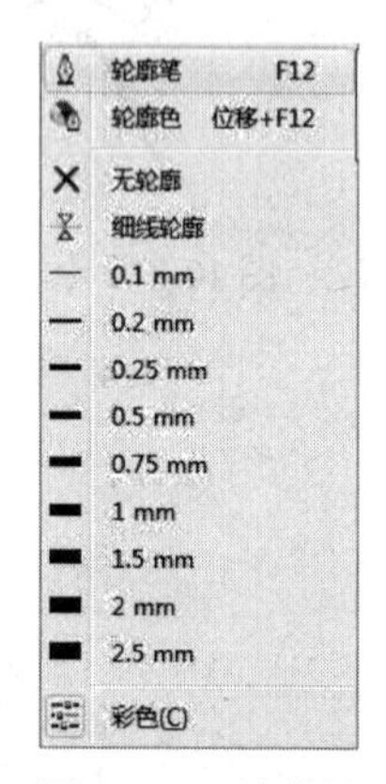

图 10-92 轮廓笔

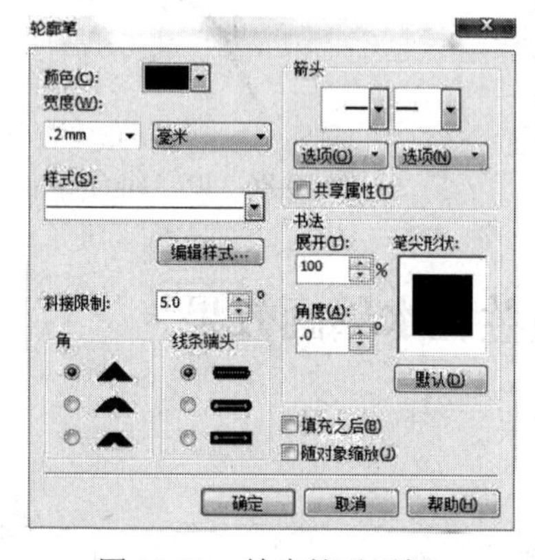

图 10-93 轮廓笔对话框

图 10-94 调整形状

**3．画花**

（1）【贝塞尔】工具画出五片花瓣的结构，如图 10-95 所示。

（2）使用【选择工具】选择需要设置轮廓线的对象，单击【轮廓笔工具】展开的工具选项板，选中【轮廓笔】，也可以按下快捷键【F12】，打开【轮廓笔】对话框，将线条加粗，并按【Ctrl+Shift+Q】键将轮廓转换为对象，填充浅灰色。

（3）使用【形状工具】，将对象调整成花瓣形状，再选择【网状填充】，对花瓣进行网状的颜色填充。

（4）先用【贝塞尔工具】画出花蕊，将其填充为黑色，如图 10-96 所示。

图 10-95 形状

图 10-96 花瓣

图 10-97 组合

（5）花茎跟花瓣制作方法同花瓣，如图 10-97 所示。

**4．石头**

（1）先用【贝塞尔工具】画出石头的外形。

（2）使用【选择工具】选择需要设置轮廓线的对象，单击【轮廓笔工具】展开的工具选项板，选中【轮廓笔】，打开【轮廓笔】对话框，将线条加粗并按【Ctrl+Shift+Q】键将轮廓转换为对象，调整出石头的轮廓。

（3）再用【形状工具】，将对象调整成花瓣形状，再选择【网状填充工具】，对石头进行网状的颜色填充。调整填充色彩接近于水墨画，如图 10-98 所示。

**5．题款**

用【贝塞尔工具】画出印章外形，填充红色。输入文字，填充白色，图框精确剪裁将文字置入到印章中，一幅水墨兰花就完成了，如图 10-99 所示。

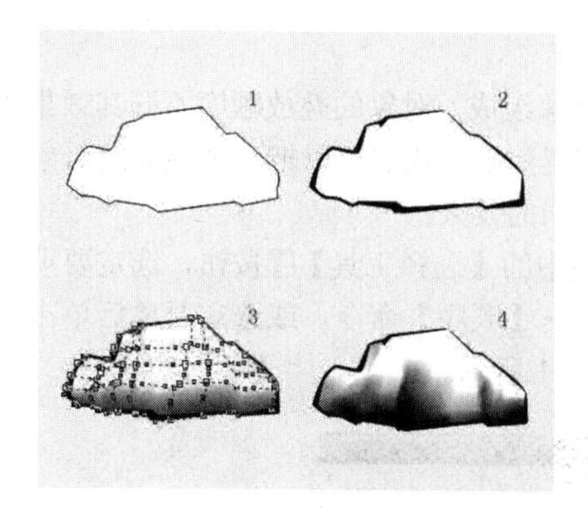


图 10-98　石头

图 10-99　组合

## 10.7　本章小结

本章中详细地介绍了轮廓线编辑的操作方式和标准填充、渐变填充、填充工具、互式填充等填充方式。轮廓线的编辑和色彩填充是美化图形的主要手段，掌握好轮廓线编辑和各种填充的操作技巧，再配合好其他工具共同使用，将可以设计出色彩多变的灵活的作品。

## 10.8　课后练习

1．制作一个卡通人物，效果如图 10-100 所示。

2．制作一支口红，效果如图 10-101 所示。

图 10-100　制作卡通

图 10-101　制作口红

# 第 11 章　对 象 管 理

对象的管理在 CorelDRAW X6 中有非常重要的作用，对象的编辑与管理在平面设计中是一项很重要的工作，很多平面设计的操作都是基于对象来进行编辑与处理的，如对象顺序的调整和叠放次序、对象的对齐与分布、对象的群组与解组、对象的合并与拆分、对象的锁定与解锁、对象的控制等。因此，只有熟悉并掌握对象的编辑与管理，才能更好地使用 Corel DRAW X6 进行设计。

## 11.1　对象的叠放次序

通常一幅设计作品都是由多个不同的对象组成，对象的叠放顺序不同其效果也会不同。在编辑图像时可以利用图层的叠放组成图案或体现效果。我们可以把一个独立的对象或群组的对象作为一个图层，对象的叠放次序不同将产生不同的效果。

要调整对象的顺序，首先要单击工具箱中的【选择工具】按钮，选定要调整对象叠放次序的独立对象或群组对象，然后执行【排列】→【顺序】命令，或选定对象后单击鼠标右键，在弹出的快捷菜单中执行【顺序】命令，如图 11-1 所示。

图 11-1　排序菜单下的顺序命令示意图

① 【到页面前面/后面】：选中中间的圆形并右击，在弹出的子菜单中执行【到页面前面】命令，或按【Ctrl+Home】键，执行【到页面后面】命令，或按【Ctrl+End】键，效果如图 11-2 所示。

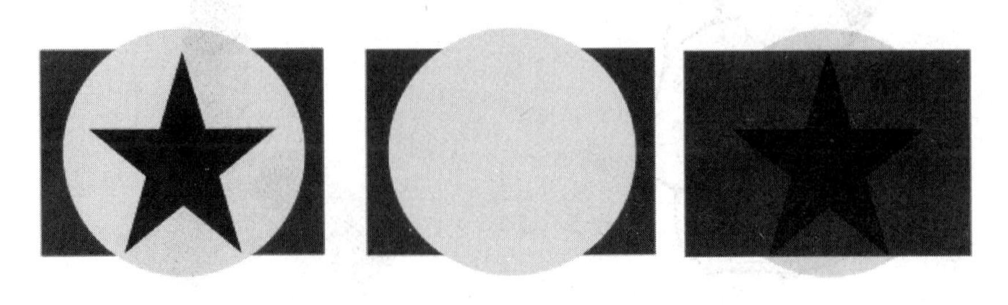

图 11-2　到页面前面/后面的效果图

② 【到图层前面/后面】：在弹出式的子菜单中执行【到图层前面】命令，或按【Shint+Page Up】键，效果如图 11-3（a）所示；执行【到图层后面】命令，或按【Shint+Page Down】键，效果如图 11-3（b）所示。执行【向前一层】命令，或按【Ctrl+Page Up】键，效果如图 11-3（c）所示；执行【向后一层】命令，或按【Ctrl+Page Down】键，效果如图 11-3（d）所示。

（a）到图层前面　（b）到图层后面　（c）向前一层　（d）向后一层

图 11-3　图层前后面和向前向后调整效果图

③ 【置于对象前后】：在弹出的子菜单中执行【置于此对象前】命令，选择前一层进行转换效果，如图 11-4（a）所示；执行【置于此对象后】命令，选择后一层进行转换效果，如图 11-4（b）所示。

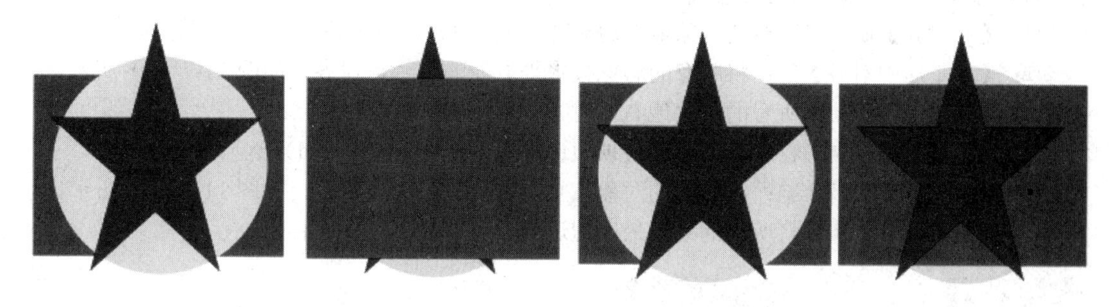

（a）矩形至于五角星前　（b）矩形置于五角星后

图 11-4　置于此对象前后效果图

④ 【逆序】：在弹出的子菜单中执行【逆序】命令，可以将对象次序逆反，效果如图 11-5 所示。

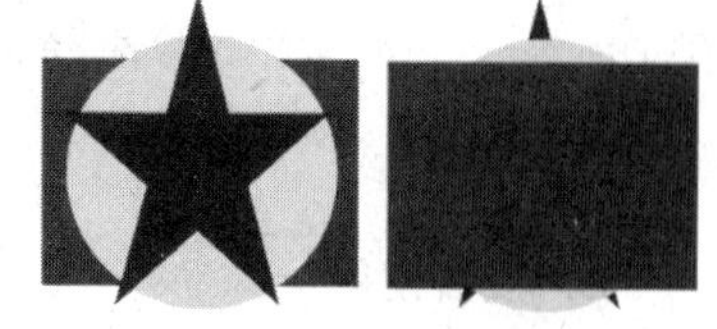

图 11-5　逆序调整效果图

## 11.2　对象的对齐和分布

在进行平面设计时，经常要在画面中添加大量排列整齐的对象。在 CorelDRAW X6 中可以使用【对齐和分布】命令来实现。

第一种：选中对象，然后执行【排列】→【对齐和分布】命令，在弹出的子菜单中选择相应的命令进行操作，如图 11-6（a）所示。

第二种：选择对象，然后在属性栏上单击【对齐和分布】按钮，打开【对齐和分布】面板进行单击操作，如图 11-6（b）所示。下面针对【对齐和分布】面板，详细学习对齐和分布的相关操作。

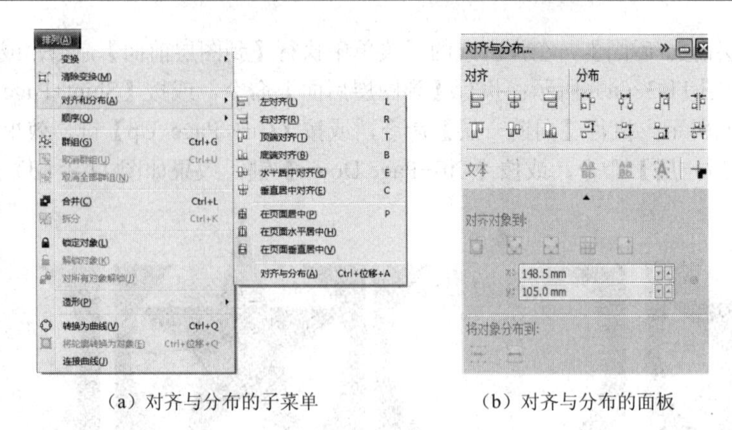


（a）对齐与分布的子菜单　　（b）对齐与分布的面板

图 11-6　对齐与分布

## 11.2.1　多个对象的对齐

### 1．单独使用

如图 11-6（b）所示，在对齐按钮的选项卡中，左侧的【上】、【中】、【下】三个选项用于设置对象在水平方向上的对齐方式。

① 【左对齐】：将所有的对象最左边对齐，如图 11-7（a）所示。

② 【水平居中对齐】：将所有的对象按水平方向的中心点对齐，如图 11-7（b）所示。

③ 【右对齐】：将所有的对象最右边对齐，如图 11-7（c）所示。

④ 【顶端对齐】：将所有的对象最顶边进行对齐，如图 11-7（d）所示。

⑤ 【垂直居中对齐】：将所有的对象按垂直方向的中心点对齐，如图 11-7（e）所示。

⑥ 【底端对齐】：将所有的对象最底边进行对齐，如图 11-7（f）所示。

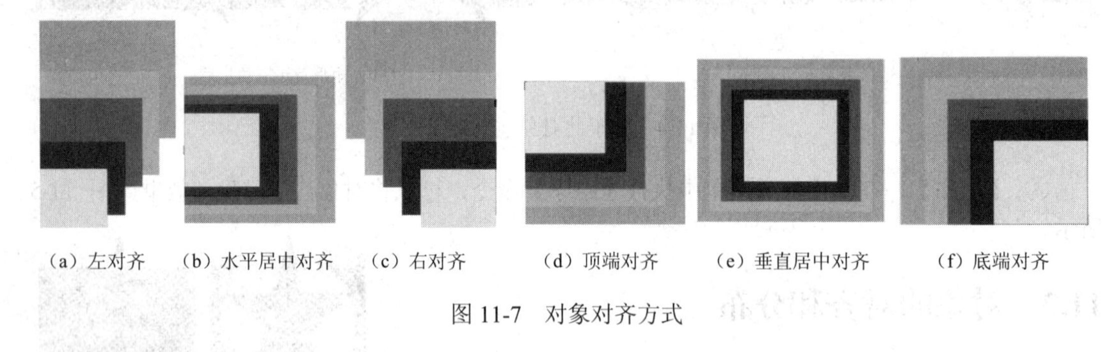

（a）左对齐　（b）水平居中对齐　（c）右对齐　（d）顶端对齐　（e）垂直居中对齐　（f）底端对齐

图 11-7　对象对齐方式

### 2．混合使用

在进行多个对象的对齐操作的时候，除了分布单独使用对齐选项操作外，也可以进行组合使用，具体的操作方法有以下 5 种。

第 1 种：选中多个对象，然后单击【左对齐】按钮，再单击【上对齐】按钮，可以将所有的对象向左上角进行对齐，如图 11-8（a）所示。

第 2 种：选中多个对象，然后单击【左对齐】按钮，再单击【下对齐】按钮，可以将所有的对象向左下角进行对齐，如图 11-8（b）所示。

第 3 种：选中多个对象，然后单击【水平居中对齐】按钮，再单击【垂直居中对齐】按钮，可以将所有的对象向正中心进行对齐，如图 11-8（c）所示。

第 4 种：选中多个对象，然后单击【右对齐】按钮，再单击【上对齐】按钮，可以将所有的对象向右上角进行对齐，如图 11-8（d）所示。

第 5 种：选中多个对象，然后单击【右对齐】按钮，再单击【下对齐】按钮，可以将所有的对象向右下角进行对齐，如图 11-8（e）所示。

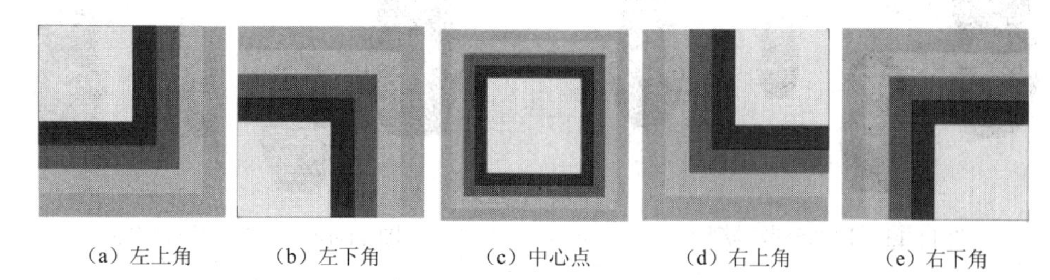

（a）左上角　（b）左下角　（c）中心点　（d）右上角　（e）右下角

图 11-8　对齐方式混合使用效果

**3．对齐位置**

①【活动对象】：将选中的多个对象对齐到选中的活动对象。

②【页面边缘】：将选中的多个对象对齐到页面边缘。

③【页面中心】：将选中的多个对象对齐到页面中心。

④【网格】：将选中的多个对象对齐到网格。

⑤【指定点】：将选中的多个对象对齐到指定的点。

### 11.2.2　多个对象的分布

在【对齐与分布】的面板中，可以进行与分布相对应的操作，如图 11-6（b）所示。

**1．分布类型**

①【左分散排列】：将选中的多个对象对齐到选中的活动对象，如图 11-9 所示。

②【水平分散排列中心】：将选中的多个对象对齐到页面边缘，如图 11-10 所示。

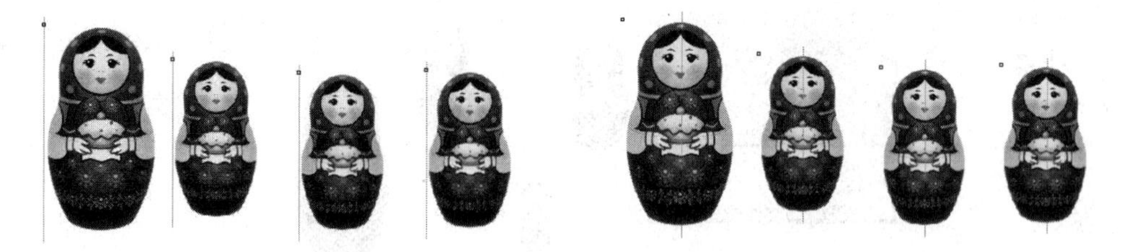

图 11-9　左分散排列图　　图 11-10　水平分散排列图

③【右分散排列】：将选中的多个对象对齐到页面中心，如图 11-11 所示。

④【水平分散排列间距】：平均设置对象水平的间距，如图 11-12 所示。

图 11-11　右分散排列图　　图 11-12　水平分散排列间距图

⑤ 【顶部分散排列】：将选中的多个对象对齐到选中的活动对象，如图 11-13 所示。

⑥ 【垂直分散排列中心】：将选中的多个对象对齐到页面边缘，如图 11-14 所示。

图 11-13　顶部分散排列图　　　　图 11-14　顶部分散排列图

⑦ 【底部分散排列】：将选中的多个对象对齐到页面中心，如图 11-15 所示。

⑧ 【垂直分散排列间距】：平均设置对象的垂直间距，如图 11-16 所示。

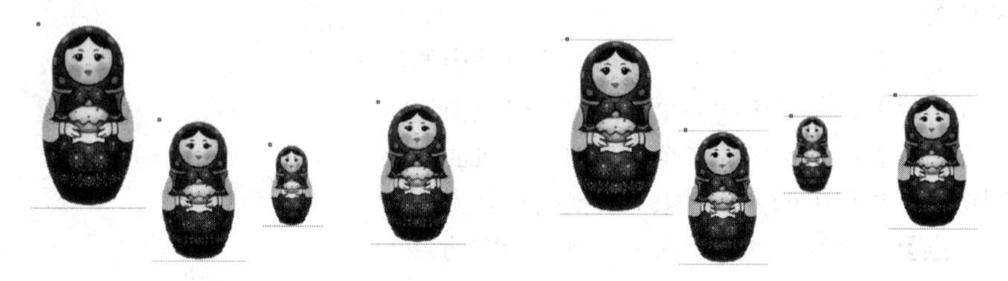

图 11-15　底部分散排列图　　　　图 11-16　垂直分散排列间距图

类似于对齐一样，分布既可以单独使用，也可以混合使用，可以根据具体的设计对象进行更加精确的分布。

**2．分布位置**

① 【选定范围】：在选定的对象范围内进行分布，如图 11-17 所示。

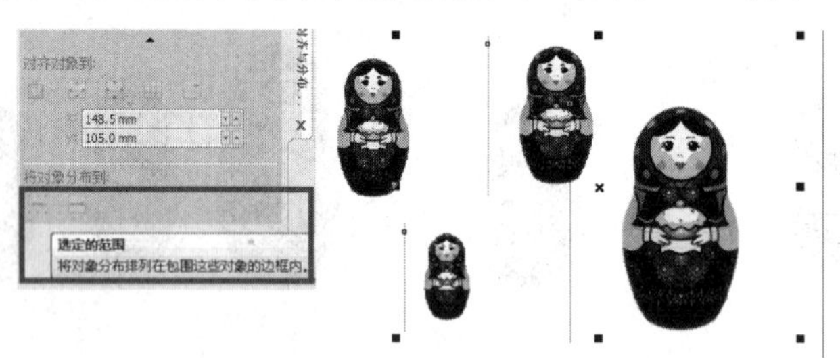


图 11-17　对象分布到选定范围示意图

② 【页面范围】：将对象以页边距为定点平均分布在页面范围内，效果如图 11-18 所示。

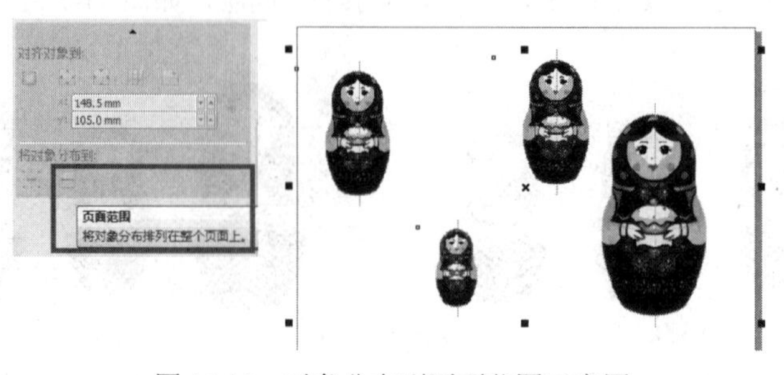


图 11-18　对象分布到页面范围示意图

### 11.2.3　案例应用——制作卡通信纸

卡通信纸的效果如图 11-19 所示。

（1）新建空白文档，然后设置文档名称为【卡通精美信纸】，接着设置页面的大小为【A4】。

（2）导入素材文件【11\卡通信纸\素材\卡通头像】，然后置入到页面上，拖曳到页面左上角进行缩放，如图 11-20 所示。

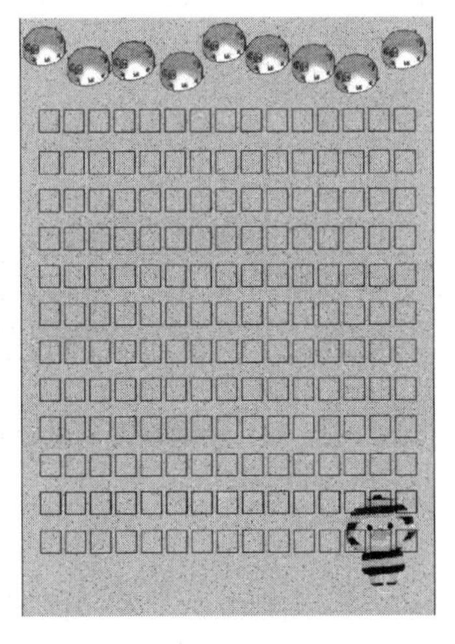

图 11-19　卡通信纸图

图 11-20　导入素材

（3）选中图像，然后复制和粘贴，并进行移动，如图 11-21 所示。

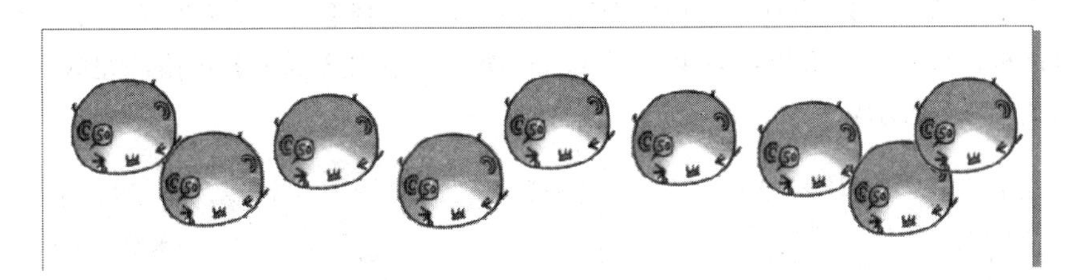

图 11-21　复制图像

（4）全选图形，然后在属性栏中单击【对齐与分布】按钮，打开对齐和分布面板，接着单击【水平分散排列间距】按钮调整间距，再单击【选定范围】按钮，如图 11-22 所示。

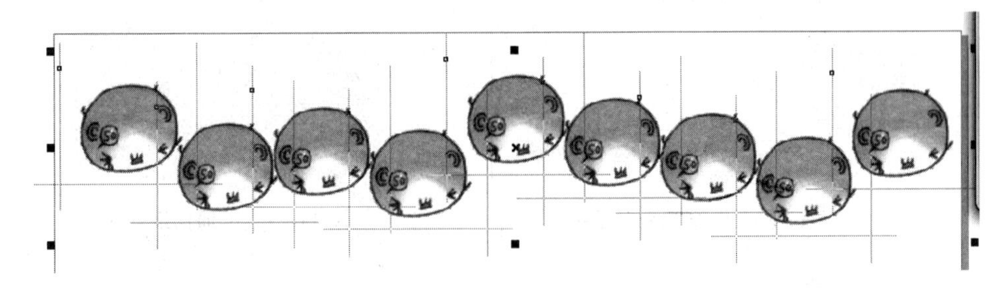

图 11-22　调整间距

（5）选中【矩形工具】，在页面上绘制【10mm×10mm】的矩形，然后按住【Shift】键的同时按住鼠标进行水平拖曳，确定好位置后单击鼠标右键复制一个矩形，接着按住【Ctrl+D】组合键复制到页面的另一边，如图 11-23 所示。设置好水平对齐的间距和分布范围。

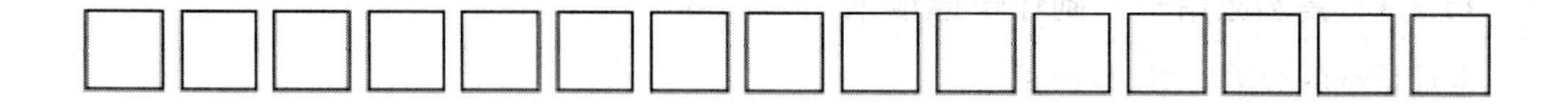

图 11-23 绘制的矩形

（6）全选图形并进行群组，然后以组的方式向下进行复制，接着，在【对齐和分布】面板中设置【垂直分散排列】的间距和对齐到页面中心。效果如图 11-24 所示。

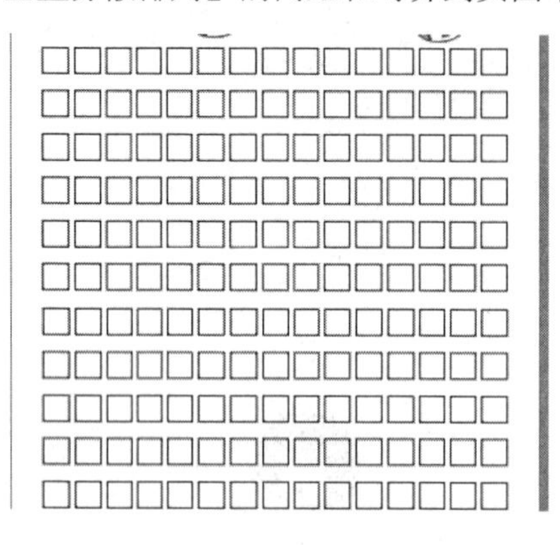

图 11-24 复制的矩形

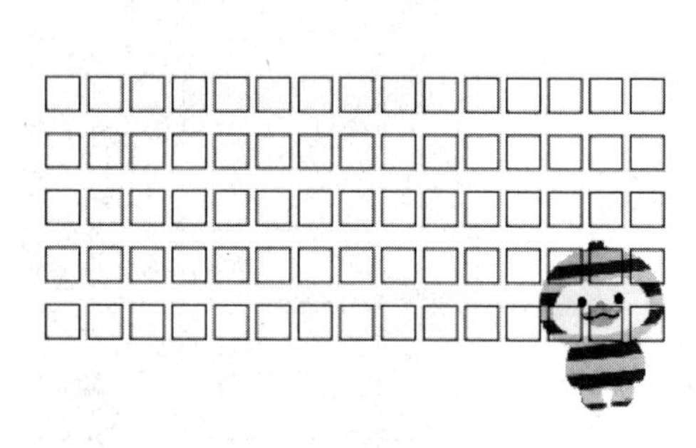

图 11-25 导入的素材

（7）接着，导入素材文件【11\卡通信纸\素材\卡通图】，并将图片放置于页面的右下角，并调整对象的排列顺序，效果如图 11-25 所示。

（8）双击【矩形工具】，绘制一个和页面等大的矩形，选择【底纹填充对话框工具】，弹出【底纹填充】对话框，设置底纹效果，效果如图 11-26 所示，单击【确定】按钮，完成卡通信纸的制作，效果如图 11-27 所示。

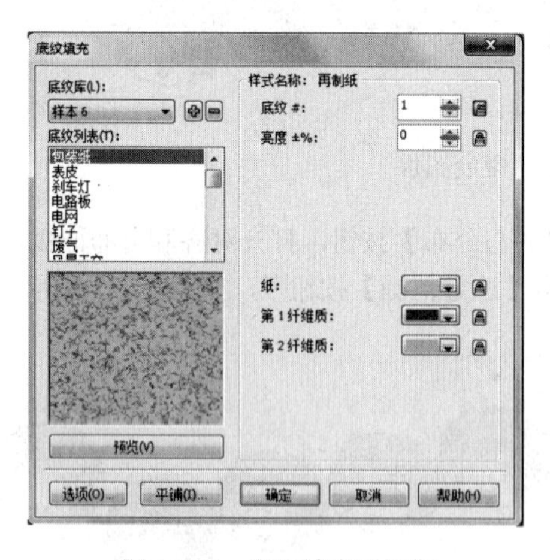


图 11-26 底纹填充对话框

图 11-27 卡通信纸效果

## 11.3 群组与结合

有些图像由许多个独立对象组成，且需要对多个对象进行相同的操作，在编辑复杂图像时，我们可以将这些对象组合成一个整体进行统一的操作。组合后的对象仍然保持其原始的属性，且可以随时解散组合进行单个对象的操作。

### 11.3.1　群组和取消群组

#### 1．群组对象

单击工具箱中的【选择工具】按钮，选中需要群组的各个对象，然后单击鼠标右键，在弹出的下拉菜单中选中【群组】命令；或者单击属性栏中的【群组】按钮进行快速群组；或者执行【排列】→【群组】命令，如图 11-28 所示；或者按下【Ctrl+G】键，即可将所选中的对象进行群组，效果如图 11-29 所示。

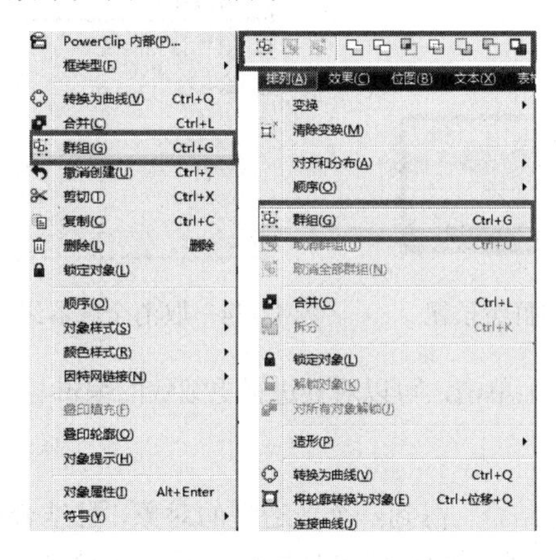


图 11-28　群组命令

图 11-29　群组对象

群组不仅仅用于单个对象之间的群组，也可以用于组与组之间的群组，并且群组后的对象成为一个整体，显示为一个图层。

#### 2．取消群组

使用【选择工具】选中将要取消群组的对象，然后单击鼠标右键，在弹出的下拉菜单中执行【取消群组】命令，或者按【Ctrl+U】键，即可快速取消群组；或者在属性栏中单击【取消群组】命令按钮；或者执行【排列】→【取消群组】命令。群组取消后效果如图 11-30 所示。将对象取消群组后，可以依次对各个对象进行单独的编辑，如图 11-31 所示。

图 11-30　取消群组

图 11-31　单独编辑

执行【取消群组】可以撤销前面进行的群组操作，如果上一步的群组操作是针对组与组之间的群组，那么取消群组后就变为独立的组，而不是独立的单个对象。

#### 3．取消全部群组

如果文件中包含多个群组，想要快速取消全部群组，可以通过使用【取消群组】命令来实现，执行命令后将群组的所有对象彻底解除组合，变为最基本的独立对象。

使用【选择工具】选中需要取消的全部群组的对象，然后单击鼠标右键，在弹出的下拉菜单中执行【取消全部群组】命令，如图 11-32 所示；或者在属性栏中【取消全部群组】命令按钮，如图 11-33 所示；或者执行【排列】→【取消全部群组】命令，如图 11-34 所示，即可取消全部群组。

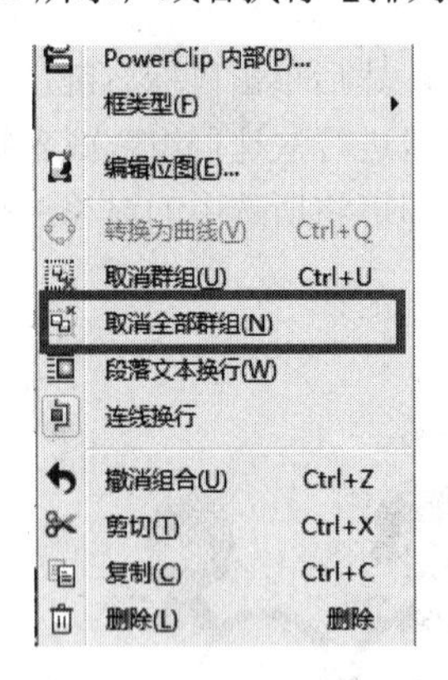


图 11-32　取消全部群组右键菜单

图 11-33　取消全部群组按钮

图 11-34　取消全部群组菜单

将对象取消群组后，使用选择工具在任意单个对象上单击，可以对其进行更细致的编辑与处理。

### 11.3.2　结合和拆分

在 CorelDRAW X6 中可以将多个独立的对象进行结合，得到一个新造型的对象，且结合后不再具有单个原始对象的属性。必须注意的是，群组和结合不同，群组是将两个或多个对象编成一个组，内部还是独立的单个对象，对象的原始属性不变；结合是将两个或多个对象合并为一个全新的对象，其对象的属性也会随之变化。

**1．结合多个对象**

使用【选择工具】选择需要结合的多个对象，然后单击鼠标右键，在弹出的下拉菜单中执行【合并】命令，如图 11-35 所示，或者按【Ctrl+L】键即可将其合并；或者在属性栏中单击【合并】按钮，也可以将其合并，如图 11-36 所示；或者执行【排列】→【合并】命令，如图 11-37 所示；若简单的设置两个圆环，使用合并后的效果如图 11-38 所示。

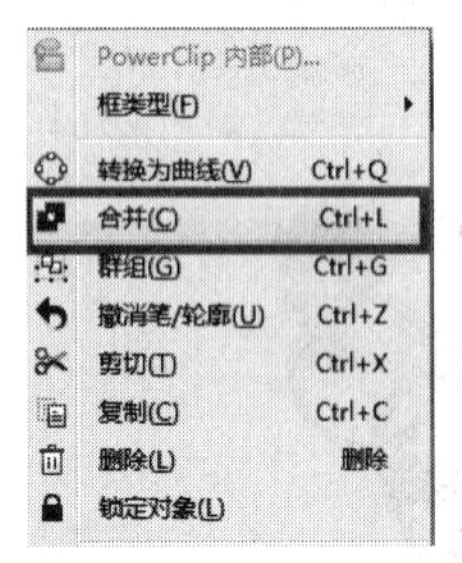


图 11-35　合并右键菜单

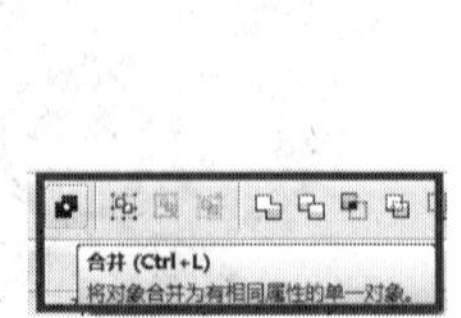


图 11-36　合并按钮

图 11-37　合并菜单

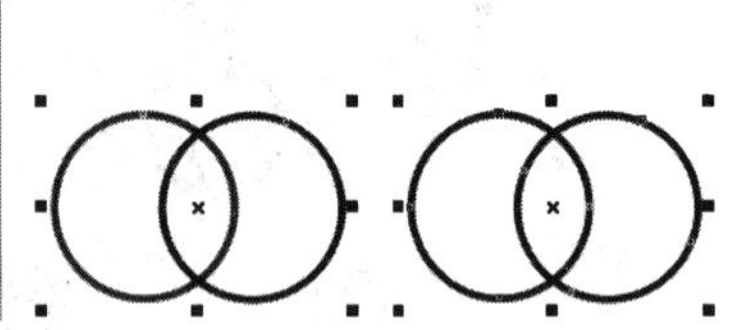

图 11-38　图形合并

在合并的过程中，按住【Shift】键分别选取对象，合并后的对象将沿用最后被选取的对象图案；若通过拖动的方法选取对象，则合并后的对象沿用最下方对象的图案。

合并后对象的属性会同合并前最底层对象的属性保持一致，拆分后属性没有办法恢复。

**2．拆分对象**

使用【选择工具】选择结合的多个对象，然后单击鼠标右键，在弹出式下拉菜单中执行【拆分】命令，如图 11-39 所示，或者按【Ctrl+K】键即可将其拆分；或者在属性栏中单击【拆分】按钮，也可以将其拆分，如图 11-40 所示；或者执行【排列】→【拆分】命令，如图 11-41 所示。

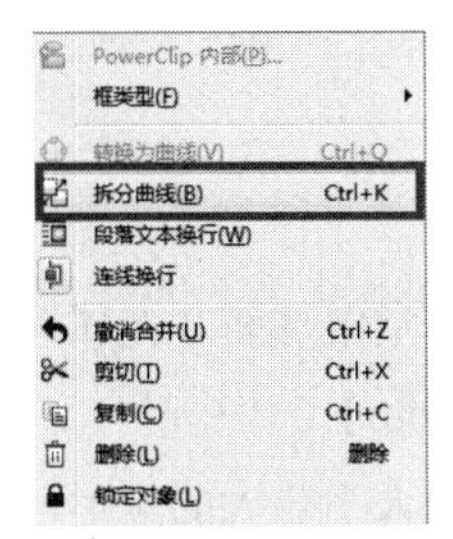


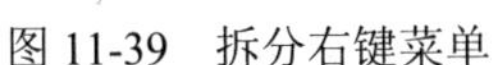
图 11-39　拆分右键菜单

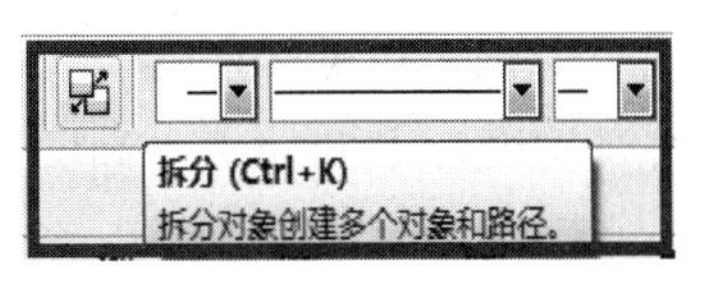


图 11-40　拆分按钮

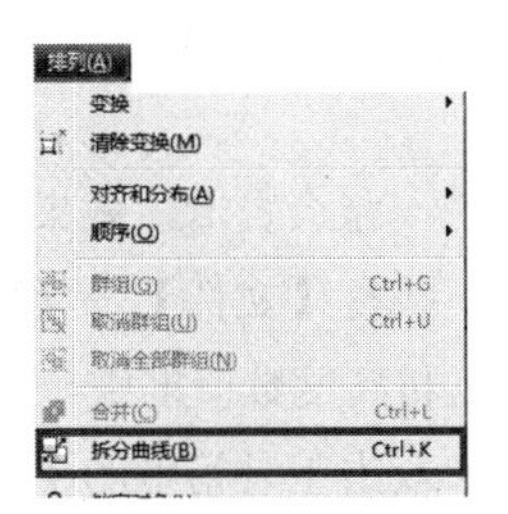


图 11-41　拆分菜单

## 11.4　锁定与解锁

在图形设计制作的过程中，为了避免操作失误，需要将页面中编辑完毕或暂时不需要的编辑的对象锁定在一个固定的位置，使其不能进行变换或移动等编辑，也不会被误删，此时就需要用到锁定功能，继续编辑则需要解锁对象。

**1．锁定对象**

使用【选择工具】选择需要锁定的对象，然后单击鼠标右键，在弹出的下拉菜单中执行【锁定对象】命令完成锁定，如图 11-42 所示，锁定后的对象四周的锚点变成小锁，如图 11-43 所示；或者执行【排列】→【锁定对象】命令进行锁定，如图 11-44 所示，选择多个对象也可以进行同样的操作，可以同时锁定所有对象。

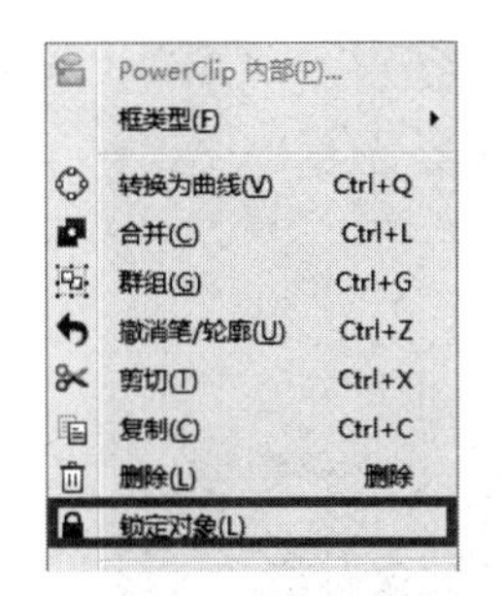


图 11-42　锁定对象右键菜单

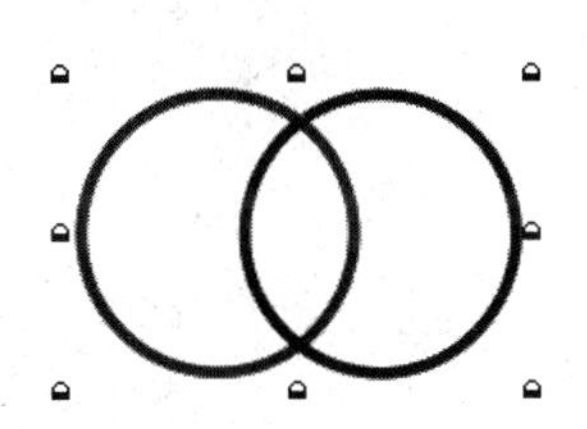

图 11-43　锁定对象

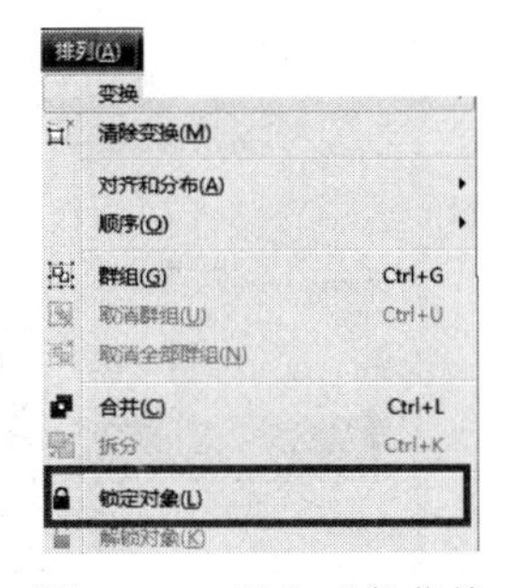


图 11-44　锁定对象菜单

**2．解锁对象**

使用【选择工具】选择需要解锁的对象后，然后单击鼠标右键，在弹出的下拉菜单中执行【解锁对象】命令完成解锁，如图 11-45 所示，解锁后的对象四周的锚点变回方点；或者执行【排列】→【解锁对象】命令进行解锁，如图 11-46 所示；执行【排列】→【解除锁定所有对象】命令，可以同时解锁所有锁定的对象。

图 11-45　解锁右键菜单

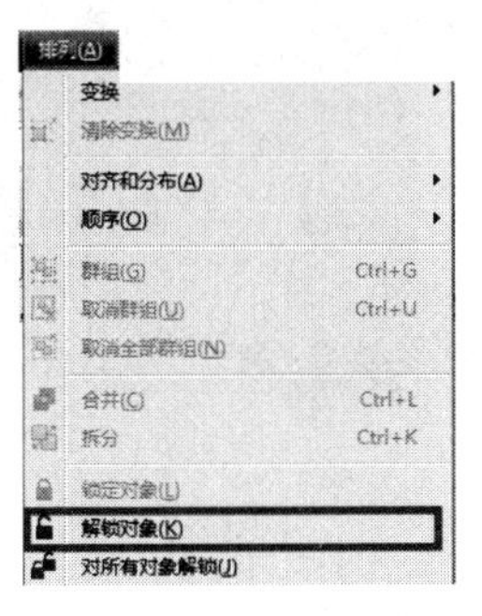


图 11-46　解锁菜单

## 11.5 综合训练——制作会员卡

制作一张会员卡，效果如图 11-47 所示。

（1）执行【文件】→【新建】命令，或者按【Ctrl+N】，新建一个空白页面。在属性栏上纸张的宽度和高度数值框中，修改纸张的宽度为【90mm】、高度为【55mm】。

（2）双击工具箱中的【矩形工具】，在绘图页面上绘制一个与页面大小等大的矩形，在属性栏上的【矩形的边角圆滑度】中输入【5】，将直角矩形变为圆角矩形，效果如图 11-48 所示。

图 11-47 会员卡效果

图 11-48 绘制的圆角矩形

（3）按【F11】键，弹出【渐变填充】对话框，对矩形进行渐变填充，设置的对话框如图 11-49 所示，设置后用鼠标右键单击调色板上方的按钮☒，去掉图形的轮廓色，效果如图 11-50 所示。

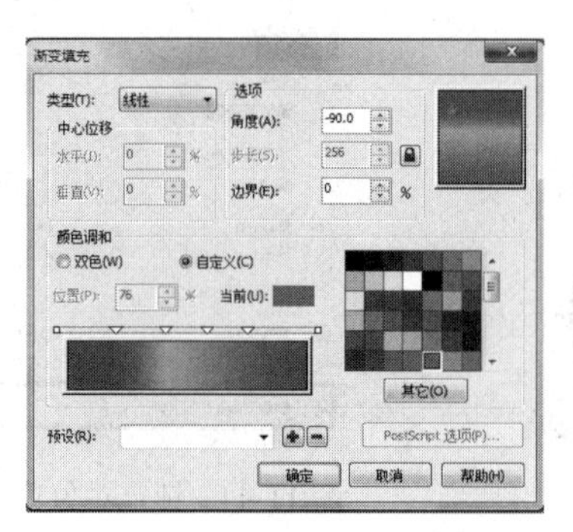


图 11-49 渐变填充对话框

图 11-50 矩形渐变效果

（4）选择【三点曲线工具】，在绘图窗口中连续单击鼠标并拖动，绘制如图 11-51 所示的图形，选择对其均匀填充颜色，并去除轮廓色，设置交互式透明，效果如图 11-52 所示。

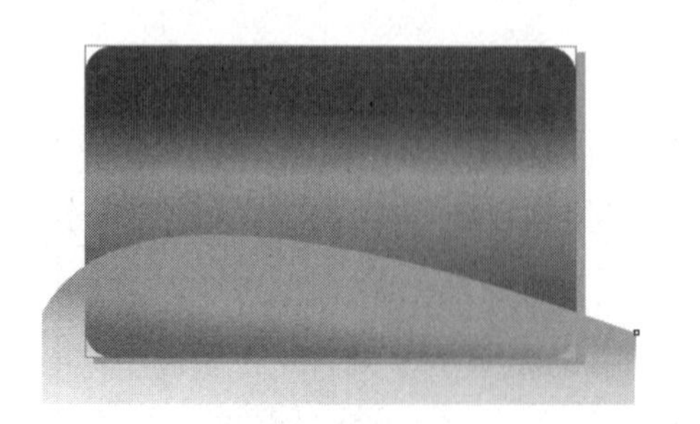

图 11-51 椭圆效果

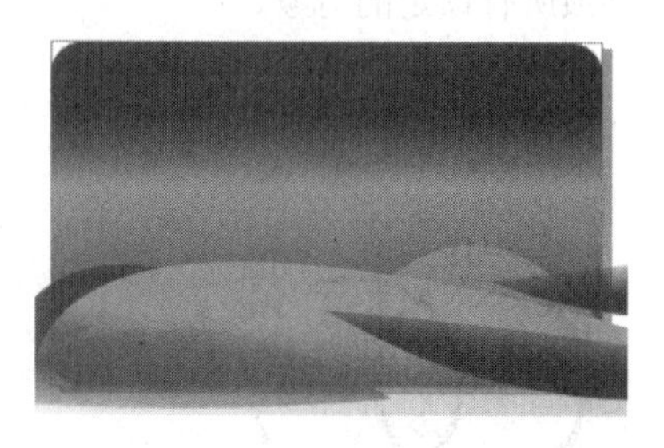

图 11-52 其他图形

（5）选择【三点曲线工具】，按照同样的方式绘制其他的图形，填充颜色，去除轮廓色，并针对对象的顺序进行调整，效果如图 11-53 所示。最终选中所有由三点曲线绘制的图形，按【Ctrl+G】快捷键，将图像进行群组。

（6）拖动群组对象至背景上，单击鼠标右键，在弹出的快捷菜单中选择【图框精确裁剪】选项，编辑后效果如图 11-53 所示。

（7）运用【椭圆形工具】绘制圆形，采用辐射式渐变填充颜色并去除轮廓色；然后选中圆形复制若干个后，拖动其位置后全选，然后执行【排列】→【对齐和分布】命令，按【Ctrl+G】键，将图像进行群组，效果如图 11-54 所示。然后调整其在背景上的位置，效果如图 11-55 所示。

图 11-53　裁剪效果

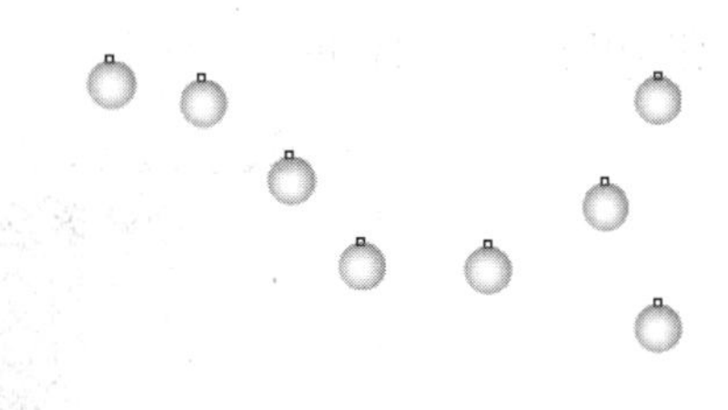

图 11-54　圆形效果

（8）运用【椭圆形工具】绘制圆形，采用辐射式渐变填充颜色并去除轮廓色；然后选中圆形复制一个，调整其大小，并填充均匀的灰色；两个小圆群组，组成同心圆，效果如图 11-56 所示。

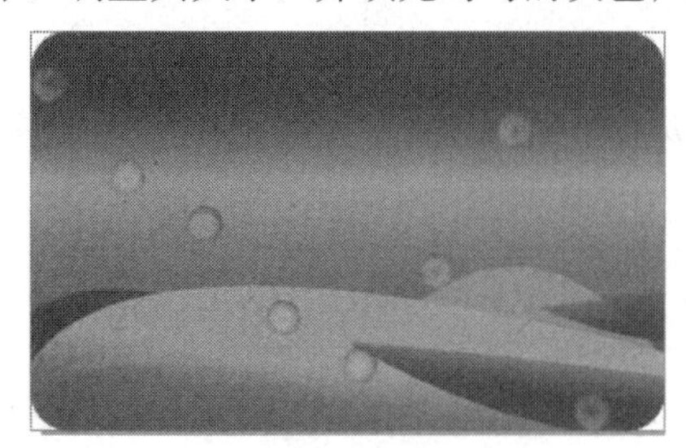

图 11-55　圆形放置效果

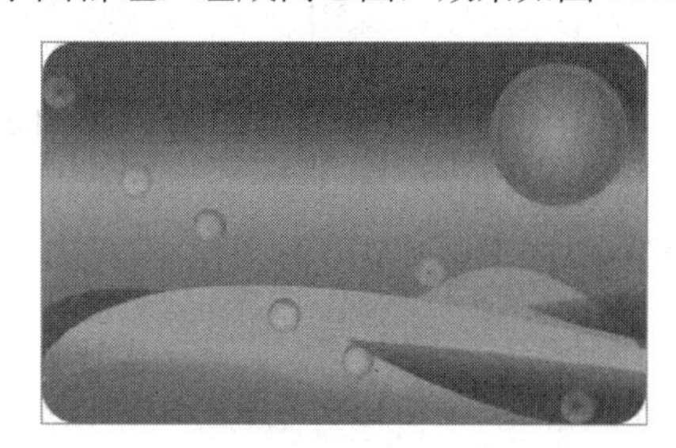

图 11-56　同心圆

（9）选择【文本工具】，在名片上方单击鼠标输入文字【VIP】，然后在属性栏设置文字的字体、字号，并选择白色填充文字，效果如图 11-57 所示。

（10）参照前面同样的操作方法，使用【文本工具】输入其他文字，并修改好合适的文字属性。最终的效果如图 11-58 所示。

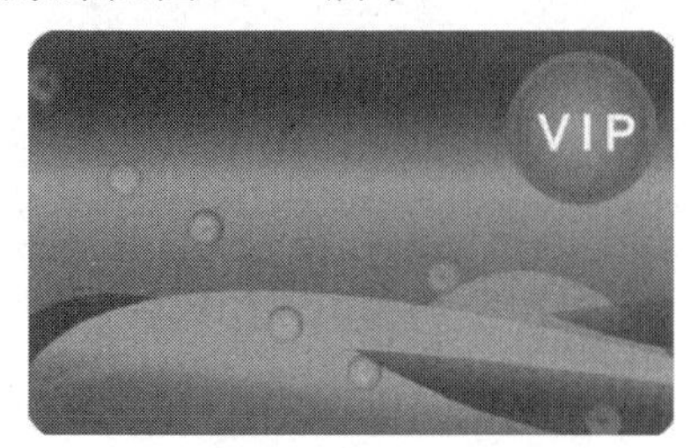


图 11-57　输入的文字

图 11-58　会员卡最终效果

## 11.6　本章小结

本章中详细地介绍了对象的编辑与管理的操作方法，包括对象顺序调整、对象的对齐和分布、对象的群组和结合、对象的锁定和解锁。对象的管理和控制在图像处理中是操作非常频繁和十分重要的，这部分知识同时也是图像处理的基础，能否熟练掌握、运用这些知识，将会直接影响以后的学习效果。

在学习的过程中，不仅要熟练掌握对象管理的各种操作方法，并且还要了解和掌握对象形成的图层控制方法，为后续的学习打下良好的基础。

## 11.7 课后练习

设计一张2016年11月份的台历样本，台历效果如图11-59所示。

图11-59 台历效果

# 第 12 章　文本的编辑

在平面设计中，文字和图像是两大基本的元素，其中文本起到解释和说明的作用。在 CorelDRAW X6 中文本是具有特殊属性的图形对象，不仅可以进行格式化的编辑，更能转换为曲线对象进行形状的变换，如图 12-1 所示。文本主要以段落文本和美术字文本这两种形式存在，段落文本可以用于对格式要求更高的、篇幅更大的文本，也可以将文本当作图形来进行设计；而美术字文本具有矢量图形的属性，可用于添加断行的文本。

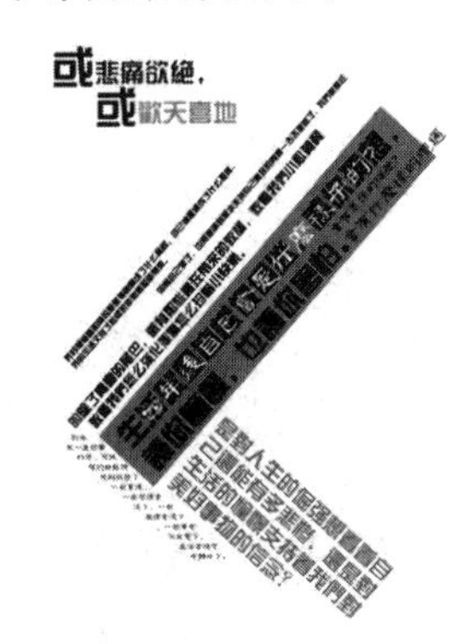

图 12-1　文本效果

## 12.1　文本的基本操作

### 12.1.1　创建文本

#### 1．创建美术字文本

在 CorelDRAW X6 中把美术文本作为一个单独的对象来进行编辑，并且可以使用各种处理图形的方法对其进行编辑。

在工作区内创建美术字文本的方法很简单，只需要单击【文本工具】字按钮，然后在页面内使用鼠标左键单击建立一个文本插入点，如图 12-2 所示，即可输入文本，所输入的文本可以选择为美术字，如图 12-3 所示。

图 12-2　输入光标

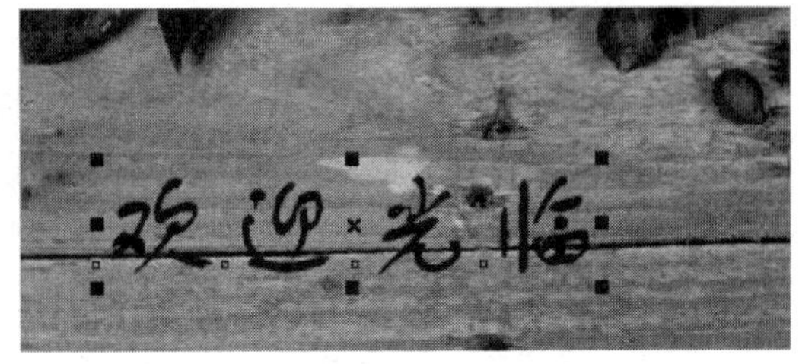


图 12-3　美术字文本

在使用【文本工具】按钮输入文本时，所输入的文字颜色默认为黑色（C:0，M:0，Y:0，K:100），若要更改文字的属性应进一步设置。

**2．创建段落文本**

当平面设计作品中需要编排很多文字时，利用段落文本可以方便快捷地输入和编排；其次，段落文本在多个页面文件中，可以从一个页面流动到另外一个页面，编排起来非常方便。

在工作区内创建段落文本时，先单击【文本工具】字按钮，然后按住鼠标左键拖曳，待鼠标松开后生成文本框后（如图 12-4 所示），此时在文本框中输入的文本即为段落文本，段落文本都会被保留在文本框的框架中，其中输入的文本会根据框架的大小、长宽自动换行，调整文本框的长和宽文字的排版也会发生变化。

段落文本只能在文本框内显示，若超出文本框的范围，文本框下方的控制点内会出现一个黑色的三角箭头，向下拖曳该箭头，文本框会随之扩大，可以显示隐藏的文本，如图 12-5 所示；也可以按住鼠标左键拖曳文本框中任意控制点，调整文本框的大小，使隐藏的文本完全显示，如图 12-6 所示。

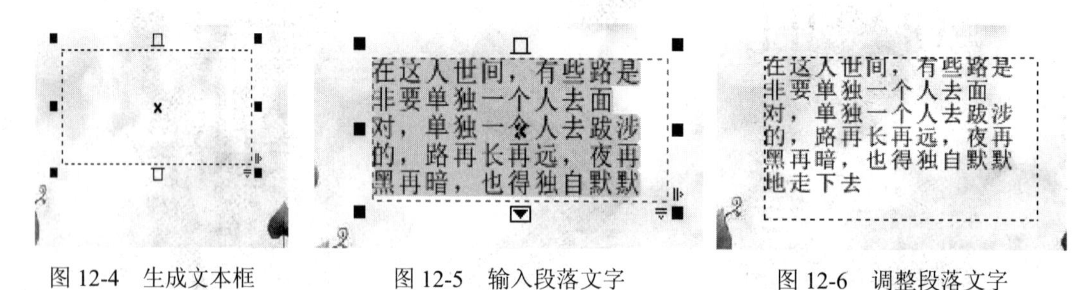


图 12-4　生成文本框　　　　图 12-5　输入段落文字　　　　图 12-6　调整段落文字

段落文本可以转换为美术文本。首先选中段落文本，然后单击鼠标右键，接着在弹出的面板中，使用鼠标左键单击【转换为美术字】，如图 12-7 所示；也可以执行【文本】→【转换为美术字】命令；还可以直接按【Ctrl+F8】组合键。

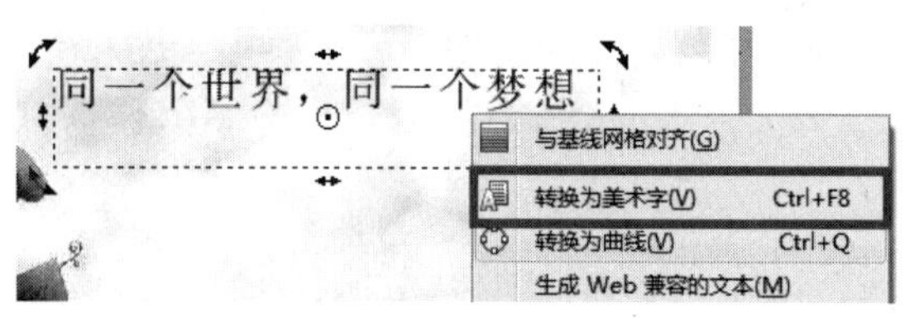


图 12-7　转换为美术字菜单

**3．导入/粘贴文本**

无论是美术字文本还是段落文本，利用【导入/粘贴文本】是输入文本的一种快捷方法，避免了一个一个地输入文字的繁琐，节省了输入文本的操作时间，大大提高了工作效率。

执行【文件】→【导入】命令，或按【Ctrl+I】组合键，在弹出式【导入】对话框中选择要导入的文本文件，如图 12-8 所示；然后单击【导入】按钮，弹出【导入/粘贴文本】对话框，然后单击【确定】按钮，即可导入选择的文本。如果文本框的大小不合适，可以通过调整文本框控制点来调整其大小，导入文字后的效果如图 12-9 所示（其中文字太多需要第二页显示，在文本较多的情况下能快捷完成）。

图 12-8　导入文本的方法

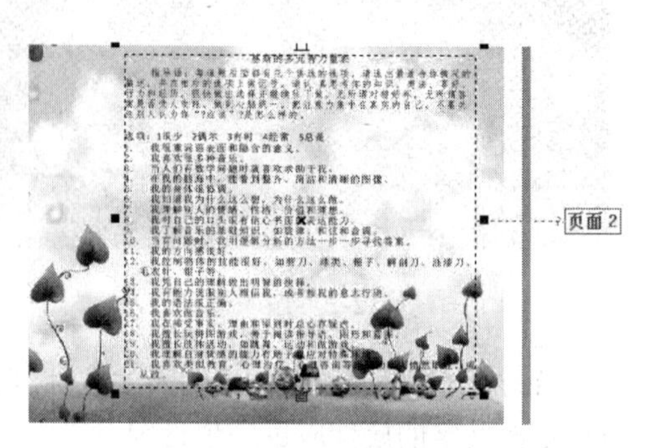


图 12-9　导入的文本效果

其中【导入/粘贴】对话框选项有以下几种。

① 【保持字体和格式】：勾选该选项后，文本将以原系统的设置样式进行导入。

② 【仅保持格式】：勾选该选项后，文本将以原系统的文字字号、当前系统的设置样式进行导入。

③ 【摒弃字体和格式】：勾选该选项后，文本将以当前系统的设置样式进行导入。

④ 【强制 CMYK 黑色】：勾选该选项的复选框，可以使导入的文本统一为 CMYK 色彩模式的黑色。

### 12.1.2　编辑文本

#### 1.【形状工具】调整文本

使用【形状工具】选中文本后，每个文字的左下角后会出现一个白色小方块，该小方块称之为【字元控制点】。使用鼠标左键单击或按住鼠标左键拖曳框选这些【字元控制点】，使其成黑色选中状态，即可在属性栏上对所选的字元进行旋转、缩放和颜色改变等操作，如图 12-10 所示；如图拖曳文本对象右下角的水平间距箭头，可以按照比例更改字符间的间距（字距）；如果拖曳文本对象左下角的垂直间距箭头，可以按照比例更改行距，如图 12-11 所示。

图 12-10　字元控制点

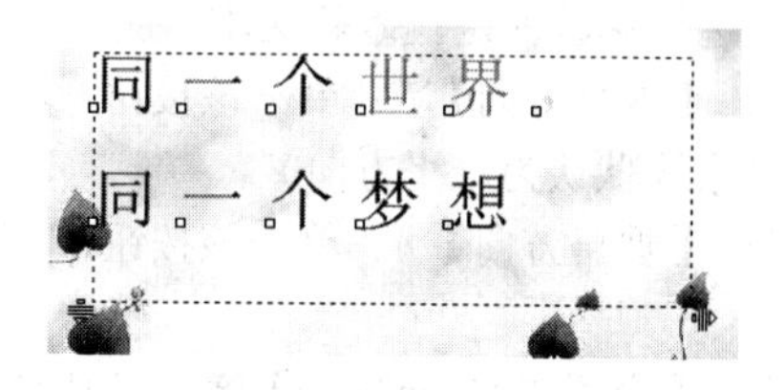


图 12-11　更改字符间距

#### 2. 编辑文本

（1）单击【文本工具】按钮，弹出【文本工具】的属性栏选项，如图 12-12 所示。

图 12-12 【文本工具】的属性栏

（2）单击【编辑文本】按钮，可以打开【编辑文本】对话框，如图 12-13 所示，在该对话框中可以对选定的文本进行修改或是输入新文本。在【编辑文本】的对话框中可以编辑文本的字体、字号、粗体、斜体、下划线、文本对齐方式、项目符号、特殊字符等操作。

### 12.1.3　改变文本的属性

#### 1. 文本属性栏编辑

单击【文本工具】按钮，弹出【编辑文本】对话框，如图 12-13 所示。

① 【字体列表】：新文本或所选文本选择列表框中红的一种字体。单击该选项，可以打开系统装入的字体列表，如图 12-14 所示。

② 【字体大小】：指定字体的大小。单击该选项，既可打开的列表中选择字号，也可以在后的文本框直接输入数值，如图 12-15 所示。

③ 【粗体】：单击该按钮后可将所选的文本加粗显示。

④ 【斜体】：单击该按钮后可将所选的文本倾斜显示。

⑤ 【下划线】：单击该按钮后可以为文字添加预设的下划线样式。

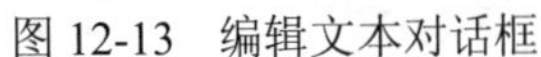

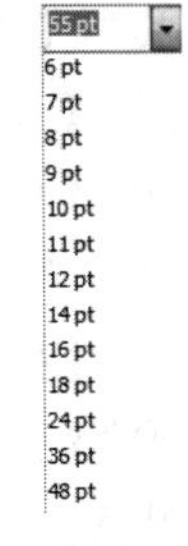


图 12-13 编辑文本对话框　　图 12-14 字体列表　　图 12-15 字体大小

⑥ 【文本对齐】：选择文本对齐方式。单击该按钮，可以打开文本对齐方式列表，如图 12-16 所示。

⑦ 【项目符号列表】：可以为新文本或是所选文本添加或是移除项目符号列表样式。

⑧ 【首字下沉】：可以为新文本或是所选文本添加或是移除首字下沉设置。

⑨ 【文本属性】：单击该按钮可以打开【文本属性】泊坞窗，在泊坞窗中可以编辑段落文本和美术字文本的属性，如图 12-17 所示。

⑩ 【编辑文本】：单击该按钮，可以打开【编辑文本】对话框，在该对话框中可以对选定的文本进行修改或是输入新文本。

⑪ 【水平方向】：单击该按钮，可以将选中的文本或是将要输入的文本更改或设置为水平方向（系统默认为水平方向）。

⑫ 【垂直方向】：单击该按钮，可以将选中的文本或是将要输入的文本更改或设置为垂直方向。

⑬ 【交互式 OpenType】：当某种 OpenType 功能用于选定文本时，屏幕上显示指示。

**2．字符设置**

在 CorelDRAW X6 可以利用属性栏上的文本属性更改文本的字体、字号和添加下划线等字符属性，还可以执行【文本】→【文本属性】命令，打开【文本属性】泊坞窗，然后展开【字符】的设置面板，如图 12-18 所示。

① 【脚本】：在该选项中列表中可以选择要的文本类型，如图 12-19 所示；当选择【亚洲】时，该泊坞窗中设置的各项只对选择文本中的中文起作用；当选择【拉丁文】时，则只对选中文本中的数字和英文起作用。一般情况下该选项是默认情况下的【所有脚本】，即对选择的文本全部起作用。

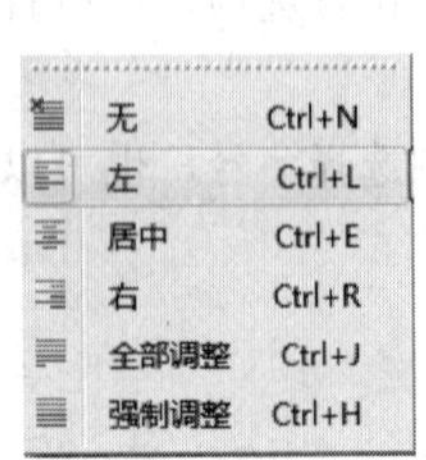


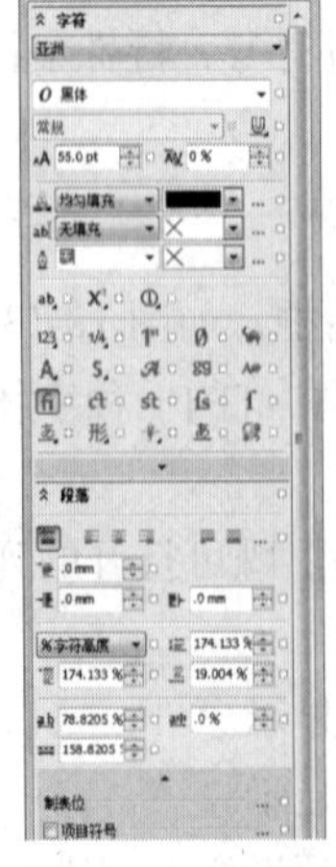

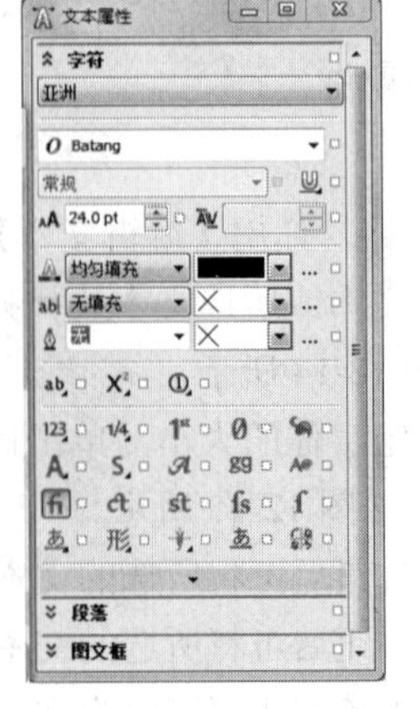


图 12-16 文本对齐　图 12-17 文本属性泊坞窗　图 12-18 文本　图 12-19 文本类型

② 【字体列表】：可以在弹出的字体列表中选择需要的字体样式，与属性栏中字体的列表样式相似。

③ 【下划线】：单击该按钮，可以在打开的列表中为选中为文本添加其中一种下划线样式，如图 12-20 所示。其中【下划线】列表中的样式类型单细、字下单细线、单粗、字下加单粗线、双细和字下加双细线，效果如图 12-21 所示。

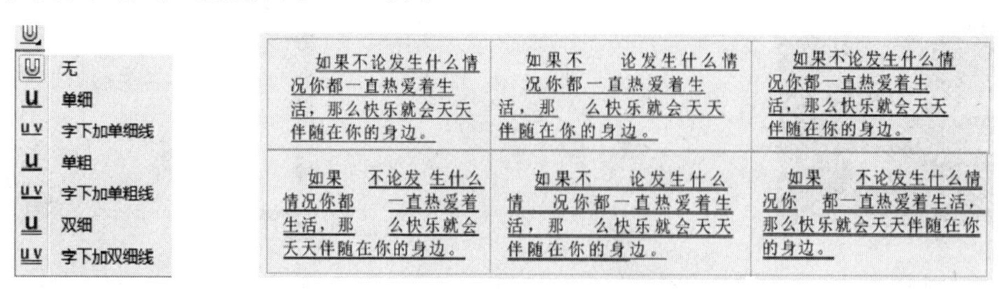


图 12-20　下划线样式　　图 12-21　下划线样式添加效果

④ 【字体大小】：设置字体的字号，设置该选项可以使用鼠标左键单击后面的按钮，若文本为美术字，就可以选择文本并按住鼠标左键拖曳。

⑤ 【字符调整范围】：扩大或缩小选定文本范围内容单个字符之间的间距，设置该选项可以使用鼠标左键单击后面的按钮。该选项只有在使用【文本工具】或【形状工具】选中文本中的部分字符时才可以使用。

⑥ 【填充类型】：用于选择字符的填充类型。

● 【无填充】：选择该选项，不对文本进行填充，并且可以移除文本原来的填充颜色，使选中的文本为透明。

● 【均匀填充】：选择该选项后，可以在右侧的【文本颜色】的颜色挑选器中，选一个色样为所选文本填充颜色，如图 12-22 所示。

● 【渐变填充】：在选择该选项后，可以在右侧的【文本颜色】的颜色挑选器中，选一种渐变的样式为所选文本填充渐变色，如图 12-23 所示。

图 12-22　均匀填充效果

图 12-23　渐变填充效果

● 【双色图样填充】：选择该选项后，可以在右侧的【文本颜色】的颜色挑选器中，选一个双色样为所选文本填充，如图 12-24 所示。

● 【全色图样填充】：选择该选项后，可以在右侧的【文本颜色】的颜色挑选器中，选一个全色图案为所选文本填充，如图 12-25 所示。

图 12-24　双色图案填充效果　　图 12-25　全色图案填充效果

● 【位图图样填充】：选择该选项后，可以在右侧的【文本颜色】的颜色挑选器中，选一种位图图样为所选文本填充位图，如图 12-26 所示。

● 【Postscri 填充】：选择该选项后，可以在右侧的【文本颜色】的下拉列表中，选择一种 Postscrip 底纹为所选文本填充，如图 12-27 所示。

图 12-26　位图图样填充效果

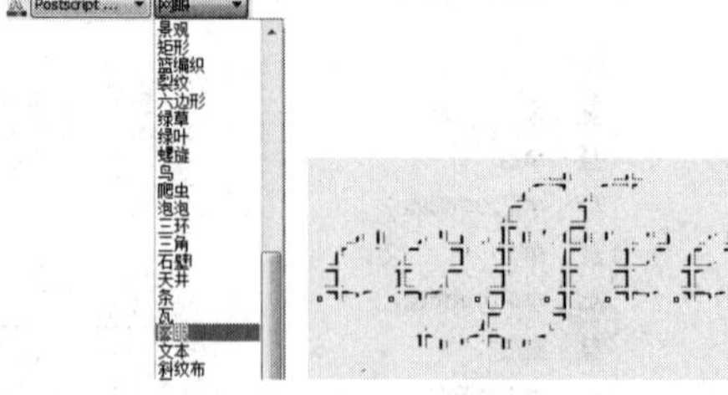

图 12-27　Postscri 填充效果

● 【底纹填充】：选择该选项后，可以在右侧的【文本颜色】的颜色挑选器中，选择一个底纹，为所选文本填充底纹，如图 12-28 所示。

⑦ 【填充设置】...：单击该按钮，可以打开相应的填充对话框，在打开的对话框中可以对文本颜色中选择的填充样式进行更详细的设置，如图 12-29 所示。

图 12-28　底纹填充效果

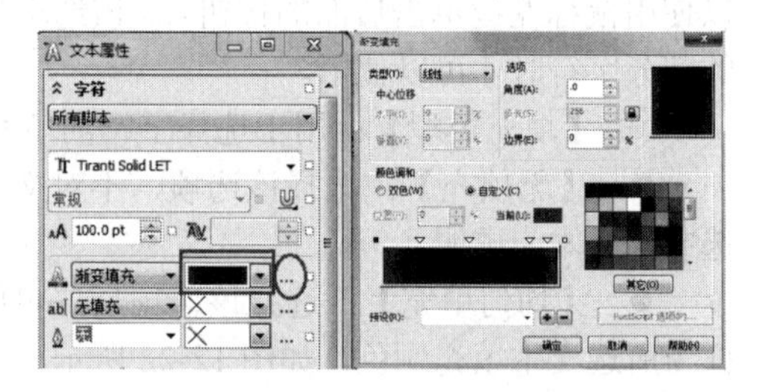


图 12-29　文本属性及渐变填充对话框

⑧ 【背景填充类型】：用于选择字符背景填充类型，与字符填充类型相类似。字符填充类型针对的是字符本身，而字符背景填充类型针对字符的背景而已。

⑨ 【轮廓宽度】：可以在该选项的下拉列表中，选择预设的宽度值作为文本字符的轮廓宽度，也可以在该数值框中输入数值进行设置，如图 12-30 所示。

⑩ 【轮廓颜色】：可以从该选项的颜色挑选器中，选择某一种颜色为所选字符的轮廓填充颜色，如图 12-31 所示，也可以单击【更多】按钮，打开【选择颜色】对话框，从该对话框中选择颜色，如图 12-32 所示，填充效果如图 12-33 所示。

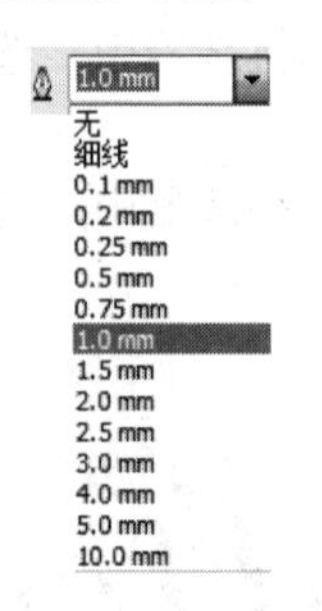


图 12-30　轮廓宽度

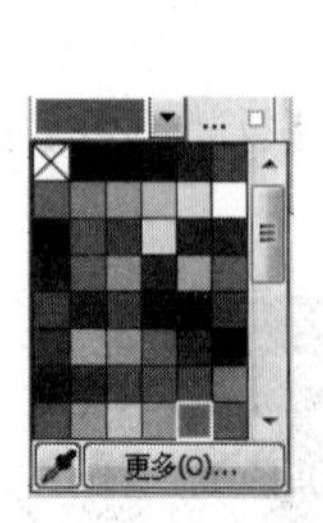


图 12-31　轮廓颜色

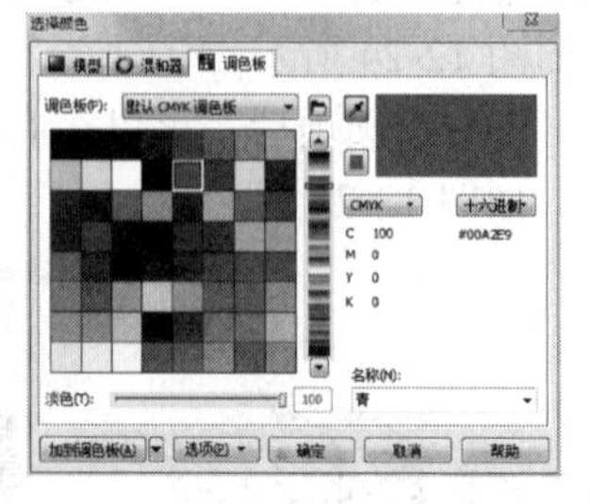


图 12-32　选择颜色对话框

图 12-33　填充效果

⑪ 【轮廓设置】...：单击该按钮，可以打开【轮廓笔】对话框，如图 12-34 所示，设置后

的轮廓效果如图 12-35 所示。

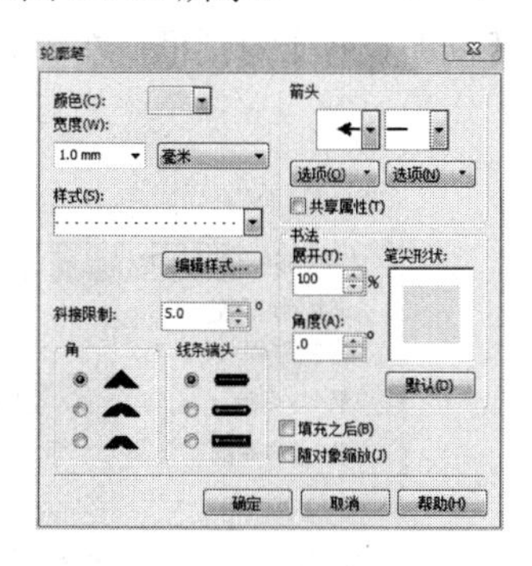

图 12-34 【轮廓笔】对话框　　　　图 12-35　轮廓效果

⑫ 【大写字母】ab：更改字母或英文文本为大写字母或小型大写字母等，如图 12-36 所示。

⑬ 【位置】X：更改所选字符相对于周围字符的位置，如图 12-37 所示。

**3．段落文本设置**

使用 CorelDRAW X6 可以更改段落文本中的文字字距、行距和段落文本断行等段落属性，可以执行【文本】→【文本属性】命令，打开【文本属性】泊坞窗，然后展开【段落】面板，如图 12-38 所示。

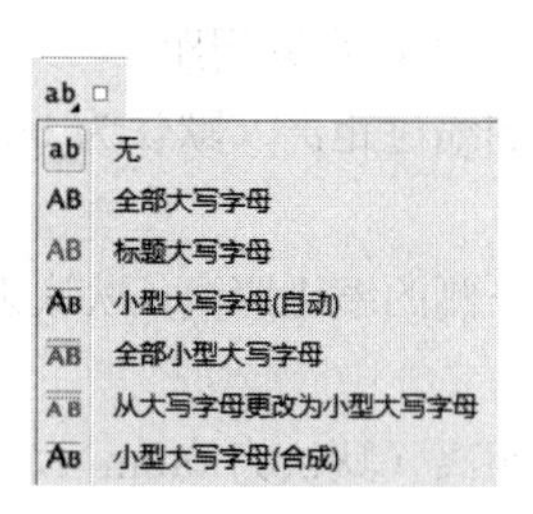


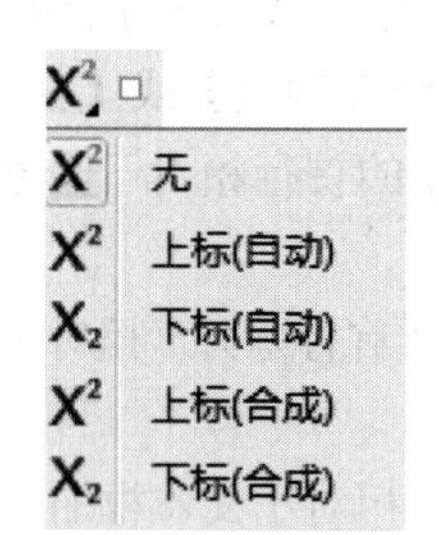


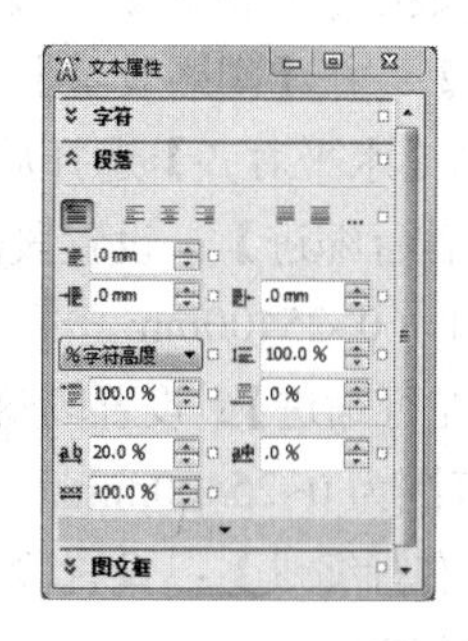


图 12-36　大小写转换　　　图 12-37　上下标　　　图 12-38　文本属性泊坞窗

① 【无水平对齐】：使选定的文本不与文本框对齐（该选项为默认设置）。

② 【左对齐】：使选定的文本与文本框左侧对齐，如图 12-39 所示。

③ 【居中】：使选定的文本置于文本框左右两侧之间的中间位置，如图 12-40 所示。

④ 【右对齐】：使选定的文本与文本框右侧对齐，如图 12-41 所示。

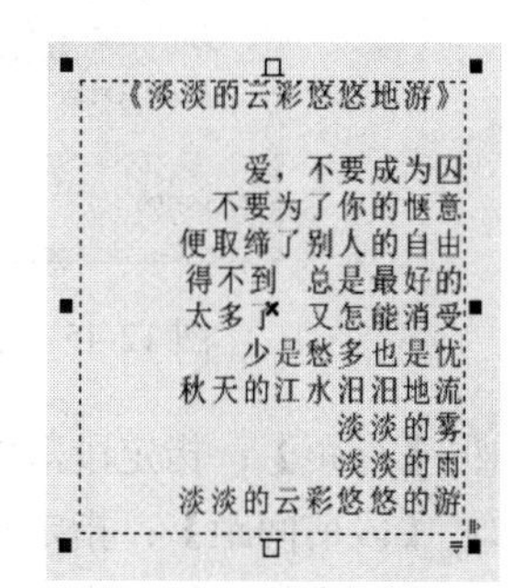


图 12-39　文字左对齐　　　图 12-40　文字居中　　　图 12-41　文字右对齐

⑤ 【两端对齐】：使选定的文本与文本框两侧对齐（最后一行除外），如图 12-42 所示。

⑥ 【强制两端对齐】：使选定的文本与文本框的两侧同时对齐，如图 12-43 所示。

⑦ 【调整间距设置】…：单击该按钮，可以打开【间距设置】对话框，在该对话框中可以进行文本间距的自定义设置，如图 12-44 所示。

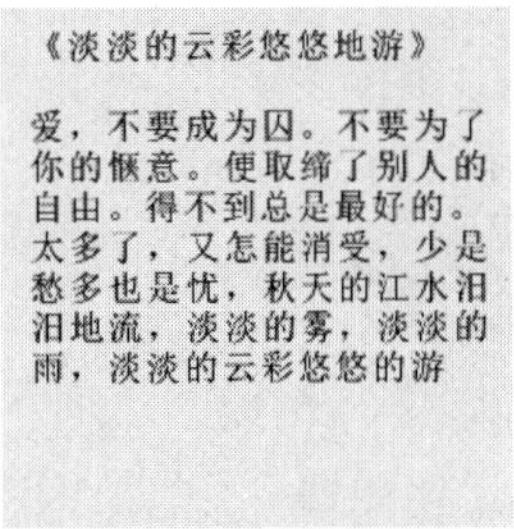

《淡淡的云彩悠悠地游》

爱，不要成为囚。不要为了你的惬意。使取缔了别人的自由。得不到总是最好的。太多了，又怎能消受，少是愁多也是忧，秋天的江水汩汩地流，淡淡的雾，淡淡的雨，淡淡的云彩悠悠的游

图 12-42　两端对齐

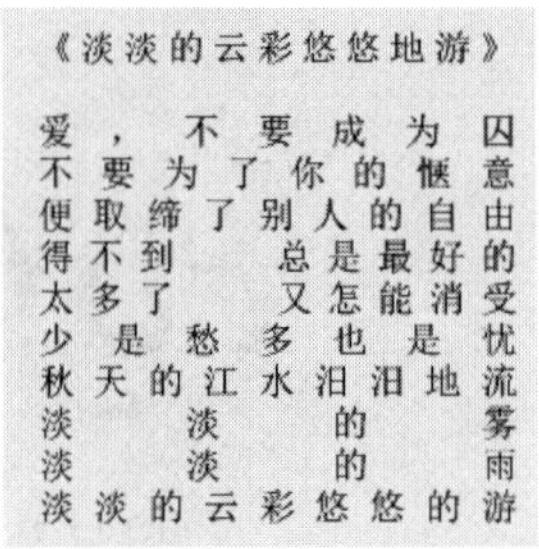

《淡淡的云彩悠悠地游》

爱，不要成为囚不要为了你的惬意使取缔了别人的自由得不到总是最好的太多了又怎能消受少是愁多也是忧秋天的江水汩汩地流淡淡的雾淡淡的雨淡淡的云彩悠悠的游

图 12-43　强制两端对齐

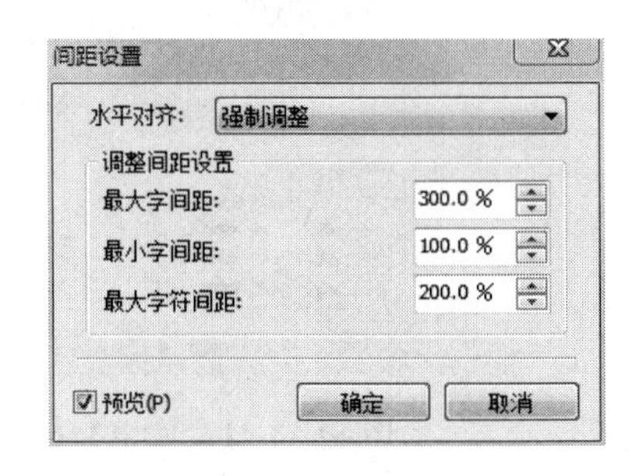


图 12-44　间距设置对话框

- 【水平对齐】：单击该选项后的按钮，在下拉列表中为所选文本选择一种对齐方式，如图 12-45 所示。
- 【最大字间距】：设置文字间的最大间距。
- 【最小字间距】：设置文字间的最小间距。
- 【最小字符间距】：设置单个文本字符之间的间距。

【注意】：在【间距设置】对话框中，【最大字间距】、【最小字间距】和【最小字符间距】都必须在当【水平对齐】选择后，【全部调整】或【强制调整】才可以设置间距。

⑧ 【首行缩进】：设置段落文本的首行相对于文本框左侧的缩进距离（默认为 0mm），该选项的范围为 0~25400mm。

⑨ 【左行缩进】：设置段落文本（首行除外）相对于文本框左侧的缩进距离（默认为 0mm），该选项的范围为 0~25400mm。

⑩ 【右行缩进】：设置段落文本相对于文本框右侧的缩进距离（默认为 0mm），该选项的范围为 0~25400mm。

⑪ 【垂直间距单位】：设置文本的间距的度量单位，如图 12-46 所示。

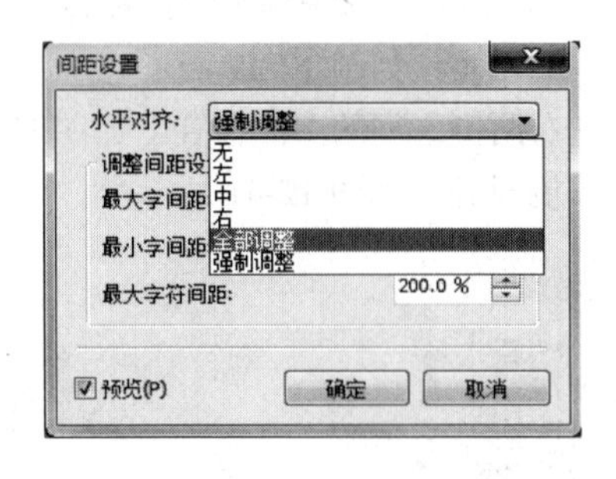


图 12-45　水平对齐下拉列表

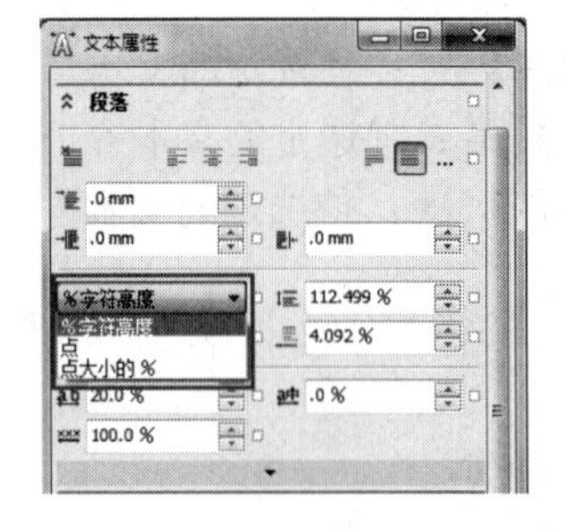


图 12-46　垂直间距单位

⑫ 【行距】：指定段落中各行之间的间距值，该选项的有效设置范围为 0%~2000%。

⑬ 【段前间距】：指定在段落上方插入的间距值，该选项的有效设置范围为 0%~2000%。

⑭ 【断后间距】：指定在段落下方插入的间距值，该选项的有效设置范围为 0%~2000%。

⑮ 【字符间距】：指定一个词中单个文本字符之间的间距，该选项的有效设置范围为 0%~2000%。

⑯ 【语言间距】：控制文档中多语言文本的间距，该选项的有效设置范围为 0%~2000%。

⑰ 【字间距】：指定单个字之间的间距，该选项的有效设置范围为 0%~2000%。

### 12.1.4　案例应用——绘制诗歌卡片

制作诗歌卡片，效果如图 12-47 所示。

（1）新建空白文档，然后设置文档名称为【诗歌卡片】，页面的宽度为【200mm】，高度为【160mm】。

（2）双击【矩形工具】，创建一个与页面重合的矩形（作为背景），然后填充颜色为渐变色（从 C:0，M:20,Y:0，K:20 到 C:100，M: 0,Y:0，K: 0，中点 28），接着去除轮廓，如图 12-48 所示。

图 12-47　诗歌卡片效果

图 12-48　矩形填充效果

（3）使用【文本工具】输入段落文本，且在输入时每一个短句后就按【Enter】键换行，然后打开【文本属性】泊坞窗，接着在【字符】面板中设置字体为【华文行楷】，字体大小为【14pt】，填充颜色为（C:40，M:70，Y:100，K:50），如图 12-49 所示；最后在【段落】面板中设置【文本对齐】为：左对齐、【行距】为 200%、【段前间距】为 150%，如图 12-50 所示。设置后的效果如图 12-51 所示。

图 12-49　文本属性泊坞窗

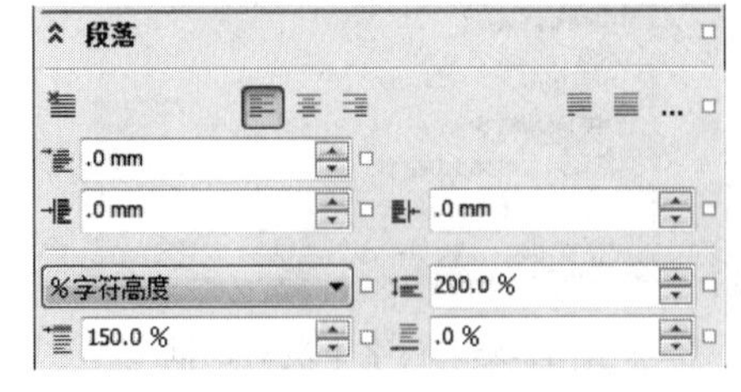


图 12-50　段落面板

图 12-51　输入文本

（4）使用【文本工具】在前面输入的文本上方输入美术文本，然后设置字体为：隶书，字体大小为：48pt，填充颜色为：C:0、M:0、Y:0、K:0，如图 12-52 所示。

（5）选中所有的文本，然后按【L】键使其左对齐，接着适当调整文本的位置。

（6）导入素材【第 12 章\诗歌卡片\花鸟】文件，再调整其位置，最终效果如图 12-53 所示。

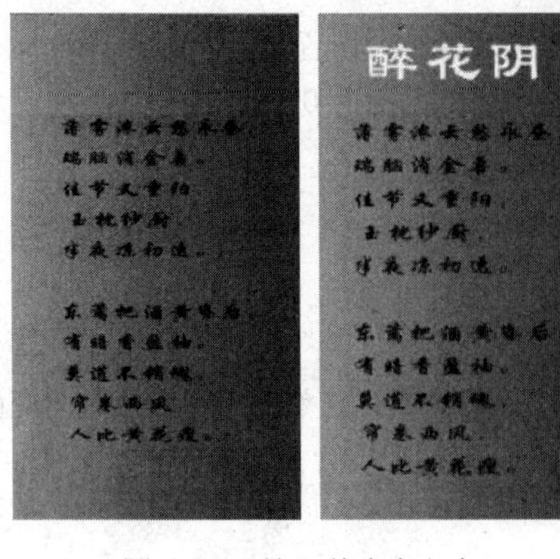

图 12-52 输入美术字文本　　　　图 12-53 最终效果

## 12.2 制作文本效果

### 12.2.1 设置首字下沉和项目符号

#### 1. 首字下沉

【首字下沉】就是对段落文字中每一段文字的第一个文字或字母加以放大并强化，同时嵌入文本，使文本更加醒目。

在设置【首字下沉】的时候，先是选中一个段落文本，执行【文本】→【首字下沉】命令，如图 12-54 所示；在弹出的【首字下沉】对话框选中【使用首字下沉】复选框，然后在【外观】选项组中分别设置【下沉行数】和【首字下沉后的空格】，最后通过选中【首字下沉使用悬挂式缩进】复选框设置最佳的效果，单击【确定】按钮，如图 12-55 所示。设置首字下沉的段落文本效果如图 12-56 所示。

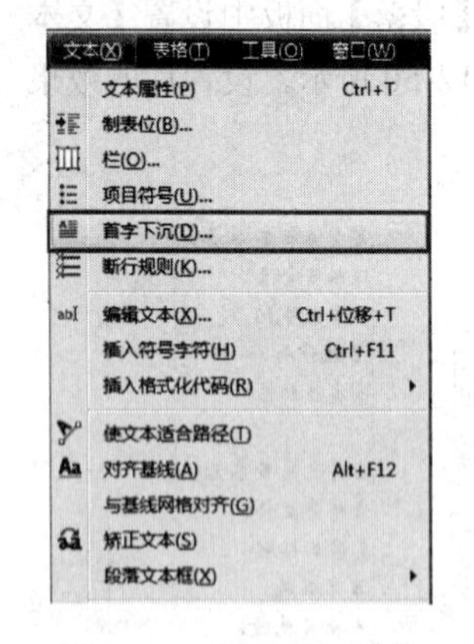


图 12-54 首字下沉菜单

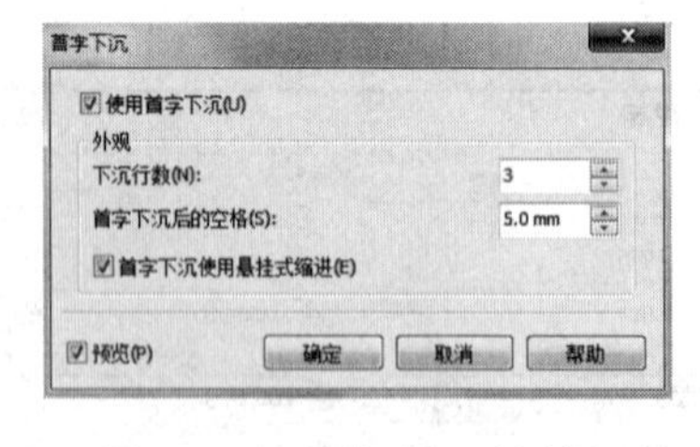


图 12-55 首字下沉对话框

Seward是阿拉斯加铁路的起点，也是中南部一个重要的客运港口，很多到阿拉斯加的豪华游轮都会停靠在Seward。现在的Seward已经是一个发展成熟的旅游城市。两个半小时的路程，前半段沿着海湾前行，后半段则是在群山田野之中穿行。清晨的Seward格外的美丽，沐浴在清晨的阳光中，眼前是海湾平静的海面，背景是云雾缭绕的雪山，头顶是蓝天白云。阳光，海岸，游轮，假日中，一切似乎都是一场不愿醒来的梦。

图 12-56 首字下沉的效果

必须勾选【首字下沉】的复选框，才可以进行该对话框中各选项的设置；【下沉行数】的选项范围一般为 2~10；【首字下沉后的空格】设置了下沉文字与主体文字之间的距离；【首字下沉使用悬挂式缩进】勾选该复选框后，首字下沉的效果在整个段落文本中悬挂式缩进，如图 12-57 所示，若不勾选该复选框，则效果如图 12-58 所示；【预览】可以对正在进行的首字下沉设置的文本进行效果预览。

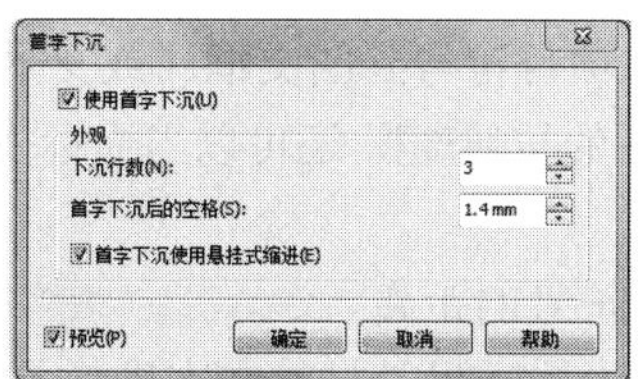


图 12-57　首字下沉悬挂式缩进

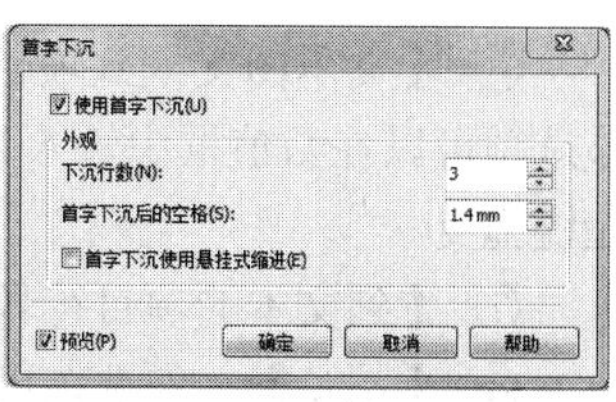


图 12-58　首字下沉非悬挂式缩进

**2．项目符号的设置**

在段落文本中添加项目符号，可以对段落文本中一些没有顺序的文本内容编排成统一风格，使版面的排列井然有序。

选择要添加项目符号的段落文本，执行【文本】→【项目符号】命令，如图 12-59 所示；在弹出的【项目符号】对话框中选中【使用项目符号】复选框，在【外观】和【间距】选项组中分别进行相应的设置，然后单击【确定】按钮，即可自定义项目符号样式，如图 12-60 所示。设置了项目符号的文本效果如图 12-61 所示。

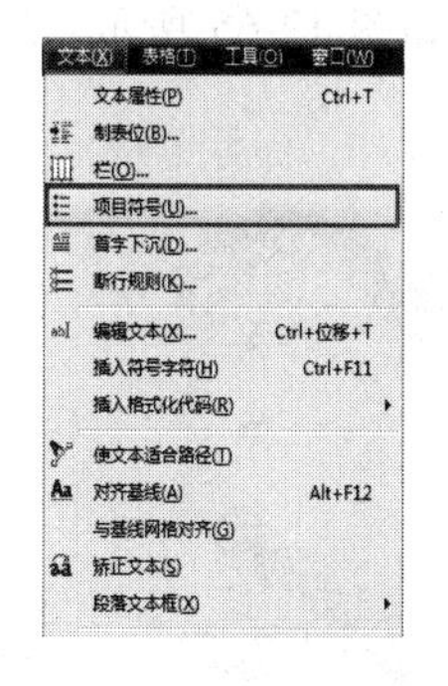


图 12-59　项目符号菜单

图 12-60　项目符号样式

★ Seward是阿拉斯加铁路的起点，也是中南部一个重要的客运港口，很多到阿拉斯加的豪华游轮都会停靠在Seward。
★ 现在的Seward已经是一个发展成熟的旅游城市。两个半小时的路程，前半段沿着海湾前行，后半段则是在群山田野之中穿行。
★ 清晨的Seward格外的美丽，沐浴在清晨的阳光中，眼前是海湾平静的海面，背景是云雾缭绕的雪山，头顶是蓝天白云。
★ 阳光，海岸，游轮，假日中，一切似乎都是一场不愿醒来的梦。

图 12-61　项目符号效果

项目符号对话框选项介绍如下。

① 【使用项目符号】：勾选该选项的复选框，该对话框中的各个选项才可用。

② 【字体】：设置项目符号的字体，如图 12-62 所示，当该选项中的字体样式改变时，当前选择的【符号】也将随着改变。

③ 【大小】：为所选的项目符号设置字的大小。

④ 【基线位移】：设置项目符号在垂直方向上的偏移量，当参数为正值时，项目符号向上偏；当参数为负值，项目符号向下偏移。

⑤ 【项目符号的列表使用悬挂式缩进】：勾选该选项的复选框，添加的项目符号将在整个段落文本中悬挂式缩进，如图 12-63 所示。

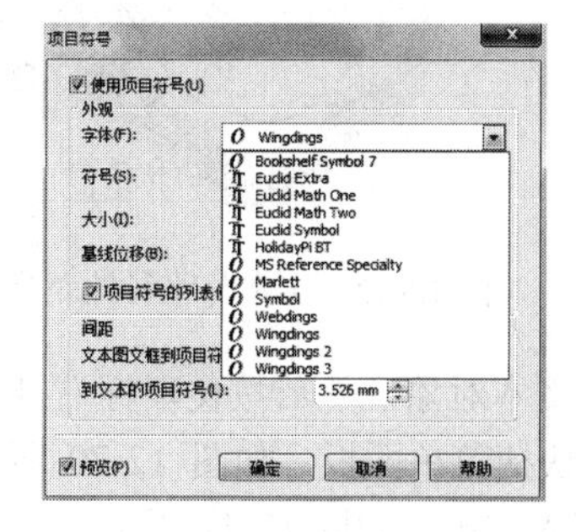


图 12-62　项目符号字体

★ Seward是阿拉斯加铁路的起点，也是中南部一个重要的客运港口，很多到阿拉斯加的豪华游轮都会停靠在Seward。
★ 现在的Seward已经是一个发展成熟的旅游城市。两个半小时的路程，前半段沿着海湾前行，后半段则是在群山田野之中穿行。
★ 清晨的Seward格外的美丽，沐浴在清晨的阳光中，眼前是海湾平静的海面，背景是云雾缭绕的雪山，头顶是蓝天白云。
★ 阳光，海岸，游轮，假日中，一切似乎都是一场不愿醒来的梦。

图 12-63　项目符号的列表使用悬挂式缩进

⑥【文本图文框到项目符号】：设置文本和项目符号到图文框（或文本框）的距离，设置该选项可以在数值框中输入数值，也可以单击后面的按钮，还可以当光标变为时，按住鼠标左键拖曳。

⑦【到文本的项目符号】：设置文本到项目符号的距离。

⑧【预览】：勾选该选项的复选框，可以对设置项目符号的文本进行预览。

### 12.2.2 文本绕路径

路径文本常用于创建走向不规则的文本，文本会沿着开放路径或闭合路径的形状进行分布，通过路径调整文本的排列，即可创建不同排列形态的文本效果。

**1. 创建文本绕路径**

为了制作路径文本，需要先绘制路径，然后将【文本工具】定位到路径上，创建的文本会沿着路径排列。改变路径形状，文字的排列方式也会随之发生改变。

①【直接填入路径】：首先选择【钢笔工具】，绘制一个矢量对象，如图 12-64 所示。然后，单击【文本工具】按钮字，将光标移到对象路径的边缘，待光标变为$I_A$时，单击对象的路径，即可在对象的路径上直接输入文字，输入的文字依照路径的形状进行排列，如图 12-65 所示。最后删除路径，效果如图 12-66 所示。

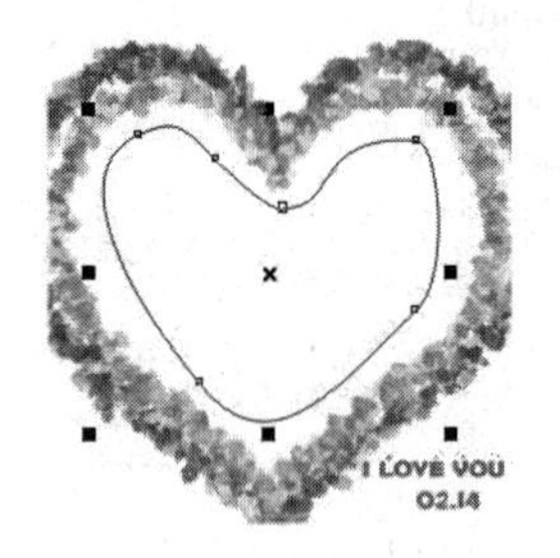


图 12-64 绘制路径

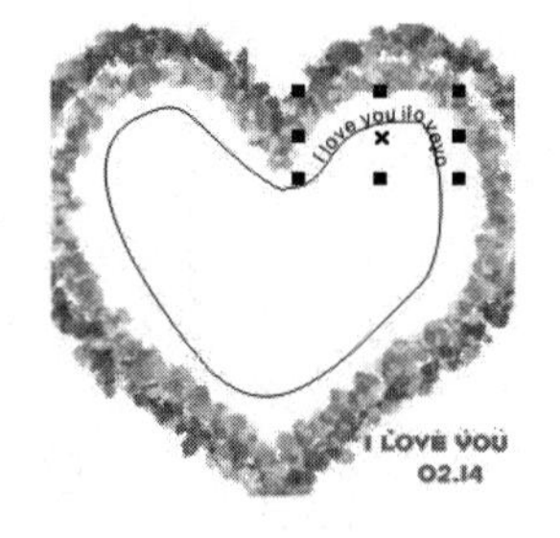


图 12-65 输入文字

图 12-66 删除路径

②【执行菜单命令】：选中页面中的某一美术字文本对象，然后执行【文本】→【使文本适合路径】子菜单命令，如图 12-67 所示；当光标变为时，单击鼠标就可以将文本移到要填入的路径，如图 12-68 所示；此时拖曳鼠标可以改变文本与路径的距离与偏移，效果如图 12-69 所示。

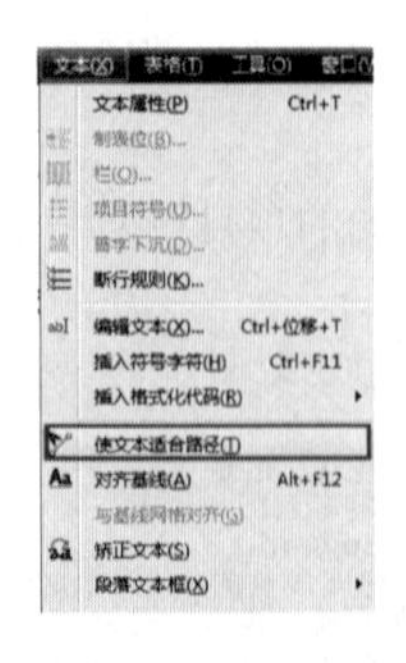


图 12-67 使文本适合路径菜单

图 12-68 填入路径



图 12-69 文本与路径的距离与偏移

③【右键填入文本】：选中页面中的某一美术字文本对象，然后按住鼠标右键拖曳文本到要填入的路径，当光标变为⊕时，松开鼠标右键，弹出快捷菜单面板，如图 12-70 所示，接着使用鼠标左键单击【使文本适合路径】，即可在路径中填入文本，如图 12-71 所示。

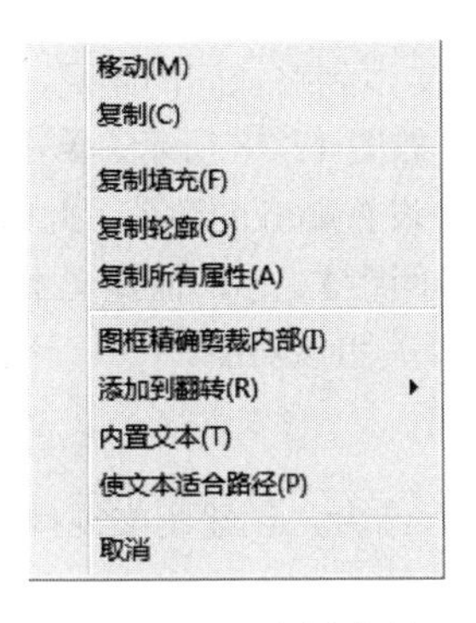


图 12-70　右键菜单

图 12-71　在路径中填入文本

**2．路径文本属性的设置**

当创建路径文本后，属性栏会发生一定的变化，如图 12-72 所示。

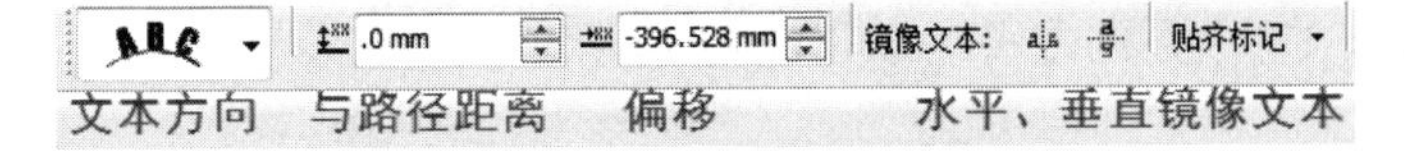


图 12-72　属性栏

①【文本方向】：用于指定文字的总体朝向，包含五种效果；如图 12-73 所示。

②【与路径的距离】：指定的文本和路径之间的距离，当参数为正值时，文本向外扩散，如图 12-74 所示；当参数为负值，文本向内收缩，如图 12-75 所示。

图 12-73　文本方向

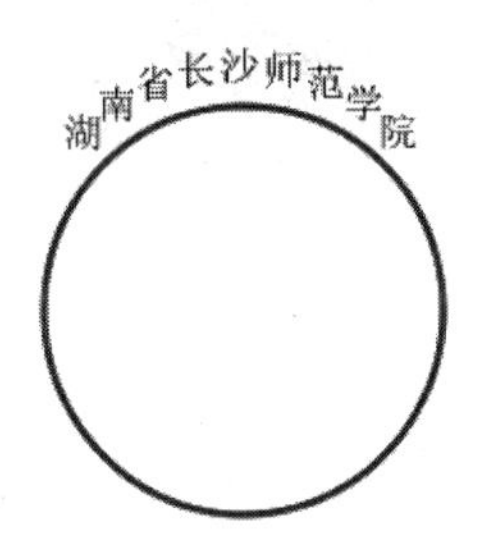


图 12-74　文本向外扩散

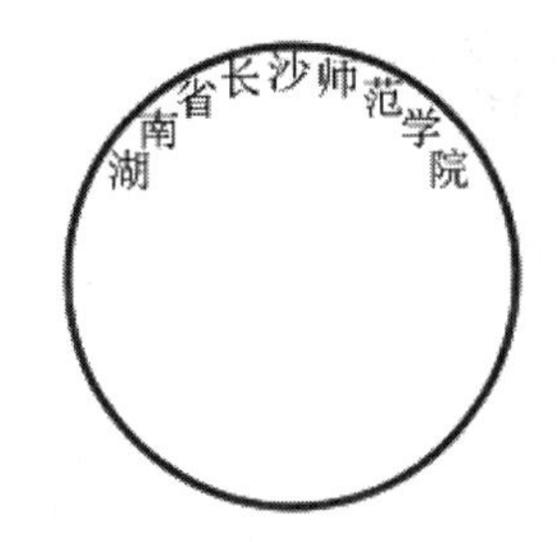


图 12-75　文本向内收缩

③【偏移】：通过指定正值或负值来移动文本，使其靠近路径的终点或起点。当参数为正值，文本按照顺时针方向旋转偏移；当参数为负值，文本按照逆时针方向旋转偏移，如图 12-76 所示。

④【水平镜像文本】：单击该按钮，可以使文本从左到右翻转，效果如图 12-77（b）所示。

⑤【垂直镜像文本】：单击该按钮，可以使文本从上到下翻转，效果如图 12-77（c）所示。

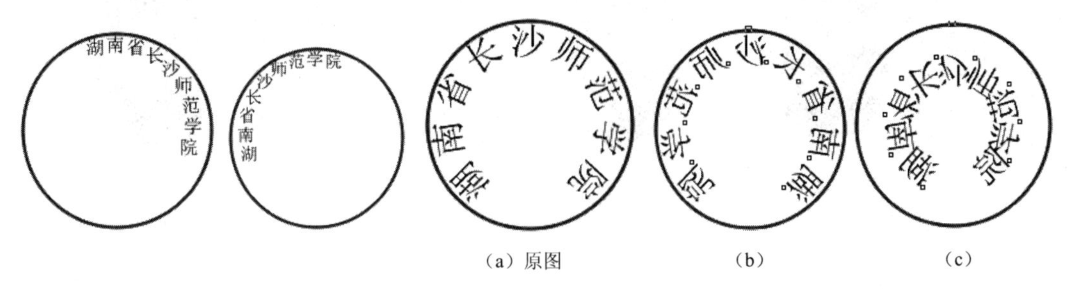


图 12-76　文本偏移

图 12-77　文本镜像

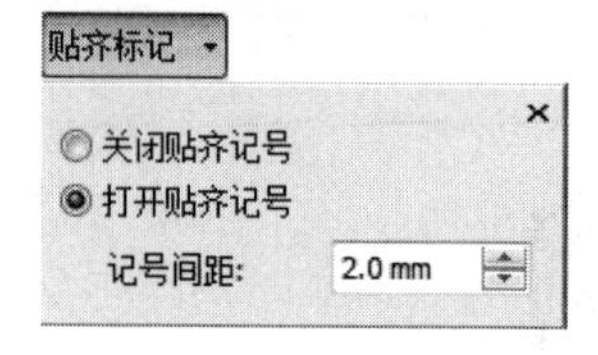


图 12-78 贴齐标记

⑥【贴齐标记】：指定文本到路径间的距离，单击该按钮贴齐标记，弹出【贴齐标记】选项面板，如图 12-78 所示，单击【打开贴齐记号】，即可在【记号间距】数值框中设置贴齐的数值，此时调整文本与路径之间的距离会按照设置的【记号间距】，自动捕捉文本与路径之间的距离，若单击【关闭贴齐记号】即可关闭该功能。

### 12.2.3 文本绕图

在 CorelDRAW X6 中，用户可以将文本与图像进行结合，创建图文混排（文本绕图）效果，使画面更加美观。

操作文本绕图的时候，先使用【选择工具】选中一个图形对象，单击鼠标右键，在弹出的快捷菜单中执行【段落文本换行】命令，如图 12-79 所示。然后单击工具栏中的【文本工具】按钮，在图像上按住鼠标左键拖动，创建一个段落文本框，在其中输入文字，即可看到围绕图形的文本效果，如图 12-80 所示。再进一步选择对象，单击属性栏中【文本换行】按钮，在弹出的下拉列表中可以选择文本绕图的方式，如图 12-81 所示。

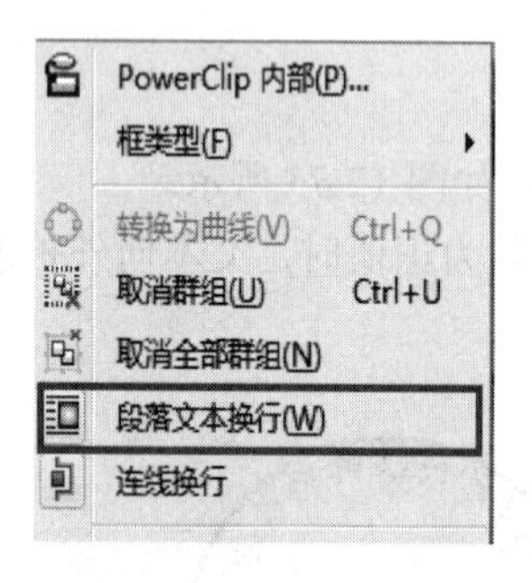


图 12-79 右键菜单

图 12-80 文本绕图的效果

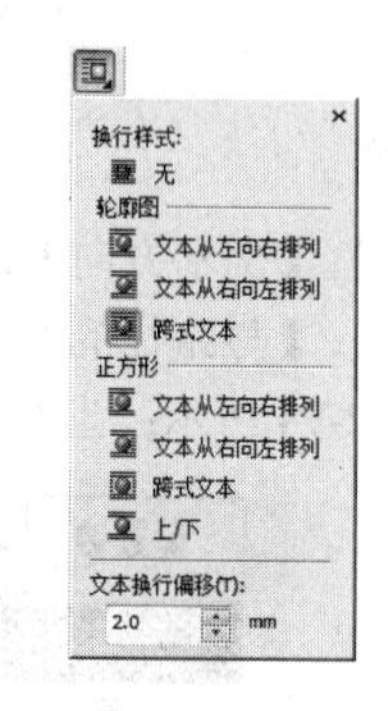


图 12-81 文本绕图方式

换行样式选项介绍如下。

①【无】：取消文本绕图效果。

②【轮廓图】：使文本围绕图形的轮廓进行排列。

③【文本从左到右排列】：使文本沿对象轮廓从左到右排列，效果如图 12-82 所示。

④【文本从右到左排列】：使文本沿对象轮廓从右到左排列，效果如图 12-83 所示。

⑤【跨式文本】：使文本沿对象的整个轮廓排列，效果如图 12-84 所示。

图 12-82 文本从左到右排列

图 12-83 从右到左排列

图 12-84 跨式文本

⑥【正方形】：使文本围绕图形的边界框进行排列。

- 【文本从左向右排列】：使文本沿对象的边界框从左到右排列，效果如图 12-85 所示。

- 【文本从右向左排列】：使文本沿对象的边界框从右到左排列，效果如图 12-86 所示。
- 【跨式文本】：使文本沿对象的边界框排列，效果如图 12-87 所示。
- 【上/下】：使文本沿对象的上下两个边界框排列，效果如图 12-88 所示。

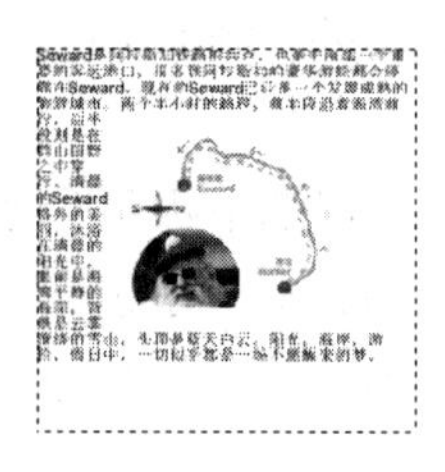
图 12-85　从左向右排列

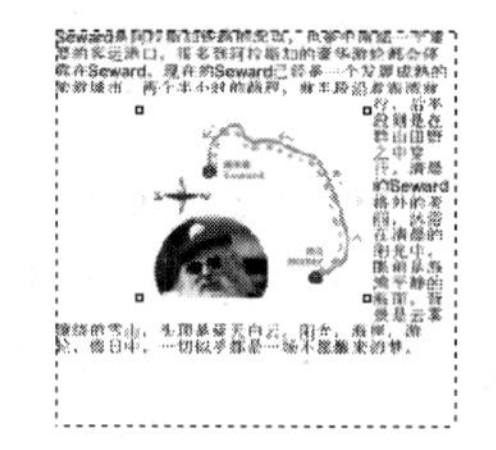
图 12-86　从右向左排列

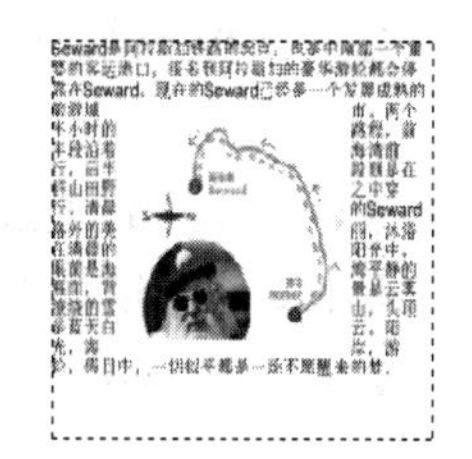
图 12-87　跨式文本

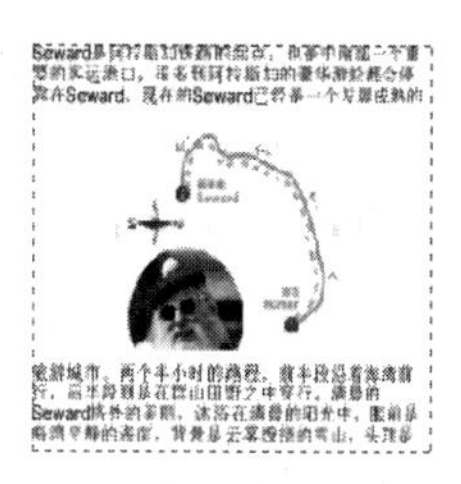
图 12-88　上/下

⑦ 【文本换行偏移】：设置文本到对象轮廓边或对象边界框的距离，设置该选项可以单击后面的按钮进行设置；也可以当光标变为双箭头时，拖动鼠标进行设置。

### 12.2.4　对齐文本

设置文本的对齐方式，可以通过段落文本属性栏进行设置，其中可以更改文本中文字的对齐方式、字距、行距和段落文本断行等属性。

执行【文本】→【文本属性】命令，打开【文本属性】泊坞窗，然后单击【段落】按钮，展开设置面板，如图 12-89 所示。

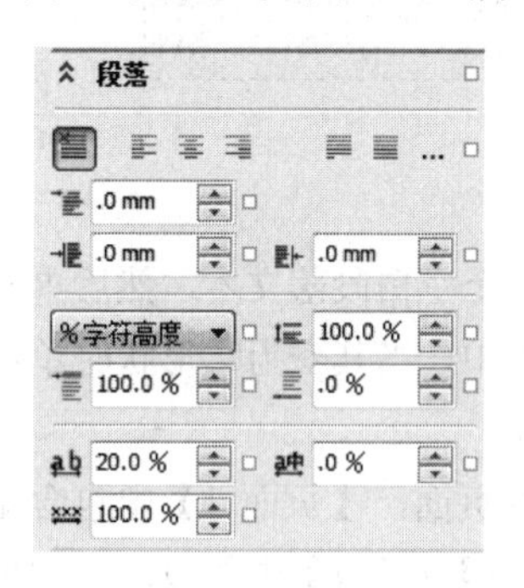

图 12-89　段落面板

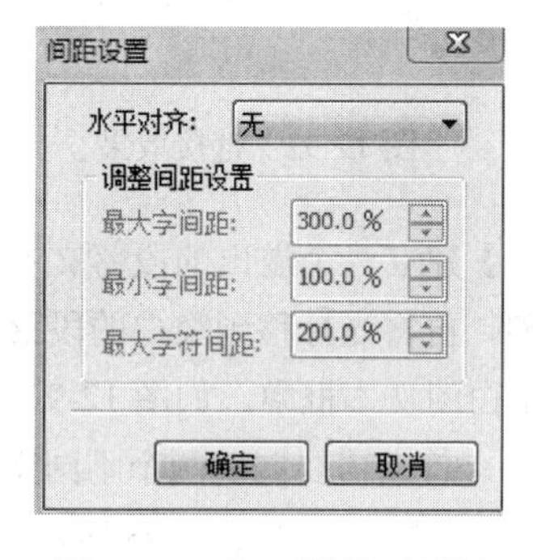

图 12-90　间距设置对话框

图 12-91　对齐方式

① 【无水平对齐】：使文本不与文本框对齐（该选项为默认设置）。

② 【左对齐】：使文本与文本框左侧对齐。

③ 【右对齐】：使文本与文本框右侧对齐。

④ 【居中对齐】：使文本置于文本框左右两侧之间的中间位置。

⑤ 【两端对齐】：使文本与文本框两侧对齐，但最后一行除外。

⑥ 【强制两端对齐】：使文本与文本框的两侧同时对齐。

⑦ 【调整间距设置】：单击该按钮，可以打开【间距设置】对话框，在该对话框中可以进行文本间距的自定义设置，如图 12-90 所示。在【间距设置】面板中单击【水平对齐】选项框后面的按钮无，可以在下拉列表中为所选文本框选择一种对齐方式，如图 12-91 所示；若对齐方式选择【全部调整】或【强制调整】时就可以继续在此面板中设置【最大字间距】、【最小字间距】和【最大字符间距】。

### 12.2.5　段落文字的链接

如果在当前工作页面中输入了大量的文本，可能会超出段落文本框所能容纳的范围，出现了文本溢出的现象。这时候文本链接就显得极为重要，当通过链接段落文本框，可以将溢出的文本放置到另一个文本框或对象中，以保证文本内容的完整性。

**1．链接段落文本框**

链接段落文本框也可以分为两种方式，一种是链接同一页面的文本，另外一种就是链接不同页面的文本。

第一种链接，同一页面中的文本可以通过执行【链接】命令来完成。同时选中两个不同的文本执行【文本】→【段落文本框】→【链接】命令，即可将两个文本框内的文本进行链接。链接后，其中一个文本框溢出的文本将会在另外的文本框中，从而避免了文本的流溢。文本链接的效果如图 12-92 所示。

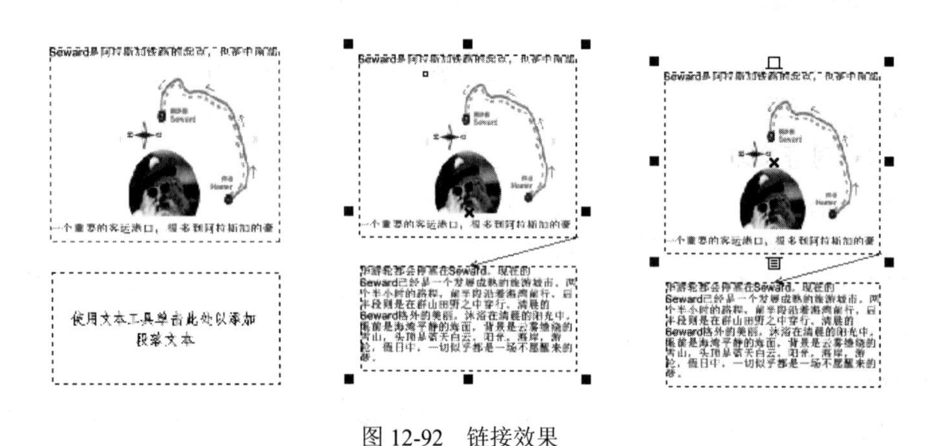

图 12-92　链接效果

操作方法为：使用【文本工具】建立一个溢出的段落文本和一个空白段落文本，然后单击文本框底端，显示出文字流失箭头▼，再将光标移到空白的段落文本中，当其变为形状时单击鼠标左键，溢出的文本就会显示在空白的文本框中，如图 12-92 所示。

第二种链接，不同页面的文本，首先需要创建两个不同文本的页面，【页面 1】中包含溢出的段落文本，【页面 2】中包含一个文本框，如图 12-93 所示；单击【页面 1】中的段落文本框顶端的控制柄□，切换至【页面 2】，当光标变为箭头➔形状时，在【页面 2】的文本框中单击鼠标左键，默认链接顺序是【页面 2】中的文本链接至【页面 1】中的文本后面。在链接后，两个文本框的左侧或右侧将出现链接图标，以表示链接顺序，如图 12-94 所示。

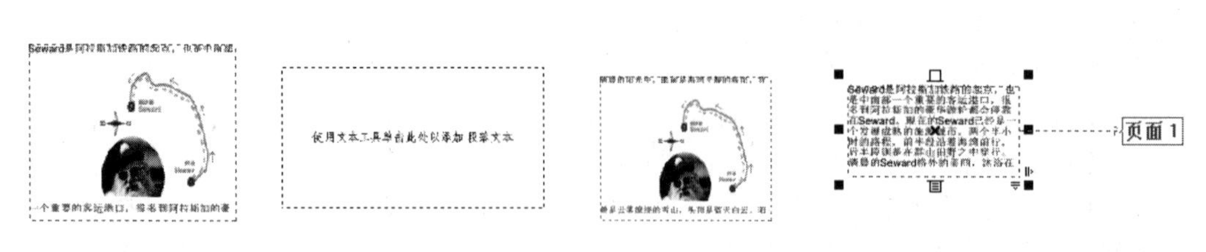


图 12-93　文本和文本框　　　　图 12-94　链接文本

**2．链接段落文本对象**

除了可以将段落文本框中溢出的内容链接到文本框中外，还可以将溢出的文本链接到路径中形成段落文本加路径文本。链接段落文本到路径对象也可以分为两种：与闭合路径链接和与开放路径链接。

当页面上有一个溢出段落文本框时，可以通过如下操作将溢出内容链接到其他闭合路径的图形中：使用鼠标左键单击段落文本框下方的黑色三角箭头▣，当光标变为▤时，移动到想要链接的对象上，待光标变为箭头➡ 形状时，使用鼠标左键单击链接对象，即可在对象内显示前一个段落文本框中溢出的文字，如图 12-95 所示。

如果需要将溢出的文本链接到一个开放路径的对象上时：使用【钢笔工具】或是其他线型工具绘制一条曲线，然后使用鼠标左键单击文本框下方的黑色三角箭头▣，当光标变为▤时，移动到想要链接的曲线上，待光标变为箭头➡形状时，使用鼠标左键单击曲线，即可在曲线上显示前一个段落文本框中溢出的文字，如图 12-96 所示。将文本链接到开放路径时，路径上的文本就具有了【沿路径文本】的特性，当选中该路径文本时，属性栏的设置和【沿路径文本】的属性栏相同，此时可以在属性栏上对路径上的文本进行属性设置。

图 12-95　链接到图形

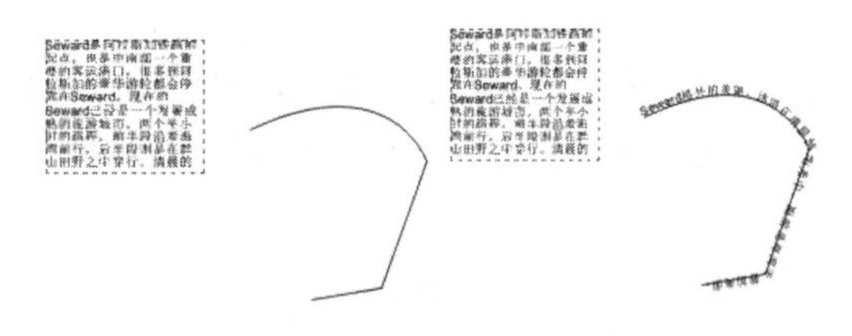

图 12-96　链接到路径

### 12.2.6　段落分栏

绝大多数的杂志内页以及图文混排的设计作品，常常会利用到分栏的设置，可以使文本更加清晰明了，大大提高文章的可读性。

在页面中输入一篇文章，然后选中段落文本，执行【文本】→【栏】命令，打开【栏设置】对话框，如图 12-97 所示，在【栏数】数值框中输入数字，单击【确定】按钮，如图 12-98 所示。

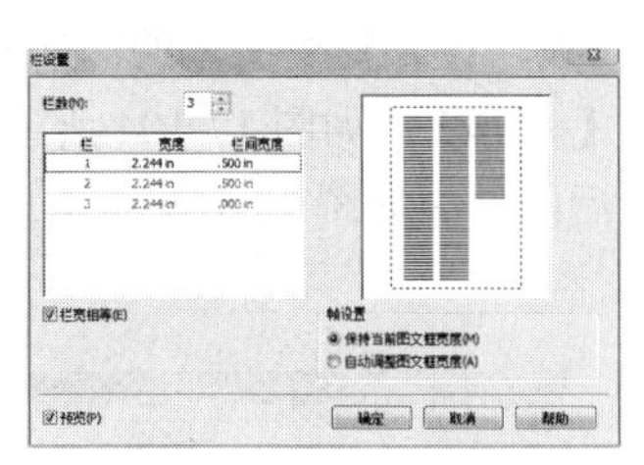

图 12-97　分栏对话框

图 12-98　分栏效果

### 12.2.7　案例应用——制作杂志内页

（1）新建空白文档，然后设置文档名称为【杂志内页】，页面大小为【A4】。

（2）单击【文本工具】，在页面上绘制文本框输入段落文本，然后打开文本属性的泊坞窗，在字符面板中设置标题的字体为【黑体】，字体大小【20pt】，填充为【黑色】；再设置二级标题的字体为【宋体】，字体大小为【17pt】，填充为【灰色】，再设置其他的文本字体为【宋体】，字号为【10pt】，填充颜色为【黑色】，如图 12-99 所示。

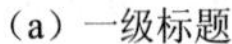

（a）一级标题

（b）二级标题

（c）其他字体

图 12-99　文字设置

（3）打开段落面板，设置整个文本的段前间距为【110%】，行距为【120%】，如图 12-100 所示；最后选择首字设置字体为【Arial Narrow】，字号【24pt】，填充颜色为【黄色】，如图 12-101 所示；再设置【首字下沉】，参数如图 12-102 所示。调整其在页面的位置后的效果如图 12-103 所示。

图 12-100　段落设置

图 12-101　首字设置

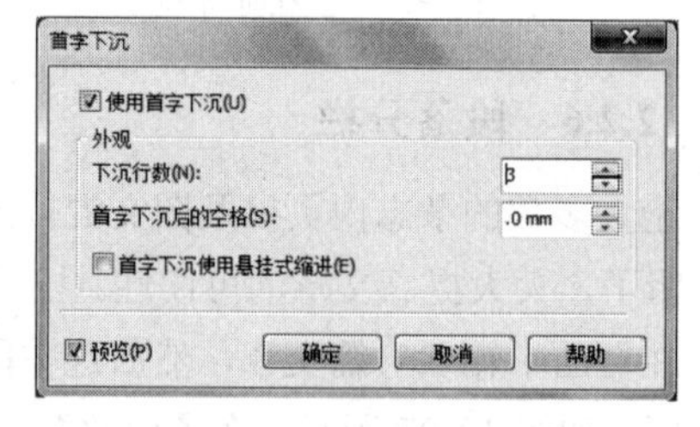


图 12-102　首字下沉

（4）单击【文本工具】，在页面上绘制文本框输入段落文本，然后打开文本属性的泊坞窗，在字符面板中设置标题的字体为【宋体】，字体大小【16pt】，填充为【黑色】；在设置文本字体为【宋体】，字号为【10pt】，填充颜色为【黑色】；打开段落面板，设置整个文本的段前间距为【110%】，行距为【120%】；最后选择所有文本执行首行缩进【9mm】，如图 12-104 所示；并设置分栏效果，分栏参数如图 12-105 所示。调整其在页面的位置后的效果如图 12-106 所示。

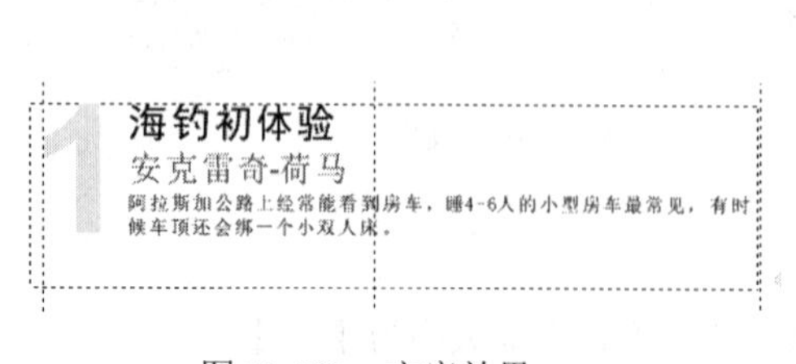


图 12-103　文字效果

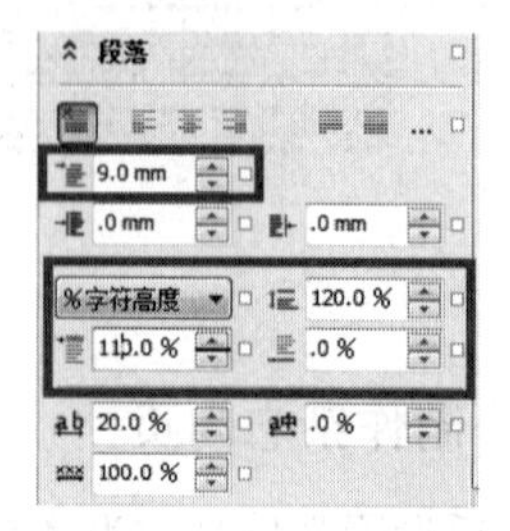


图 12-104　段落设置

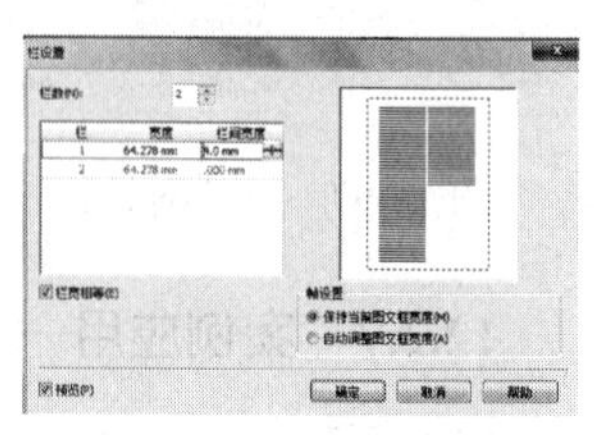

图 12-105　分栏对话框

（5）导入素材【12\杂志内页\图片 1、图片 2】文件，调整图片的大小和位置，最终效果如图 12-107 所示。

（6）根据上述的同样操作制作第二部分的内容，最终的效果如图 12-108 所示。

图 12-106　分栏效果　　图 12-107　排入图片　　图 12-108　杂志内页效果

## 12.3　插入特殊字符

在 CorelDRAW 中，用户可以插入各种类型的特殊字符。有些字符可以作为文字来调整，也可以作为图形对象来调整。执行【插入符号字符】菜单命令，可以将系统已经定义好的符号或图形，插入到当前的文件中进一步编辑与处理，如图 12-109 所示。

执行【文本】→【插入符号字符】命令，或按【Ctrl+F11】键，弹出【插入字符】泊坞窗，在该泊坞窗中，选择好【代码页】和【字体】，如图 12-110 所示；然后按住鼠标左键拖曳下方符号选项窗口的滚动条，待出现需要的符号时，松开鼠标左键并单击符号，在【字符大小】文本框中设置插入符号的大小，单击【插入】按钮，如图 12-111 所示；或者在选择符的符号上双击鼠标左键，即可将所选的符号插入绘图窗口的中心位置。

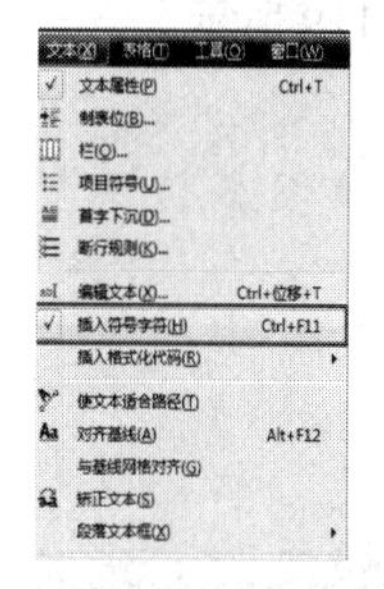

图 12-109　插入符号字符菜单

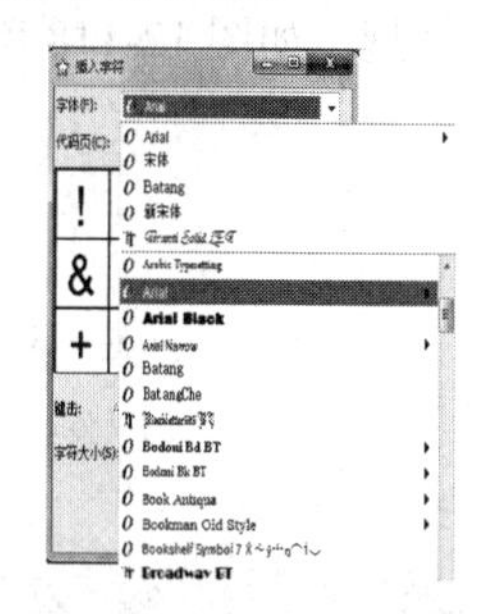

图 12-110　插入字符泊坞窗

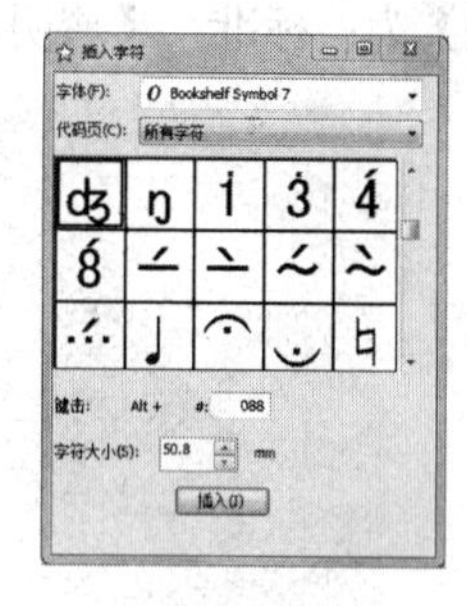

图 12-111　选择字符

## 12.4　将文字转化为曲线

美术文字和段落文本都可以将其转换为曲线，转曲线后的文字无法再进行文本的编辑，但是转曲线后的文字具有了曲线的特性，可以使用编辑曲线的方法对其进行更深入的处理。

### 12.4.1　文本的转换

选择美术文字或段落文本单击鼠标右键，在弹出的菜单中用鼠标左键单击【转换为曲线】菜单命令，如图 12-112 所示；即可将文本转换为曲线（文字出现节点），如图 12-113 所示；也可以直接按【Ctrl+Q】组合键转换为曲线，或执行【排列】→【转换为曲线】命令，如图 12-114 所示。然后单击工具箱中的【形状工具】按钮，通过对节点的调整可以改变文字的效果，如图 12-115

所示。

图 12-112 【转化为曲线】右键菜单

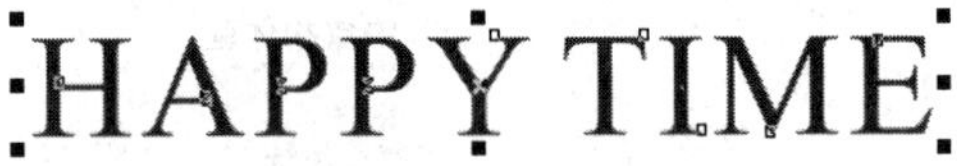

图 12-113 转化为曲线

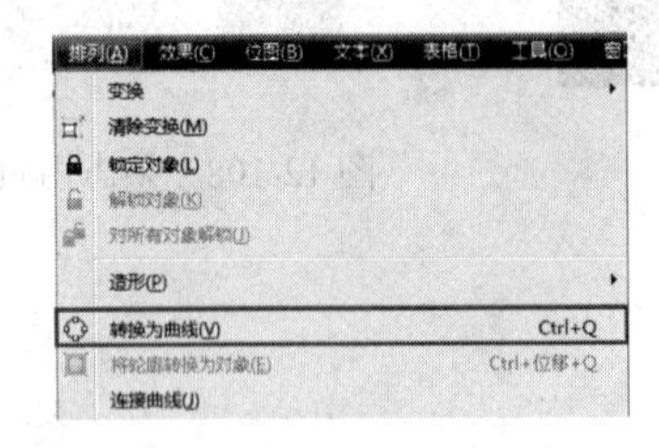


图 12-114 【转化为曲线】命令

图 12-115 调节节点

## 12.4.2 案例应用——绘制咖啡杯垫

(1)新建空白文档,然后设置文档名称为【咖啡杯垫】,设置宽度为【200mm】、高度为【200mm】。

(2)双击【矩形工具】创建一个跟页面大小一致的矩形，填充颜色为淡灰色（C:7，M:10，Y:10，K:5），去除轮廓，如图 12-116 所示。

(3)使用【矩形工具】绘制一个页面同宽度的矩形长条，然后填充颜色为褐色（C:18，M:20，Y:35，K:0）去除轮廓，如图 12-117 所示。再单击【透明度工具】，在属性栏上设置【透明度类型】为：标准，【透明度操作】为：常规，如图 12-118 所示。效果如图 12-119 所示。

图 12-116 绘制大矩形

图 12-117 矩形条

图 12-118 透明度属性栏

图 12-119 矩形条效果

(4)选中前面绘制的矩形条，复制多个，使其在垂直方向上均匀分布，按【L】键使其左对齐，如图 12-120 所示。

(5)使用【矩形工具】绘制一个页面同宽度的矩形长条，填充颜色为褐色（C:20，M:28，Y:35，K:6），去除轮廓；单击【透明度工具】，在属性栏上设置【透明度类型】为：标准，【透明度操作】为：常规，效果如图 12-121 所示。

（6）选中前面绘制的矩形条，复制多个，使其在水平方向上均匀分布，按【T】键使其顶端对齐，如图 12-122 所示。

图 12-120　复制矩形条

图 12-121　绘制竖向矩形条

图 12-122　复制竖向矩形条

（7）双击【矩形工具】创建一个跟页面大小一致的矩形（高度不同），填充颜色为暗红色（C:60，M:100，Y:100，K:60），去除轮廓，如图 123 所示。

（8）使用【椭圆形工具】绘制正圆，在水平方向上复制多个，移动到深红色的矩形条上，选中矩形和所有的圆形，单击属性栏上的【合并】，如图 12-124 所示。

图 12-123　和页面大小一致高度不同的矩形条

图 12-124　绘制的圆形

（9）使用【矩形工具】在页面的底部创建两个跟页面宽度一致的矩形（高度不同），填充颜色为暗红色（C:60，M:100，Y:100，K:60），去除轮廓，如图 12-125 所示。

（10）导入素材【12\咖啡杯垫\图像 1】文件，然后置入到页面上，拖曳到页面左上角进行缩放，如图 12-126 所示。

（11）执行【文本】→【插入符号字符】命令，弹出【插入字符】泊坞窗，设置字符的字体为【webdings】，字符大小【50mm】，接着在字符列表中选择需要的字符，再单击【插入】按钮，即可插入字符，如图 12-127 所示。

图 12-125　矩形条

图 12-126　导入素材

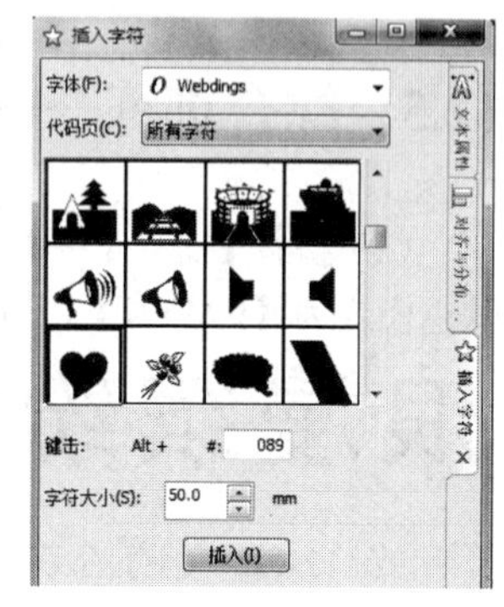


图 12-127　插入字符对话框

（12）选中插入的字符，填充白色并去除轮廓，在水平方向上复制多个，再放置在页面上方，最后调整大小，效果如图 12-128 所示。

（13）使用【文本工具】输入美术字体，在属性栏上设置字体为【Cooper stb black】，字体大小为【80pt】，填充颜色为暗红色（C:60，M:100，Y:100，K:60），放置于图形下方，如图 12-129 所示。

图 12-128　插入字符效果

图 12-129　输入文字

（14）使用【矩形工具】创建一个矩形，填充颜色为暗红色（C:60，M:100，Y:100，K:60），去除轮廓，并使用【形状工具】进行调整，如图 12-130 所示。

（15）使用【文本工具】输入美术字体，然后在属性栏上设置字体为【Arial】，字体大小为【24pt】，填充颜色为白色（C:0，M:0，Y:0，K:0），放置于图形上方，设置对齐分方式为水平居中对齐，效果如图 12-131 所示，完成咖啡杯垫制作。

图 12-130　绘制矩形

图 12-131　咖啡杯垫最终效果

## 12.5　综合训练——打造炫彩的立体文字

（1）执行【文件】→【新建】命令，在弹出的【新建文档】的对话框中设置【大小】为【A4】，颜色模式为【CMYK】，分辨率为【300dpi】。

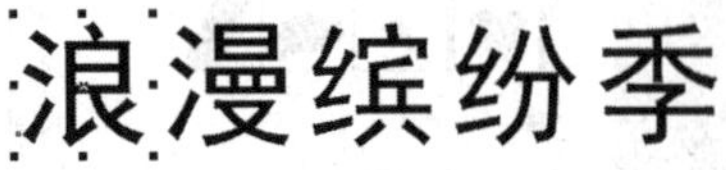

浪漫缤纷季

图 12-132　拆分的文字

（2）单击【文本工具】，在工作区输入【浪漫缤纷季】五个字，并将其设置为【黑体】，调整字体大小，执行【排列】→【拆分美术字】命令，将文字拆分以便于单独编辑，如图 12-132 所示。

（3）选择文字，单击鼠标右键，在弹出的菜单中执行【转换为曲线】命令，或按【Ctrl+Q】键；然后单击工具箱中的【形状工具】，对文字的节点进行变形编辑，如图 12-133 所示。

（4）选择全部的文字，单击鼠标右键，在弹出的快捷菜单中执行【群组】命令。在工具箱中单击【填充工具】中的渐变填充按钮，在弹出的【渐变填充】对话框中设置【类别】为【线性】，角度为【–90°】，颜色从浅红到玫红色，然后单击【确定】按钮，如图 12-134 所示。

图 12-133　调整文字形状　　　　图 12-134　渐变填充

（5）单击工具箱中的【立体化工具】按钮，在文字上按住鼠标左键并拖动。在属性栏中打开【立体化类型】下拉列表框，选择一种立体化类型；单击【立体化颜色】按钮，在弹出的【颜色】面板中单击【使用递减的颜色】按钮，选用一种从粉色到黑色的渐变色，如图 12-135 所示。

（6）复制文字，去除立体效果，放在立体化文字的前方，然后去除填充颜色，设置轮廓色为【白色】，线的宽度为【2mm】，如图 12-136 所示。

图 12-135　立体效果　　　　图 12-136　设置轮廓

（7）将制作的立体文字导入背景图片，并调整其适当的位置，效果如图 12-137 所示。

图 12-137　最终效果

## 12.6　本章小结

本章中详细地介绍了文本的基本操作和文本效果编辑的方法，以及图文并茂混排设置等。文本的编辑与处理在平面设计中是非常频繁和十分重要的操作，这部分知识同时也是平面设计基础，能否熟练掌握、运用这些知识，将会直接影响以后的学习效果。

在学习的过程中，不仅要熟练掌握各种文本的编辑操作方法，并且还要了解和掌握对文本的各种效果进行编辑和处理的方法，为后续的学习打下良好的基础。

## 12.7　课后练习

完成杂志的版面设计，完成效果如图 12-138 所示。

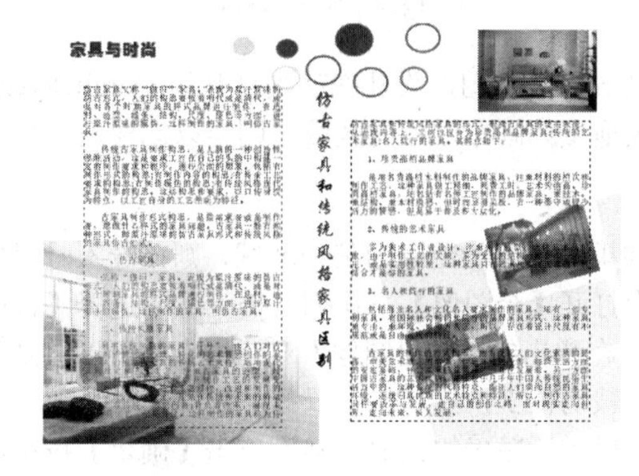
家具与时尚

仿古家具和传统风格家具区别

图 12-138　版面设计完成效果

# 第 13 章　位图的编辑

## 13.1　导入与调整位图

在 CorelDRAW X6 中不同仅可以处理矢量图形，也可以将位图图像进行处理。此外，还可以将矢量图形转换为位图进行编辑，或者将位图描摹为矢量图形，以满足用户对图像的不同编辑要求。

### 13.1.1　导入位图

导入位图的方法有以下三种。

第一种：执行【文件】→【导入】命令，如图 13-1 所示；或者按【Ctrl+I】键，在弹出的【导入】对话框中，选择需要导入的位图文件（同时在右侧的预览框中可以查看该位图的预览效果），然后单击【导入】按钮，如图 13-2 所示。

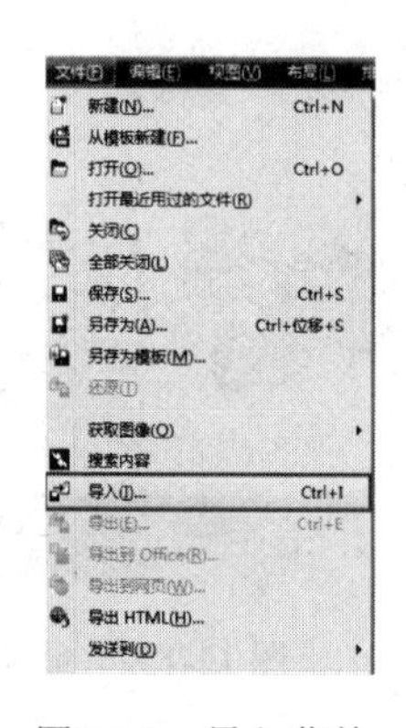


图 13-1　导入菜单

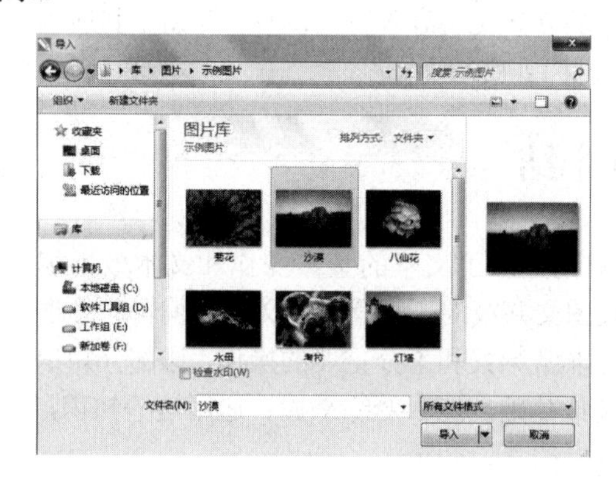


图 13-2　导入对话框

第二种：在标准工具栏中单击【导入】按钮，如图 13-3 所示，在弹出的【导入】对话框中，选择需要的位图文件，然后单击【导入】按钮。

图 13-3　导入属性栏

第三种：打开并选中要导入的位图，将其拖动到打开的 CorelDRAW 文件中，释放鼠标即可导入选中的位图文件；如果拖曳到画布以外的区域，则会以创建新文件的方式打开素材。

### 13.1.2　裁切位图

在导入位图的时候，如果只需要位图中的某一区域，则在导入时对位图可以进行裁剪或重新取样。在【导入】对话框中打开【全图像】下拉列表框，从中选择【裁剪】选项，然后单击【导入】按钮，如图 13-4 所示。在弹出的【裁剪图像】对话框中，可以看到上方有一个由裁切框包围的图像缩览图。将光标移到裁切框上，然后按下鼠标左键并拖动；或者在【选择要裁剪的区域】选项组中调整相应的数值，以进行精确的裁剪。然后单击【确定】按钮，即可实现图像的裁剪，如图 13-5 所示。

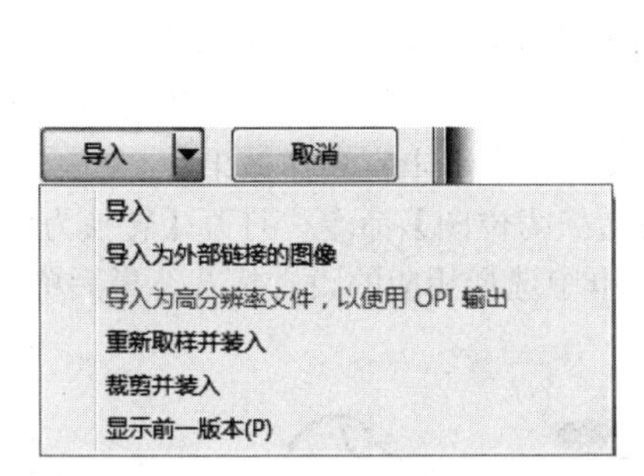


图 13-4　导入按钮

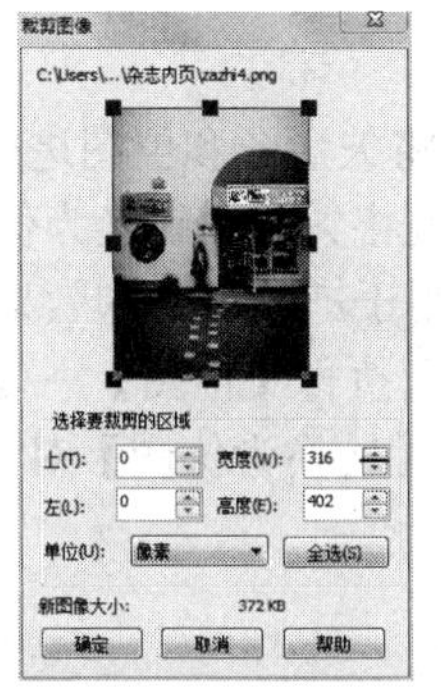

图 13-5　图像裁剪

当导入的位图倾斜或有白边时，还可以使用【矫正图像】命令进行修改。选择导入的位图，然后执行【位图】→【矫正图像】命令，打开【矫正图像】对话框，移动【旋转图像】下的滑块进行大概的纠正，通过查看裁切边缘和网格的间距，在后面的文字框中进行微调，如图 13-6 所示。调整好角度后，勾选【裁剪并重新取样为原始大小】选项，将预览改为修剪效果进行查看，如图 13-7 所示。接着单击【确定】按钮完成矫正。通过【矫正图像】命令也可以对导入的位图进行裁切处理。

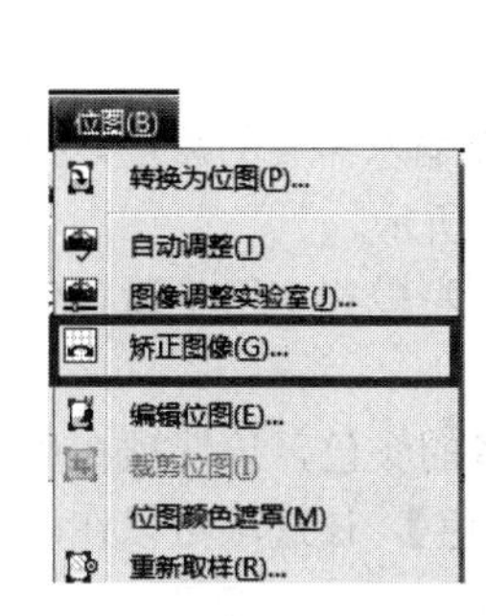


图 13-6　矫正图像菜单

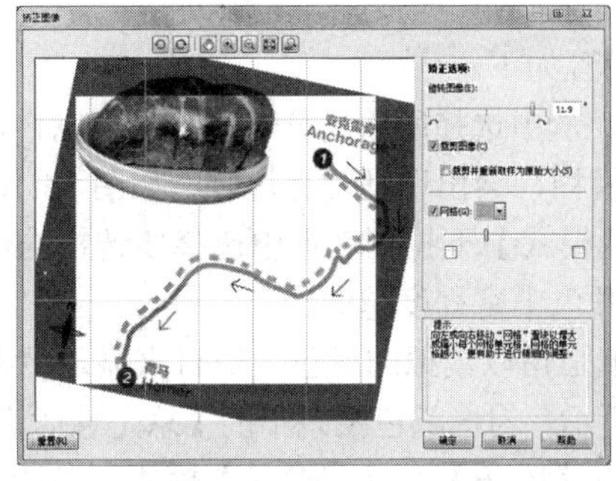

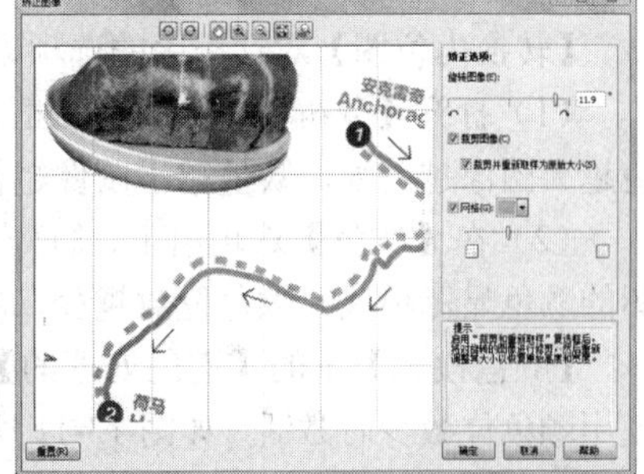

图 13-7　矫正图像

在 CorelDRAW 中，不仅可以使用【裁剪工具】对位图进行规则的裁剪，还可以通过【裁剪位图】命令进行不规则的裁剪。选择一幅位图图像，单击工具箱中的【形状工具】按钮，对位图进行调整，然后执行【位图】→【裁剪位图】命令，即可将原图裁剪为理想形状，如图 13-8 所示。

图 13-8　位图裁剪

### 13.1.3　转换为位图

在 CorelDRAW X6 中允许将矢量图和位图进行互相转换。通过将位图转换为矢量图，可以对其进行填充、变形等编辑；通过将矢量图转换为位图，可以进行位图的相关效果的修饰，也可以降低对象的复杂程度，常常被用于产品设计和效果图制作中，丰富制作效果。

选中要转换为位图的对象，执行【位图】→【转换为位图】命令，打开【转换为位图】对话框，如图 13-9 所示。然后，在【转换为位图】对话框中选择相应的设置模式，最后单击【确定】按钮完成转换。

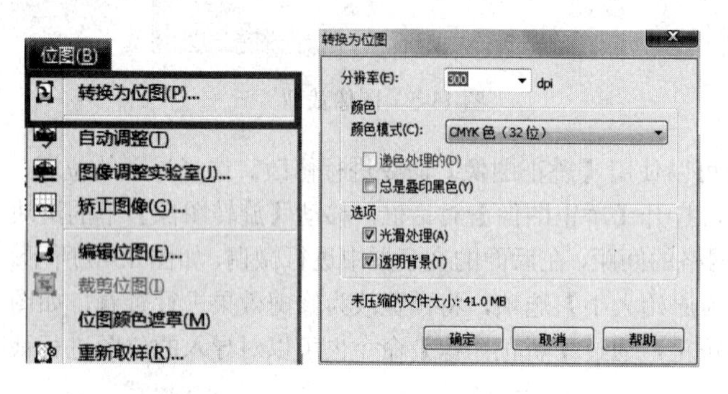

图 13-9　转换为位图

【转换为位图】对话框中的选项设置如下。

(1) 打开【分辨率】下拉列表框，从中选择所需的分辨率，也可以直接输入需要的数值。数值越大图像越清晰，数值越小图像越模糊，会出现马赛克边缘，如图 13-10 所示。

(2) 在【颜色】选项组下，【颜色模式】下拉列表框中选择要转换的色彩模式，用于设置位图的颜色显示模式，颜色位数越少，颜色丰富程度越低。

【颜色模式】下的【递色处理的】是指以模拟的颜色块数目来显示更多的颜色，该选项在可使用颜色位数少时激活，如图 13-11 所示。勾选颜色模式下的【总是叠印黑色】，该选项可以在印刷时避免套版不准和露白现象，可以在【RGB】和【CMYK】模式下激活。

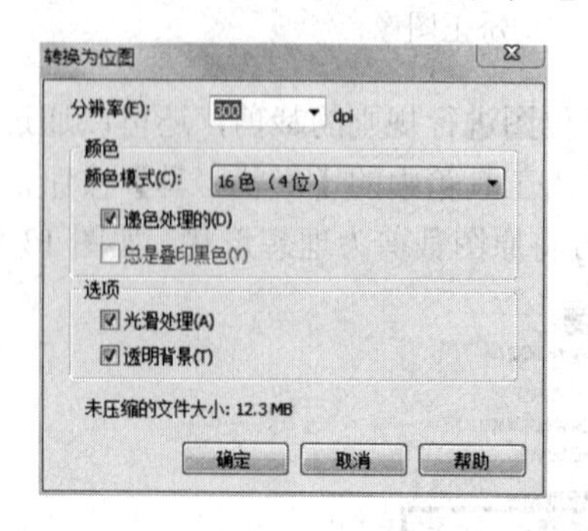


图 13-10　分辨率设置

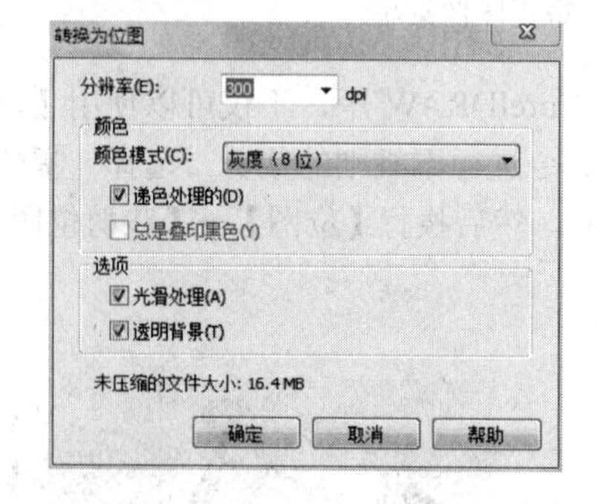


图 13-11　递色处理

(3) 选中【光滑处理】复选框，可以防止在转换位图后边缘出现锯齿。选中【透明背景】复选框，可以在转换成位图后保留原对象的通透。

### 13.1.4　位图色彩模式

在 CorelDRAW 中，对位图的颜色进行处理是以颜色模式为基础的。通过调整颜色模式可以使图像产生不同的效果，但需要注意的是，颜色模式的转换过程中容易丢失部分颜色信息。因此，在位图进行转换前需要对其先保存，且每一次的颜色模式转换，颜色信息都会减少一些，效果也和之前不同。

**1．黑白模式**

黑白模式的图像每一个像素只有 1 位深度，显示的颜色只有黑白两种，任何位图都可以转换为黑白模式，这一模式没有层次上的变化。

选择一幅位图图像，执行【位图】→【模式】→【黑白（1 位）】命令，如图 13-12 所示；在【转换为 1 位】对话框中打开【转换方法】下拉列表框，从中选择一种转换方法，然后单击【确定】按钮结束操作，如图 13-13 所示。

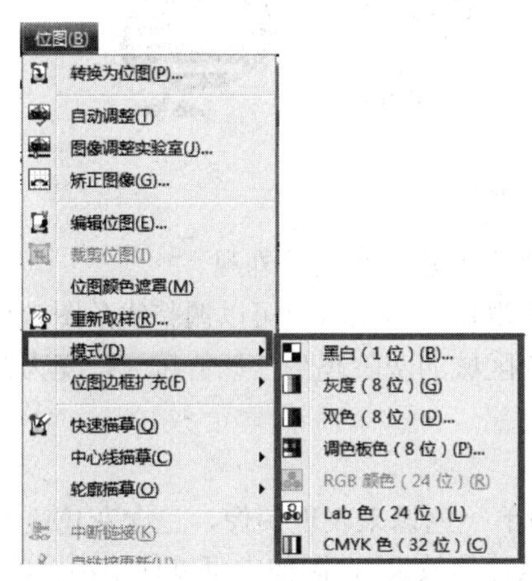


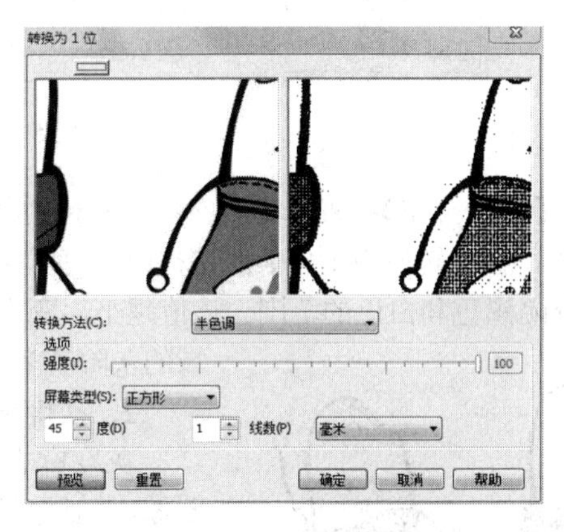


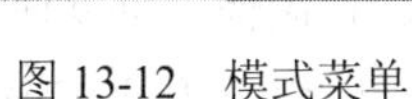

图 13-12　模式菜单　　　　图 13-13　黑白模式对话框

其中，在【转换为 1 位】对话框中可以选择 7 种不同的转换效果。

① 【线条图】：可以产生对比明显的黑白效果，灰色区域高于阈值设置变为白色，低于阈值设置则变为黑色，效果如图 13-14 所示。

② 【顺序】：可以产生比较柔和的效果，突出纯色，使图像边缘变硬。

③ 【Jarvis】：可以对图像进行 Jarvis 运算形成独特的偏差扩散，多用于摄影图像。

图 13-14　线条图效果

④ 【Stucki】：可以对图像进行 Stucki 运算形成独特的偏差扩散，多用于摄影图像，比 Jarvis 计算细腻。

⑤ 【Floyd-Steinberg】：可以对图像进行 Floyd-Steinberg 运算形成独特的偏差扩散，多用于摄影图像，比 Stucki 计算细腻。

⑥ 【半色调】：通过改变图像中的黑白图案来创建不同的灰度，如图 13-15 所示。在设置为【半色调】转换方法下，还可以进一步选择相应的屏幕显示图案来丰富转换效果，可以在下面调整图案的【角度】、【线数】和单位来设置图案的显示。屏幕类型包括【正方形】、【圆角】、【线条】、【交叉】、【固定的 4×4】和【固定的 8×8】。

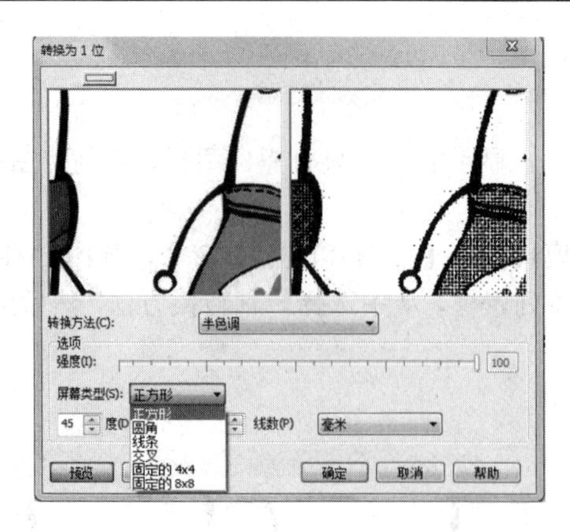

图 13-15 半色调效果

⑦ 【基数分布】：将计算后的结果分布到屏幕上，创建带底纹的外观。

此外，在【转换为 1 位】对话框中还有【阈值】滑块，拖动滑块可以调整线条图效果的灰度阈值，分隔黑色和白色的范围。该值越小，变为黑色区域的灰阶越少；该值越大，变为黑色的区域的灰阶越多。

图 13-16 灰度模式

**2．灰度模式**

灰度模式是用单一色调来表现图像，包含灰色区域的黑白图像，类似于黑白照片的效果。在图像中可以使用不同的灰度级，如在 8 位图像中，最多有 256 级灰度，其每个像素都有一个 0（黑色）~255（白色）之间的亮度值；在 16 位和 32 位的图像中，灰度级比 8 位图像要多出许多。

选择一幅要转化的位图图像，执行【位图】→【模式】→【灰度（8 位）】命令，即可将其转换为灰度模式（丢失的彩色并不可恢复），如图 13-16 所示。

**3．双色模式**

双色模式并不是指由两种颜色构成图像，而是通过 1~4 种自定油墨创建单色调、多色调的灰度图像。

选中要转换的位图图像，然后执行【位图】→【模式】→【双色（8 位）】命令，在弹出的【双色调】对话框中，选择【类型】下拉列表框，如图 13-17 所示；从中选择一种转换类型，完成设置后，单击【确定】按钮结束操作，效果如图 13-18 所示。

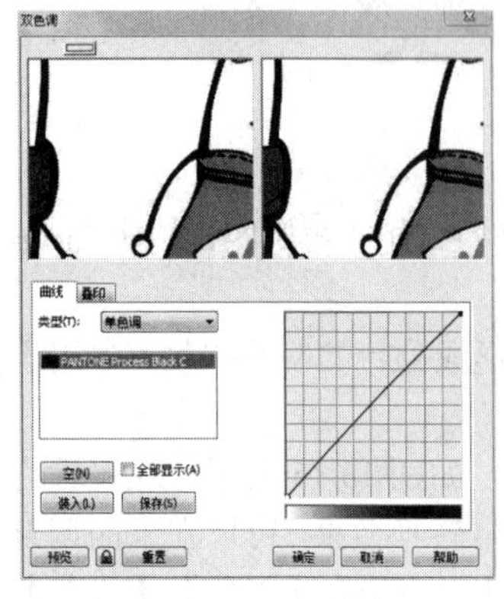

图 13-17 双色调类型

图 13-18 双色调效果

若选择为【单色调】，再双击下面的颜色，变更颜色，在右边的曲线上进行调整，最后单击【确定】按钮，完成双色模式转换。通过曲线调整可以使默认的双色效果更丰富，在调整不满意时，单击【空】按钮可以将曲线上的调节点删除，方便进行重新调整。

若选择为【双色调】，可以为双色模式添加丰富的颜色。其中选择类型为【四色调】，选中黑色，右边曲线显示当前选中颜色的曲线，调整颜色的程度，如图 13-19 所示；然后选中【黄色】的曲线进行调整，完成后单击【确定】按钮完成模式转换，效果如图 13-20 所示。多色调类型中的【双色调】和【三色调】调整方法类似。

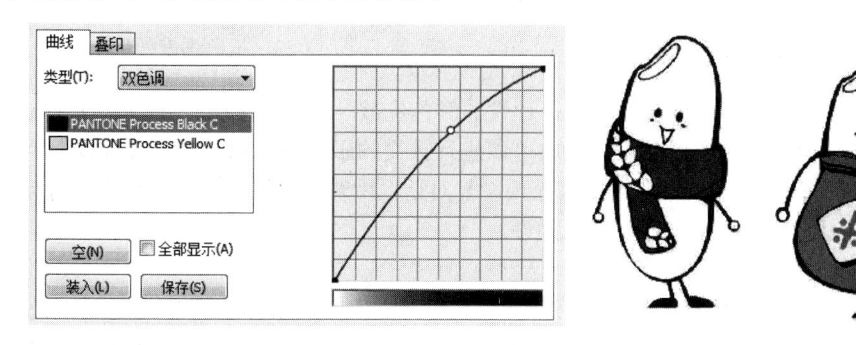


图 13-19　曲线调整　　　　图 13-20　调整后效果

在【双色调】对话框的右侧，会显示整个转换过程中使用的动态色调曲线，拖动该曲线，调整其形状，可以自由地控制添加到图像的色调的颜色和强度，如图 13-19 所示。曲线调整中左边的点为高光区域，中间为灰度区域，右边的点为暗部区域。在调整时要注意调节点在三个区域的颜色比例和深浅度，在预览图中可以查看调整效果。

**4．调色板模式**

将位图转换为调色板模式时，会给每个像素分配一个固定的颜色值。

（1）选中要转换的位图图像，然后执行【位图】→【模式】→【调色板模式（8 位）】命令，在弹出的【转换颜至调色板色】对话框中，打开【调色板】下拉列表框，从中选择一种调色板样式，如图 13-21 所示。

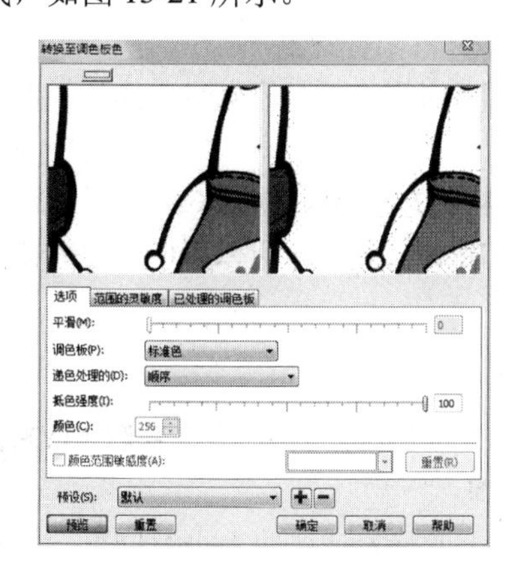

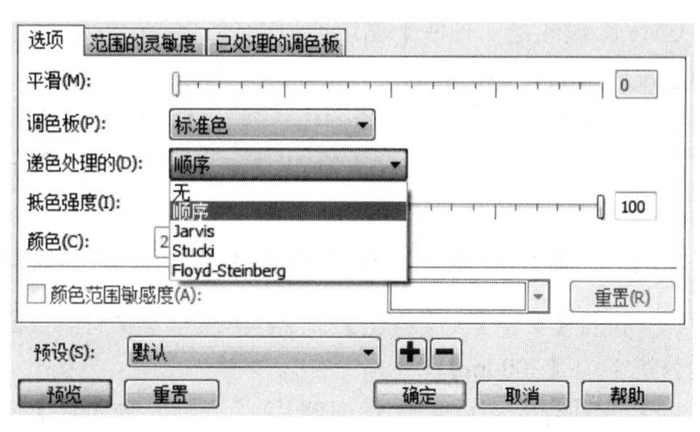


图 13-21　调色板模式

（2）拖动【平滑】滑块，调整图像的平滑度，使其看起来更加细腻、真实。打开【递色处理的】下拉列表框，从中选择一种处理方法。拖动【抵色强度】滑块，或者在右侧的数值框中输入数值，如图 13-22 所示；然后单击【预览】按钮，查看调整效果，如图 13-23 所示。

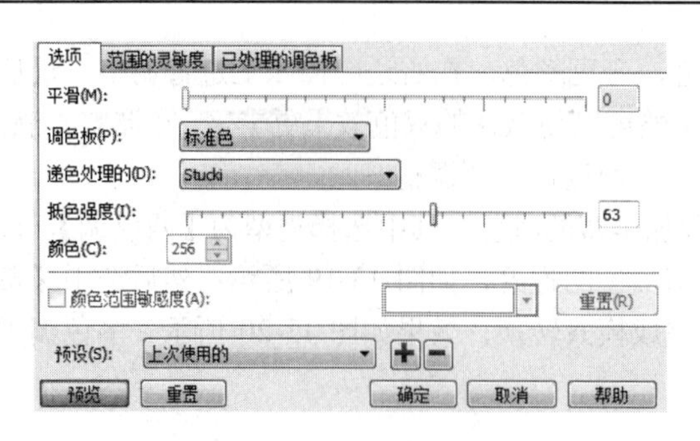


图 13-22 抵色强度设置

图 13-23 抵色强度效果

（3）打开【预设】下拉列表框，从中选择预设的颜色位数（2 位 4 色），然后单击【确定】按钮结束操作。在【转换至调色板色】对话框中可以进行预设的添加或移除。单击【预设】下拉列表框右侧的【添加】➕按钮，在弹出的【保存预设】对话框中输入预设名称，然后单击【确定】按钮，即可保存预设；相似的操作可以移除预设。

**5. RGB 模式**

RGB 模式的图像广泛应用于屏幕显示，通过红、绿、蓝三种颜色叠加呈现更加丰富的颜色，三种颜色的数值大小，决定了位图颜色的深浅和明度。在默认的情况下软件导入位图为 RGB 模式。

RGB 模式的图像通常情况下比 CMYK 模式的图像颜色要鲜亮，CMYK 模式要偏暗一些。打开一幅 CMYK 模式的位图图像，执行【位图】→【模式】→【RGB 颜色（24 位）】命令，即可将其转换为 RGB 模式。

**6. Lab 模式**

Lab 模式是国际色彩标准模式，由【透明度】、【色相】和【饱和度】三个通道组成。

Lab 模式下的图像比 CMYK 模式的图像处理速度快，而且该模式转换为 CMYK 模式的颜色信息不会替换或丢失。用户转换颜色模式时，可以先将对象转换成 Lab 模式，再转换成 CMYK 模式，输出的颜色偏差会小很多。

打开一幅位图图像，执行【位图】→【模式】→【Lab 色（24 位）】命令，即可将其转换为 Lab 模式。

**7. CMYK 模式**

CMYK 模式是一种便于输出印刷的模式，颜色为印刷常用的油墨色，包括黄色、洋红、青色和黑色，通过四种颜色的混合叠加呈现多种颜色。

打开一幅 RGB 模式的位图图像，执行【位图】→【模式】→【CMYK 颜色（24 位）】命令，即可将其转换为 CMYK 模式。CMYK 模式的颜色范围要比 RGB 模式要小，所以，直接进行转换会丢失一部分的颜色信息。

### 13.1.5 案例应用——使用双色模式制作怀旧照片

（1）执行【文件】→【新建】命令，新建一个文件，页面大小为【A4】，颜色模式为【CMYK】，渲染分辨率为【300dpi】。

（2）分别导入素材【13\怀旧照片\背景、人物照片】文件，调整为合适的大小及位置，如图 13-24 所示。

（3）选中人物照片，执行【位图】→【模式】→【双色（8 位）】命令，在弹出的【双色调】对话框中，打开【类型】下拉列表，选择【双色调】选项；然后双击色块，在弹出的【选择颜色】对话框中选择黄色，单击【确定】按钮；返回到【双色调】对话框中调整曲线形状，单击【确定】按钮结束操作，如图 13-25 所示。

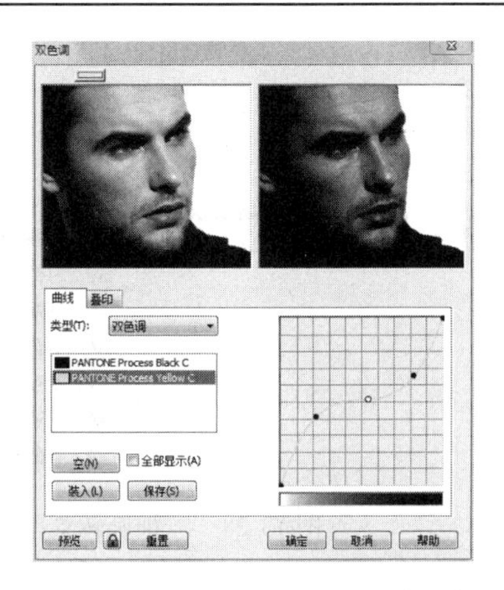


图 13-24　导入素材图像　　　　图 13-25　双色模式转换

（4）在背景图片上绘制矩形框，然后选择位图执行【效果】→【图框精确裁剪】命令，使人物照片的头像处于背景图中的黑色框中，效果如图 13-26 所示。

（5）根据前述的操作再做一次，让小狗的照片处于背景途中的另一个黑色框中，最终的效果如图 13-27 所示，完成怀旧照片的制作。

图 13-26　图片裁剪　　　　图 13-27　最终效果

## 13.2　使用滤镜

### 13.2.1　三维效果

三维效果滤镜组可以对位图添加三维特殊效果，使位图具有空间和深度的效果，三维效果的操作命令包括三维旋转、柱面、浮雕、卷页、透视、挤远/挤近和球面。

**1. 三维旋转**

利用【三维旋转】滤镜可以使平面图像在三维空间内旋转，产生一定的立体效果。通过手动拖动三维模型效果来添加图像的旋转 3D 效果。

（1）选择一幅位图图像，然后执行【位图】→【三维效果】→【三维旋转】命令，如图 13-28 所示，在弹出的【三维旋转】对话框中，使用鼠标左键拖曳三维效果，或者在面板中设置【垂直】和【水平】数值（取值范围为–75～75），然后单击【确定】按钮查看调整效果，如图 13-29 所示。

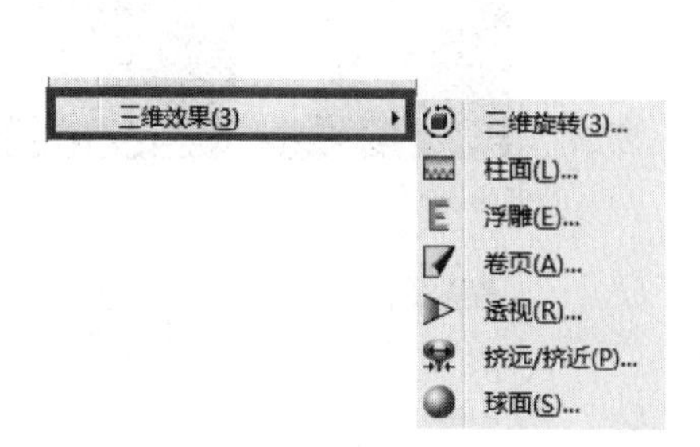


图 13-28 三维旋转菜单

图 13-29 三维旋转对话框

（2）在【三维旋转】面板中，单击左上角的按钮，可显示预览区域；当按钮变为时，再次单击，可显示出对象设置前后的对比效果；单击左边的按钮，可收起预览图，如图 13-30 所示。预览后如果对效果不太满意，可以单击 重置 按钮，恢复对象的原始状态，以便重新设置。完成设置后，单击【确定】按钮结束操作。

图 13-30 三维旋转效果预览

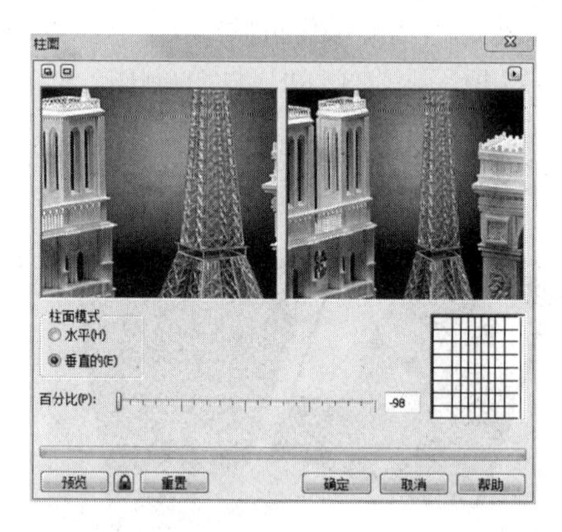


图 13-31 柱面对话框

**2．柱面**

利用【柱面】滤镜可以沿着圆柱体的表面贴上图像，创建出贴图的三维效果。

选择一幅位图图像，然后执行【位图】→【三维效果】→【柱面】命令，弹出的【柱面】面板，如图 13-31 所示。在【柱面模式】选项组中选中【垂直】或【水平】单选按钮，进行相应方向的延伸或挤压，然后拖动【百分比】滑块，或在其右侧的数值框内输入数值；单击【预览】按钮查看调整效果，最后单击【确定】按钮结束操作，前后比较的效果如图 13-32 所示。

图 13-32 垂直、水平对比效果

**3．浮雕**

【浮雕】滤镜可以通过勾画图像的轮廓和降低周围色值来产生视觉上的凹陷或负面突出的效果。

（1）选在一幅位图图像，执行然后执行【位图】→【三维效果】→【浮雕】命令，在弹出的【浮雕】面板中拖动【深度】滑块，或在其右侧的数值框内输入数值，控制浮雕效果的深度，然后依次更改【层次】（【层次】数值越大，浮雕的效果越明显）和【方向】的数值，如图 13-33 所示；设置的浮雕效果如图 13-34 所示。

图 13-33 浮雕对话框

图 13-34 灰色浮雕效果

（2）在【浮雕色】的选项组中分别选中【原始颜色】、【灰色】、【黑】或【其他】单选按钮，对图像进行不同的设置，然后单击【预览】按钮查看调整效果，最后单击【确定】按钮结束操作，分别设置【原始颜色】、【黑】浮雕后的效果如图 13-35 所示。其中在浮色面板上选中【其他色】单选按钮，在其右侧的颜色下拉列表框中选择任意黄色，浮雕的效果如图 13-36 所示。

图 13-35 原始色、黑色浮雕效果

图 13-36 黄色浮雕效果

**4．卷页**

利用【卷页】滤镜可以使用图像的四个角形成向内卷曲的效果。

选中位图，然后执行【位图】→【三维效果】→【卷页】命令，打开【卷页】对话框，如图 13-37 所示；选择卷页的【方向】、【定向】、【纸张】和【颜色】，再调整卷页的【宽度】和【高度】，最后单击【确定】按钮完成调整，效果如图 13-38 所示。

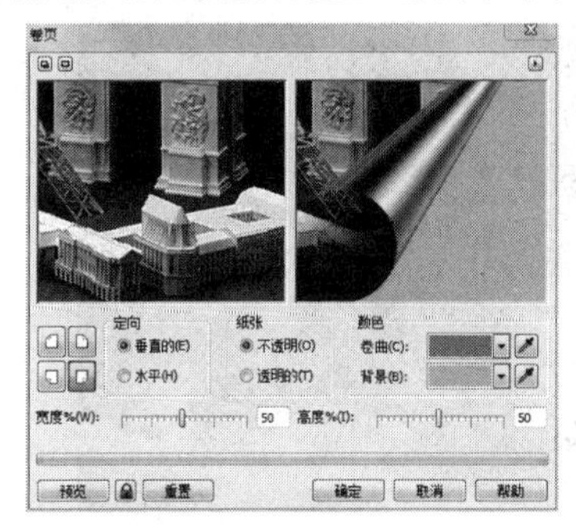

图 13-37 卷页对话框

图 13-38 卷页效果

**5．透视**

利用【透视】滤镜可以调整图像四角的控制点，为其添加三维透视效果。

选择位图图像，执行【位图】→【三维效果】→【透视】命令，在弹出的【透视】面板中，选择【类型】选项组中的【透视】单选按钮，在左侧的预览图上单击，然后按住四角的白色节点并拖动，再单击【预览】按钮查看调整效果，如图 13-39 所示。设置透视后的效果如图 13-40 所示。

图 13-39 透视对话框

图 13-40 透视效果

在【透视】面板中选中【类型】选项组中的【切变】单选按钮，在左侧的预览图上单击，然后按住四角的白色节点并拖动，再单击【预览】按钮查看调整效果；最后单击【确定】按钮结束操作，如图 13-41 所示。

图 13-41 切变效果

**6．挤远/挤近**

【挤远/挤近】滤镜可以覆盖图像的中心位置，使其产生或近或远的距离感，这是以球面透视为基础的位图添加向内或向外的挤压效果。

选中位图，然后执行【位图】→【三维效果】→【挤远/挤近】命令，打开【挤远/挤近】对话框，接着调整挤压的数值，最后单击【确定】按钮完成调整，如图 13-42 所示。

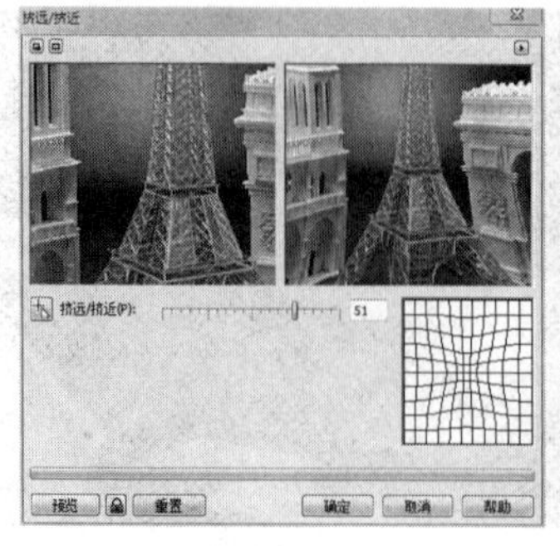

图 13-42 挤远/挤近效果

**7．球面**

【球面】滤镜的应用，可以将图像中接近中心的像素向各个方向的边缘扩展，且越接近边缘的像素越紧凑，类似球面的透视效果。

选中位图，然后执行【位图】→【三维效果】→【球面】命令，打开【球面】对话框，接着选择【优化】的类型，再调整球面效果的百分比，最后单击【确定】按钮完成调整，如图 13-43 所示。

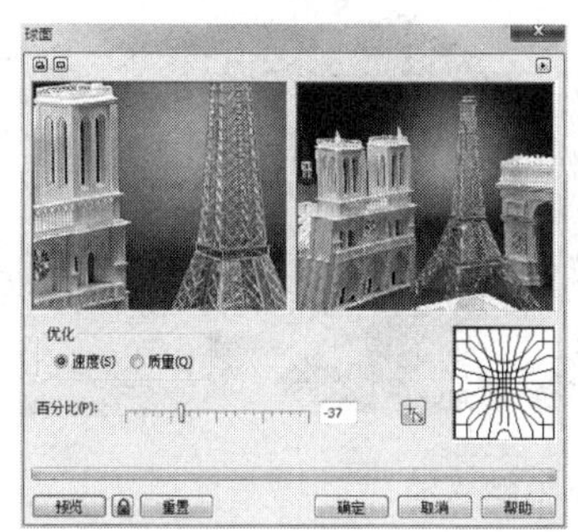

图 13-43　球面效果

### 13.2.2　艺术笔触

通过艺术笔触滤镜组中的各种滤镜，可以对位图进行一些特殊的处理，使其产生犹如运用自然手法绘制的效果，显示出艺术画的风格，如图 13-44 所示。选择一幅位图图像，然后执行【位图】→【艺术笔触】命令，如图 12-45 所示；【艺术笔触】用于将位图以手工绘画方法进行转换，创造不同的绘画风格。其中包括【炭笔画】、【单色蜡笔画】、【蜡笔画】、【立体派】、【印象派】、【调色刀】、【彩色蜡笔画】、【钢笔画】、【点彩派】、【木版画】、【素描】、【水彩画】、【水印画】和【波纹纸画】十四种，效果分别如图 13-46 所示。可以选择不同的艺术笔触后将弹出艺术笔触的对话框，可以对艺术笔触的相对应的参数进行详细的设置。

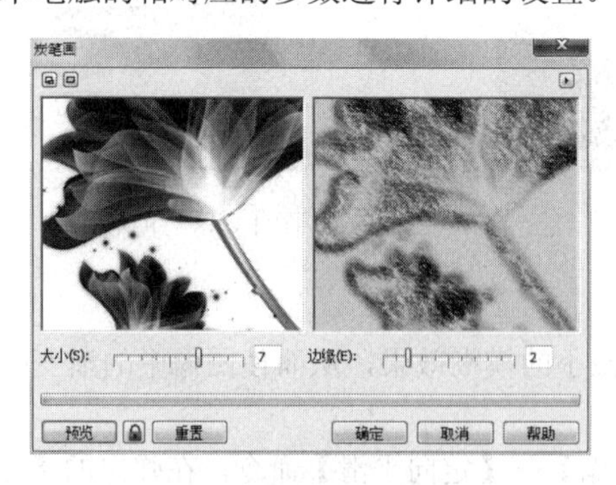

图 13-44　炭笔画对话框

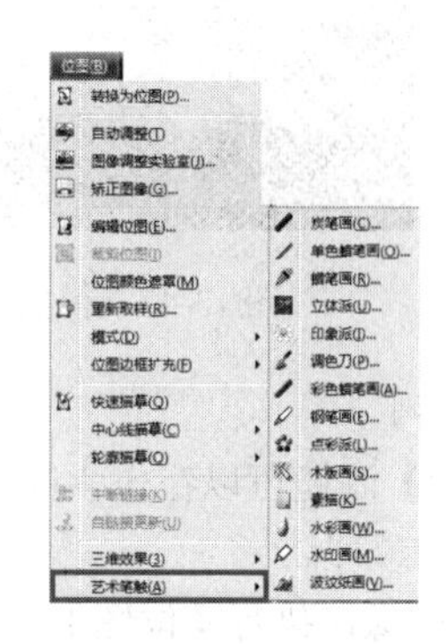

图 13-45　炭笔画菜单

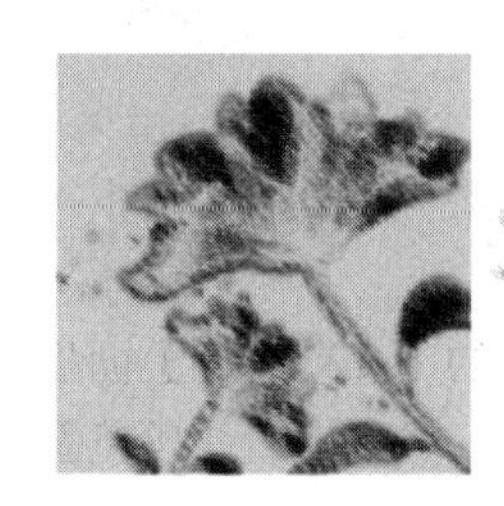

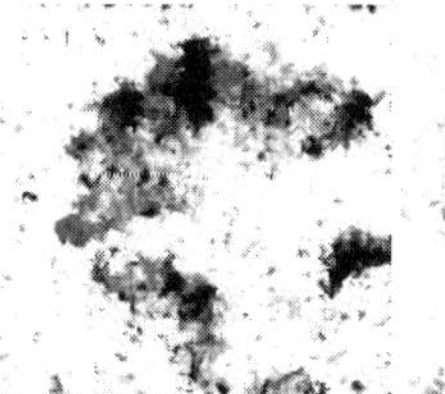
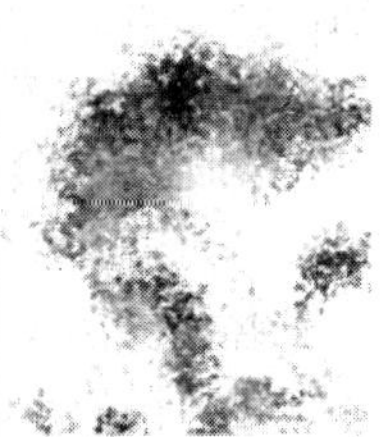

图 13-46

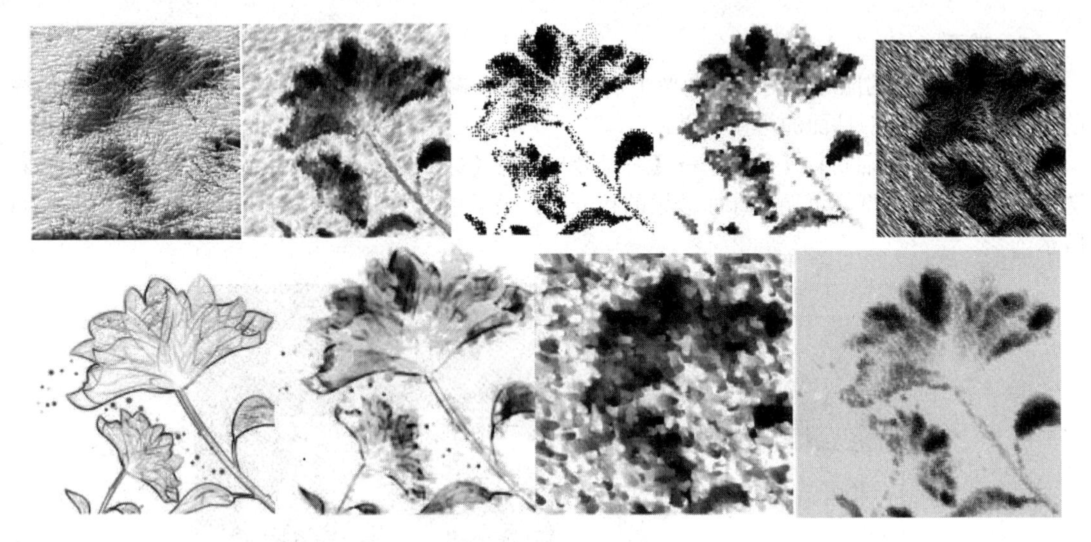

图 13-46　艺术笔触效果

### 13.2.3　模糊

在对导入的位图进行编辑，创建一些特殊效果时，经常会使用到模糊滤镜组。模糊滤镜组是绘图中最为常用的效果，方便用户添加特殊光照效果，使平面图像更具有动感，如图 13-47 所示。选择位图图像，然后执行【位图】→【模糊】命令，如图 13-48 所示。

图 13-47　模糊效果

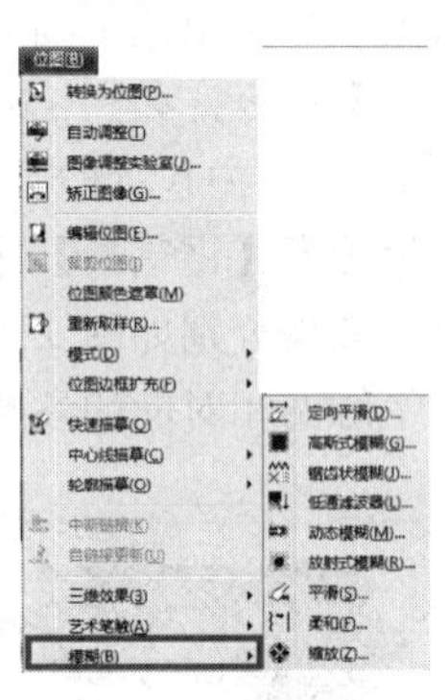


图 13-48　模糊菜单

#### 1．定向平滑

【定向平滑】滤镜可以在像素间添加微小的模糊效果，从而使图像中的渐变区域趋于平滑且保留边缘细节和纹理。

选择位图图像，执行【位图】→【模糊】→【定向平滑】命令，在弹出的【定向平滑】面板中拖动【百分比】滑块，或在右侧的数值框中输入数值，设置平滑效果的强度；然后单击【预览】按钮，查看调整效果；最后单击【确定】按钮结束操作，如图 13-49 所示。

#### 2．高斯式模糊

【高斯式模糊】滤镜可以根据高斯曲线调节像素的颜色值，有选择地模糊图像，使其产生一种朦胧的效果。

选择位图图像，执行【位图】→【模糊】→【高斯模糊】命令，在弹出的【高斯模糊】面板中拖动【半径】滑块，或在右侧的数值框中输入数值，设置图像的模糊强度；然后单击【预览】按钮，查看调整效果；最后单击【确定】按钮结束操作，如图 13-50 所示。

图 13-49　定向平滑

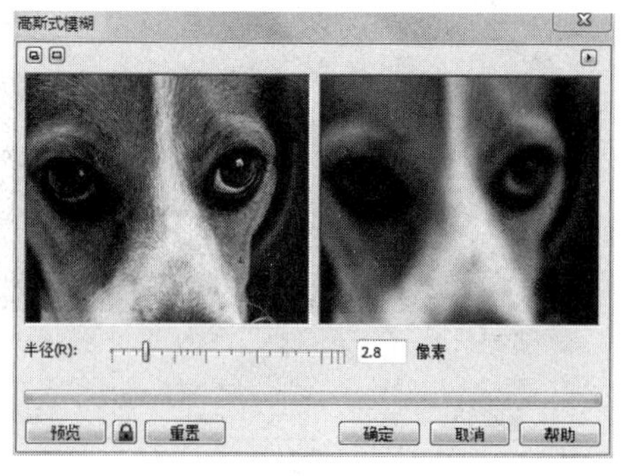


图 13-50　高斯式模糊

### 3．锯齿状模糊

【锯齿状模糊】滤镜锯齿状可以用来校正图像，去掉指定区域中的小斑点和杂点。

选择位图图像，执行【位图】→【模糊】→【锯齿状模糊】命令，在弹出的【锯齿状模糊】面板中拖动【宽度】和【高度】滑块，或在右侧的数值框中输入数值，设置模糊锯齿的高度和宽度；然后单击【预览】按钮，查看调整效果；最后单击【确定】按钮结束操作，如图 13-51 所示。

在【锯齿状模糊】的面板中选择【均衡】复选框后，当修改【宽度】或【高度】中的任意一个数值时，另外一个也会随之变动，如图 13-52 所示。

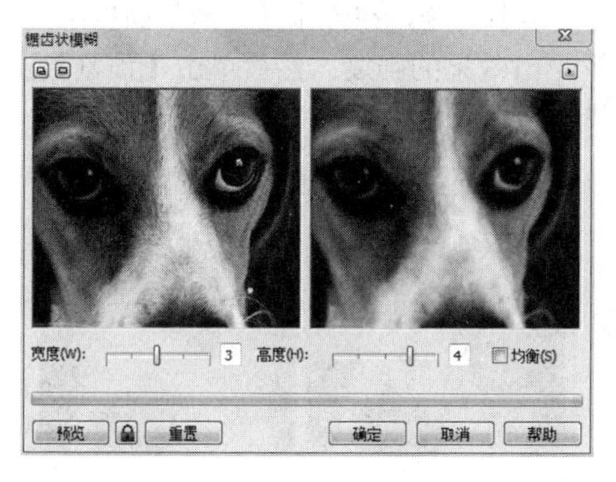


图 13-51　锯齿状模糊

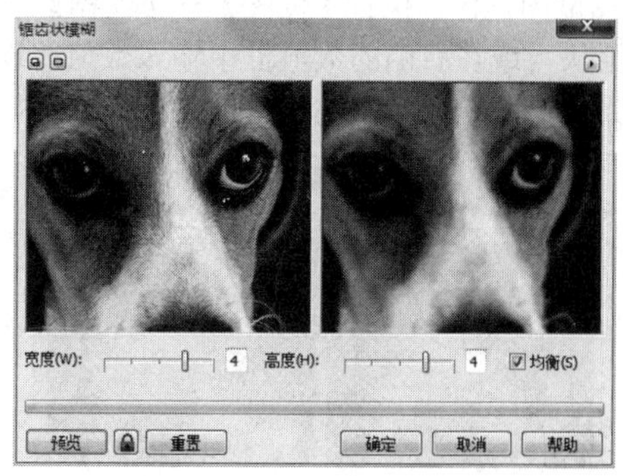


图 13-52　均衡复选框

### 4．低通滤波器

【低通滤波器】滤镜只针对图像中的某些元素，通过它可以调整图像中尖锐的边角和细节，使其模糊效果更加柔和。

选择位图图像，执行【位图】→【模糊】→【低通滤波器】命令，在弹出的【低通滤波器】面板中拖动【百分比】和【半径】滑块，或在右侧的数值框中输入数值，设置模糊效果强度及模糊半径的大小；然后单击【预览】按钮，查看调整效果；最后单击【确定】按钮结束操作，如图 13-53 所示。

### 5．动态模糊

【动态模糊】滤镜可以模仿拍摄运动物体的手法，通过将像素在某一方向上进行线性位移来产生运动模糊效果，增强平面图像的动态感。

选择位图图像，执行【位图】→【模糊】→【动态模糊】命令，打开【动态模糊】面板；在【图像外围取样】选项组中选中【忽略图像外的像素】单选按钮；然后拖动【间距】滑块，或在右侧的数值框中输入数值，设置模糊效果的强度；在【方向】数值框中输入数值，设置模糊的角度；单击【预览】按钮，查看调整效果，如图 13-54 所示。

图 13-53 低通滤波器

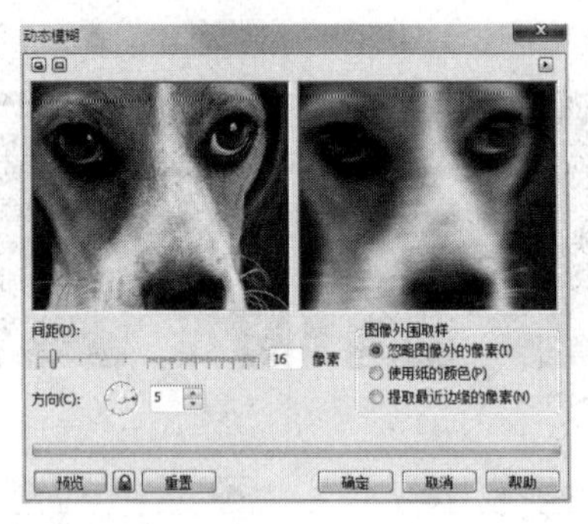


图 13-54 动态模糊

**6．放射状模糊**

【放射状模糊】滤镜可以使图像产生从中心点放射模糊的效果。

选择位图图像，执行【位图】→【模糊】→【放射状模糊】命令，在弹出【放射状模糊】面板中拖动 【数量】滑块，或在右侧的数值框中输入数值，设置放射状模糊效果的强度；然后单击【预览】按钮查看调整效果；最后单击【确定】按钮结束操作，如图 13-55 所示。

**7．平滑**

【平滑】滤镜可以减小相邻像素之间的色调差别，使图像产生细微的模糊变化。

选择位图图像，执行【位图】→【模糊】→【平滑】命令，在弹出【平滑】面板中拖动 【百分百】滑块，或在右侧的数值框中输入数值，设置平滑效果的强度；然后单击【预览】按钮查看调整效果；最后单击【确定】按钮结束操作，如图 13-56 所示。

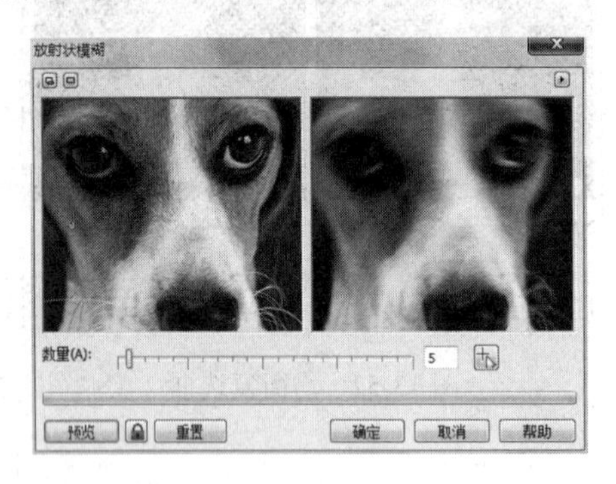


图 13-55 放射状模糊

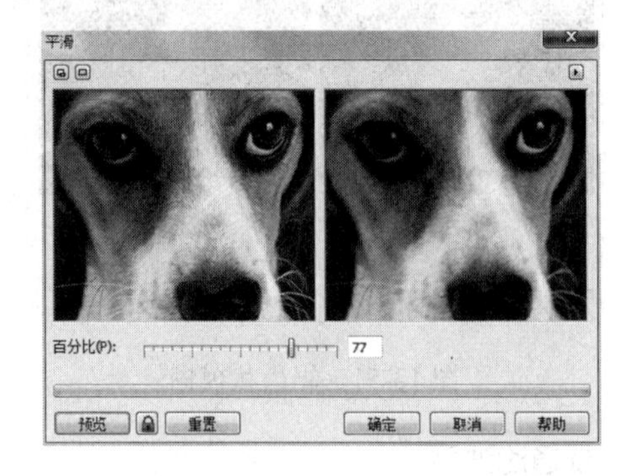


图 13-56 平滑

**8．柔和**

【柔和】滤镜的功能与【平滑】滤镜极为相似，可以使图像产生轻微的模糊变化，而不影响图像中的细节。

选择位图图像，执行【位图】→【模糊】→【柔和】命令，在弹出【柔和】面板中拖动【百分百】滑块，或在右侧的数值框中输入数值，设置柔和效果的强度；然后单击【预览】按钮查看调整效果；最后单击【确定】按钮结束操作，如图 13-57 所示。

**9．缩放**

【缩放】滤镜用于创建一种从中心点逐渐缩放的边缘效果，即图像中的像素从中心点向外模糊，离中心点越近，模糊效果就越弱。

选择位图图像，执行【位图】→【模糊】→【缩放】命令，在弹出【缩放】面板中拖动 【数量】滑块，或在右侧的数值框中输入数值，设置缩放效果的强度；然后单击【预览】按钮查看调整效果；最后单击【确定】按钮结束操作，如图 13-58 所示。

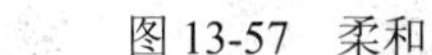
图 13-57　柔和

图 13-58　缩放

### 13.2.4　轮廓图

轮廓图滤镜组中包含【边缘检测】、【查找边缘】和【描摹轮廓】三种滤镜，利用这些滤镜可以跟踪、确定位图图像的边缘及轮廓，图像中剩余的其他部分将转化为中间颜色。

**1．边缘检测**

【边缘检测】滤镜可以检测到图像中各个对象的边缘，使其转换为曲线，产生比其他轮廓图滤镜更细微的效果。

（1）选择位图图像，执行【位图】→【轮廓图】→【边缘检测】命令，打开【边缘检测】面板；在【背景色】选项组中选中【白色】单选按钮；然后拖动 【灵敏度】滑块，或在右侧的数值框中输入数值，设置检测边缘时的灵敏强度；接着单击【预览】按钮查看调整效果，如图 13-59 所示。

（2）在【背景色】选项组中选中【黑】单选按钮，然后拖动【灵敏度】滑块，或在右侧的数值框中输入数值，单击【确定】按钮结束操作，如图 13-60 所示。

（3）在【背景色】选项组中选中【其他】单选按钮，在其右侧的颜色下拉列表框中选择青色，然后拖动【灵敏度】滑块，或在右侧的数值框中输入数值，然后单击【确定】按钮结束操作，如图 13-61 所示。

图 13-59　白色按钮

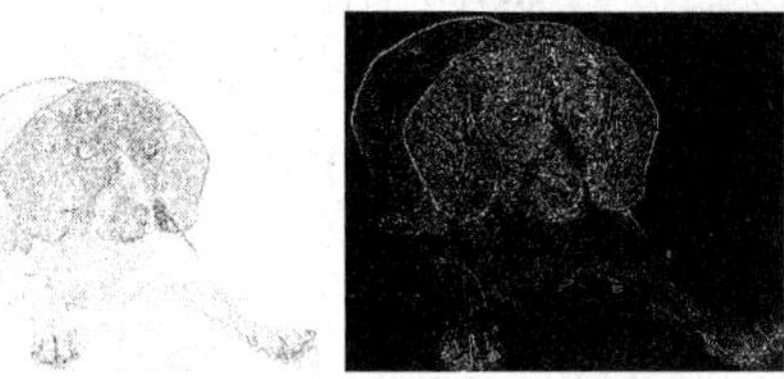
图 13-60　黑色按钮

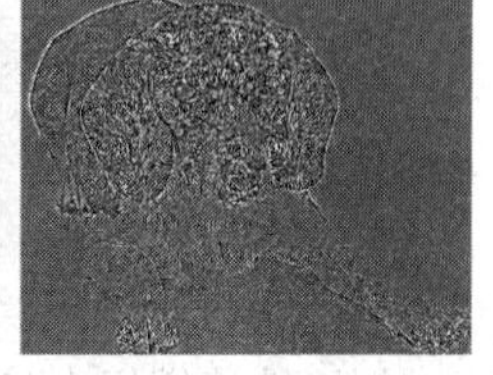
图 13-61　其他按钮

**2．查找边缘**

【查找边缘】滤镜的功能与【边缘检测】滤镜类似，区别在于其适用于高对比的图像，可将查找到的对象边缘转换为柔和或尖锐的曲线。

（1）选择位图图像，执行【位图】→【轮廓图】→【查找边缘】命令，打开【查找边缘】面板；在【边缘类型】选项组中选中【软】单选按钮；然后拖动【层次】滑块，或在右侧的数值框中输入数值【50】，设置边缘效果的强度；单击【预览】按钮查看调整效果，如图 13-62 所示。

（2）在【边缘类型】选项组中选中【纯色】单选按钮（可以产生较尖锐的边缘），拖动【层次】滑块，或在右侧的数值框中输入数值【50】，单击【预览】按钮查看调整效果，然后单击【确定】按钮结束操作，效果如图 13-63 所示。

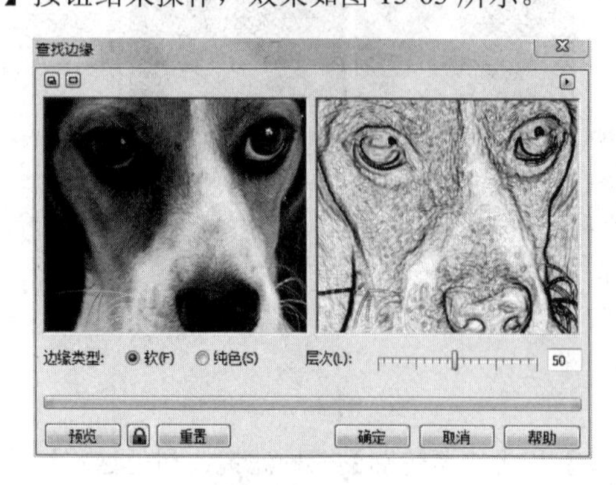


图 13-62 软按钮

图 13-63 纯色按钮

**3．描摹轮廓**

【描摹轮廓】滤镜可以描绘图像的颜色，在图像内部创建轮廓，多用于需要显示高对比度的位图图像。

选择位图图像，执行【位图】→【轮廓图】→【描摹轮廓】命令，在弹出的【描摹轮廓】面板中拖动【层次】滑块，或在右侧的数值框中输入数值【127】，设置边缘效果的强度；然后在【边缘类型】选项组中选中【下降】单选按钮，设置滤镜影响的范围；单击【预览】按钮查看调整效果，如图 13-64 所示。在【边缘类型】选项组中还有【上面】单选按钮，可以设置不同的滤镜影响。

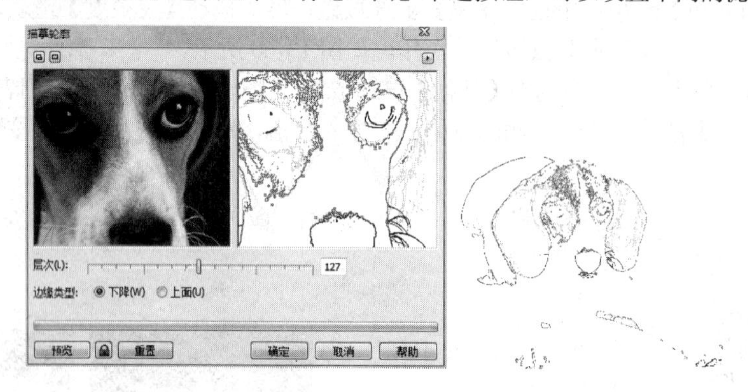


图 13-64 描摹轮廓

### 13.2.5 创造性

创造性滤镜组中包括了十四种不同的滤镜，通过这十四种不同的滤镜，可以将位图图像转换为各种不同的形状和纹理，生成形态各异的特殊效果。

**1．工艺**

【工艺】滤镜实际上就是把【拼图板】、【齿轮】、【弹珠】、【糖果】、【瓷砖】和【筹码】六个独立滤镜结合在一个界面上，从而改变图像的效果。

（1）选择位图图像，执行【位图】→【创造性】→【工艺】命令，在弹出的【工艺】面板中分布拖动【大小】、【完成】和【亮度】滑块，或在后面的数值框中输入数值，依次设置工艺元素的大小，图像转换为工艺元素的程度及工艺元素的亮度；然后在【旋转】数值框中输入数值，设置光线旋转的角度；单击【预览】按钮查看调整效果，如图 13-65 所示。

图 13-65　拼图版

图 13-66　齿轮

（2）在【样式】下拉列表框选中一种样式（选择不同的样式，创建的效果也会有所不同）；完成设置后，单击【确定】按钮结束操作，如图 13-66 所示。

**2．晶体化**

利用【晶体化】滤镜可以使图像产生水晶碎片的效果，如图 13-67 所示。

**3．织物**

【织物】滤镜是由【刺绣】、【地毯勾织】、【彩格被子】、【珠帘】、【丝带】和【拼纸】六种独立滤镜组合而成的，可以使图像产生织物底纹效果，如图 13-68 所示。

图 13-67　晶体化　　　　图 13-68　织物

**4．框架**

【框架】滤镜可以在位图图像周围添加框架，使其形成一种类似画框的效果。

选择位图图像，执行【位图】→【创造性】→【框架】命令，如图 13-69 所示；在打开的【框架】面板中单击眼睛图标，可以显示或隐藏相应的框架效果；选择【修改】选项卡，可以对框架进行相应的设置，如图 13-70 所示；单击【预览】按钮，可以查看调整效果；完成设置后，单击【确定】按钮结束操作，设置效果如图 13-71 所示。

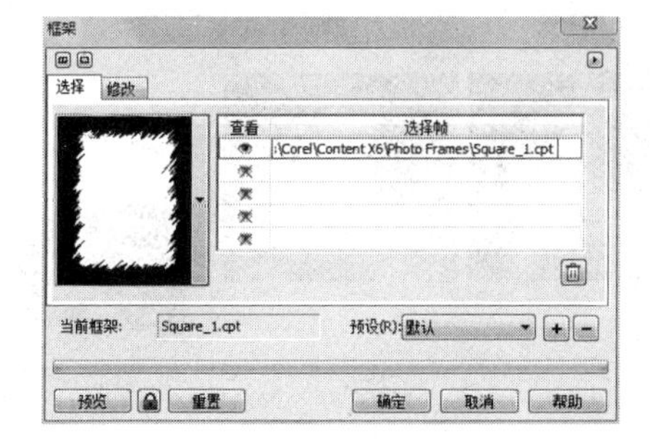


图 13-69　【框架】面板

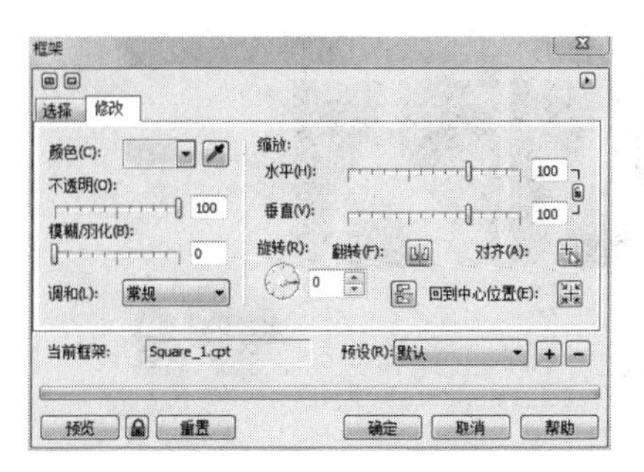


图 13-70　选项卡设置

**5．玻璃砖**

【玻璃砖】滤镜可以使图像产生透过玻璃查看的效果，如图 13-72 所示。

图 13-71 框架效果

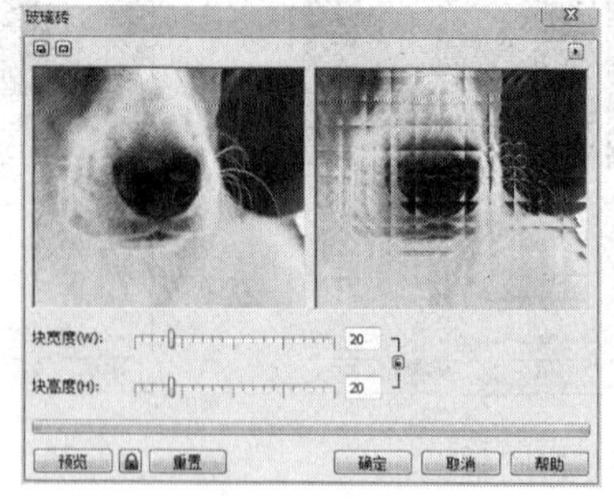

图 13-72 玻璃砖

**6．儿童游戏**

【儿童游戏】滤镜可以将图像转换为有趣的形状，产生【圆点图案】、【积木图案】、【手指绘图】和【数字绘图】等不同的趣味效果，如图 13-73 所示。

**7．马赛克**

【马赛克】滤镜可以将图像分割为若干颜色块，类似于为图像平铺了一层马赛克图案。

选中【虚光】复选框，可以在马赛克效果上添加一个虚光的框架，完成设置后，单击【确定】按钮结束操作，效果如图 13-74 所示。

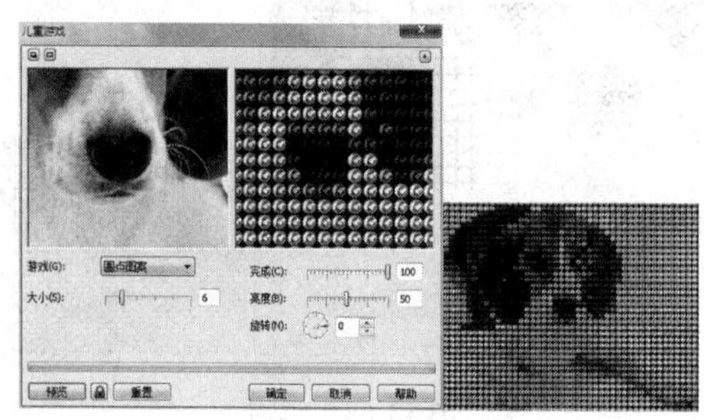


图 13-73 儿童游戏

图 13-74 马赛克

**8．粒子**

【粒子】滤镜可以给图像添加星形或气泡两种样式的粒子效果，如图 13-75 所示。

**9．散开**

【散开】滤镜可以将图像中的像素进行扩散，然后重新排列，从而产生特殊的效果，如图 13-76 所示。

图 13-75 粒子

图 13-76 散开

**10．茶色玻璃**

【茶色玻璃】滤镜可以在图像上添加一层色彩，产生透过茶色玻璃查看图像的效果，如图 13-77 所示。

**11．彩色玻璃**

【彩色玻璃】滤镜可以得到一种类似晶体化的图像效果，选中【三维照明】复选框，可以应用该滤镜的同时创建三维灯光的效果，如图 13-78 所示。

图 13-77　茶色玻璃

图 13-78　彩色玻璃

**12．虚光**

【虚光】滤镜可以在图像中添加一个边框，使其产生一个类似暗角的朦胧效果，在【颜色】选项组中设置不同的虚光颜色，【形状】选项组中选择【矩形】单选按钮，设置不同的形状的虚光，如图 13-79 所示。

**13．漩涡**

【漩涡】滤镜可以使图像绕着指定的中心产生旋转效果，如图 13-80 所示。

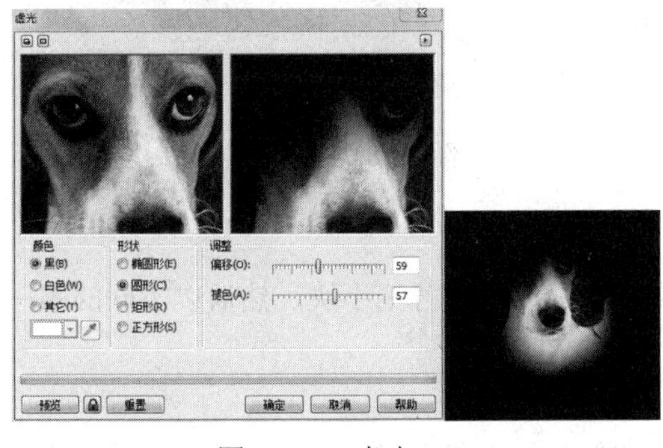


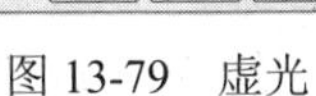
图 13-79　虚光

图 13-80　漩涡

**14．天气**

【天气】滤镜可以为图像添加【雨】、【雪】或【雾】等自然效果，如图 13-81 所示。

## 13.2.6　扭曲

**1．块状**

【块状】滤镜可以将位图图像分裂成若干小块，形成类似拼贴的特殊效果。

（1）选择位图图像，执行【位图】→【扭曲】→【块状】命令，在弹出的【块状】面板中分别拖动【块高度】、【块宽度】和【最大偏移】滑块，或在数值框中输入数值，设置分裂块的形状和大小；然后单击【预览】按钮查看调整效果。

（2）在【未定义区域】的选项组中打开第一个下拉列表框，从中选择一种样式【黑体】，然后单击【确定】按钮结束操作，如图 13-82 所示。

图 13-81　天气　　　　图 13-82　未定义区域为黑体

（3）在【未定义区域】的选项组中打开第一个下拉列表框，从中选择【其他】选项，在其下方的颜色下拉列表框中选择一种颜色，然后单击【确定】按钮结束操作，如图 13-83 所示。

**2．置换**

【置换】滤镜可以在两个图像之间评估像素的颜色值，为图像增加反射点，效果如图 13-84 所示。

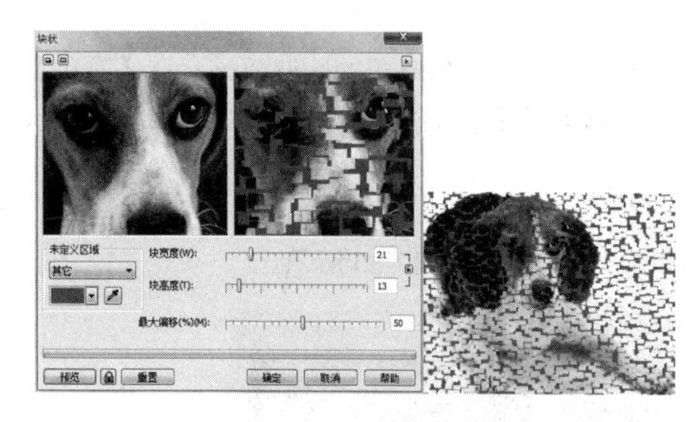

图 13-83　未定义区域为其他

图 13-84　置换

**3．偏移**

【偏移】滤镜可以按照指定的数值偏移整个图像，将其切割成若干小块，然后以不同的顺序结合起来，如图 13-85 所示。

**4．像素**

【像素】滤镜通过结合并平均相邻像素的值，将图像分割为正方形、矩形或放射状单元格，如图 13-86 所示。

图 13-85　偏移

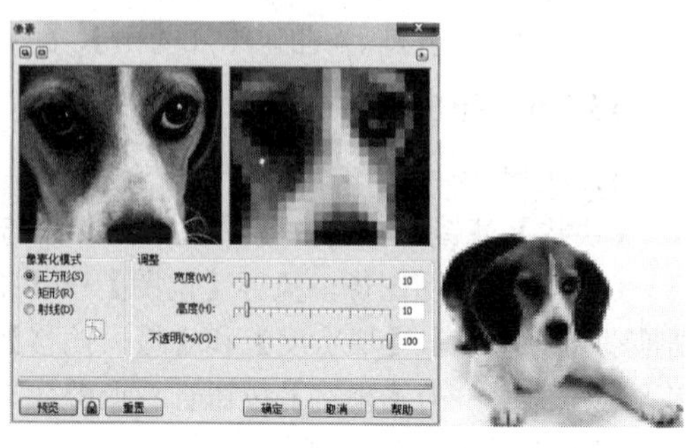

图 13-86　像素

**5．龟纹**

【龟纹】滤镜可以使图像产生上下方向的波浪变形效果，在【优化】选项组中选中【速度】或【质量】单选按钮，设置执行【龟纹】命令的优先项目，如图 13-87 所示。

**6．旋涡**

【旋涡】滤镜可以使图像按照某个点产生旋涡变形的效果，如图 13-88 所示。

图 13-87　龟纹

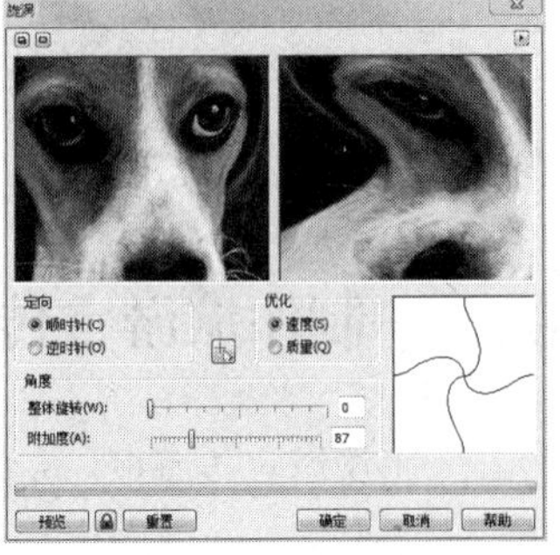

图 13-88　旋涡

**7．平铺**

【平铺】滤镜多用于网页图像背景中，它可以将图像作为图案平铺在原图像的范围内，如图 13-89 所示。

**8．湿笔画**

【湿笔画】滤镜可以模拟帆布上的颜料，使图像产生颜料流动感的效果，如图 13-90 所示。

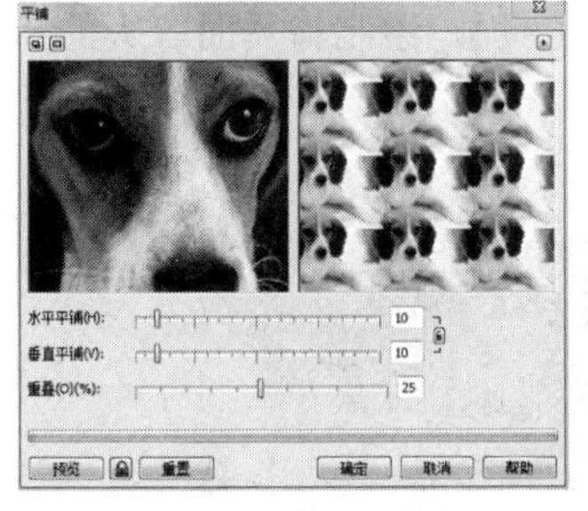
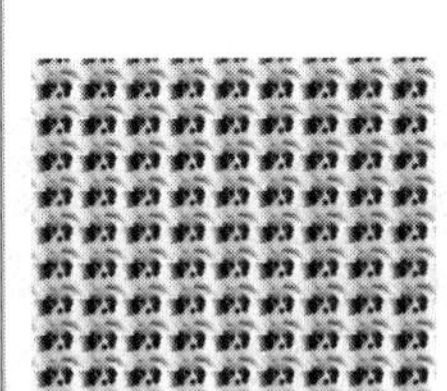

图 13-89　平铺

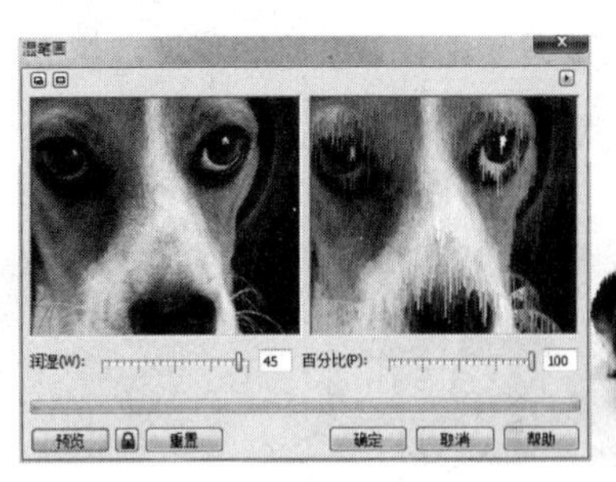

图 13-90　湿画笔

**9．涡流**

【涡流】滤镜可以为图像添加流动的旋涡图案，使图像映射成一系列盘绕的涡流。

选择位图图像，执行【位图】→【扭曲】→【涡流】命令，在弹出的【涡流】面板分别拖动【间距】、【擦拭长度】和【扭曲】滑块，或者在后面的数值框中输入数值，设置涡旋的间距和扭曲程度；然后单击【预览】按钮查看调整效果；最后单击【确定】按钮结束操作，如图 13-91 所示。

**10．风吹效果**

【风吹效果】滤镜可以使图像产生一种物体被风吹动的拉丝效果。

选择位图图像，执行【位图】→【扭曲】→【风吹效果】命令，在弹出的【风吹效果】面板分别拖动【浓度】和【不透明】滑块，或者在后面的数值框中输入数值，设置风的强度及风吹效果的不透明程度；再在【角度】数值框内输入数值，设置风吹效果的方向；然后单击【预览】按钮查看调整效果；最后单击【确定】按钮结束操作，如图 13-92 所示。

图 13-91　涡流预览

图 13-92　风吹效果

## 13.3　综合训练——制作旅游宣传海报

为爱旅旅行社设计一张旅游宣传海报，完成的最终效果如图 13-93 所示。

完成的步骤如下。

（1）单击【开始】→【程序】→【CorelDRAW X6】命令，启动 CorelDRAW X6 软件。

（2）在 CorelDRAW X6 中，单击【文件】→【新建】命令，创建一个图形文件。将纸张大小设置为【A4】，单击属性栏上的【横向】按钮，将页面横排。

（3）按【Ctrl+I】键导入素材【13\制作旅游海报\云彩.jpg】文件，将其缩放为和背景页面等大，如图 13-94 所示。选中图像，使用【透明度工具】设置线性透明，开始和结束的透明值分别设置为【0】和【100】，得到如图 13-94 所示结果。然后单击【排列】→【锁定对象】命令，将背景位置锁定。

（4）选取【钢笔工具】绘制图形，填充为蓝色，双击【矩形工具】，绘制与页面等大的矩形，执行【效果】→【图框精确裁剪】→【置于图文框内部】命令，将其放置到矩形框内，绘制后的结果如图 13-95 所示。

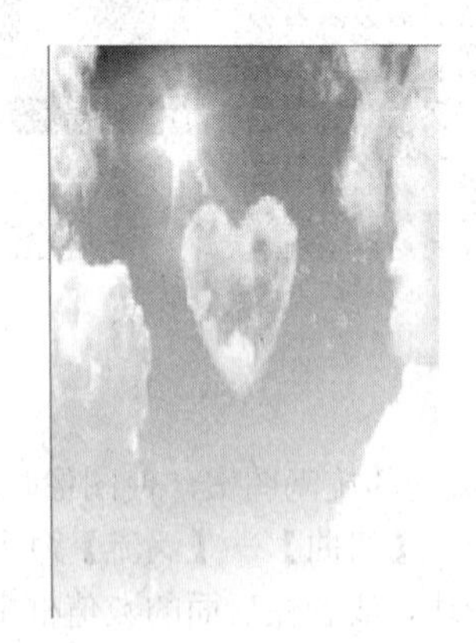

图 13-93　宣传海报完成效果　　图 13-94　制作背景　　图 13-95　制作图形

（5）选取【文字工具】，输入文字内容，并调整其字号大小，选取【交互式立体化工具】，制作文字立体效果，如图 13-96 所示。

（6）选取【矩形工具】，绘制一个矩形（宽 180mm、高 130mm），调整为圆角矩形，填充品红色，如图 13-97 所示。

（7）导入四张素材文件(【13\旅游宣传海报\素材\旅游-1.jpg、旅游-2.jpg、旅游-3.jpg、旅游-4.jpg】)，调整其大小及位置，效果如图 13-98 所示。

图 13-96　文字立体效果

图 13-97　圆角矩形

图 13-98　导入四张图片

图 13-99　卷页效果

（8）分别选中左下角和右上角的图像文件，执行【位图】→【三维效果】→【卷页】命令，卷页方向为左上角，卷页纸张为透明，颜色设置为【品红】，效果如图 13-97 所示。

（9）分别选中左上角和右下角的图像文件，执行【位图】→【轮廓描摹】→【剪贴画】命令，参数为默认，单击【确定】按钮，效果如图 13-100 所示。

（10）选取【文本工具】字，在页面上单击并输入旅行社名称及联系电话，效果如图 13-101 所示结果。

图 13-100　图片调整

图 13-101　输入文字

（11）最后，执行【文件】→【保存】命令，保存文件，完成效果制作；执行【文件】→【退出】命令，退出软件使用程序。

## 13.4　本章小结

本章主要学习了 CorelDRAW X6 中位图处理的相关工具及命令，包括导入与转换位图、编辑位图、位图色彩模式转换、位图颜色遮罩、调整位图色彩及位图滤镜等。希望通过本章的讲解，读者能够灵活应用位图的相关处理命令，制作出精彩的图像艺术效果。

## 13.5　课后练习

为航艺绘画工作室设计一张宣传海报，完成效果如图 13-102 所示。

图 13-102　完成效果

# 第 14 章　图形的特殊效果

## 14.1　特殊效果

在 CorelDRAW X6 中，可以将两个或两个以上的图形对象进行调和，将一个图形对象经过形状和颜色的渐变，过渡到另一个图形对象上，并在这两个图形对象间形成一系列的中间图形对象，从而形成两个图形对象渐进变化的叠影。

### 14.1.1　调和效果

调和效果是用途最广泛、性能最强大的工具之一，用于创建任意两个或多个对象之间的颜色和形状的过渡，包括直线调和、曲线路径调和以及复合调和等多种形式。调和可以用来增强图形和艺术文字的效果，也可以创建颜色渐变、高光、阴影和透视等特殊效果。

**1．创建调和效果**

使用【调和工具】可以在两个对象之间产生形状与颜色的渐变调和效果。

（1）直线调和。单击工具箱中的【调和工具】按钮 ，在第一个对象上按住鼠标左键并向第二个对象拖曳，会出现一系列对象的虚框，预览确定无误后释放鼠标，即可创建调和效果，如图 14-1 所示。在调和时，两个对象的位置、大小会影响中间系列对象的形状变化，两个对象的颜色决定中间系列对象的颜色渐变的范围。

（2）曲线调和。单击工具箱中的【调和工具】按钮 ，将光标移动到第一个对象，先按住【Alt】键不放，然后按住鼠标左键绘制一条曲线向第二个对象靠近，会出现一系列对象的虚框，预览确定无误后释放鼠标，即可创建调和效果，如图 14-2 所示。在曲线调和中绘制的曲线弧度和长短会影响到中间系列对象的形状、颜色的变化。

（3）复合调和。创建三个不同的对象，填充不同的颜色，然后单击【调和工具】按钮 ，将光标移到第一个起始对象，按住鼠标左键不放，向第二个对象拖曳直线调和，如图 14-3 所示。在空白处单击，取消直线路径调和，然后选择第二个对象，并按住鼠标左键向第三个对象拖曳直线调和，如图 14-4 所示。如果要创建曲线调和，可以按住【Alt】键选中第二个对象向第三个对象创建曲线调和，如图 14-5 所示。

图 14-1　直线调和　图 14-2　曲线调和　图 14-3　复合调和（一）　图 14-4　复合调和（二）　图 14-5　复合调和（三）

（4）沿路径调和。单击工具箱中的【手绘工具】按钮，在调和对象旁边绘制一条曲线路径，然后单击【选择工具】按钮，选中已建立的调和路径对象，如图 14-6 所示。单击工具箱中的【调和工具】按钮 ，在其属性栏中单击【路径属性】按钮 ，在弹出的下拉列表选择【新路径】选项，当光标变为曲柄箭头形状时，在路径上单击即可，如图 14-7 所示。

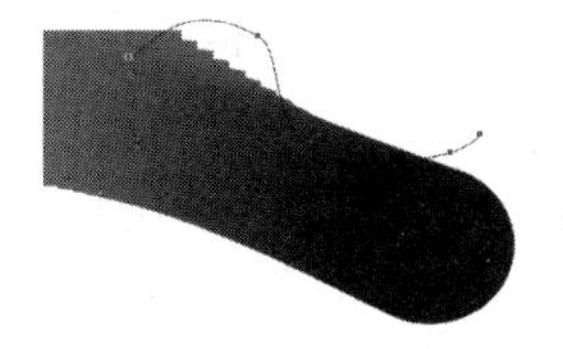

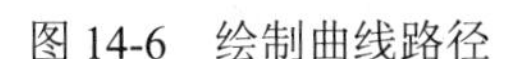

图 14-6　绘制曲线路径

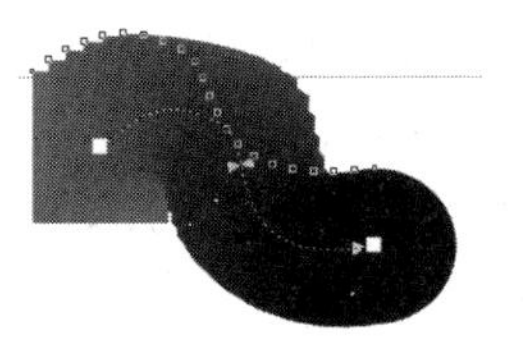

图 14-7　沿路径调和

**2．编辑调和对象属性**

单击工具箱中的【调和工具】按钮，或者可以执行【效果】→【调和】命令，在打开的【调和】泊坞窗中进行参数的设置。

（1）属性栏参数

① 【调和工具】属性栏设置如图 14-8 所示。

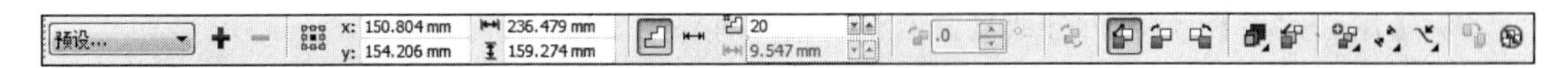


图 14-8　调和工具属性栏

② 【预设下拉列表框】：该下拉列表框中可以选择系统自定的预设调和样式。

③ 【添加/删除预设】：可以将当前的调和存储为预设，或将以前存储的预设删除。

④ 【调和步长】：用于设置调和效果中的调和步长数和形状之间的偏移距离。激活该图标，可以在后面的文本框中输入相应步长数的数值。

⑤ 【调和间距】：用于设置调和效果中的调和步长对象之前距离。激活该图标，可以在后面的文本框中输入相应间距数值。

⑥ 【调和方向】：可以在后面的文本框中输入数值设置调和对象的旋转角度。

⑦ 【环绕调和】：将环绕效果应用于调和中。

⑧ 【调和类型】：其中包含三种调和类型，分别为【直接调和】、【顺时针调和】和【逆时针调和】。其中【直接调和】为直接颜色渐变调和，【顺时针调和】设置颜色调和的顺序为按色谱顺时针方向颜色渐变，【逆时针调和】则按色谱顺序逆时针方向颜色渐变。

⑨ 【对象和颜色加速】：调整调和中对象显示和颜色更改的速率；单击该按钮，在弹出的对话框中通过拖动【对象】和【颜色】的滑块，可以调整形状和颜色的加速效果，如图 14-9 所示。

⑩ 【调整加速大小】：调整调和中对象大小更改的速率。

⑪ 【更多调和选项】：单击该按钮，在弹出的下拉列表中提供了【映射节点】、【拆分】、【熔合始端】、【熔合末端】、【沿全路径调和】、【旋转全部对象】等更对调和选项。

⑫ 【起始和结束属性】：用于重置调和效果的起始点和终止点，单击该图标，在弹出的下拉选项中进行显示和重置操作，如图 14-10 所示。

⑬ 【路径属性】：用于将调和好的对象添加到新路径、显示路径和从路径中分离等操作，如图 14-11 所示。

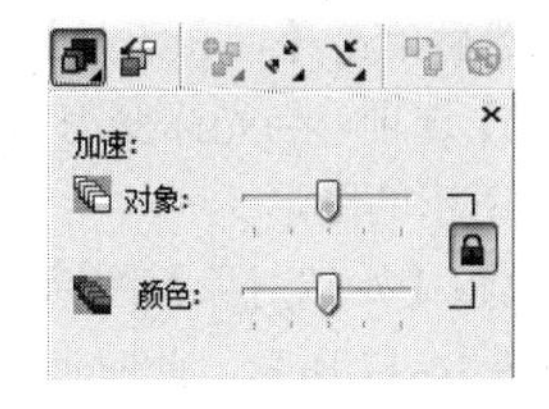


图 14-9　对象和颜色加速

图 14-10　起始和结束属性

图 14-11　路径属性

⑭ 【复制调和属性】：可以将其他调和属性应用到所选的调和中。

⑮ 【清除调和】：可以清除所选对象的调和效果。

（2）泊坞窗属性参数。执行【效果】→【调和】命令，打开【调和】泊坞窗，如图 14-12 所示，其调和选项介绍如下。

① 【沿全路径调和】：沿整个路径延展调和，该命令仅运用在添加路径的调和中。

② 【选择全部对象】：沿曲线旋转所有对象，该命令仅运用在添加路径的调和中。

③ 【应用于大小】：勾选后把调整的对象加速应用到对象大小。

④ 【链接加速】：可以同时调整对象加速和颜色加速。

⑤ 【重置】：将调整的对象加速和颜色加速还原为默认设置。

⑥ 【映射节点】：将起始形状的节点映射到结束形状的节点上。

⑦ 【拆分】：将选中的调和拆分为两个独立的调和。

⑧ 【熔合始端】：熔合拆分或复合调和的始端对象。

⑨ 【熔合末端】：熔合拆分或复合调和的末端对象，按住【Ctrl】键选中中间和末端对象，可以激活该按钮。

⑩ 【始端对象】：更改或查看调和中的始端对象。

⑪ 【末端对象】：更改或查看调和中的末端对象。

⑫ 【路径对象】：用于将调和好的对象添加到新路径、显示路径和分离路径。

**3．调和操作**

利用调和工具的属性栏和泊坞窗的相关参数可以进行调和的操作。

（1）变更调和顺序。使用【调和工具】，在方形到圆形中间添加调和，如图 14-13 所示；然后选中调和对象执行【排列】→【顺序】→【逆序】命令，此时前后顺序进行了颠倒，如图 14-14 所示。

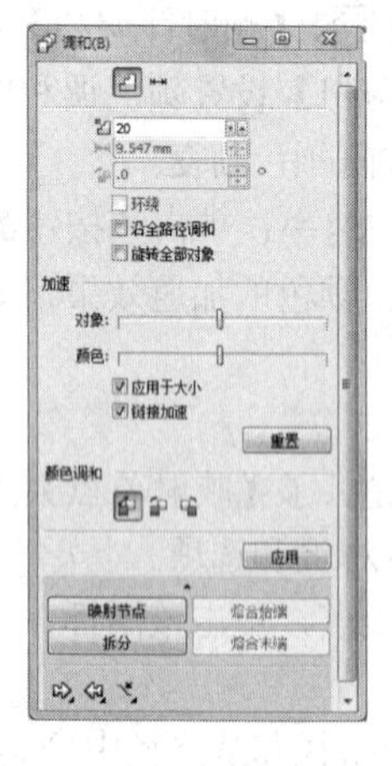

图 14-12　调和泊坞窗

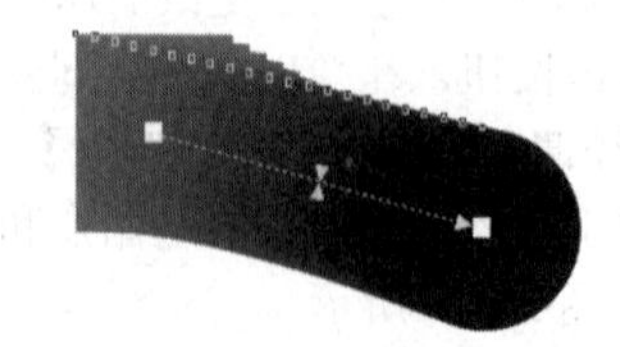

图 14-13　正序调和

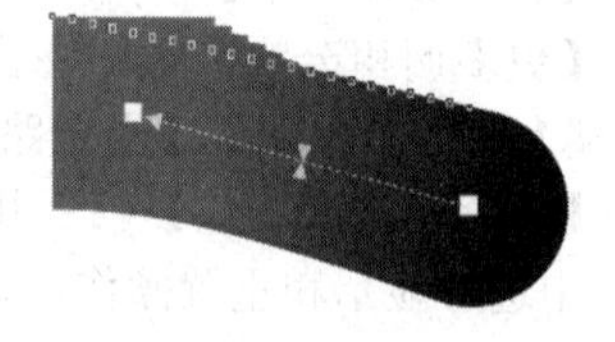

图 14-14　倒序调和

（2）变更起始和终止对象。在终止对象下面绘制另一图形，然后单击【调和工具】，再选中调和对象，单击泊坞窗【末端对象】图标下拉选项中的【新终点】选项，当光标变为箭头时单击新图形如图 14-15 所示，此时调和的终止对象变为如图 14-16 所示的图形。

在起始对象下面绘制另一图形，选中调和的对象，再单击泊坞窗【始端对象】图标的下拉选项中的【新起点】选项，当光标变为箭头时单击新图形，如图 14-17 所示，此时调和的起始对象变为如图 14-18 所示的图形。

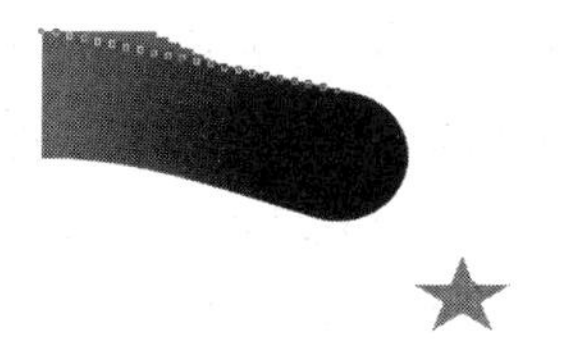

图 14-15　末端对象变更起始点

图 14-16　变更起始点后效果

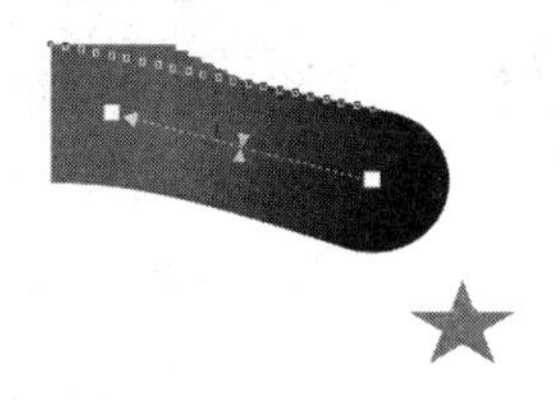

图 14-17　始端对象变更起始点

图 14-18　变更起始点后效果

（3）修改调和路径。选中调和对象，如图 14-19 所示。然后单击【形状工具】，选中调和路径进行调整，如图 14-20 所示。

（4）变更调和步长。选中直线调和对象，在属性栏【调和对象】文本框上出现当前调和步长数【20】，然后在文本框中输入需要更改的步长数【5】，按回车键确定步数，前后效果如图 14-21 所示。

图 14-19　始端对象变更起始点

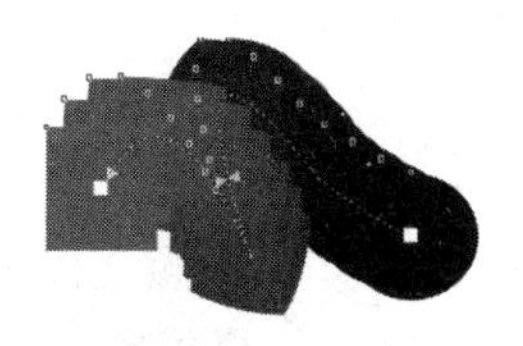

图 14-20　变更起始点后效果

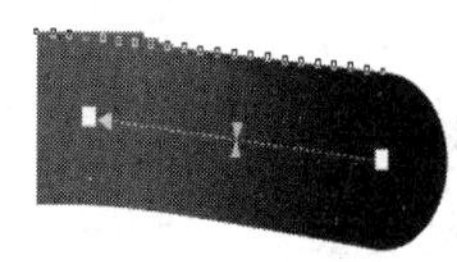

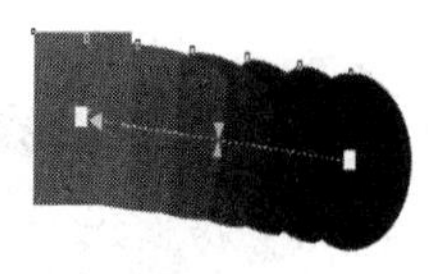

图 14-21　步长控制

（5）变更调和间距。选中曲线调和对象，在属性栏【调和间距】文本框输入数值更改调和间距。数值越大间距越大，分层越明显；反之数值越小，调和越细腻，调和间距大和小的效果比较如图 14-22 所示。

（6）调整对象颜色的加速。选中调和对象，然后在【调和加速】下拉列表中激活【锁头】图标时移动滑块，可以同时调整对象加速和颜色加速，效果如图 14-23 所示。

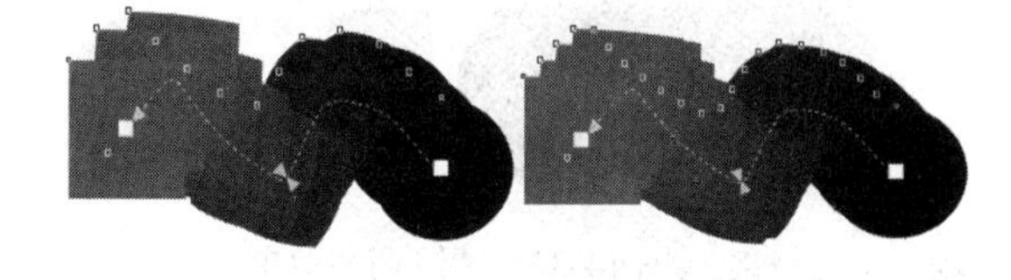

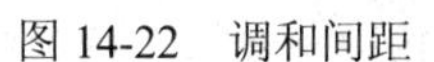

图 14-22　调和间距

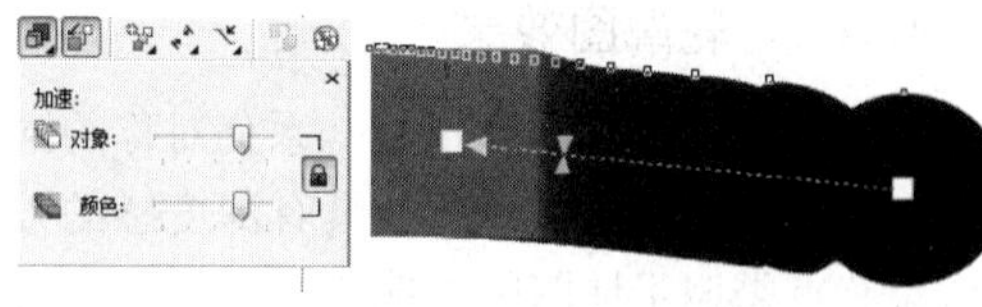


图 14-23　对象和颜色加速

解锁后可以分别移动两种滑块。移动对象滑块，颜色不变，对象间距进行改变；效果如图 14-24 所示；移动颜色滑块，对象间距不变，颜色进行改变，效果如图 14-25 所示。

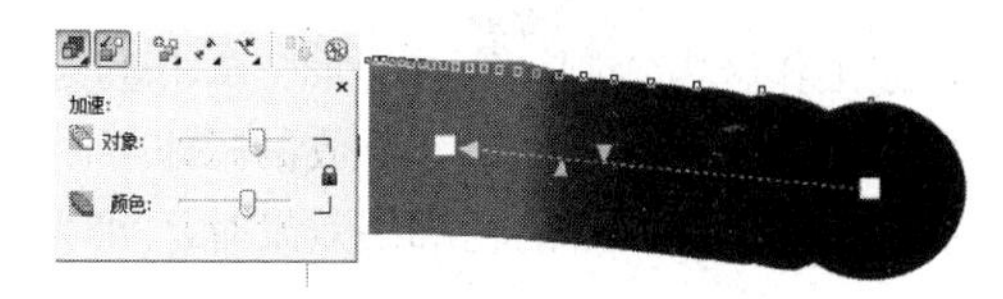


图 14-24　调和对象加速

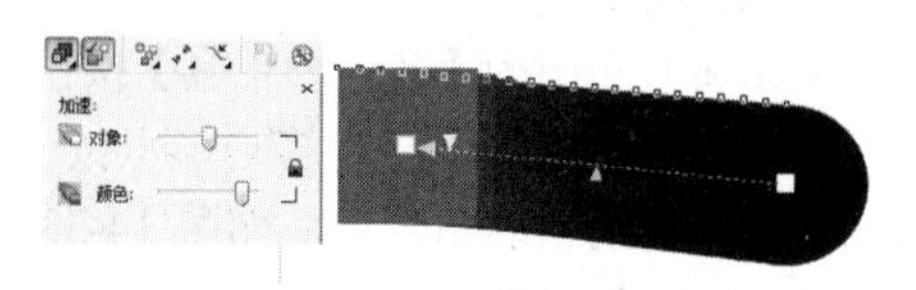


图 14-25　调和颜色加速

（7）调和的拆分与熔合。使用【调和工具】选中调和对象，然后单击【拆分】按钮，当光标变为弯曲箭头时单击中间任意形状，完成拆分，如图 14-26 所示。单击【调和工具】，按住【Ctrl】键单击上半段路径，然后单击【熔合始端】按钮完成熔合，如图 14-27 所示。按住【Ctrl】键单击下半段路径，然后单击【熔合末端】按钮完成熔合，如图 14-28 所示。

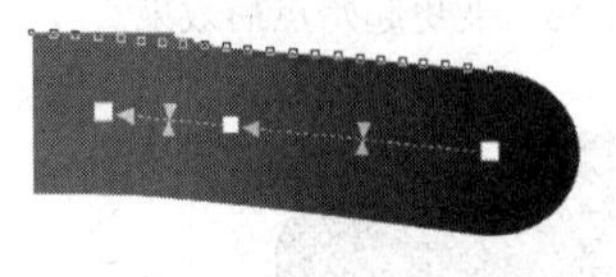

图 14-26　拆分调和对象　　图 14-27　熔合始端

图 14-28　熔合末端

（8）复制调和效果。选中直线调和对象，然后在属性栏单击【复制调和属性】图标，当光标变为箭头后再移动到需要复制的调和对象上，单击鼠标左键完成属性复制。

（9）拆分调和对象。选中曲线调和对象，然后单击鼠标右键，在弹出的下拉菜单中执行【拆分路径群组上的混合】命令，如图 14-29 所示。单击鼠标右键，在弹出的下拉菜单中执行【取消群组】命令，如图 14-30 所示；解散群组后，中间进行调和的渐变对象可以分别进行移动，如图 14-31 所示。

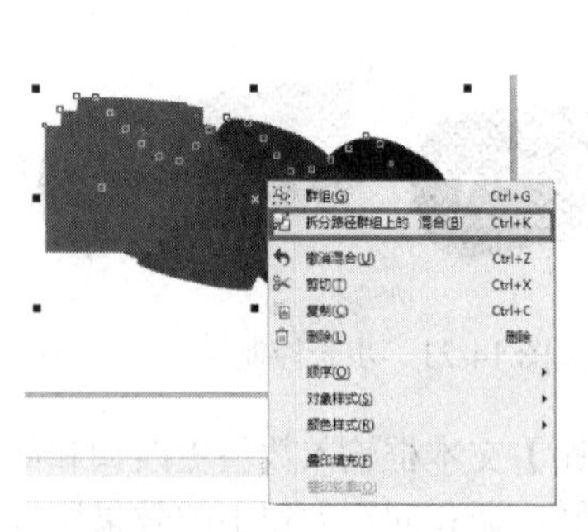


图 14-29　拆分调和对象

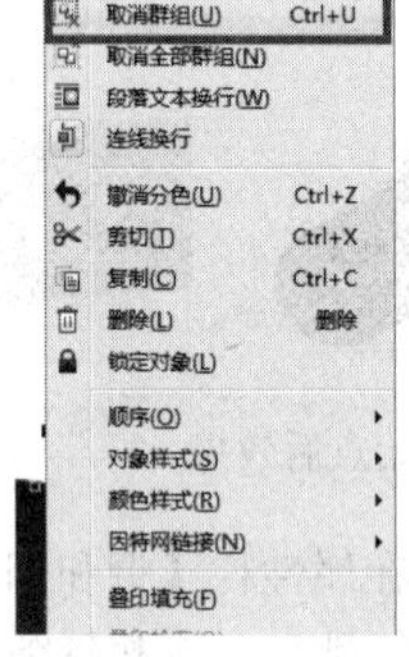


图 14-30　取消群组

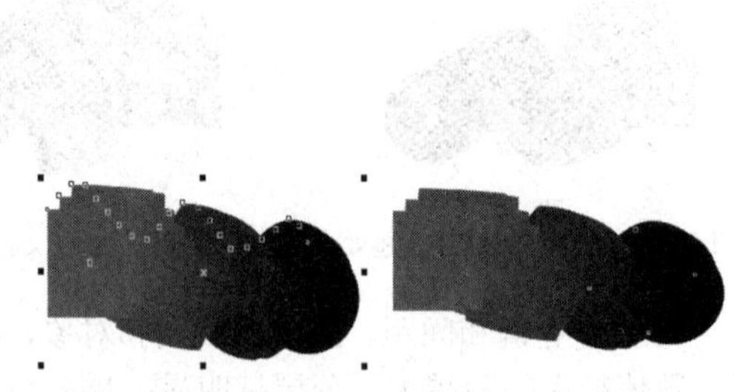

图 14-31　移动对象

（10）清除调和效果。使用【调和工具】选中调和对象，然后在属性栏中单击【清除调和】图标以清除选中对象的调和效果，如图 14-32 所示。

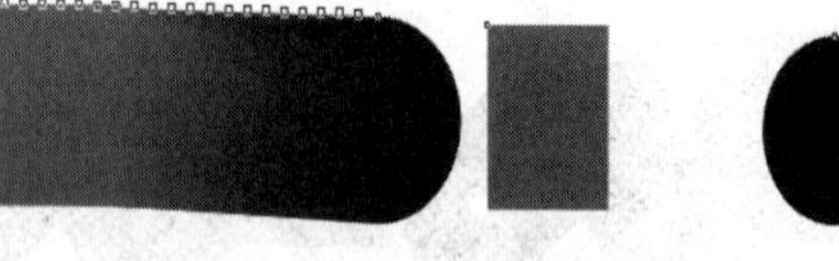

图 14-32　清除调和效果

### 14.1.2　轮廓图效果

交互式轮廓图效果是指由一系列对称的同心轮廓线圈组合在一起，所形成的具有深度感的效果。该效果有点类似于地图中的地势等高线，有时也称之为等高线效果。使用【交互式轮廓图工具】可以给对象添加轮廓图效果，这个对象可以是封闭的，也可以是开放的，还可以是美术文本对象。轮廓图效果和调和效果不同的是，轮廓图效果是指对象的轮廓向内或向外呈放射状的层次效果，并且只需要一个图形对象即可完成。

**1．创建轮廓图**

（1）单击工具箱中的【多边形工具】按钮，在工作区内绘制一个多边形。单击工具箱中的【交互式轮廓图工具】按钮，在多边形上按下鼠标左键并向其中心拖动，释放鼠标即可创建由图形边缘向中心放射的轮廓图效果，如图 14-33 所示。在创建到中心的轮廓图效果时，可以在属性栏设置数量和距离等参数。

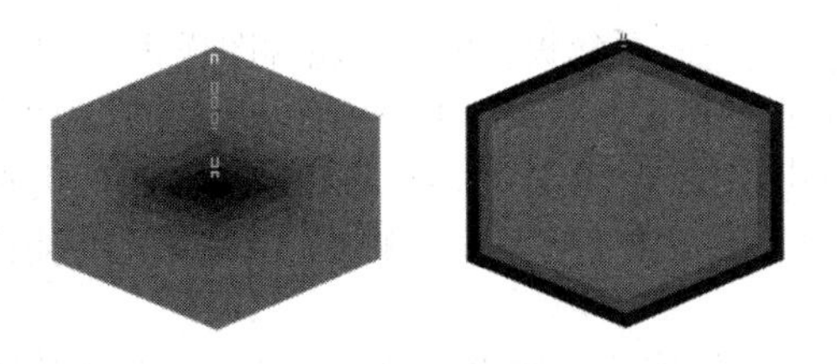

图 14-33　轮廓图效果

（2）选择图形对象，然后在轮廓图工具的属性栏中，分别单击【到中心】按钮、【内部轮廓】按钮和【外部轮廓】按钮，可以使其显示出不同的轮廓图效果，如图 14-34 所示。

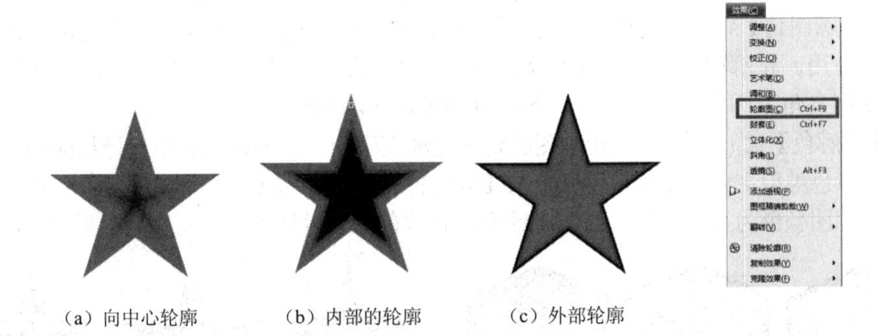

（a）向中心轮廓　（b）内部的轮廓　（c）外部轮廓

图 14-34　轮廓图效果　　图 14-35　轮廓图菜单

（3）除了通过手动和属性栏创建轮廓图外，还可以利用【轮廓图】泊坞窗来创建轮廓图。选中对象，执行【效果】→【轮廓图】命令，如图 14-35 所示；或按【Ctrl+F9】键，在弹出的【轮廓图】泊坞窗中进行相应的设置，如图 14-36 所示。在属性栏中，通过对【轮廓图步长】和【轮廓图偏移】的设置，可以分别对轮廓线的数目和轮廓线线之间的距离进行调整，如图 14-37 所示。

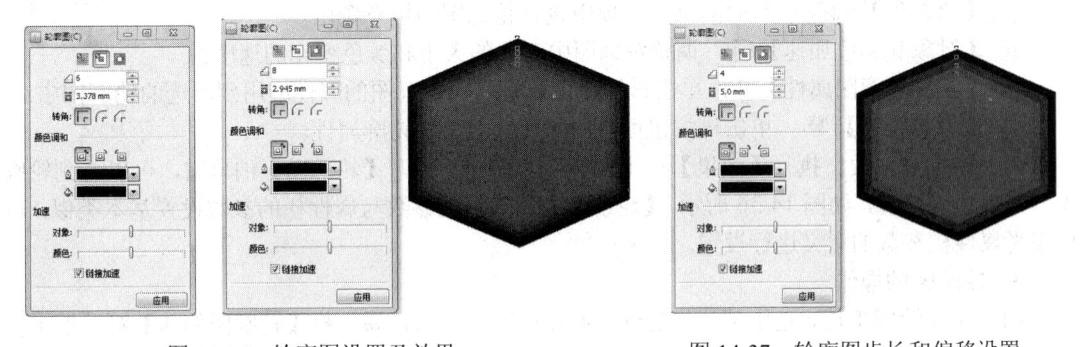

图 14-36　轮廓图设置及效果　　图 14-37　轮廓图步长和偏移设置

**2．轮廓图的参数设置**

在创建轮廓图后，可以在属性栏进行调和参数的设置，也可以执行【效果】→【轮廓图】命令，在打开的【轮廓图】泊坞窗进行参数的设置。

（1）属性栏参数

① 【轮廓图工具】的属性栏参数设置如图 14-38 所示。

图 14-38　轮廓图属性栏

② 【预设列表】预设...：系统提供的预设轮廓图样式，可以在下拉列表选择预设选项，其中内向流动就是到【到中心】和【内部轮廓】，外向流动就是【外部轮廓】。

③ 【到中心】：单击该按钮，创建从对象边缘向中心放射状的轮廓图。创建后无法通过【轮廓图步长】进行设置，可以通过【轮廓图偏移】进行自动调节，偏移越大层次越少，偏移越小层次越多。

④ 【内部轮廓】：单击该按钮，创建从对象边缘向内部放射状的轮廓图。创建后可以通过【轮廓图步长】设置轮廓图的层次数。

⑤ 【外部轮廓】：单击该按钮，创建从对象边缘向外部放射状的轮廓图。创建后可以通过【轮廓图步长】：设置轮廓图的层次数，可以在文本框中直接输入数值。

⑥ 【轮廓图偏移】：在后面的文本框中直接输入数值来设置轮廓图各步数之间的距离。

⑦ 【轮廓图角】：用于设置轮廓图的角类型。单击该图标可以在下拉列表中选择相应的角类型进行应用。轮廓图角类型主要有【斜接角】、【圆角】和【斜切角】三种，其分别表示创建的轮廓图使用尖角、圆角、倒角渐变，效果分别如图 14-39 所示。

⑧ 【轮廓色】：用于设置轮廓图的轮廓色渐变序列。在下拉列表中选择相应的颜色类型进行应用。轮廓色类型主要有【线性轮廓色】、【顺时针轮廓色】和【逆时针轮廓色】三种，其分别表示创建的轮廓图颜色为直接、按色谱顺时针方向和按色谱逆时针方向渐变序列，如图 14-40 所示。

图 14-39　斜接角、圆角、斜切角　　图 14-40　轮廓色

⑨ 【轮廓色】：在后面的颜色选项中设置轮廓图的轮廓线颜色。当去掉轮廓线的【宽度】后，轮廓色不显示。

⑩ 【填充色】：后面的颜色选项中设置轮廓图的填充颜色。

⑪ 【对象和颜色加速】：调整轮廓图中对象的大小和颜色变化的速度。

⑫ 【复制轮廓图属性】：单击该按钮可以将其他轮廓图的属性应用到所选的轮廓图中。

⑬ 【清除轮廓】：单击该按钮可以清除所选对象的轮廓属性。

（2）泊坞窗参数。执行【效果】→【轮廓图】命令，打开【轮廓图】泊坞窗，可以看到轮廓图工具的相关设置，如图 14-36 所示。【轮廓图】泊坞窗的参数与属性栏的参数设置基本类似，可以参考属性栏参数的意义进行设置。

**3．轮廓图的操作**

（1）调整轮廓步长。选中创建好的到中心轮廓图，然后在属性栏【轮廓图偏移】对话框中输入数值，按【Enter】键自动生成步数，效果如图 14-41 所示（【轮廓图偏移数】数值分别为 3mm 和 5mm）。选中创建好的内部轮廓图，然后在属性栏【轮廓图步长】对话框中输入不同的数值，而【轮廓图偏移】对话框中的数值不变，按【Enter】键生成步数，效果如图 14-42 所示（【轮廓图步长】分别为 4mm 和 7mm）。在轮廓图偏移不变的情况下，步长越大越向中心靠拢。

图 14-41　轮廓图步长（3mm 和 5mm）

图 14-42　轮廓图步长（4mm 和 7mm）

（2）轮廓图的颜色。填充轮廓图颜色分为填充颜色和轮廓线颜色，两者都可以在属性栏或泊坞窗直接选择进行填充。选中创建好的轮廓图，然后在属性栏【填充色】图标后面选择需要的黄色，轮廓图就向选取的颜色进行渐变，前后效果如图 14-43 所示。在去掉轮廓线【宽度】的时候，【轮廓色】就不显示，如图 14-44 所示。

将对象的填充去掉，设置轮廓线的【宽度】为 2mm，如图 14-45 所示。此时【轮廓色】显示出来，【填充色】不显示。然后选中对象，在属性栏【轮廓色】图标后面选择需要的红色，轮廓图的轮廓线以选取的颜色进行渐变，如图 14-46 所示。

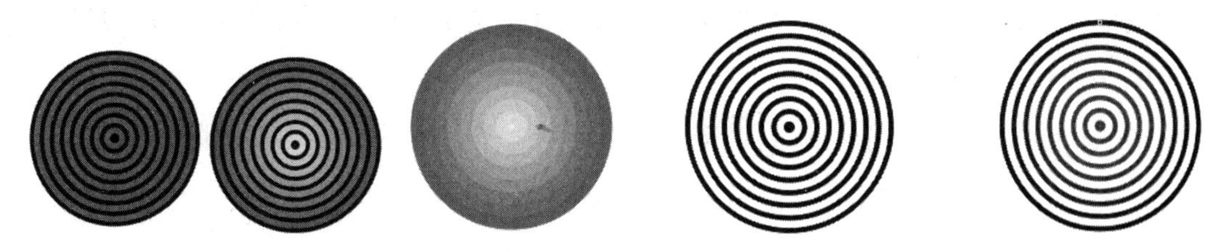

图 14-43　填充色渐变　　图 14-44　去掉轮廓色　图 14-45　设置轮廓色线宽度　图 14-46　设置轮廓色渐变

（3）拆分轮廓图。在设计中会出现一些特殊的效果，如形状相同的错位图形、在轮廓上添加渐变的效果等，这些都可以用轮廓图快速创建。

选中轮廓图，然后单击鼠标右键，在弹出的下拉菜单中执行【拆分轮廓图群组】命令，如图 14-47 所示；或者执行【排列】→【拆分轮廓图群组】命令，如图 14-48 所示。注意:拆分后的对象只是将生成的轮廓图和源对象进行分离，还不能分别移动，只可以作为一个整体移动。

选中轮廓图，执行【排列】→【拆分轮廓图群组】命令，如图 14-49 所示；再执行【排列】→【取消群组或取消全部群组】命令，此时可以将对象移动分别进行编辑。

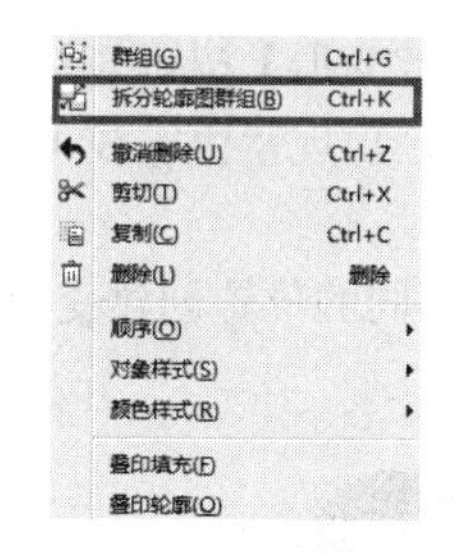


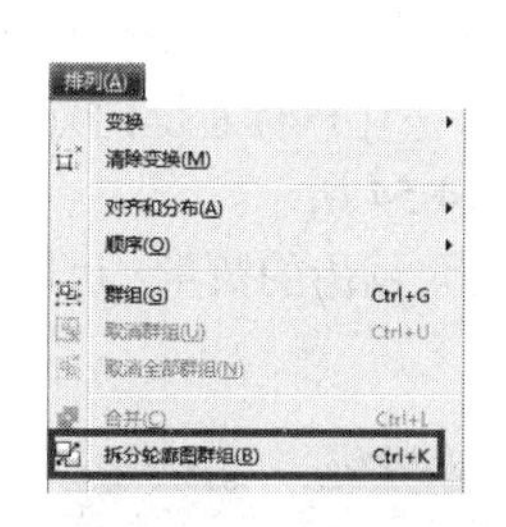


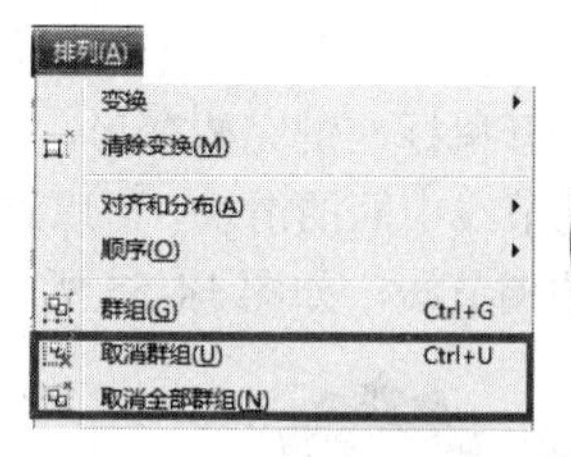


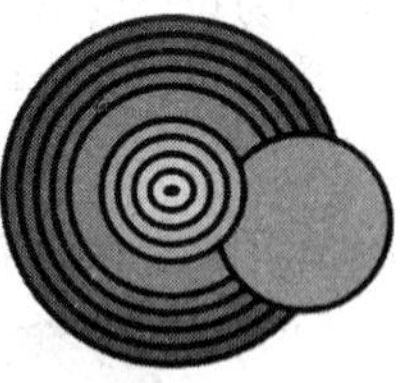

图 14-47　右键菜单　图 14-48　拆分轮廓图群组菜单　　　　图 14-49　取消群组效果

### 14.1.3　变形效果

在 CorelDRAW 中，使用【交互式变形工具】可以实现推拉、拉链和扭曲三种不同的变形效果。使用【交互式变形工具】时，原对象的属性不会丢失，并可随时进行编辑；同时，还可以对单个对象进行多次变形，并且每次的变形都建立在上一次效果的基础上。

**1．推拉变形**

【推拉变形】效果可以通过手动拖曳的方式，将对象的边缘进行推拉或拉出操作。

（1）绘制一个正星形，在属性栏设置【点数或边数】为【6】。单击【变形工具】，在属性栏中单击【推拉变形】按钮，将变形样式转换为推拉变形。然后，将光标移动到星形中间位置，按住鼠标左键进行水平方向的拖曳，最后松开鼠标左键完成变形。

（2）在进行拖曳变形时，向左边拖曳可以使轮廓变形向内推进，如图 14-50 所示；向右边拖曳可以使轮廓边缘从中心向外拉出，如图 14-51 所示。在水平方向移动的距离决定推进或拉出的距离和程度，也可以预先在属性栏进行设置，如图 14-52 所示。

图 14-50 向内推进

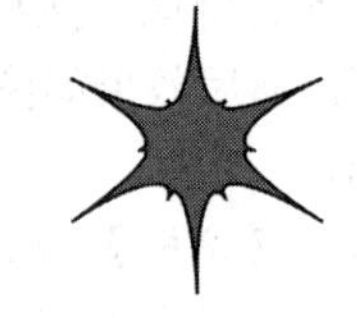

图 14-51 从中心向外拉出

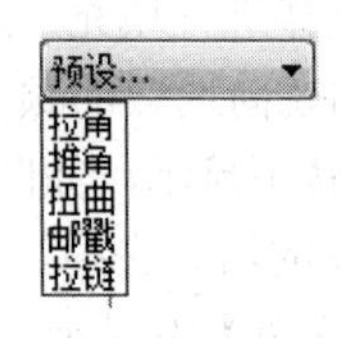


图 14-52 预设列表

（3）单击【交互式变形工具】，在单击属性栏中的【推拉变形】按钮，属性栏变为推拉变形的属性设置，如图 14-53 所示。

图 14-53 推拉变形属性栏

① 【预设列表】：系统提供的预设变形模式，可以在下拉列表中选择预设选项。

② 【推拉变形】：单击该按钮可以激活推拉变形效果，同时激活推拉变形的属性设置。

③ 【添加新的变形】：单击该按钮可以将当前的变形对象转为新对象，然后进行再次变形。

④ 【推拉振幅】：在后面的文本框中输入数值，可以设置对象推进拉出的程度。输入数值为正数则向外拉出，最大为【200】；输入数值为负数则向内推进，最小为【–200】。

⑤ 【居中变形】：单击该按钮可以将变形效果居中放置。

**2．拉链变形**

【拉链变形】效果可以通过手动拖曳的方式，将对象边缘调整为尖锐锯齿效果操作，可以通过移动拖曳线上的滑块来增加锯齿的个数。

（1）绘制一个圆形，然后单击【交互式变形工具】，单击属性栏【拉链变形】按钮，将变形转换为拉链变形。将光标移动到圆形中间位置，按住鼠标左键向外拖曳，出现蓝色实线可以预览变形效果，最后松开鼠标左键完成变形，如图 14-54 所示。

（2）变形后移动调节线中间的滑块，可以添加尖角锯齿的数量；可以在不同的位置创建变形，也可以添加拉链变形的调节线，如图 14-55 所示。

图 14-54 拉链变形

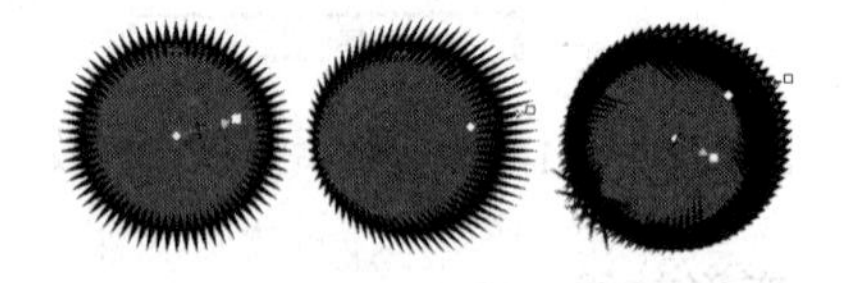

图 14-55 拉链变形的调节

（3）单击【交互式变形工具】，再单击属性栏中的【拉链变形】按钮，属性栏变为拉链变形的属性设置，如图 14-56 所示。

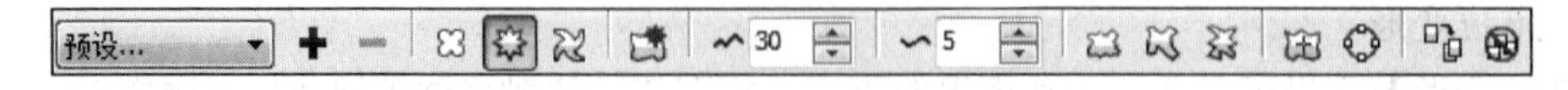


图 14-56 拉链变形属性栏

① 【拉链变形】：单击该按钮可以激活拉链变形效果，同时激活拉链变形的属性设置。

② 【拉链振幅】：用于调节拉链变形中锯齿的高度。

③ 【拉链频率】：用于调节拉链变形中锯齿的数量。

④ 【随机变形】：激活该图标，可以将对象按系统默认方式随机设置变形效果。

⑤【平滑变形】：激活该图标，可以将变形对象的节点平滑处理。

⑥【局限变形】：激活该图标，可以随着变形的进行降低变形的效果。

拉链效果中的三种变形可以相互混用，【随机变形】、【平滑变形】和【局限变形】的效果可以同时激活使用，也可以分别搭配使用，制作出特殊的效果形式。

**3．扭曲变形**

【扭曲变形】效果可以使对象绕变形中心进行旋转，产生螺旋状的效果，可以用来制作墨迹效果。

（1）绘制一个正星形，然后单击【交互式变形工具】，再单击属性栏【扭曲变形】按钮，将变形样式转换为扭曲变形。

（2）将光标移动到星形中间位置，按住鼠标左键向外进行拖曳，确定旋转角度到固定边，如图 14-57 所示。然后放开鼠标左键直接拖曳旋转角度，再根据蓝色预览线确定扭曲的形状，接着松开鼠标左键完成扭曲，如图 14-58 所示。在扭曲变形后还可以添加扭曲变形，使变形效果更加丰富，可以利用这种方法绘制旋转的墨迹。

图 14-57　扭曲变形的拖拽

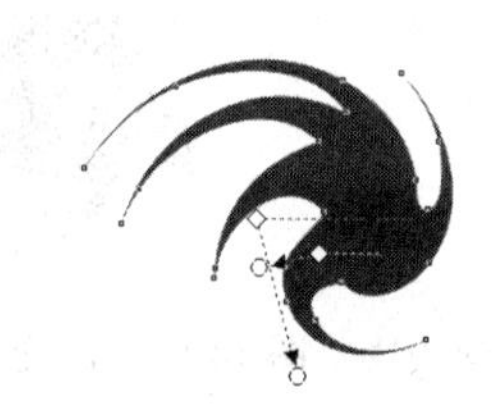

图 14-58　扭曲变形效果

（3）单击【交互式变形工具】，再单击属性栏中的【扭曲变形】按钮，属性栏变为扭曲变形的设置，如图 14-59 所示。

图 14-59　扭曲变形属性栏

①【扭曲变形】：单击该按钮可以激活扭曲变形效果，同时激活扭曲变形的属性设置。

②【顺时针旋转】：激活该图标，可以使对象按顺时针方向进行旋转扭曲变形。

③【逆时针旋转】：激活该图标，可以使对象按逆时针方向进行旋转扭曲变形。

④【完整旋转】：在后面的文本框中输入数值，可以设置扭曲变形的完整旋转次数。

⑤【附加度数】：在后面的文本框中输入数值，可以设置超出完整旋转的度数，如图 14-60 所示。

图 14-60　扭曲变形附加度数

### 14.1.4　阴影效果

阴影效果是绘制图形中不可缺少的，可以对对象的不同颜色进行投影，制作出对象产生光线照射、立体的视觉感受。阴影效果可以进行混合操作来丰富阴影与背景间的关系。

**1．创建阴影效果**

【交互式阴影工具】用于为平面对象创建不同角度的阴影效果，通过属性栏上的参数设置可以使效果更自然。

（1）中心创建。单击【交互式阴影工具】，然后将光标移动到对象中间，再按住鼠标左键进行拖曳，会出现蓝色实线进行预览，如图 14-61 所示，接着，松开鼠标左键产生阴影。在拖曳阴影效果时，【白色方块】表示阴影的起始位置；【黑色方块】表示拖曳阴影的终止位置。在创建阴影后移动【黑色方块】可以更改阴影的位置和角度，如图 14-62 所示。

（2）顶端、底端创建。单击【交互式阴影工具】，然后将光标移动到对象底端中间位置，再按住鼠标左键进行拖曳，会出现蓝色实线进行预览，如图 14-63 所示，接着松开鼠标左键产生阴影。当创建底部阴影时，阴影的倾斜角度决定了阴影的倾斜角度，给观察者的视觉感受也会不同。

顶端创建阴影效果与底端创建阴影效果步骤相同。顶端阴影给人以对象斜靠在墙上的视觉感受，在设计中多用于组合式字体的创意。

（3）左边创建与右边创建。单击【交互式阴影工具】，然后将光标移动到对象左边中间位置，再按住鼠标左键进行拖曳，会出现蓝色实线进行预览，接着松开鼠标左键产生阴影效果，如图 14-64 所示。右边创建阴影和左边创建阴影效果步骤相同。左右边阴影效果在设计中多用于产品的包装设计。

图 14-61 中心创建阴影

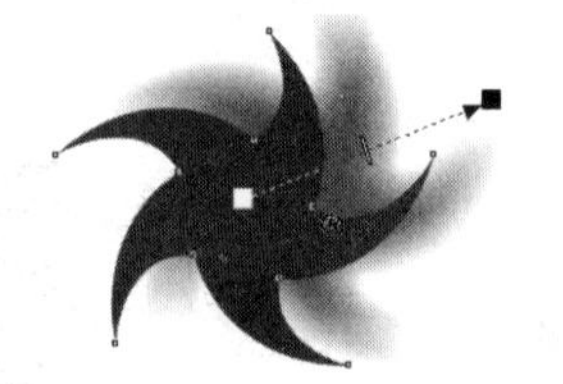

图 14-62 改变角度和方向

图 14-63 底端创建阴影

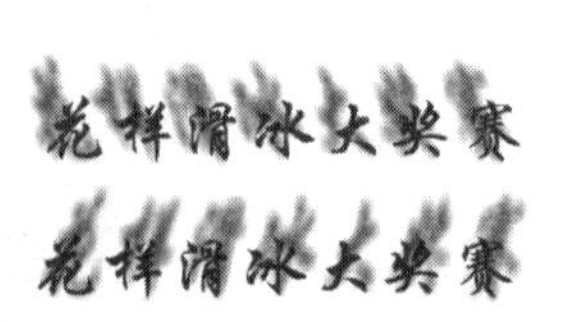


图 14-64 左边创建

**2．阴影效果参数的设置**

【交互式阴影工具】的属性栏设置如图 14-65 所示。

图 14-65 阴影属性栏

① 【阴影偏移】 x: -16.392 mm y: -16.703 mm：在 X 轴和 Y 轴后面的文本框中输入数值，设置阴影和对象之间的偏移距离，正数为向上、向右偏移，负数为向左、向下偏移。【阴影偏移】在创建无角度阴影时才会激活，如图 14-66 所示。

② 【阴影角度】 12：在后面的文本框中直接输入数值，设置阴影与对象之间的角度。该设置只在创建有角度透视阴影时激活，如图 14-67 所示。

③ 【阴影的不透明度】 62：在文本框中直接输入数值，设置阴影的不透明程度。值越大，颜色越深；值越小，颜色越浅，如图 14-68 所示。

图 14-66 阴影偏移

图 14-67 阴影角度

花样滑冰大奖赛

图 14-68 阴影不透明度

④ 【阴影羽化】 15：在文本框中直接输入数值，设置阴影的羽化程度。

⑤ 【羽化方向】：单击该按钮，在弹出的选项中选择羽化的方向。包括【向内】、【中间】、【向外】和【平均】四种方向，如图 14-69 所示。

⑥ 【羽化边缘】：单击该按钮，在弹出的选项中选择羽化的边缘类型，包括【线性】、【方形的】、【反白方形】和【平面】四种方式，如图 14-70 所示。

⑦ 【阴影淡出】 100：用于设置阴影边缘向外淡出的程度。在文本框中直接输入数值，最大值为【100】，最小值为【0】，值越大向外淡出的效果越明显，如图 14-71 所示。

⑧【阴影延展】60：用于设置阴影的长度。在文本框中直接输入数值，数值越大阴影的延伸效果越长，如图 14-72 所示。

图 14-69　羽化方向　图 14-70　羽化边缘　　图 14-71　阴影淡出　　　图 14-72　阴影延展

⑨【透明度操作】乘：用于设置阴影和覆盖对象的颜色混合模式。

⑩【阴影颜色】：用于设置阴影的颜色，在下拉选项中选取颜色进行填充。填充的颜色会在阴影方向线的终端显示。

**3．阴影效果操作**

利用【交互式阴影工具】属性栏的相关选择来进行阴影的操作。

（1）添加真实的投影。选中美术字，然后使用【交互式阴影工具】拖曳底端阴影；接着在属性栏设置阴影的效果参数，调整后的效果如图 14-73 所示。

图 14-73　阴影效果

一般在创建阴影效果时，为了达到自然真实的效果，可以将阴影颜色设置为与底色相近的深色，然后更改阴影与对象的混合模式。

（2）复制阴影效果。选择为添加阴影效果的美术字，然后在属性栏单击【复制阴影效果属性】图标，当光标变为黑色箭头➡时，单击目标对象的阴影，复制该阴影属性到所选的对象，如图 14-74 所示。注意：复制阴影效果时，一定要将箭头移动到目标对象阴影上才可以单击复制，否则会提示出错的信息。

（3）拆分阴影效果。选择对象的阴影，然后单击鼠标右键，在弹出的快捷菜单中执行【拆分阴影群组】命令，将阴影选中，可以进行移动和编辑，如图 14-75 所示。

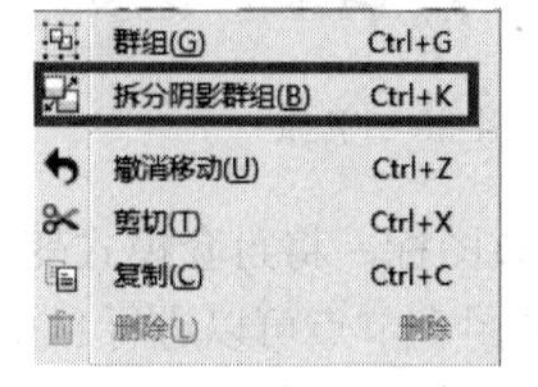


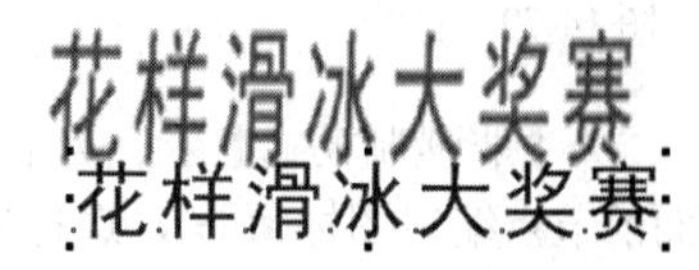


图 14-74　复制阴影　　　　图 14-75　拆分阴影

### 14.1.5　封套效果

在字体、产品和景观等设计中，有时候需要将编辑好的对象调整为透视效果，以增加视觉美感。使用【形状工具】修改形状会比较麻烦，利用封套效果可以快速创建逼真的透视效果，使用户在转换三维效果的创作中更加灵活。封套效果是通过对封套的节点进行调节来改变对象的形状，既不会破坏对象的原始形态，又能制作出丰富多变的变形效果。

**1．创建封套**

【交互式封套工具】用于创建不同样式的封套来改变对象的形状，也可以在对象轮廓外添加封套。

（1）使用【交互式封套工具】单击对象，在对象外面自动生成一个蓝色虚线框，如图 14-76 所示。然后用鼠标左键拖曳虚线上的封套控制节点来改变对象的形状，如图 14-77 所示。

图 14-76　创建封套　　　　图 14-77　修改封套

（2）使用【交互式封套工具】改变对象形状时，可以根据需要来选择相应的封套模式，在系统中提供了【直线模式】、【单弧模式】和【双弧模式】三种封套类型。

**2．封套参数设置**

（1）单击【交互式封套工具】，然后在其属性栏进行设置，如图 14-78 所示；也可以在【封套工具】泊坞窗中进行设置。

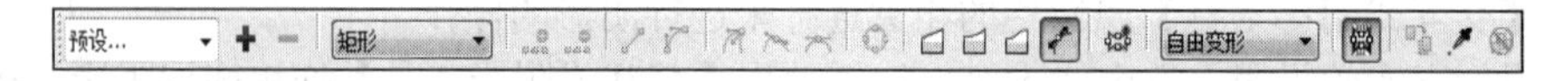


图 14-78　封套属性栏

①【选取范围模式】：用于切换选取框的类型。在下拉选项列表中包括【矩形】和【手绘】两种选取框。

②【直线模式】：激活该图标，可应用由直线组成的封套改变对象形状，为对象添加透视点，如图 14-79 所示。

③【单弧模式】：激活该图标，可应用单边弧线组成的封套改变对象形状，使对象边线形成弧度，如图 14-80 所示。

④【双弧模式】：激活该图标，可应用 S 形封套来改变对象形状，使对象边线形成 S 形弧度，如图 14-81 所示。

图 14-79　直线　　　　图 14-80　单弧　　　　图 14-81　双弧

⑤【非强制模式】：激活该图标，将封套模式变为允许更改节点的自由模式，同时激活前面的节点编辑图标，选择的封套节点可以进行自由的编辑，如图 14-82 所示。

⑥【添加新封套】：在使用封套变形后，单击该图标可以为其添加新的封套模式，如图 14-83 所示。

⑦【映射模式】：选择封套中对象的变形方式。在后面的下拉选项中进行选择，如图 14-84 所示。

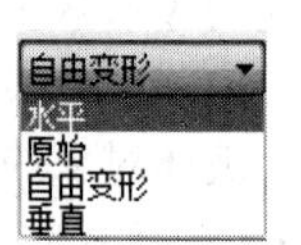


图 14-82　非强制　　　　图 14-83　添加新封套　　　　图 14-84　映射下拉列表

⑧【保留线条】：激活该图标，在应用封套变形时直线不会变为曲线。

⑨【创建封套】：单击该图标，当光标变为箭头时在图形上单击，可以将图形形状应用到封套中，如图 14-85 所示。

（2）执行【效果】→【封套】命令，打开【封套】泊坞窗，可以看到封套工具中的相关设置，如图 14-86 所示。

【添加预设】：将系统提供的封套样式用于对象上。单击【添加预设】按钮可以激活下面的样式表，选择样式并单击【应用】按钮完成添加，如图 14-87 所示。若勾选【保留线条】单选按钮，在应用封套变形时将保留对象中的直线。

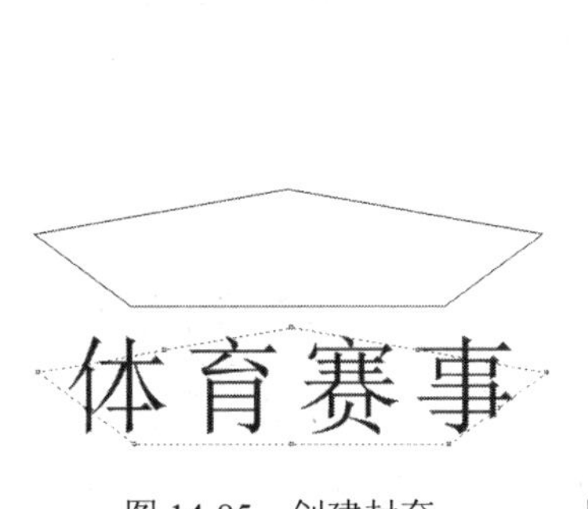


图 14-85　创建封套

图 14-86　封套泊坞窗

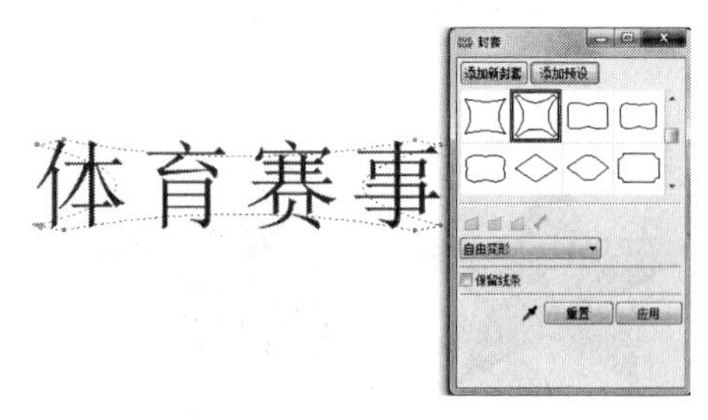


图 14-87　添加预设

### 14.1.6　立体效果

三维立体效果在 LOGO 设计、包装设计、景观设计和插画设计等领域中使用相当频繁，立体化效果工具非常强大，方便用户在制作过程中快速达到三维立体效果。可用于为对象添加立体化效果，并可调整三维旋转透视角度，添加光源照射效果。【立体化工具】可以为线条、图形和文字等对象添加立体化效果，但是不能应用于位图图像。

#### 1. 创建立体效果

【交互式立体化工具】用于将立体三维效果快速运用到所选对象上。

选中【立体化工具】，然后将光标放在对象中心，按住鼠标左键进行拖曳，出现矩形透视线预览效果，如图 14-88 所示；松开鼠标左键出现立体效果，可以移动方向来改变立体化效果，最终效果如图 14-89 所示。

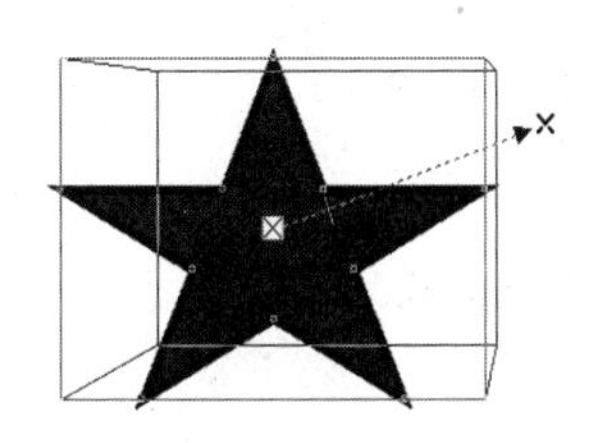

图 14-88　透视预览　　图 14-89　立体化效果

#### 2. 立体化参数设置

在创建立体化效果后，可以在属性栏中进行参数的设置，也可以执行【效果】→【立体化】命令，在打开的【立体化】泊坞窗中进行相应的参数设置。

【立体化工具】的属性栏参数设置如图 14-90 所示。

图 14-90　立体化属性栏

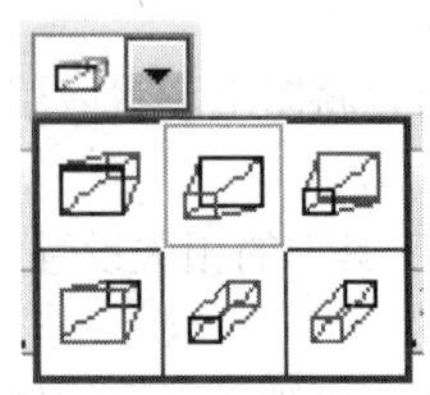
图 14-91 立体化类型

①【立体化类型】：在下拉选项中选择相应的立体化类型到所选的对象上，如图 14-91 所示。

②【深度】：在后面的文本框中直接输入数值来调整立体化效果的进深程度。数值的范围最大为【99】、最小为【1】，数值越大进深越深；当数值为【10】和 【50】时，效果分别如图 14-92 所示。

③【灭点坐标】：在相应的 X 轴和 Y 轴上输入数值可以更改立体对象的灭点位置，灭点就是对象透视相交的消失点，变更灭点位置可以更改立体化效果的进深方向，如图 14-93 所示。

④【灭点属性】：在下拉列表中选择相应的选项来更改对象灭点属性，包括【灭点锁定到对象】、【灭点锁定到页面】、【复制灭点，自…】和【共享灭点】四种选项，如图 14-94 所示。

图 14-92 透视深度

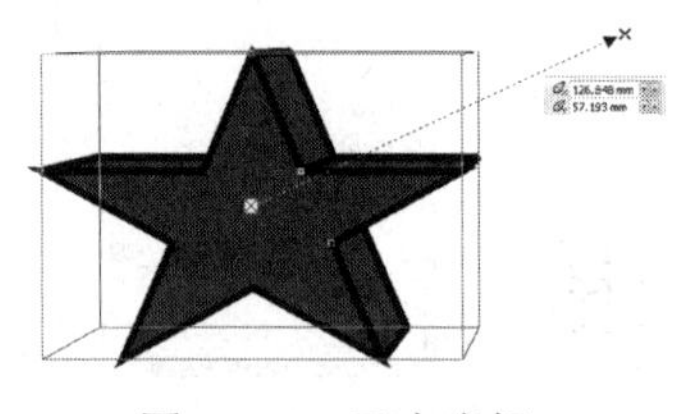
图 14-93 灭点坐标

图 14-94 灭点属性类型

⑤【页面或对象灭点】：用于将灭点位置锁定到对象或页面中。

⑥【立体化旋转】：单击该按钮，在弹出的小面板中将光标移动到【红色 3】形状上，当光标变为【手】形状时，按住鼠标左键进行拖曳，可以调节立体对象的透视角度，如图 14-95 所示。

⑦【立体化颜色】：在下拉列表中选择立体化效果的颜色模式，如图 14-96 所示。立体化颜色包括【使用对象填充】、【使用纯色】和【使用递减的颜色】三种类型。【使用对象填充】是指将当前对象的填充色应用到整个立体对象上；【使用纯色】是指可以在下面的颜色选项中选择需要的颜色填充到立体效果上；【使用递减的颜色】是指在下面的颜色选项中选择需要的颜色以渐变的形式填充到立体效果上。

⑧【立体化倾斜】：单击该按钮，在弹出的面板上可以为对象添加斜边，如图 14-97 所示。

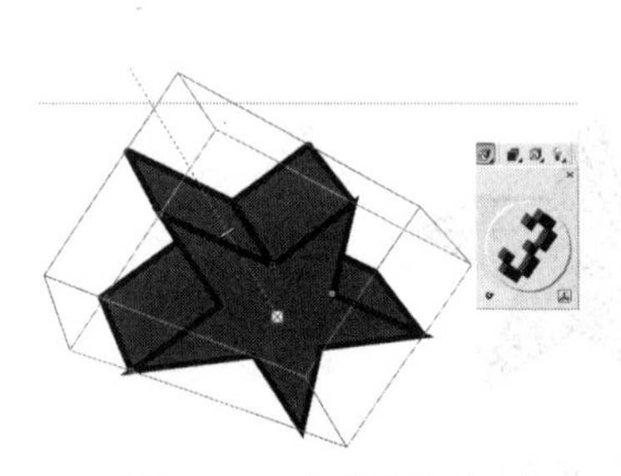
图 14-95 立体化旋转

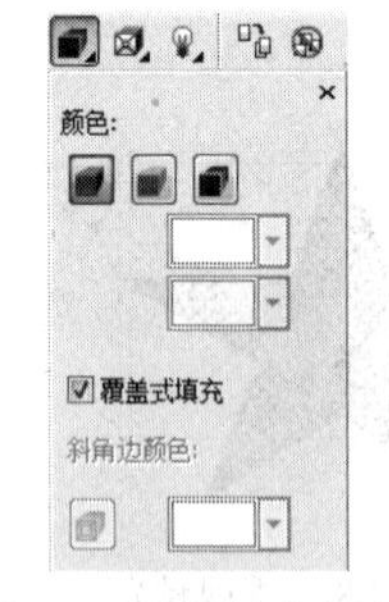

图 14-96 立体化颜色

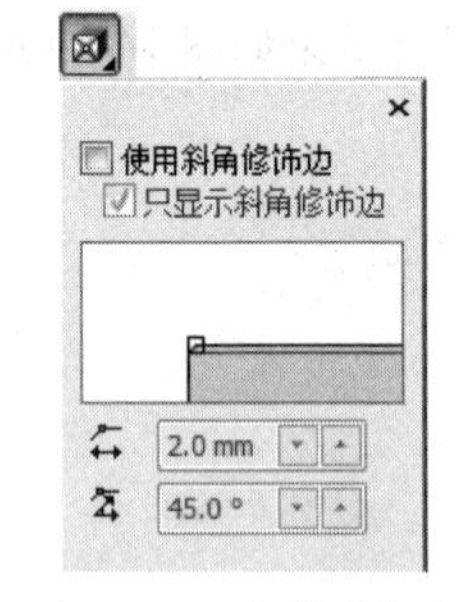

图 14-97 立体化倾斜

- 【使用斜边修饰边】：勾选该选项可以激活【立体化倾斜】面板进行设置，显示斜角修饰边。
- 【只显示斜角修饰边】：勾选该选项，只显示斜角修饰边，隐藏立体化效果，如图 14-98 所示。
- 【斜角修饰边深度】：在后面的文本框中直接输入数值，可以设置对象斜角边缘的深度，如图 14-99 所示。
- 【斜角修饰边角度】：在后面的文本框中直接输入数值，可以设置对象斜角的角度，数值越大斜角就越大，如图 14-100 所示。

图 14-98　只显示斜角修饰边　　图 14-99　斜角修饰边深度　　图 14-100　斜角修饰边角度

⑨【立体化照明】：单击该按钮，在弹出的面板中可以为立体对象添加光照效果，使立体化效果更加强烈，如图 14-101 所示。

⑩【光源】：单击可以为对象添加光源，最多可以添加三个光源进行移动，如图 14-102 所示。

⑪【强度】：可以移动滑块设置光源的强度。数值越大光源越亮，如图 14-103 所示。

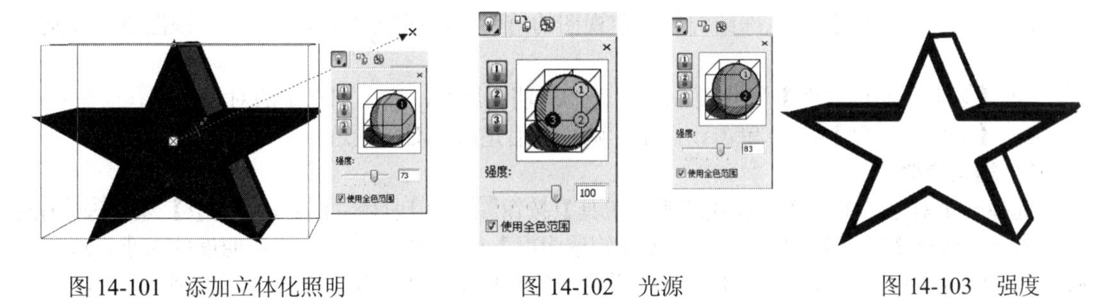


图 14-101　添加立体化照明　　图 14-102　光源　　图 14-103　强度

⑫【使用全色范围】：勾选该选项可以让阴影效果更加真实自然。

### 14.1.7　透明效果

#### 1. 渐变透明

就像渐变填充一样，透明效果也可以是渐变的，且同样具有四种渐变类型：线性、辐射、方形和锥形。

（1）选择一个对象，单击【交互式透明度工具】，光标后面会出现一个高脚杯形状，然后将光标移动到绘制的矩形上，光标所在的位置为渐变透明的起点，透明度为【0】，接着按住鼠标左键向左边拖曳渐变的范围，黑色方块是渐变透明的结束点，该点透明度为【100】，如图 14-104 所示；松开鼠标左键，对象滑块会显示渐变效果，然后拖曳中间的【透明度中心点】滑块可以调整渐变的效果，或者在后面的数值框中直接输入数值；调整完成后的效果如图 14-105 所示。

（2）在【交互式透明度工具】的属性栏上【透明度类型】线性的下拉列表框中，可以选择【线性】、【辐射】、【圆锥形】或【方形】，即可创建相应的渐变透明效果，如图 14-106 所示。

图 14-104　透明度设置　图 14-105　透明度效果　图 14-106　透明度类型

（3）其中单击工具箱中的【交互式透明度工具】按钮，在其属性栏中设置【透明度类型】为

【线性】，相应的参数如图 14-107 所示。

图 14-107　透明度属性栏

① 【编辑透明度】：单击该按钮，在弹出的【渐变透明度】窗口中可以更改透明度属性。

② 【透明度类型】线性：用于设置透明度的类型，其中包括【标准】、【线性】、【辐射】、【圆锥】、【正方形】、【双色图样】、【位图图样】及【底纹】。

③ 【透明度操作】常规：用于调整透明对象与背景颜色的混合模式。

④ 【透明中心点】53：用于调整对象的透明度范围和渐变的平滑度。

⑤ 【渐变透明角度/边界】：用于设置对象透明的方向、角度和透明边界渐变的平滑度。

⑥ 【透明度目标】全部：用于选择对象的【填充】、【轮廓】或全部属性进行透明度处理。

⑦ 【冻结透明度】：冻结对象当前视图的透明度，即使对象发生移动，视图也不会发生变化。

⑧ 【复制透明度属性】：复制设置好的透明度属性，应用到指定的对象上去。

⑨ 【清除透明度】：单击该按钮，就可以清楚所选对象的透明效果。

**2．均匀透明**

选择一个对象，单击【交互式透明度工具】按钮，在属性栏【透明度类型】线性的下拉选项中选择【标准】，再通过调整【开始透明度】53来设置透明度的大小，或者在后面的数值框中直接输入数值，此时可以看到对象呈现半透明效果，如图 14-108 所示。

更改【开始透明度】数值，可以使对象的不透明发生变化。数值越大对象的透明度越强，反之越弱。

更改【透明度操作】后，对象与背景色的混合模式将发生变化，如图 14-109 所示。

图 14-108　透明度效果

图 14-109　更改混合模式

**3．图样透明度**

（1）选择一个对象，单击【交互式透明度工具】按钮，在属性栏【透明度类型】的下拉选项中选择【全色图样】，再选取合适的图样，接着通过调整【开始透明度】和【结束透明度】来设置透明度的大小，或者在后面的数值框中直接输入数值，如图 14-110 所示。

图 14-110　全色透明属性栏

（2）从属性栏中打开【透明度类型】的下拉列表框，可以选择【双色图样】、【全色图样】和【位图图样】三种方式。【双色图样】是由黑白两色组成的图案，应用于图像后，黑色部分为透明，白色部分为不透明，如图 14-111 所示。【全色图样】是由线条和填充组成的图像，这些矢量图形比位图图像更平滑、复杂但易于操作，如图 14-112 所示。【位图图样】是由浅色和深色图案或矩形数组中不同的彩色像所组成的彩色图像，如图 14-113 所示。

图 14-111　双色图样　　图 14-112　全色图样　　图 14-113　位图图样

**4．底纹透明度**

选择一个对象，单击【交互式透明度工具】按钮，在属性栏【透明度类型】的下拉选项中选择【底纹】，再选取合适的图样，接着通过调整【开始透明度】和【结束透明度】来设置透明度的大小，或者在后面的数值框中直接输入数值，如图 14-114 所示。底纹透明度和图样透明度相似，可以为图像添加特殊的效果。

图 14-114　底纹透明属性栏

【底纹库】：在下拉选项中可以选择相应的底纹库，如图 14-115 所示。

## 14.2　色调调整

### 14.2.1　调整亮度、对比度和强度

【亮度/对比度/强度】用于调整位图的亮度和深色区域和浅色区域的差异。通过改变 HSB 的值来影响图像的亮度/对比度/强度。

图 14-115　底纹库

选中一幅位图，执行【效果】→【调整】→【亮度/对比度/强度】命令，或者按【Ctrl+B】键，如图 14-116 所示；打开【亮度/对比度/强度】对话框，接着调整亮度和对比度的滑块，再调整强度滑块使变化更加柔和，或者在其后面的文本框中直接输入数值，然后单击【确定】按钮完成调整，如图 14-117 所示。

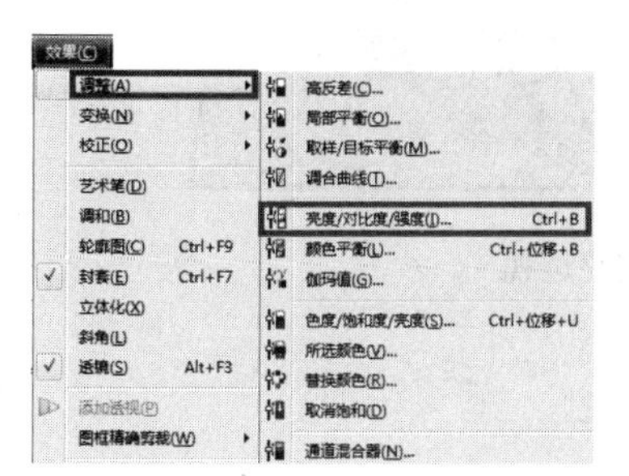


图 14-116　【亮度/对比度/强度】菜单

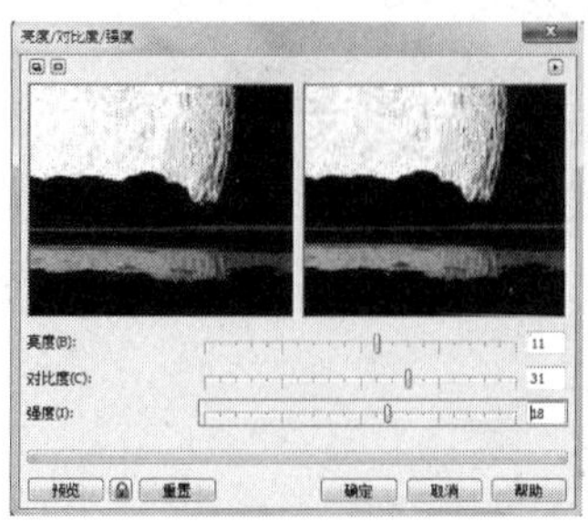

图 14-117　【亮度/对比度/强度】对话框

### 14.2.2 调整颜色通道

使用【通道混合器】命令可以改变位图的某个通道颜色与其他通道中颜色进行混合，使其产生叠加混合的效果。主要通过调整图像不同颜色的通道的数值来改变图像的色调。

选中一幅位图，执行【效果】→【调整】→【通道混合器】命令，如图 14-118 所示；打开【通道混合器】对话框，在色彩模式中选择颜色模式；接着选择相应的颜色通道进行分别设置，或者在其后面的文本框中直接输入数值，然后单击【确定】按钮完成调整，如图 14-119 所示。

### 14.2.3 调整色度、饱和度和亮度

使用【色度/饱和度/亮度】命令可以改变位图的色度、饱和度和亮度，使图像呈现多种富有质感的效果。主要通过调整图像中的色频通道，并改变色谱中颜色的位置，这种效果可以位图的颜色，浓度和白色所占的比例。

选中一幅位图，执行【效果】→【调整】→【色度/饱和度/亮度】命令，或者按【Ctrl+Shift+U】键，打开【色度/饱和度/亮度】对话框，可以分别选择所有颜色的通道或者某单个颜色的通道；接着拖动色度、饱和度和亮度滑块，或者在其后面的文本框中直接输入数值，如图 14-120 所示，然后单击【确定】按钮完成调整。

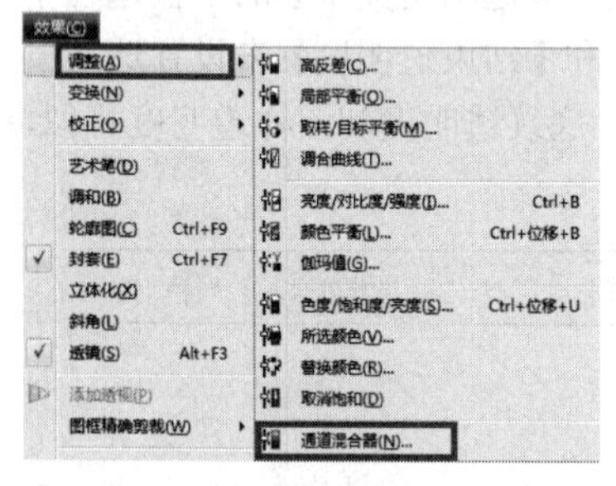


图 14-118 【通道混合器】菜单

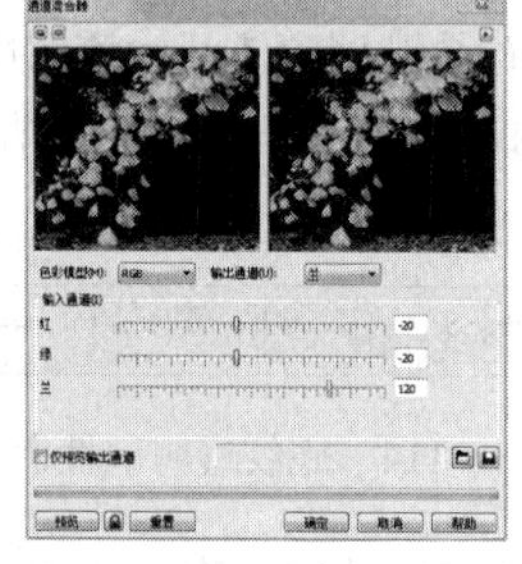

图 14-119 【通道混合器】对话框

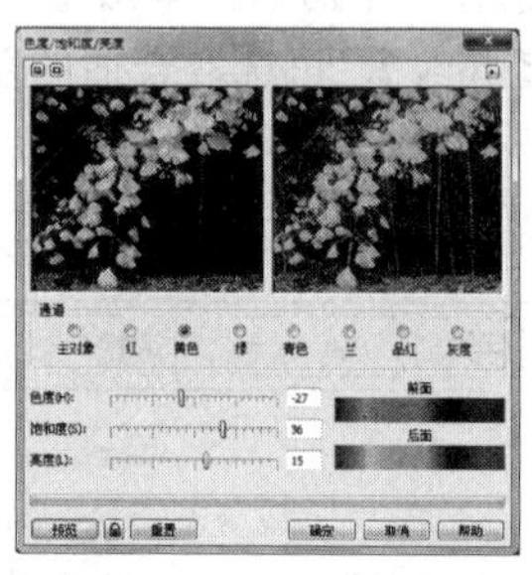

图 14-120 【色度/饱和度/亮度】对话框

## 14.3 透视效果

透视效果可以将平面对象通过变形达到立体透视效果。常用于产品包装设计、字体设计和一些效果处理上，为设计提升视觉感受。透视效果只能运用在矢量图形上，位图不能添加透视效果。

选中要添加透视的对象，然后执行【效果】→【添加透视】命令，如图 14-121 所示；在对象上生成透视网格，接着移动网格的节点调整透视的效果，调整后的透视效果如图 14-122 所示。

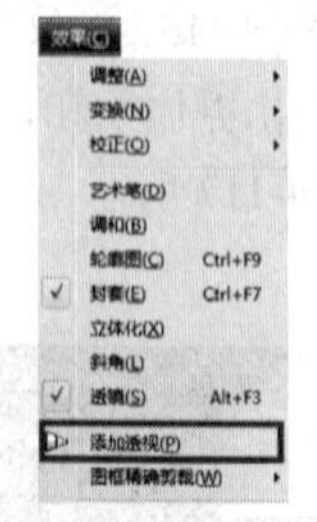

图 14-121 【添加透视器】菜单

图 14-122 调整透视

## 14.4 图框精确剪裁效果

用户可以将所选对象置入目标容中，形成纹理或者裁剪图像的效果。所选的对象可以是矢量

图形，也可以是位图图像，置入的目标可以是任何对象，如文字或图形等。

### 14.4.1　放置容器中

导入某一张位图，然后在图上方绘制一个矩形，接着执行【效果】→【图框精确剪裁】→【置于图文框内】命令，如图 14-123 所示，当光标显示箭头形状时单击矩形将图片置入，如图 14-124 所示，最终效果如图 14-125 所示。

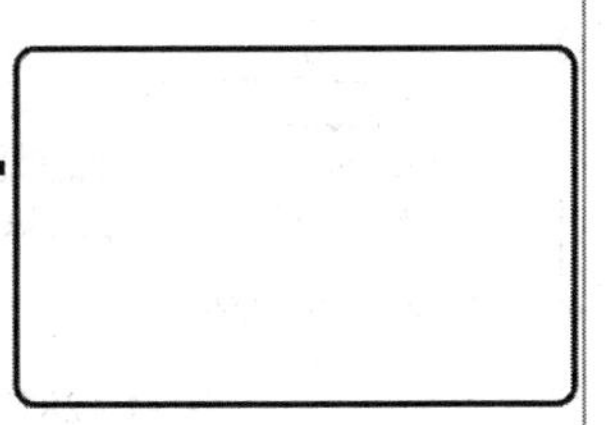

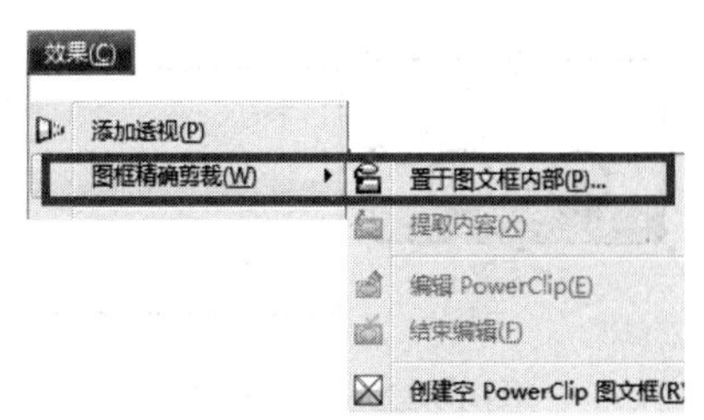


图 14-123　置于图文框内

### 14.4.2　编辑内容

在置入对象后，可以在菜单栏【效果】→【图框精确剪裁】的子菜单上进行选择操作，其子菜单如图 14-126 所示。也可以在对象下方的悬浮图标上进行选择操作。

图 14-124　箭头形状

图 14-125　裁剪效果

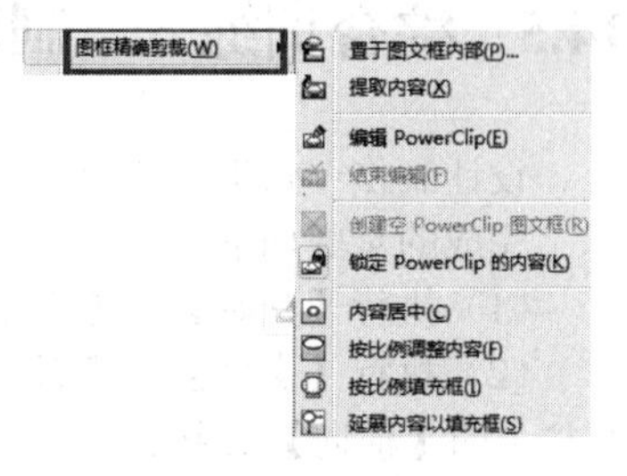


图 14-126　【编辑裁剪效果】菜单

**1．编辑置入内容**

选择对象，在下方出现的悬浮图标，然后单击【编辑 PowerClip】图标进入容器内部，接着调整位图的大小和位置等，最后单击【停止编辑内容】图标完成编辑。

**2．调整内容**

单击下悬浮图标后面的展开箭头 ▸，在展开的下拉菜单上可以选择相应的调整选项来调整置入的对象。

① 【内容居中】：当置入的对象位置有偏移时，选中矩形，在悬浮图标的下拉菜单上执行【内容居中】命令，将置入的对象居中排放在容器内。

② 【按比例调整内容】：当置入的对象大小与容器不符合时，选中矩形然后在悬浮图标的下拉菜单上执行【按比例调整内容】命令，将置入的对象按图像原比例缩放在容器内。若容器的形状与置入的对象形状不符合时，会留空白位置。

③ 【按比例填充框】：当置入的对象大小与容器不符合时，选中矩形然后在悬浮图标的下拉菜单上执行【按比例填充框】命令，将置入的对象按图像原比例填充在容器内，图像不会发生变化。

④ 【延展内容以填充框】：当置入的对象大小与容器不符合时，选中矩形然后在悬浮图标的下拉菜单上执行【延展内容以填充框】命令，将置入的对象按容器的比例进行填充，图像会产生变形。

**3．提取内容**

（1）选中置入对象的容器，然后在下方的悬浮图标中单击【提取内容】图标，将置入的对象提取出来。提取对象后容器对象中出现×线，表示该对象为【空 PowerClip 图文框】显示，如图 14-127 所示。此时拖入图片或提取的对象可以快速置入容器中。

（2）选中【空 PowerClip 图文框】，然后单击鼠标右键在弹出的快捷菜单上执行【框类型】→【无】命令，可以将空 PowerClip 图文框转换为图像对象，如图 14-128 所示。

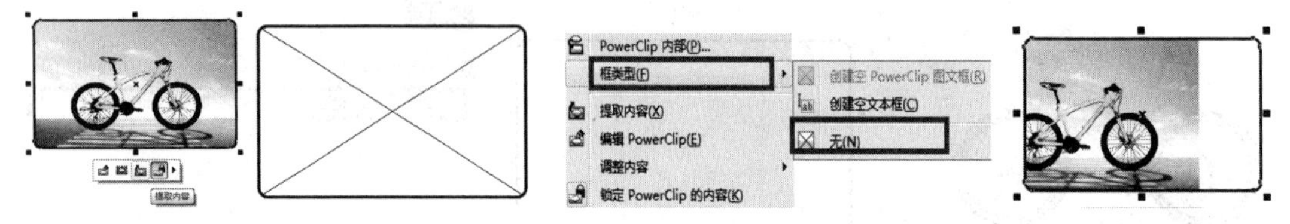


图 14-127　空图文框　　　　图 14-128　图文框转换为图像

**4．锁定内容**

在对象置入后，在下方悬浮图标单击【锁定 PowerClip 内容】图标解锁，然后移动矩形容器，置入的对象不会再移动。单击【锁定 PowerClip 内容】图标激活解锁后，移动的矩形容器会连带置入的对象一起移动。

## 14.5　综合训练——制作生日贺卡

设计制作一张生日贺卡，完成的最终效果如图 14-129 所示。

完成的步骤如下。

（1）执行【开始】→【程序】→【CorelDRAW X6】命令，启动 CorelDRAW X6 软件。

（2）执行【文件】→【新建】命令，创建一个图形文件。将纸张大小设置为【A4】，单击属性栏上的【横向】按钮，将页面横排。

（3）双击【矩形工具】，创建一个与页面相同大小的矩形，填充为【青色】（C100、M0、Y100、K0），轮廓颜色为默认的【黑色】。

（4）选取【钢笔工具】绘制两条曲线，如图 14-130（a）所示，选取【交互式调和工具】在两条曲线间创建调和，使用默认参数设置，得到如图 14-130（b）所示结果。再选取【透明度】工具对调和曲线应用线性渐变透明设置，使其右边缘渐变透明，得到如图 14-130（c）所示结果。

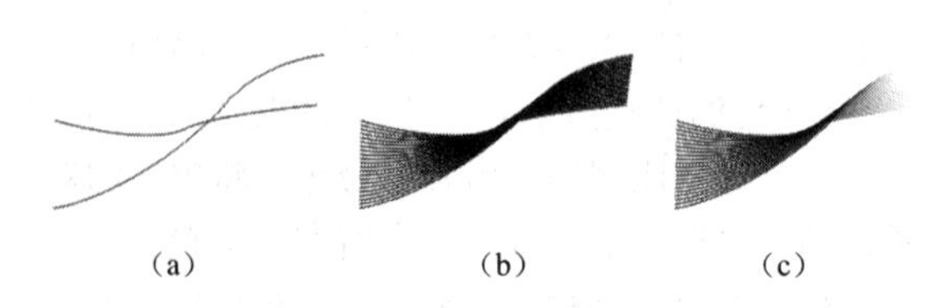

图 14-129　生日贺卡完成效果　　　　图 14-130　制作调和曲线

（5）将步骤（4）制作的调和曲线再复制一份，并做适当编辑，将两组调和曲线放置在矩形上方合适位置，如图 14-131 所示。

（6）将调和曲线设置为【白色】。再选取【椭圆形工具】绘制圆形，填充【白色】，使用【交互式透明度工具】将其设置为标准透明，透明度设置为【70】。将圆形随意复制若干，并调整大小及位置。将所有绘制的调和曲线和圆形选中，执行【效果】→【图框精确剪裁】→【放置在容器中……】命令，光标变为➡后单击矩形，将其置于矩形内部，得到如图 14-132 所示结果。编辑后，选中矩形将其锁定。

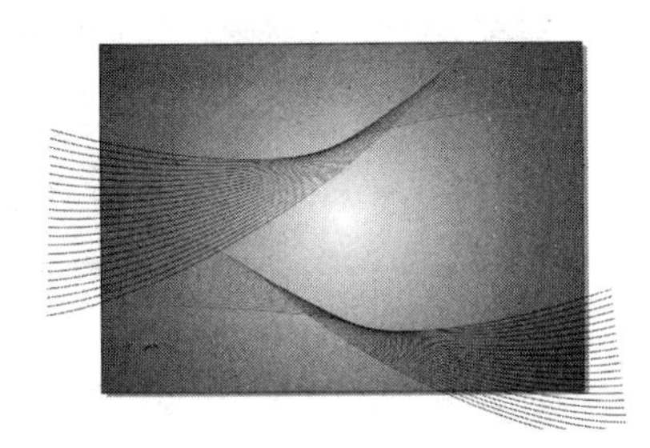

图 14-131 编辑调和曲线

图 14-132 图框精确剪裁设置

（7）单击属性栏上的【导入】按钮，导入素材【14\生日卡\素材\蛋糕.png】文件，将其摆放在页面居中的位置，适当调整位置和大小。使用【交互式阴影工具】为其设置为阴影效果，阴影的不透明度设置为【50】，阴影羽化设置为【10】，阴影颜色设置为【黄色】（C0、M0、Y100、K0），得到如图 14-133 所示结果。

（8）选取绘图工具绘制如图 14-134（a）（上：C0、M20、Y100、K0；下：C0、M10、Y100、K0）和图 14-134（b）（C0、M60、Y80、K0）所示的图形，将（b）图连续复制后，摆放在（a）图上方合适位置，如图 14-134（c）图所示。选中上面的曲线图形，利用鼠标右键拖曳至下方图形上，光标变成⊕后，松开鼠标，在弹出的快捷菜单中选择【图框精确剪裁内部】命令，得到如图 14-134（d）图所示结果。

图 14-133 编辑蛋糕

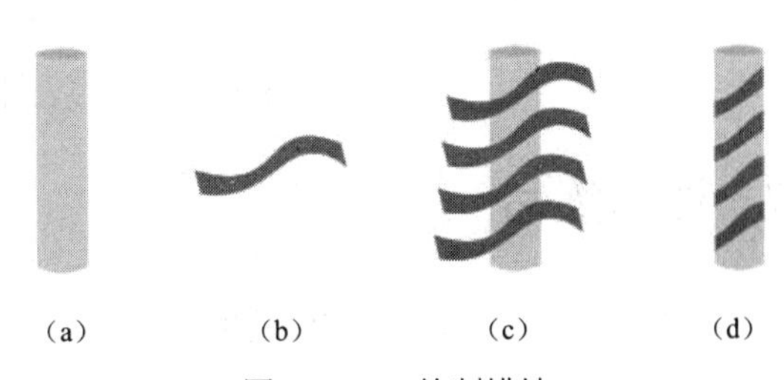


图 14-134 绘制蜡烛一

（9）选取【椭圆形工具】绘制两个椭圆形（小椭圆：C0、M60、Y100、K0，透明度：无；大椭圆：C0、M0、Y100、K0，标准透明，透明度：60），如图 14-135（a）图所示。选取【交互式调和工具】在两个椭圆间创建调和，使用默认参数设置，得到如图 14-135（b）图所示结果。选取【椭圆形工具】绘制一个圆形，填充白色，选取【交互式透明度工具】将其设置为射线渐变透明。然后将该圆形、调和对象一起放在步骤（9）所绘制的图形上方合适位置，按【C】键进行中心对齐，得到如图 14-135（c）图所示结果。

（10）将上面绘制好的蜡烛图案随意复制几份（可以执行【效果】→【调整】→【色度/饱和度/亮度】命令或其他方法改变其颜色），摆放在蛋糕的周围，如图 14-136 所示。

（11）选取【文本工具】字输入美术字【HAPPY BIRTHDAY】,; 使用【交互式轮廓图工具】对其进行轮廓图效果设置，轮廓图样式设置为【向外】，步长设置为【2】，偏移设置为【1.5mm】，轮廓填充色设置为【紫色】（C40、M60、Y0、K0）得到如图 14-137 所示结果。

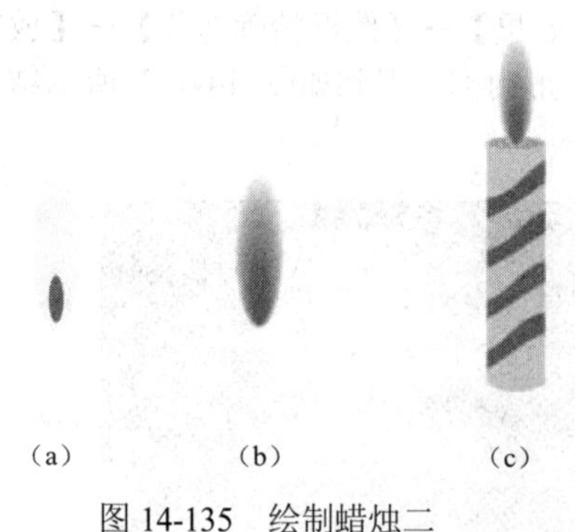


图 14-135 绘制蜡烛二

图 14-136 编辑蜡烛

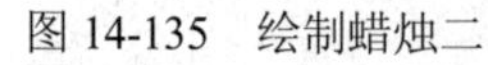

图 14-137 编辑文本

（12）将文本移至合适位置，进行编辑旋转。再做一些整体的调整，按【Ctrl+Q】键，将特殊字体转换成曲线，生日贺卡就完成了，如图 14-138 所示。

图 14-138 生日贺卡完成

## 14.6 本章小结

本章我们详细讲述了 CorelDRAW X6 中图形特殊效果处理的方法及技巧，包括透明度、调和、轮廓图、变形、封套、立体化、阴影等效果的设置，另外，还有制作透视效果、图框精确剪裁及图形色调的调整等。通过本章学习，希望读者能对图形特殊效果处理熟练掌握，并能在实际创作中灵活应用，创作出新颖独特的设计作品。

## 14.7 课后练习

设计制作一张新春贺卡，完成效果如图 14-139 所示。

图 14-139 新春贺卡完成效果

# 参 考 文 献

[1] 方红琴. Photoshop 案例应用教程. 北京：电子工业出版社，2014.
[2] 金景文化. Photoshop 扁平化用户界面设计教程. 北京：人民邮电出版社，2015.
[3] 张海燕. Adobe Photoshop CS6 中文版经典教程. 北京：人民邮电出版社，2014.
[4] 麓山文化. 中文版 CORELDRAW X6 从入门到精通. 北京：机械工业出版社，2013.
[5] 张薇. CorelDRAW 平面设计项目实训教程. 北京：电子工业出版社，2014.
[6] 崔英敏，黄艳兰. Photoshop+CorelDRAW 平面设计实例教程. 北京：人民邮电出版社，2013.
[7] 张凡，郭开鹤等. CorelDRAW X4 中文版应用教程（附光盘）. 北京：中国铁道出版社，2009.
[8] 范丽娟.计算机平面设计基础项目教程（附光盘）. 北京：化学工业出版社，2013.